动物博物馆

手绘动物大图鉴

浪花朵朵

动物博物馆

手绘动物大图鉴

[美]凯伦·麦格希 [澳]乔治·麦凯 编著
薛浩然 赵天昊 陈怀庆 译

浙江教育出版社·杭州

图书在版编目（CIP）数据

动物博物馆：手绘动物大图鉴 / (美) 凯伦·麦格希，(澳) 乔治·麦凯编著；薛浩然，赵天昊，陈怀庆译. -- 杭州：浙江教育出版社，2018.5（2019.5重印）
ISBN 978-7-5536-7155-0

Ⅰ. ①动… Ⅱ. ①凯… ②乔… ③薛… ④赵… ⑤陈… Ⅲ. ①动物－图集 Ⅳ. ①Q95-64

中国版本图书馆CIP数据核字(2018)第099776号
浙江省版权局登记　浙图登字：11-2018-121

动物博物馆：手绘动物大图鉴
DONGWU BOWUGUAN：SHOUHUI DONGWU DATUJIAN
［美］凯伦·麦格希　［澳］乔治·麦凯　编著
薛浩然　赵天昊　陈怀庆　译

筹划出版：后浪出版公司
出版统筹：吴兴元
特约编辑：郭春艳　许治军　黄安琪
责任编辑：沈久凌　江　雷
美术编辑：韩　波
责任校对：王凤珠
责任印务：曹雨辰
营销推广：ONEBOOK
装帧制造：墨白空间·唐志永
出版发行：浙江教育出版社
（杭州市天目山路40号　邮编：310013）
印　　刷：北京盛通印刷股份有限公司

开　　本：635mm × 965mm　1/8
印　　张：32.5
字　　数：580 000
版　　次：2018年7月第1版
印　　次：2019年5月第2次印刷
标准书号：ISBN 978-7-5536-7155-0
定　　价：149.80元

读者服务：reader@hinabook.com 188-1142-1266
投稿服务：onebook@hinabook.com 133-6631-2326
购书服务：buy@hinabook.com 133-6657-3072
网上订购：www.hinabook.com（后浪官网）

后浪出版咨询(北京)有限责任公司 常年法律顾问：北京大成律师事务所
周天晖 copyright@hinabook.com

目 录

如何使用这本书

这本书被分成了七个章节。第一章描述了动物的世界：它们是如何被分类的，它们的行为，它们生活在哪里，以及它们面临的生存威胁。剩下的章节展示了主要动物类群：哺乳动物、鸟类、爬行动物、两栖动物、鱼类和无脊椎动物。每一章从导语开始，接下来是对一种主要动物类群的描述。贯穿全书的“特别关注”介绍了一些有趣的动物习性。在本书的最后几页随附术语表和一份动物大小的清单。

学名（拉丁名）

所有已知的动物都有一个独特的学名。狮子的学名是*Panthera leo*。学名的两部分分别表示它的属（*Panthera*，豹属）和种（*leo*，狮）。从学名中可以看出，狮子与老虎（*Panthera tigris*）的亲缘关系很近，它们是同属（*Panthera*，豹属）的不同物种。

26 哺乳动物

26目 · 137科 · 1142属 · 4785种

哺乳动物

27

章节名称和分类学信息
这一部分展示了后文将讨论的动物类群，以及这一类群的分类学信息

照片和图注
带有注解的照片展示了该类群的一种或多种动物

导语
这段文字将介绍每个章节涉及的动物类群，以及它们的特别之处

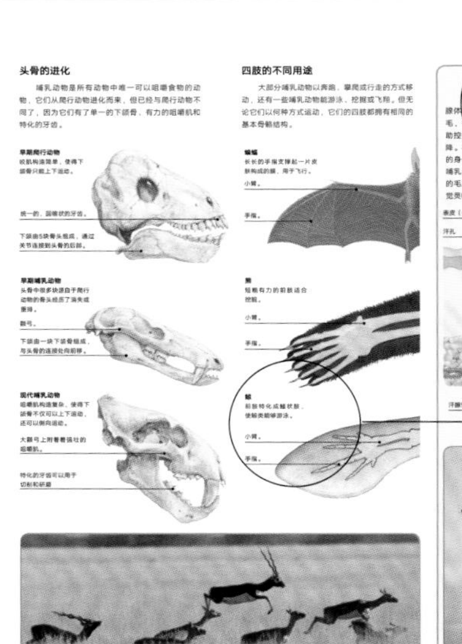

颜色代码
每一章都用不同的颜色作为代码

特别关注
涉及解剖、繁殖或行为的重要特点会在“特别关注”中出现

图解
详实的、带注解的图解，包括动物的横截面图和骨骼图

导语页
导语页会介绍每一章出现的动物，讨论这些动物的共同点和不同之处。导语页的内容集中介绍这些动物的构造、繁殖方式和行为。

保护级别标志

一些动物会有保护级别标志，标志位于从它的物种信息指向它的图片的箭头旁边，标志的颜色取决于保护级别。保护级别信息来自于《国际自然及自然资源保护联盟（IUCN）红色物种名录》。

- 灭绝：如果一个物种的最后一个个体死亡了，那么这个物种就灭绝了。物种可以是野外灭绝，但仍然以圈养动物或家养动物的形式存在。
- 极危：极危物种有极高的野外灭绝概率。
- 濒危：濒危物种在不久的将来面临很高的野外灭绝概率。
- 易危：易危物种在未来面临较高的野外灭绝概率。
- 其他：其他保护级别包括近危，近危物种在未来可能成为濒危物种。
- 雄性 ♂ 雌性 ♀：对于雄性和雌性外表不一样的动物，它的图片旁会有雄性或雌性的标志加以区别。

动物的大小

本书展示的每一种动物的最大体形，都可以在第246页到第252页找到。在这张表中，动物被按照它们在每一章中出现的顺序排列，例如灵长类被排在了一起，蛙类和蟾蜍类被排在了一起，蠕虫类被排在了一起。最大体形显示在动物的名称旁边。“测量方法”展示了每一类动物是如何被测量的。

鸟类

企鹅	
阿德利企鹅	61厘米
帝企鹅	1.2米
南非企鹅	1米
王企鹅	1米
小鳍脚企鹅	45厘米
皇家企鹅（白颊黄眉企鹅）	70厘米
斯岛黄眉企鹅	60厘米

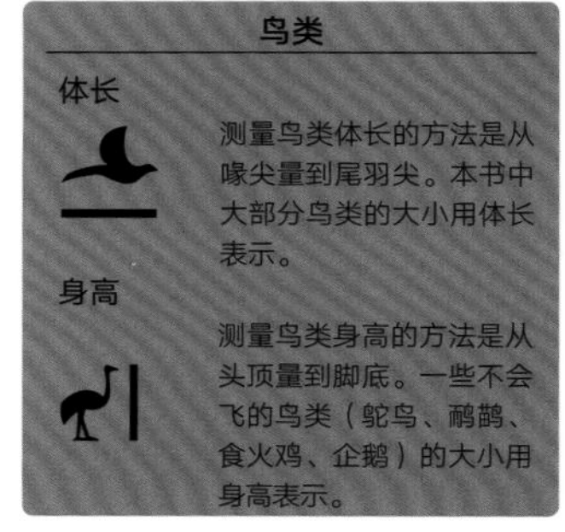

动物类群
每个章节中的动物会被分成几个大类群进行介绍，大类群的名称上面写着这一类动物的分类学信息

物种图鉴
类群中的物种用图鉴的形式展示

生存现状和分布地图
本页下方有对这两个栏目的更详细的说明

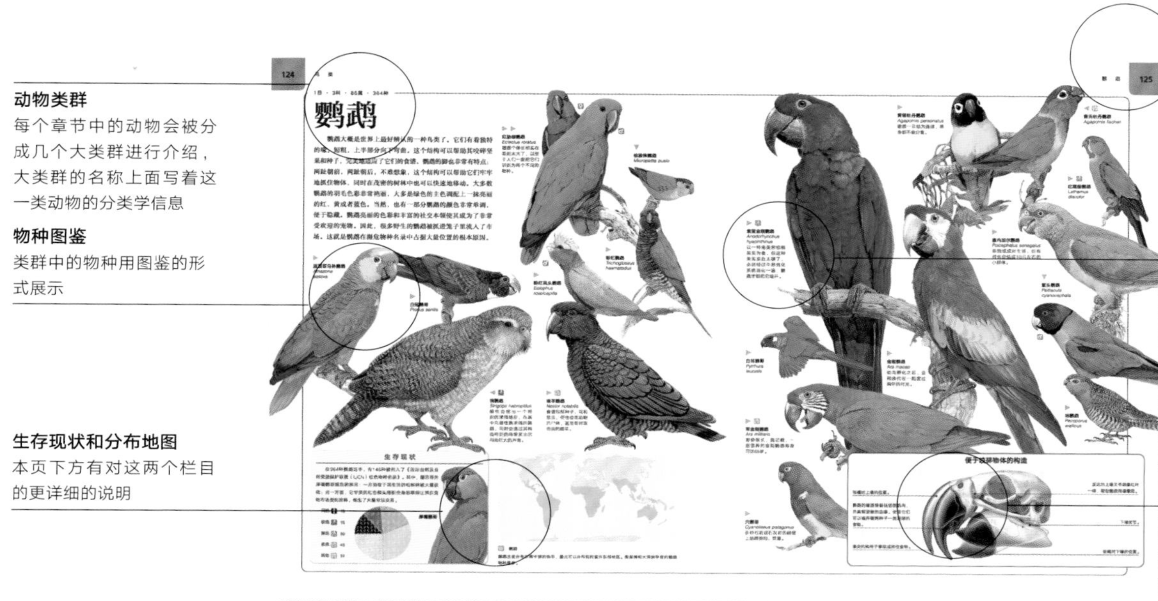

页眉标题
右上角的页眉标题显示的是章节中不同动物类群的名称

物种信息
包含每个物种的中文名和拉丁名，有时还有一些对物种的简要介绍

特别关注
介绍这个类群或这个类群中的某个物种的特别之处

介绍物种的页面
每个章节中都有几页是带有图鉴的物种介绍。

小类群
有些大的动物类群会占好几页的篇幅，其中的每一页都介绍一个小的类群。这些介绍小类群的页面标题较小，并且不再设有分类学信息

箭头和标志
箭头指向物种图鉴。保护级别标志和性别标志的含义在第8页有详细介绍

你知道吗？
介绍关于该类群中的一个或多个物种的趣味知识

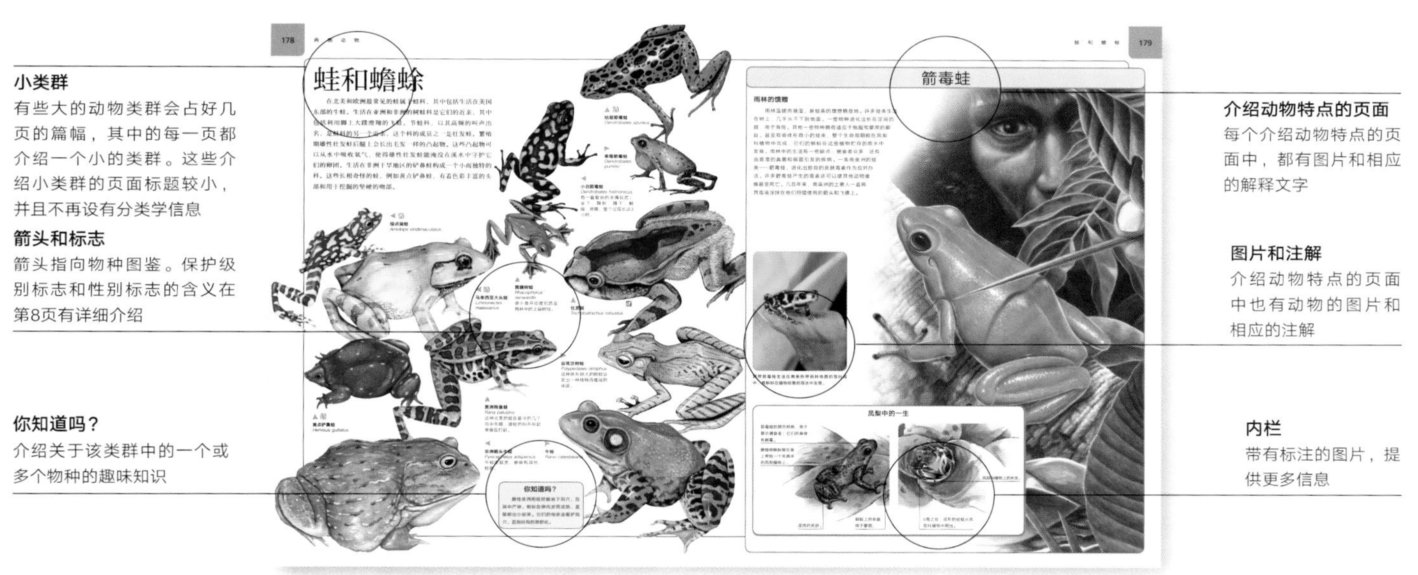

介绍动物特点的页面
每个介绍动物特点的页面中，都有图片和相应的解释文字

图片和注解
介绍动物特点的页面中也有动物的图片和相应的注解

内栏
带有标注的图片，提供更多信息

介绍动物特点的页面
有些介绍物种的页面旁边有一页介绍动物特点的页面。这些介绍动物特点的页面会详细介绍某个动物类群的解剖学或行为学特征，或者某些动物与人类的关系。

分布地图

对于本书中的大部分动物类群，都有相应的分布地图介绍其分布范围。分布地图中不包括引入物种和家养物种。黄色表示第一个类群的分布区域，蓝色表示第二个类群的分布区域，绿色表示两者重叠的分布区域。文字部分是对动物分布区域更详细的描述。

生存现状

对于本书中的大部分动物类群，都有“生存现状”版块介绍其生存现状。保护级别标志旁边的数字，是该类群中被列入《国际自然及自然资源保护联盟（IUCN）红色物种名录》相应保护等级的物种数量，这些数据也会以扇形图的形式展示出来。每个“生存现状”版块都会介绍一种濒危动物。

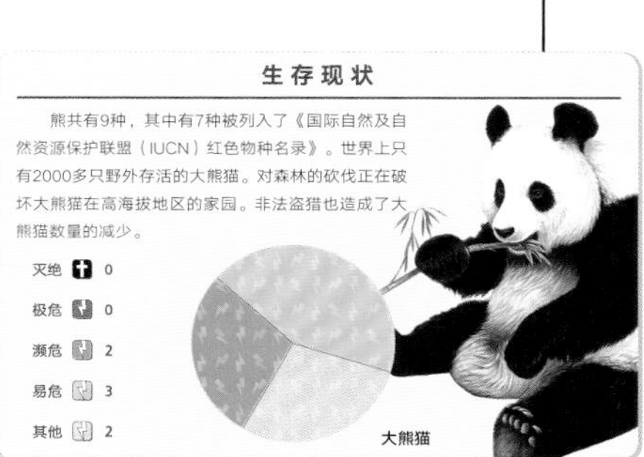

动物世界

32门 · 超过150万种

动物界

长颈鹿是世界上现存最高的动物，非洲象是陆地上现存最重的动物。大部分动物很少被人看到，可能有多达1500万种动物尚未被人类所知。

生物可分为五个界，它们是动物界、植物界、真菌界、原生生物界和原核生物界。与单细胞的原生生物和原核生物不同，动物的身体由成千上万个细胞组成，这些细胞合作无间，组成一个整体。大部分物种的细胞会组成身体的组织和器官，不同的组织和器官会执行不同的功能。与植物不同，动物无法自己产生养料，所以为了生存它们需要以其他生物为生。这个世界上的动物有如此丰富的多样性，原因之一就是这些物种总是在不断地发展寻找并食用其他动植物的方法，同时努力保证自己不被吃掉。大部分动物的体内有消化系统，能摄取并分解食物，为身体提供能量。为了寻找食物，大部分动物都是可以移动的——能走、能跑、能跳、能飞或能游，至少在它们的生活史的一部分时间里是如此。因为动物能动，所以它们发展出了感官和神经，以感知周围的世界并做出反应。其结果是，动物拥有生物界中最复杂的生活史和行为。绝大多数动物的雄性生殖器官和雌性生殖器官都长在不同的个体上，两者结合才能创造出新生命。这种生殖方式被称为有性生殖，通常发生在同一种动物的两个不同性别之间。

给动物分类

基于彼此之间的亲缘关系，动物被分为不同的类群。这一过程被称为分类。通过分类，我们可以把所有关于动物的知识有条理地系统地组织起来。最大的分类阶元是界，相比于其他分类阶元，界中包含的动物的亲缘关系最远。随着分类阶元越来越小，其中的动物的亲缘关系会越来越近。下面显示了绿头鸭所属的所有类群。

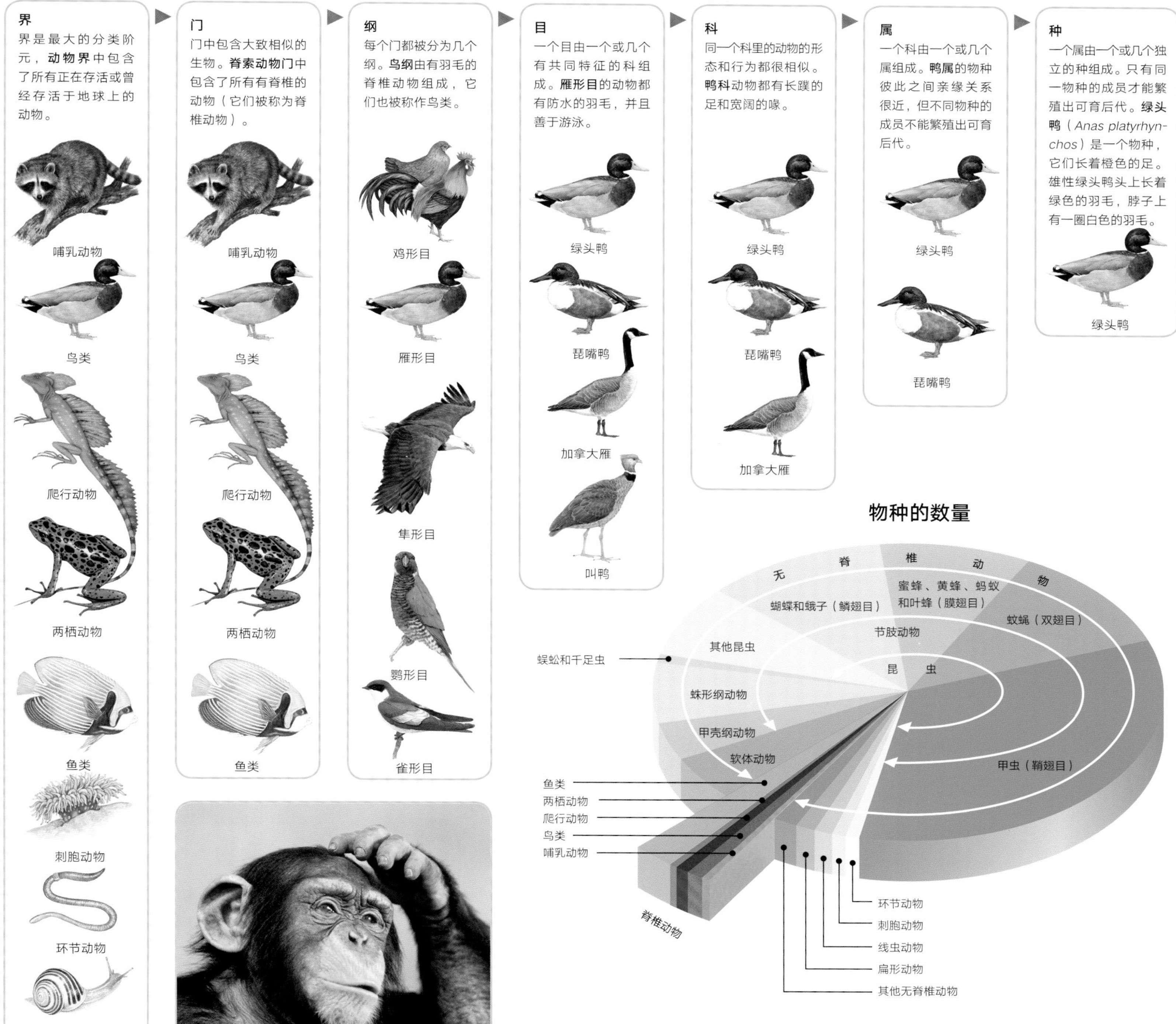

因为黑猩猩和人类有很多相似之处，所以它们属于同一个科。

脊椎动物（包含哺乳动物、鸟类、爬行动物、两栖动物和鱼类）是我们最熟悉的动物。但它们大约只占动物物种的5%。动物界中的大部分物种是无脊椎动物。这些动物没有脊椎，蠕虫和节肢动物都是我们熟悉的无脊椎动物。节肢动物（其中包含昆虫）在个体数量和物种数量两方面都是最繁盛的无脊椎动物。

动物的行为

小丑鱼能够在海葵剧毒的触手丛中生活，它们可以借此摆脱捕食者。在保护小丑鱼的同时，海葵也获得了小丑鱼吃剩的食物残渣。

为了在野外生存下去，所有动物都以特定的方式活动。动物调整它们的行为，以满足它们的基本需要，比如寻找食物、水、庇护所、配偶。与日常需要有关的最重要的行为就是找到食物并且避免被吃掉。闪电般迅捷的反应速度和悄无声息地跟踪猎物的能力对于很多捕食者（比如大型猫科动物）的捕猎行动是至关重要的。另一方面，猎物（比如非洲的有蹄类哺乳动物）聚成群体以威慑或迷惑捕食者，很多鱼类也因为同样的原因聚成鱼群。住在一起也能带来其他好处。生活在族群中的小狒狒，能通过观察它们的母亲、姨妈等的行为，学会如何选择正确的食物。在社会性昆虫（比如蚂蚁和蜜蜂）的群体中，个体通过执行不同的任务来分担工作量。一个动物的很多行为都与选择配偶有关。从独角仙（双叉犀金龟）到象海豹，雄性动物经常通过相互打斗向潜在的配偶炫耀自己的能力。其他物种通过特殊的性状或技能获得雌性的青睐：雄孔雀展开它们华丽的尾羽，雄安乐蜥张开它们多彩的垂肉。很多动物会进行有规律的长途旅行（这被称作“迁徙”）以寻找配偶。有人认为一些鸟类和昆虫会利用太阳作为迁徙途中的导航，其他的则可能会利用地磁场。

动物的感觉

大部分动物能够通过嗅觉、视觉、味觉、听觉和触觉感知周围的世界。这些感觉在不同的物种中有着不同的发达程度。很多犬科动物有发达的嗅觉，而猛禽（例如老鹰）则依赖于高度发达的视觉。有些动物具有人类不具有的感觉能力，比如鲨鱼和鸭嘴兽能够通过感受猎物的生物电来寻找猎物。

蝴蝶的感觉

蝴蝶用它们的触角感知花蜜的味道，从而寻找食物。

一些蝴蝶的足部长着味蕾

感受振动

当猎物在网上挣扎时，园蛛腿上的毛能够感受到网的振动。

雄性园蛛会敲打出特殊的节拍，让雌性园蛛知道它们不是猎物

以舌“闻”味

蛇会用舌头“闻”味。它们会先快速抽动舌头，收集空气中的气味分子，再把附着了气味分子的舌头放入口腔上方的嗅觉感受器中，这样就可以“闻”到空气中的味道。

分叉的舌头

猎物探测器

所有鱼（包括鲨鱼）的皮肤下面都长着侧线，用来感受周围水流的振动。

侧线纵贯全身

神经细胞分布在头部

极佳的视力

蜻蜓的眼睛能为它们提供清晰的视觉和宽阔的视野，使得它们可以在飞行过程中抓住猎物。

每只复眼上都有28000只单眼

动物的交流

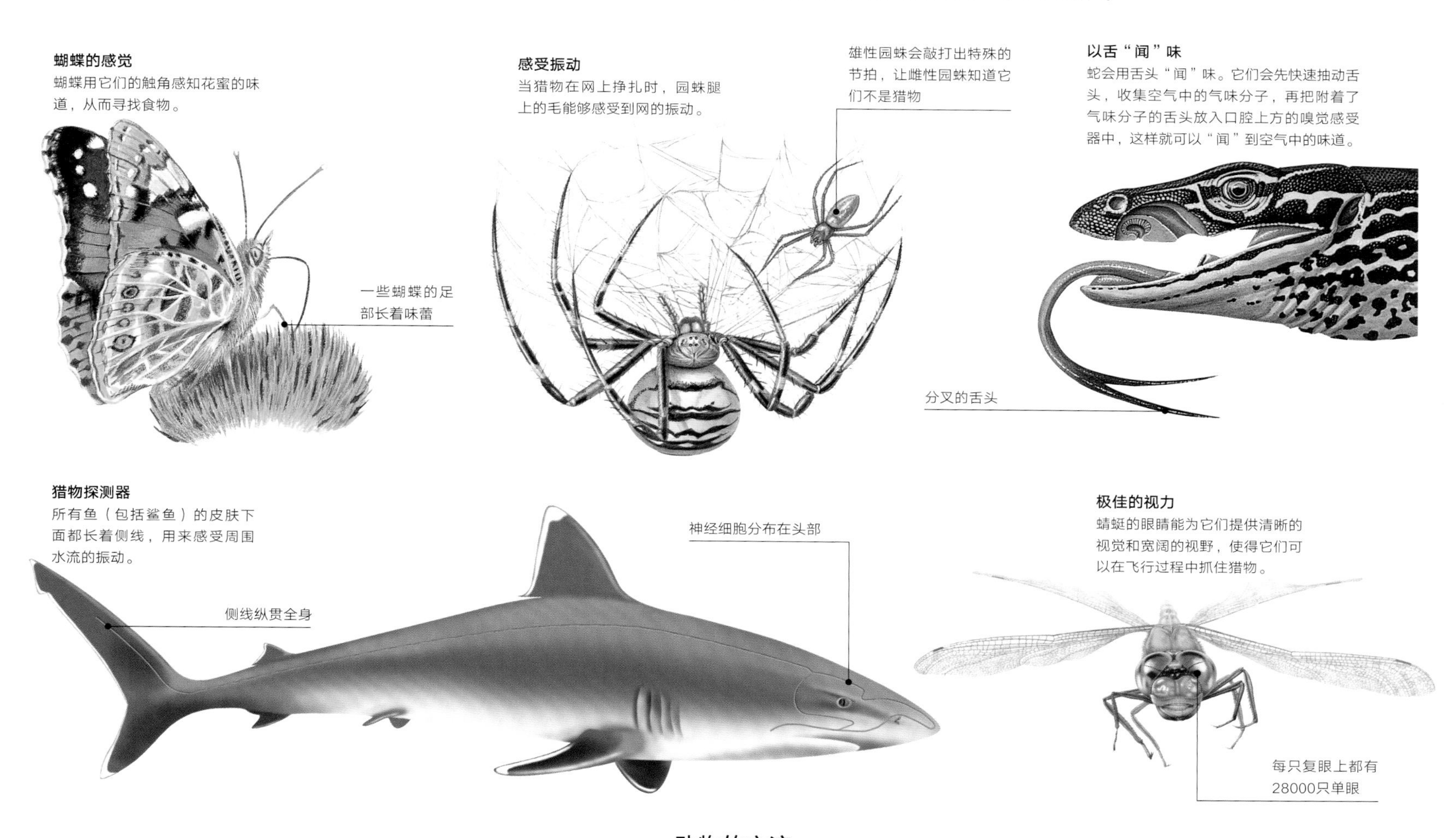

动物通过很多种方式进行交流（发出或接收信号）。它们通过交流，来吸引或赶走其他动物。蚂蚁和土豚是差异很大的动物，但它们都用气味标记自己的领地。除了气味，动物也会使用声音：它们利用叫声吓走敌人，警告同伴，或者吸引配偶。动物也常常用视觉信号进行交流。很多动物类群的雄性个体拥有鲜艳的体色，用于吸引雌性。

拟单鳍鱼总是成群结队地游动，而且游动时候的鱼群就像一个整体。它们用好几种方式相互交流。

夜莺婉转动听的歌声，使得它们从几百年前起就成为人类的宠物。

同属于一个族群的日本猕猴通过相互梳理毛发建立并巩固关系。

动物是如何移动的

动物移动的方式，取决于它们的身体结构、生活环境和移动目的。所有鱼都会游泳，但与那些用“守株待兔”的方式捕食的鱼类比起来，在开阔的水中追逐猎物的鱼类通常身体形状更接近流线型，游得也更快。海生哺乳动物和很多陆生哺乳动物也会游泳。但大部分哺乳动物以行走、爬行、奔跑或跳跃的方式在陆地移动。一些树栖哺乳动物（例如负鼠和松鼠）会滑翔，但蝙蝠是唯一一类能像鸟儿一样飞翔的哺乳动物。一些动物在它们生命的不同阶段用不同的方式移动。蝌蚪以游泳的方式移动，变成青蛙后以游泳和跳跃的方式移动。很多昆虫在幼虫期以爬行的方式移动，变成成虫后以飞行的方式移动。海鞘的幼体很像蝌蚪，可以自由游泳，成年后，它们把自己固着在海底或其他物体上，营固着生活。

猩猩的手臂很长，使得它们能够轻松地在树和树之间攀爬移动。

尺蠖
尺蠖的幼虫是这样移动的：它们会先用前足抓住地面，把自己的身体拉成一个环，再用后足抓住地面，把自己的身体伸直，并不断重复这样的过程。

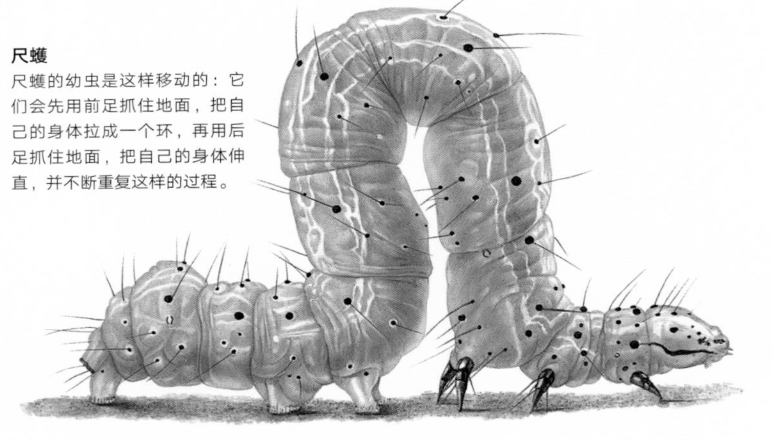

攻击和防御

这只海蛞蝓身上的明亮颜色可以警告潜在的捕食者：“别来吃我，我的肉很难吃（甚至有毒）！”

枯叶鱼通过伪装成水面上的一片枯叶，以免被捕食者发现。

许氏棕榈蝮是一种守株待兔型的捕食者，当它感受到猎物（比如图中那只啮齿动物）经过时，会突然出击。

生长

白尾鹿会保护它们的小鹿。当母亲出去觅食的时候，小鹿会隐藏在灌木丛中，直到小鹿长到4周大。

棱皮龟出壳之后，必须独自爬到海里。在这些幼龟长大的过程中，没有任何来自父母的照顾。

织布鸟

雄性黑头织布鸟会把草拉扯成圈和结，用来建造像篮子一样的巢。然后，它们会在巢前展示自己，吸引配偶。交配之后，雌性黑头织布鸟独自养育雏鸟。

加拿大雁的雏鸟在孵化后不久就本能地紧跟着它们的父母。它们成年后也通常生活在同一个雁群中。

寻找配偶

黄色蝴蝶鱼是少数拥有长期配偶的鱼类。它们的配偶关系可以持续数年之久。

在繁殖季节，这只雄性黄条背蟾蜍通过给喉囊充气，发出很大的叫声，以此来吸引雌性。

雄性大白鹭在繁殖季节会长出特殊的装饰性的羽毛，用于吸引潜在的配偶。

动物的栖息地

在智利的百内国家公园中，有不同种类的栖息地，从森林到沙漠。这个公园是很多哺乳动物的家园，包括这些原驼。

栖息地，是动物寻找食物和庇护所的地方，也是它们交配和繁衍的地方。栖息地这个概念，包含了组成一个特殊环境的所有元素：植被、气候和地貌等。一些物种只生活在一个栖息地中，但很多物种会利用多个栖息地或在多个栖息地之间移动。帝企鹅在南极冰盖上繁殖、产卵、育雏，但会回到海洋里捕鱼。自然条件下，栖息地会随时间发生变化。一些栖息地会因突如其来的地质事件（比如地震）发生变化。另一些栖息地会受到持久的自然力量（比如侵蚀）的作用，缓慢地发生变化。地球随时间发生变化，动物也一样。它们在远古的海洋中发展起来，4亿年前，当植物开始在陆地上生长，它们移动到了陆地上。气候模式产生季节变化。当栖息地的环境变得恶劣，就像冬季到来时美国东部的森林，动物会通过冬眠或迁徙到更温暖的环境中的方式来应对严寒。栖息地会被住在其中的动物改变。河狸的筑坝行为会改变它们所居住的区域的环境。然而，人类才是对栖息地造成最大改变的动物。大部分陆地栖息地，除了沙漠和城市，都正因为人类的活动而逐渐缩小。

动物们生活在哪里

在陆地上，一片区域的气候和土壤决定了那里生长着什么样的植物。而植被决定了那片区域能生活的动物的数量和种类。下面的地图展示了没有人类干扰时，世界上的植被分布。在陆地上，物种数量最多的栖息地是热带雨林，热带雨林总是高温多雨。在海洋中，热带珊瑚礁拥有最多的物种。

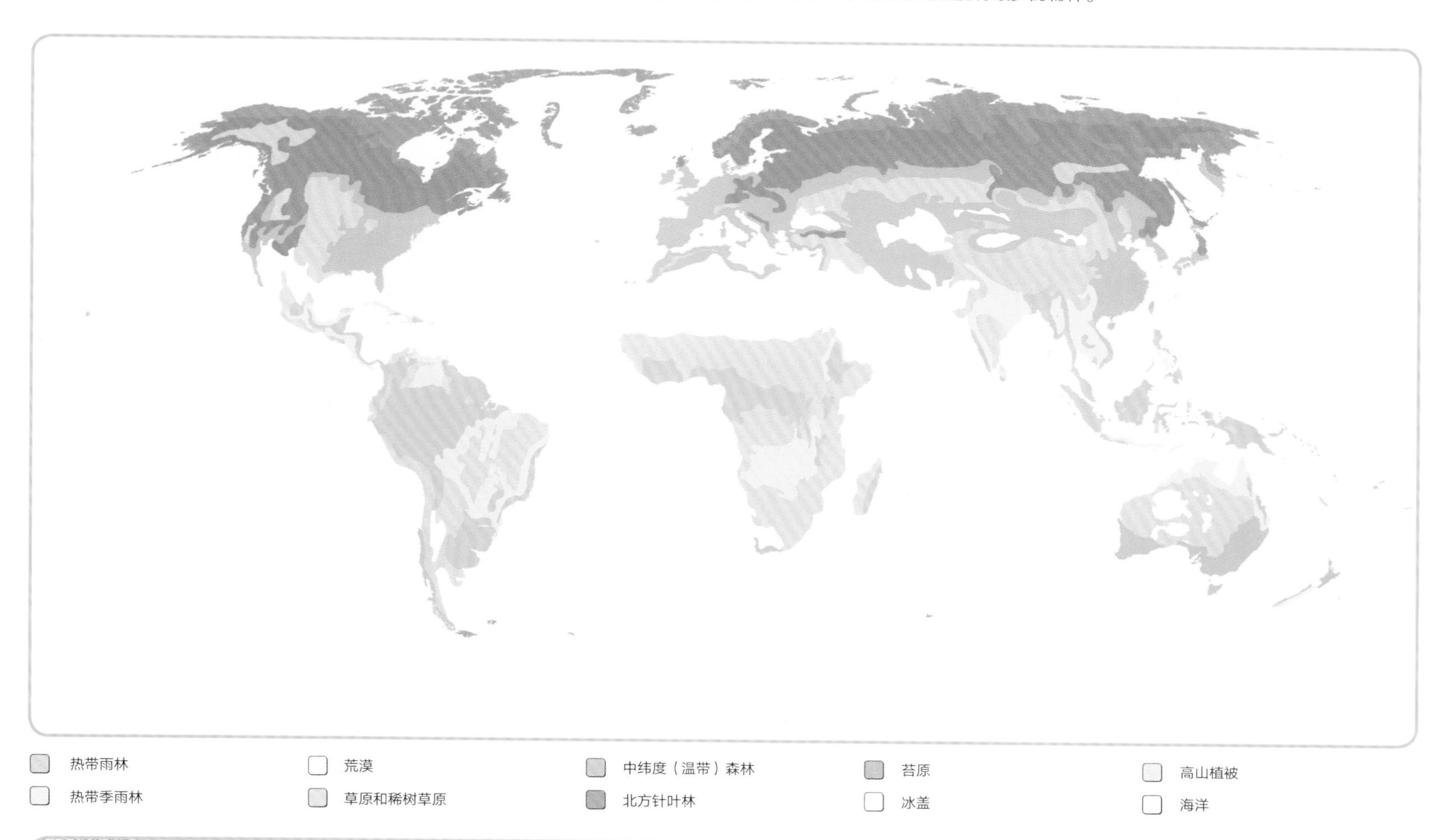

热带雨林
热带季雨林
荒漠
草原和稀树草原
中纬度（温带）森林
北方针叶林
苔原
冰盖
高山植被
海洋

荒漠

地球上的陆地大约有$\frac{1}{3}$被荒漠覆盖。荒漠在白天极热而在夜晚极冷。在这些地方，动物会利用它们能找到的任何水、食物和遮蔽物。坚硬的三齿稃（左图）是蜥蜴和昆虫的家园，而它们会将小型哺乳动物和鸟类吸引过来。

南非剑羚可以在不喝水的情况下行走好几天。它能从植物的果实和根中获得水分。

鸵鸟在生存条件恶劣的非洲高盐平原上长途跋涉，寻找食物和水。

热带和温带森林

热带森林中生活着种类极多的野生动物。在南美洲的热带雨林中，虎猫借助其带斑点的皮毛隐蔽在茂密的植被中猎杀小动物。

在温带森林中，夏季通常很热，而冬季可能极寒冷。一些哺乳动物在冬季冬眠，但是狐狸即使在最寒冷的月份中也会保持活跃。

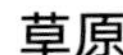

草原

白蚁通过修建巨大的蚁丘，在炎热的澳大利亚北部草原生存下来。这些蚁丘就像烟囱一样，使热空气上升，冷空气从下面进入。

城市

城市中的动物通常数量庞大但种类很少。那些食谱广泛并且在各种地方都找得到庇护所的动物，在城市中活得最好。这些动物包括鸟类（比如麻雀）、老鼠、蟑螂以及其他害虫。

游隼在自然条件下会在峭壁上筑巢，但在全世界的很多大城市中，它们已经适应在高楼大厦的窗台上筑巢了。

水体

一些水鸟，比如图中这些雪雁，会为了过冬，集体从北极地区迁徙到北美洲海岸的盐碱滩和沼泽湾。

蝴蝶鱼在热带南太平洋的珊瑚礁中巡游。这些珊瑚礁中生活着各种各样的动物，从微小的海生蠕虫到巨大的鲨鱼。

雨林

热带雨林每年的降雨量超过250厘米。不同的林层生活着不同的生物。鹰在最高的树的顶端（通常在离地40米的位置）寻找猎物。大部分树要矮一些，它们的树冠相互连接，形成一个巨大的盖子，被称为“林冠”。林冠中住着很多昆虫、鸟类和哺乳动物，它们终生生活在林冠中，从不下到地面。灌木和小树形成另一个林层。雨林的地面是爬行类、两栖类、昆虫和其他无脊椎动物的家园。

极地

阿德利企鹅的羽毛短、密、不透水，可以在南极寒风凛冽的环境中为它们提供保护。

高山地区

白大角羊是山地哺乳动物，适应于在高山地区生存。它们通过攀爬陡峭的悬崖和崎岖的岩层来躲避捕食者。

濒危动物

野外大熊猫濒临灭绝。

灭绝（一个物种所有个体的死亡）在自然界中是一种正常的现象，大部分曾经存活过的物种现在都灭绝了。现在地球上的动物物种正在以一种前所未有的速度消失，即使是6500万年前那场导致恐龙消失的大灭绝也没有毁灭这么多的物种。这些物种的消失，很大程度上要归咎于人类活动和快速增长的人口造成的影响。威胁动物生存的因素包括：栖息地丧失，污染物排放，过度猎杀，人类活动把疾病、植物和动物引入它们在正常情况下不会出现的地方，对当地的野生动植物造成伤害。不过，也有一些好消息：关心动物的人们正在尝试减缓或阻止危害动物的行为；越来越多的动物得到了国际法的保护；一些国家对非法猎杀动物或破坏生态环境的人实施严厉的惩罚；一部分土地被划分为保护区或国家公园，以保护关键的栖息地；最重要的是，环境教育行动正在让越来越多的人懂得，他们应该如何去保护这个星球的未来。

多样性热点地区

生物多样性涉及地球上的所有生命形式以及它们的居住地和它们之间的相互作用。生物多样性热点地区指的是生物多样性最丰富、受威胁也最严重的地区。这些地区（地图中的红色区域）都遭受了人类活动的严重破坏，它们虽然只占地球陆地面积的1.4%，但是分布着接近总数一半的植物物种和超过总数$\frac{1}{3}$的陆生脊椎动物物种，下文讨论其中受到威胁最严重的区域（已被圆圈标出）。

1. 太平洋岛屿

它们在地理位置上是隔绝的，这意味着有几百种独特的鸟类和植物只存在于单独的岛上，这使得它们非常容易面临灭绝的危险。

2. 北美洲

美国加利福尼亚州的地中海区域，正受到农业和城市扩张的威胁。每年冬天，有几百万只帝王蝶飞到墨西哥山区的松树林中，但这些松树林正在因伐木而被破坏。

3. 南美洲

广袤的热带安第斯山脉是地球上生物多样性最高的区域。在巴西，曾经广泛分布的沿海森林和内陆热带稀树草原，目前面积只剩原来的$\frac{1}{5}$，大部分都因为甘蔗种植园的开发和城市的扩张而被破坏了。

4. 非洲

在非洲之角（非洲东部的一个半岛），只有5%的土地没有受到人类的干扰：几个世纪以来，人类大力开采其丰富的矿产资源，人类饲养的家畜啃光了这里的干旱草地。

5. 亚洲

东南亚地区分布着珍稀的红毛猩猩和科莫多龙，这一地区目前还不断有新的物种被发现。然而，这些野生动物的栖息地正因人类的需要而被迅速地缩减。

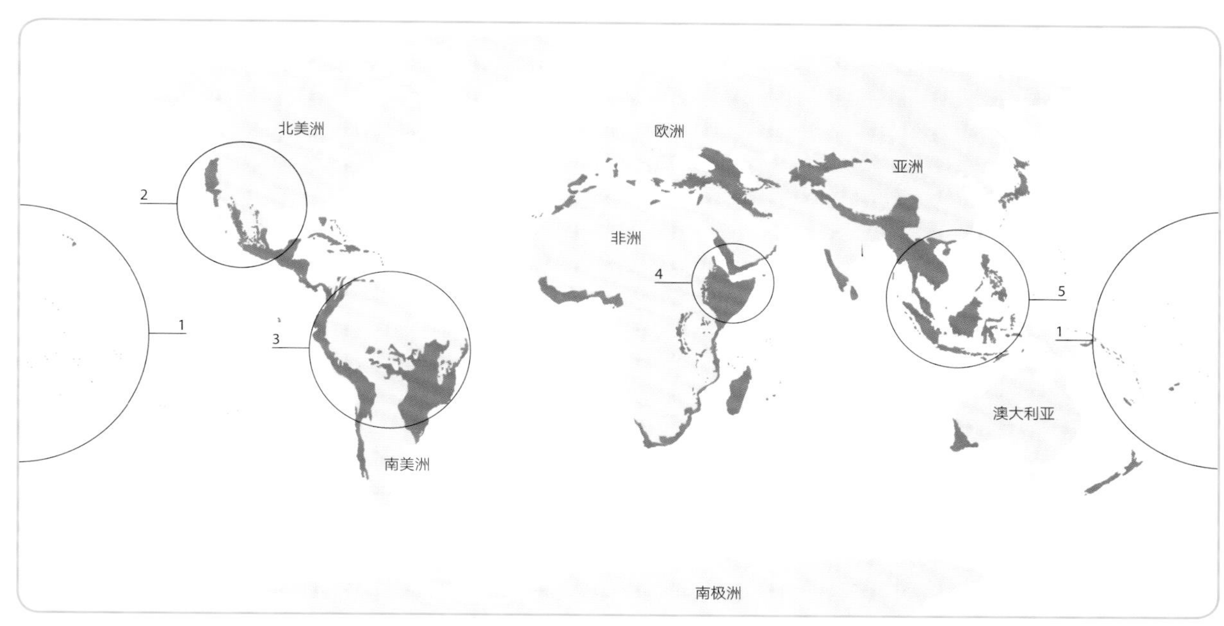

被污染的世界

这只南极海狗的幼崽被废弃的渔网缠住了，它的母亲无法把它从渔网中解救出来，这只幼崽前途未卜。

油轮因偶然事故将石油泄漏进了海洋，这些石油沾满了海鸟的羽毛，最终使它们死亡。

污染和过度捕捞是威胁海洋、湖泊和河流生物多样性的主要因素。

哺乳动物

26目 · 137科 · 1142属 · 4785种

哺乳动物

美洲豹是独居的猎手。雄性美洲豹只在繁殖季节与雌性美洲豹短暂地共处，繁殖季节结束后，雄性美洲豹会离开，留下雌性美洲豹独自照料幼崽（幼崽数可多达4只）。

哺乳动物属于脊椎动物门（由有脊椎的动物组成的门）。它们是人类最了解、研究最多的动物，其中一个原因是人类自己就是哺乳动物。哺乳动物是温血动物（也称恒温动物），这表示它们可以自己控制体温。这使得它们在很冷或很热的环境中也能保持正常的生命活动。除针鼹和鸭嘴兽外，哺乳动物都是胎生的。它们都有乳腺，可以产生乳汁哺育幼崽。哺乳动物体表一般长有毛发，即使是那些大部分时间生活在水下的物种也是如此。约1.95亿年前，哺乳动物从爬行动物进化而来。最早的哺乳动物体形很小，长约2.5厘米，长得像鼩鼱。现在，哺乳动物中既有姬鼠那样的小家伙（其中最小的和人的大拇指甲盖一样大），也有蓝鲸那样的大家伙，长度可达33.5米。哺乳动物生活在各种各样的栖息地中：地表、地下、空中、淡水和咸水，它们以不同的方式适应这些栖息地。小蝙蝠在飞行中追逐昆虫，好似进行空中表演的杂技演员；体表光滑的猎豹，以迅雷不及掩耳之势将猎物扑倒在地；笨拙的树懒，费力地在树上攀爬、寻找树叶。

头骨的进化

哺乳动物是所有动物中唯一可以咀嚼食物的动物，它们从爬行动物进化而来，但已经与爬行动物不同了，因为它们有了单一的下颌骨、有力的咀嚼肌和特化的牙齿。

早期爬行动物
咬肌构造简单，使得下颌骨只能上下运动。

统一的、圆锥状的牙齿

下颌由5块骨头组成，通过关节连接到头骨的后部

早期哺乳动物
头骨中很多块源自于爬行动物的骨头经历了消失或重排。

颧弓

下颌由一块下颌骨组成，与头骨的连接处向前移

现代哺乳动物
咀嚼肌构造复杂，使得下颌骨不仅可以上下运动，还可以侧向运动。

大颧弓上附着着强壮的咀嚼肌

特化的牙齿可以用于切削和研磨

四肢的不同用途

大部分哺乳动物以奔跑、攀爬或行走的方式移动，还有一些哺乳动物能游泳、挖掘或飞翔。但无论它们以何种方式运动，它们的四肢都拥有相同的基本骨骼结构。

蝙蝠
长长的手指支撑起一片皮肤构成的膜，用于飞行。

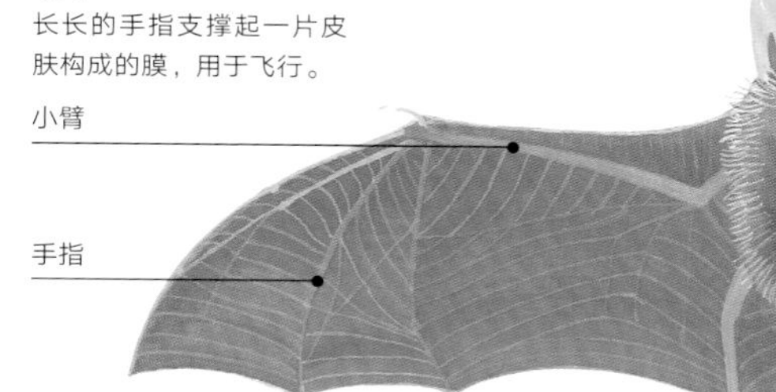

熊
短粗有力的前肢适合挖掘。

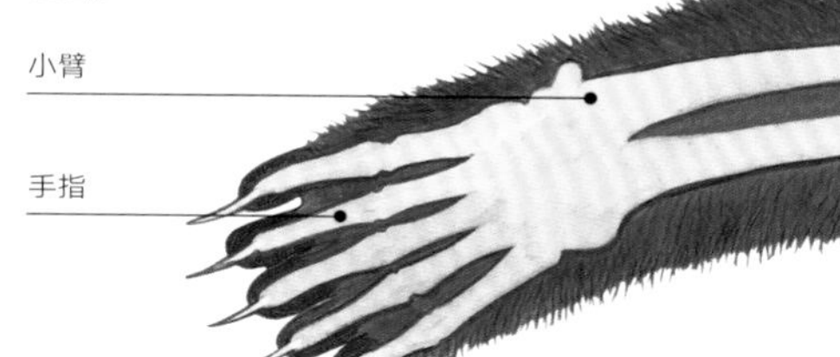

鲸
前肢特化成鳍状肢，使鲸类能够游泳。

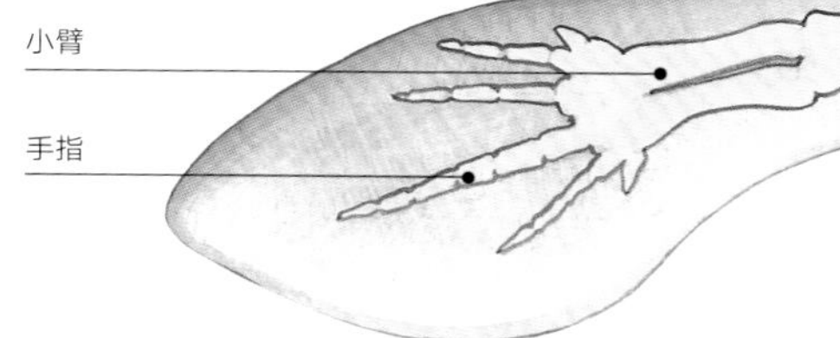

印度黑羚的腿部延伸形成带有蹄子的修长的四肢，这使得它们可通过奔跑和跳跃的方式来逃离捕食者。

皮肤和毛发

皮肤中含有许多不同的肌肉、血管和腺体。皮脂腺可以分泌油脂，用于保护皮毛，并且使皮毛具有防水性。汗腺可以帮助控制体温，即通过汗液的蒸发使体温下降。毛发由蛋白质构成，是哺乳动物特有的身体结构。甚至一些看上去没有毛发的哺乳动物，如海豚和鲸，身上也长着残存的毛发。有些哺乳动物的毛发可以形成触觉灵敏的胡须，也被称作触须。

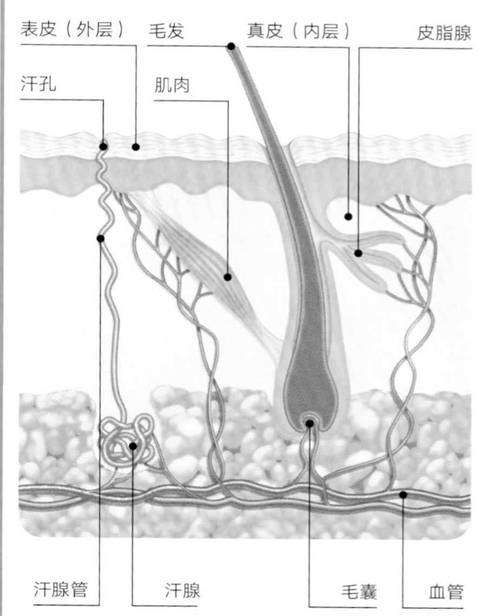

皮肤的横截面

北极狐厚厚的雪白毛发可以使它度过严寒的冬季，并且使它隐蔽在白色环境中，不易被猎物发现。

哺乳动物的繁殖方式

有三种不同的哺乳动物：单孔类、有袋类和有胎盘类。所有雌性哺乳动物体内的卵子与来自雄性的精子结合。单孔类（针鼹和鸭嘴兽）是唯一产蛋的哺乳动物，它们在交配后几天内就会产下软壳的蛋。母亲会用体温使这些蛋保持温暖，直到孵化。有袋类（比如袋鼠和负鼠）会生出发育不完全的幼体。幼体在母亲体外的育儿袋中吸吮乳汁，并完成它们的早期发育，这就是这一类动物被称作有袋类动物的原因。

与有袋类动物相比，有胎盘类动物的幼体会在母亲体内发育更长时间，它们通过胎盘从母体获取营养。这段时间被称作妊娠期。不同物种的妊娠期不同：大象的妊娠期长达22个月，而一些小型啮齿动物的妊娠期还不到3周。因为有胎盘类动物在母体中发育的时间比有袋类动物长，所以刚出生的有胎盘类动物比有袋类动物发育更完全。

在繁殖季节，雄性长颈鹿会和多只雌性长颈鹿交配。

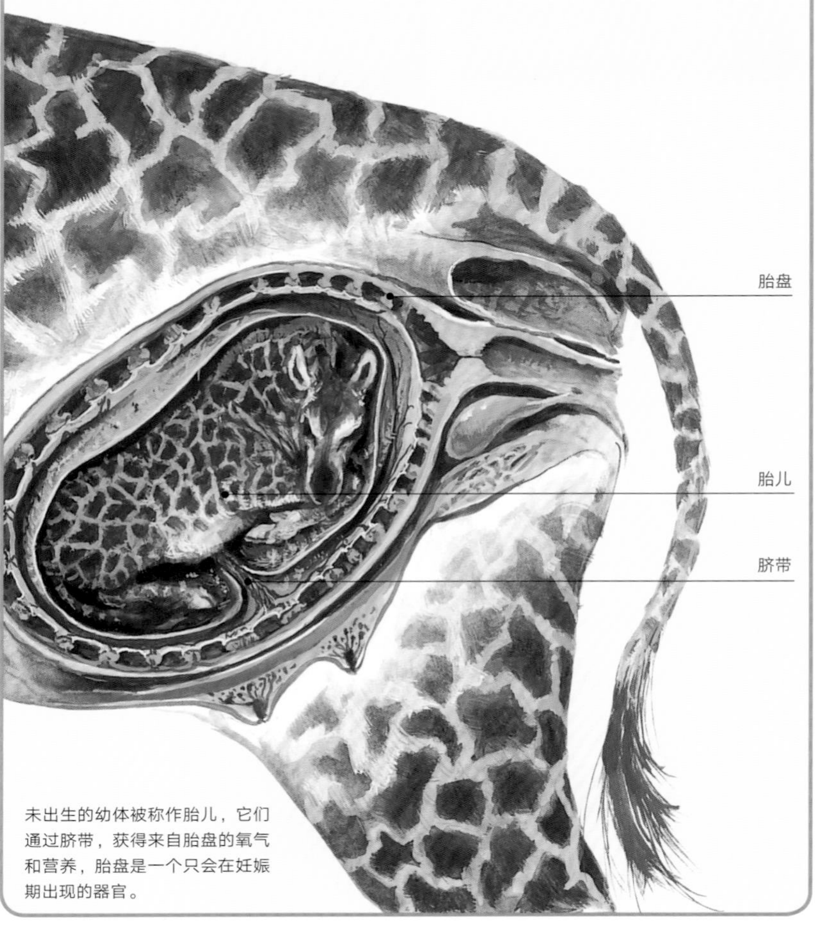

未出生的幼体被称作胎儿，它们通过脐带，获得来自胎盘的氧气和营养，胎盘是一个只会在妊娠期出现的器官。

哺育幼体

亲代的照料对于刚出生的哺乳动物的存活至关重要。

大部分哺乳动物在刚出生时都以母亲的乳汁作为唯一的食物来源。

捕食者和猎物

捕食者通过捕杀其他动物获得食物，被它们捕杀的动物被称作“猎物”。哺乳动物身上有很多有利于捕猎或避免被猎杀的适应特征。右图中的狮子利用自己的力量和爆发力去追捕羚羊。更小更轻的羚羊则利用自己的耐力跑过容易跑累的狮子。

哺乳动物的行为

雄性象海豹通过打斗获得繁殖领地，它们的体形比雌性象海豹大。

雄性灰狼通过打斗建立统治地位，胜利者赢得与雌性灰狼交配的权利。

朝向前方的双眼可以形成立体视觉

肌肉发达的后腿可以提供较大的加速度

雄性河马非常凶猛，它们会为了领地大打出手。在打斗中它们会用牙齿互相撕咬，这些撕咬有时会致命。

海獭是社会性的哺乳动物，大部分情况下雄性海獭和雌性海獭分别聚集成群体，漂在海面上。

阿拉斯加棕熊的幼崽在玩耍中练习长大后会用到的生存技能。

1目 · 2科 · 3属 · 3种

单孔类

单孔类属于哺乳动物中的一个目，它们在一些方面与爬行动物有相似之处。它们卵生，有泄殖腔——一个既用于排出身体产生的废物，又用于生殖的器官。单孔类动物能从腹部的皮肤中渗出乳汁，喂养幼崽。现存的单孔类动物只有3种：鸭嘴兽、短吻针鼹和长吻针鼹。鸭嘴兽和针鼹的体温都比其他哺乳动物低，针鼹在冬天会冬眠。雄性的鸭嘴兽和针鼹的两条后腿上各长有一根长距。鸭嘴兽的距有毒，雄性用它相互打斗。鸭嘴兽喙上的橡胶质皮肤中有特殊的器官，可以探测到虾、淡水蟹以及水中的其他无脊椎动物的生物电。针鼹可能也会通过这种方式感知猎物。

长吻针鼹
Zaglossus bruijni
舌头上的小刺可以帮助它捕捉蚯蚓。

产房
雌性鸭嘴兽在河岸挖洞，并把蛋产在洞里。

短吻针鼹
Tachyglossus aculeatus
身体上的每根刺都是一根毛。它的鼻子可以起到呼吸管的作用，使它在穿过河流的时候也能呼吸。

鸭嘴兽
Ornithorhynchus anatinus
脂肪储存在宽厚的尾巴中。有蹼的后足可以起到舵的作用。

针鼹吃白蚁、蚂蚁或蛴螬（金龟子的幼虫）

坚硬的爪子可以破开白蚁的巢穴

又长又黏的舌头

生存现状

在单孔类仅存的3个物种中，有1种被列入了《国际自然及自然资源保护联盟（IUCN）红色物种名录》，它就是濒危的长吻针鼹，野外仅存30万只。它们被人类大量猎杀，并且受到了栖息地丧失的威胁。

灭绝	0
极危	0
濒危	1
易危	0
其他	0

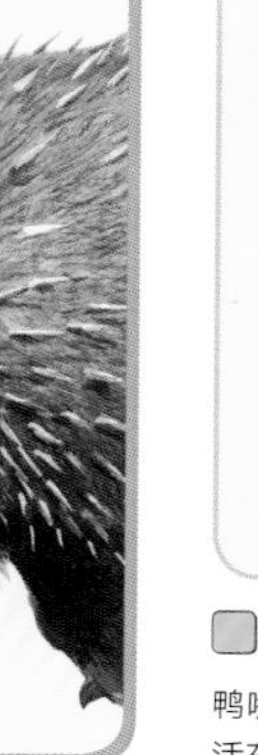

长吻针鼹

单孔类

鸭嘴兽生活在澳大利亚东部。短吻针鼹生活在整个澳大利亚和新几内亚低地，而长吻针鼹则生活在新几内亚高地。

7目 · 19科 · 83属 · 295种

有袋类

所有有袋类动物在出生时都发育不完全。它们的孕期短至9天（东袋鼬的孕期），长至38天（东部灰大袋鼠的孕期）。它们在出生时只有几毫克重。出生后，它们会暂时生活在母亲的育儿袋中，吸吮乳汁并完成发育。不同的生殖和育幼方式，是有袋类动物和有胎盘类动物的主要区别。有袋类动物曾经一度遍布美洲、欧洲和澳大利亚。今天，只有70种有袋类动物仍然在美洲生存，其中包括负鼠、鼩负鼠和南猊。

南猊（蒙特）
Dromiciops gliroides
会用竹叶、苔藓和树枝建造圆形的巢穴，冬眠时住在里面。

黑耳负鼠
Didelphis marsupialis
出生后，幼崽会先在母亲的育儿袋里生活两个月，接着再到母亲的背上生活一段时间，直到它们长到3~4个月大。

烟色鼩负鼠
Caenolestes fuliginosus

草原负鼠
Lestodelphys halli

粗尾负鼠
Lutreolina crassicaudata
长着一条末端没有毛的粗尾巴。

罗氏鼠负鼠
Marmosa robinsoni
四足都长有可以对握的拇指（趾），能帮助它们抓住纤细的树枝和藤蔓。

黄侧短尾负鼠
Monodelphis dimidiata

蹼足负鼠
Chironectes minimus
唯一一种水生的有袋类动物，它的脚趾间有蹼，毛皮上有很多油脂。

有袋类

有一些有袋类动物生活在美洲，但大部分有袋类动物还是只生活在澳大利亚和新几内亚。现在它们已经被引入了新西兰岛、夏威夷岛和不列颠岛。

新生命的诞生

刚从泄殖腔里诞生的新生儿，比胚胎大不了多少。

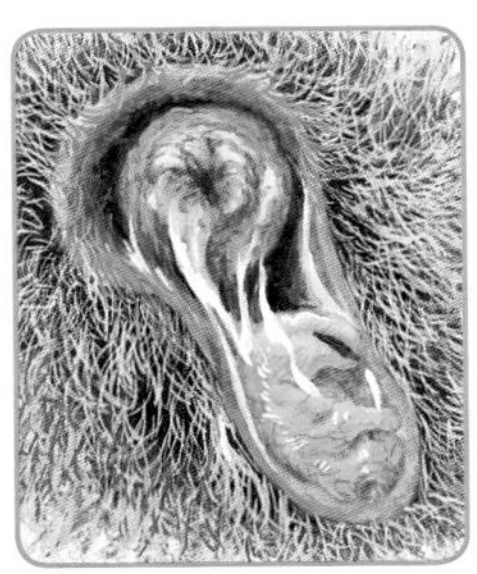

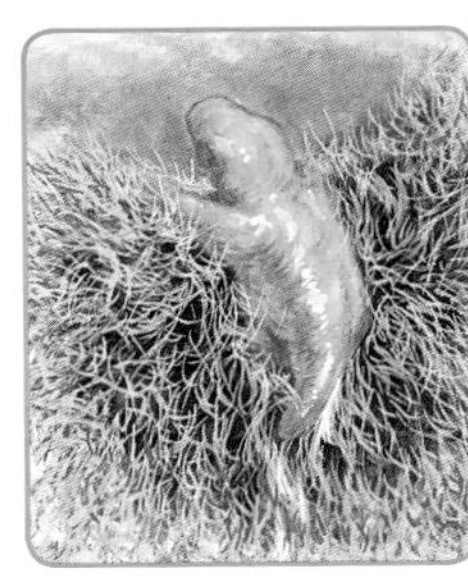

它会利用自己强壮的前肢向上爬，穿过母亲的毛发，爬到育儿袋里。

新生儿会把自己紧紧地连接在育儿袋里的乳头上，持续几周到几个月的时间，它们会在这段时间里快速生长。

袋貂和袋鼠

袋貂和袋鼠属于有袋类中一个很大的目——双门齿目，这个目还包括袋熊和考拉等物种。双门齿目动物只分布在大洋洲，它们的下颌上都长着两颗又大又突出的门齿。大部分双门齿目动物都以草或树叶为食，但有些袋貂以昆虫或花蜜为食。这个目中只有少数物种是昼行动物（在白天活动），大部分物种都更喜欢在黄昏或夜晚出来寻找食物。这个目中体形最大的物种（同时也是整个有袋类中最大的物种）是红袋鼠，雄性红袋鼠身高可达1.5米，体重可达85千克。大部分袋鼠或沙袋鼠的运动方式都是利用两条强壮的后腿往前跳，而分布在澳大利亚北部和新几内亚的树袋鼠则会爬树。大部分袋貂在树上生活。

生存现状

有袋类动物共有295种，其中有166种被列入了《国际自然及自然资源保护联盟（IUCN）红色物种名录》。山袋貂的大部分栖息地都因为道路、水坝和滑雪场的建造而被破坏了。

灭绝	10
极危	5
濒危	27
易危	47
其他	77

山袋貂

塔斯马尼亚袋熊
Vombatus ursinus

黄脚岩沙袋鼠
Petrogale xanthopus
后足上长着粗糙的脚底板，使得它们可以稳稳地站在岩石上。

古氏树袋鼠
Dendrolagus goodfellowi
强壮的前肢用于攀爬树木。

拳击高手

红袋鼠
Macropus rufus
在黄昏和夜里活动。

西部灰袋鼠
Macropus fuliginosus
有亲缘关系的西部灰袋鼠会组成社会群体。

赤褐袋鼠
Aepyprymnus rufescens

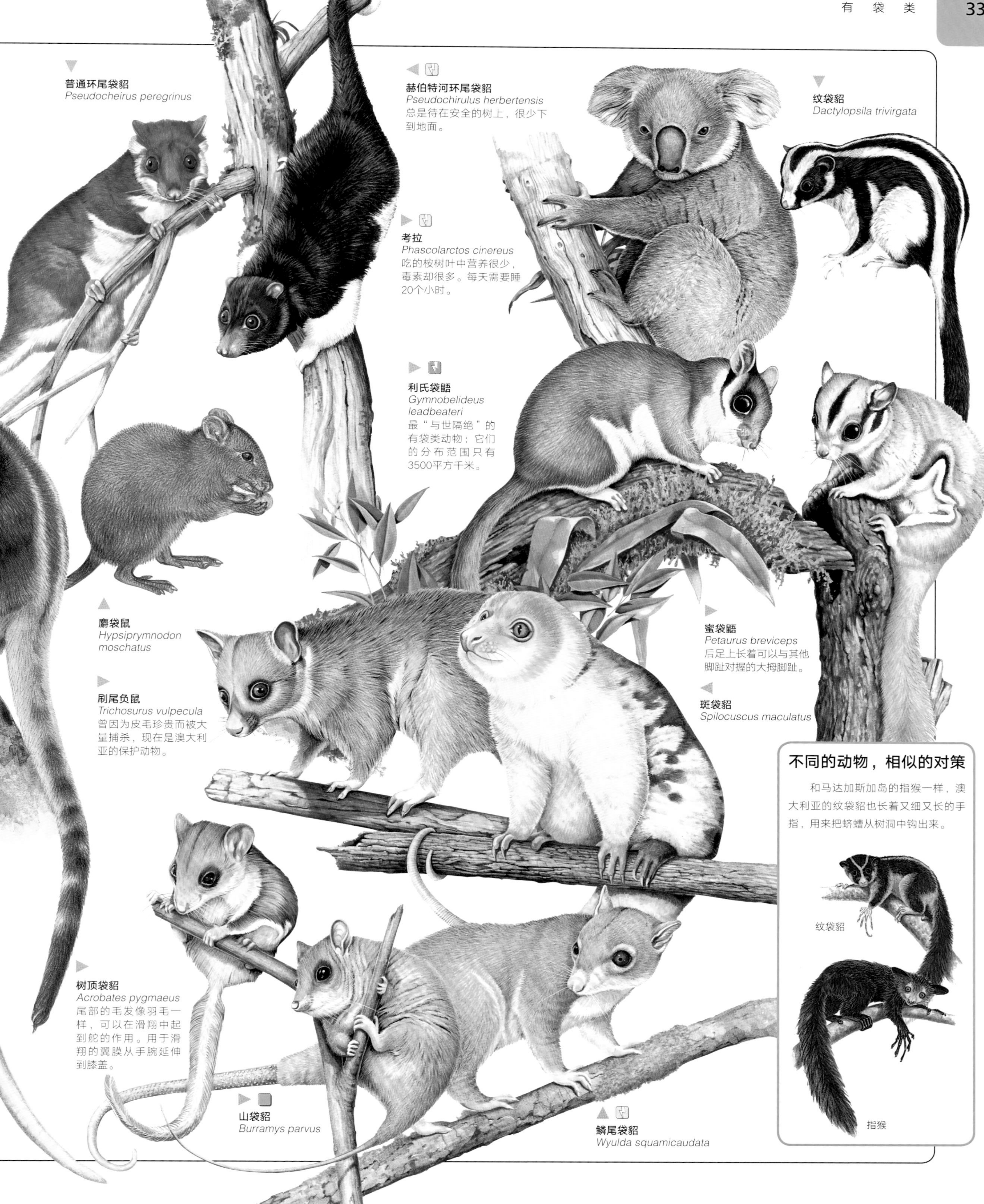

不同的动物，相似的对策

和马达加斯加岛的指猴一样，澳大利亚的纹袋貂也长着又细又长的手指，用来把蛴螬从树洞中钩出来。

袋狸和袋鼬

一部分有袋类动物是食肉动物，比如体形像猫的斑袋鼬和袋獾，它们都属于袋鼬目。袋狼是这一类动物中体形最大的物种，和狗差不多大，它们在20世纪初因为被过度猎杀而灭绝。这些食肉的有袋类动物，有着和食草的有袋类动物（比如袋鼠和负鼠）不同的牙齿，因为它们要抓住猎物、撕开皮肉、咬断骨头。袋鼩、帚尾袋鼬和阔脚袋鼩也是袋鼬目的动物，但它们的食物以昆虫为主，它们的体形比食肉的袋鼬目动物小。袋狸是杂食动物，既吃植物也吃动物，它们属于袋狸目。袋狸目中的物种有很多是社会性动物。有些袋狸目动物为了寻找食物会在地上挖坑。袋鼹属于袋鼹目，它们会在地下挖洞，寻找无脊椎动物作为食物。和鼹鼠不同，袋鼹挖完洞后不会留下一条中空的隧道。

斑尾袋鼬
Dasyurus maculatus
生活在树上，捕食小动物，也会吃尸体的腐肉。

脊尾袋鼬
Dasycercus cristicauda

袋狼（塔斯马尼亚虎）
Thylacinus cynocephalus
背上有13~19条深色的条纹。它的尾巴很硬，尾巴基部很粗，从基部到端部逐渐变细。

黄袋鼩
Antechinus flavipes

袋獾
Sarcophilus harrisii
强壮的下颌和坚硬的臼齿可以咬碎骨头。

脂尾袋鼩
Sminthopsis crassicaudata
在尾巴中储存脂肪。

兔耳袋狸
Macrotis lagotis
长着又长又尖的吻部，蓬松的尾巴上有黑白两种颜色。

袋食蚁兽
Myrmecobius fasciatus
黏黏的舌头可以伸出嘴外10厘米长。虽然袋食蚁兽是有袋类动物，但它们没有育儿袋。

短鼻袋狸
Isoodon obesulus

南袋鼹
Notoryctes typhlops
没有外耳，油光顺滑的皮毛被含铁量高的土壤染成红褐色。

纹袋狸
Microperoryctes longicauda

2目 · 5科 · 14属 · 36种

食蚁兽和穿山甲

食蚁兽、犰狳和树懒同属于贫齿目，它们都是大脑很小、牙齿很少或没有牙齿的有胎盘哺乳动物。它们的脊椎上有额外的关节，用于加固腰部和臀部。这对于像食蚁兽和犰狳这样的掘土者来说非常有用。食蚁兽没有牙齿，以昆虫为食，它们尤其喜欢白蚁，会用又长又黏的舌头把白蚁送进嘴里。犰狳的舌头也有黏性，能用于舔食昆虫，但它们主要吃植物。它们善于掘土和游泳，后背上覆盖着由骨质鳞片构成的甲胄。树懒以它们极其迟缓的运动方式著称，这是因为它们的食物都是低能量的树叶。穿山甲自成一目（鳞甲目）。与犰狳相似，它们的身体也被盔甲覆盖，但它们的盔甲是由相互重叠的角质鳞片构成的。它们的舌头比头和身子加起来都长。

白喉三趾树懒
Bradypus tridactylus
蛾子和甲虫生活在它蓬松的毛发中。

鬃毛三趾树懒
Bradypus torquatus

大食蚁兽
Myrmecophaga tridactyla
幼体会在母亲的背上生活一年。

环颈食蚁兽（小食蚁兽）
Tamandua sp.

拉河三带犰狳
Tolypeutes matacus
可以蜷成一个球来防御捕食者。

大穿山甲
Manis gigantea
相互重叠的鳞片覆盖着它的全身各处，除了身体下面。

披毛犰狳
Chaetophractus villosus

生存现状

食蚁兽、犰狳、树懒和穿山甲共有36种，其中有20种被列入了《国际自然及自然资源保护联盟（IUCN）红色物种名录》。生活在阿根廷草原上的倭犰狳是濒危动物。倭犰狳的大部分栖息地都因农业的发展而消失了，还有很多倭犰狳被家犬咬死了。

灭绝	0
极危	0
濒危	3
易危	5
其他	12

倭犰狳

穿山甲　食蚁兽、树懒和犰狳

食蚁兽、树懒和犰狳生活在美洲，主要是南美洲。有3种穿山甲生活在南亚，另外4种生活在非洲。

1目 · 7科 · 68属 · 428种

食虫类

早期哺乳动物中很多以昆虫为食。现在的食虫类动物几乎以昆虫和其他小型无脊椎动物作为唯一的食物来源。有些也会吃植物，甚至吃小鱼和小蜥蜴。现在的食虫类动物属于食虫目，这个目包括鼩鼱、马岛猬、刺猬和鼹鼠等动物。与很多其他哺乳动物类群相比，食虫类动物有一些比较原始的特征：小而光滑的脑子和简单的牙齿。食虫类动物是一群小而胆怯的动物，只在夜晚活动。它们中的大部分在地上生活，但也有一些鼩鼱和鼹鼠更喜欢在水里生活。它们中的大部分长着长长的吻部，嗅觉和触觉发达，但视力常常很差，特别是在地下打洞的鼹鼠。鼹鼠的眼睛极小，几乎看不到任何东西。刺猬和某些马岛猬的上半身长着刺，保护它们免被捕食。

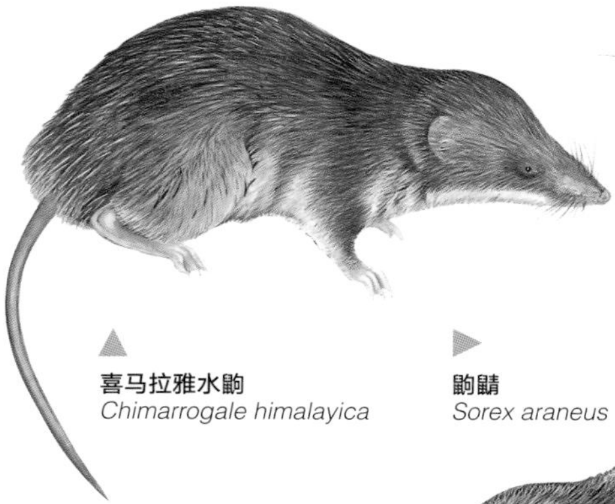

喜马拉雅水鼩
Chimarrogale himalayica

鼩鼱
Sorex araneus

蹼麝鼩
Nectogale elegans
足上有蹼，可以用来游泳，足垫有黏性，可以在湿滑的岩石上攀爬。

大獭鼩
Potamogale velox
游泳的时候身体会没入水中，鼻子、眼睛和耳朵会露出水面。

裸足猬
Podogymnura truei

刺猬
Erinaceus europaeus
在遇到危险的时候，刺猬会把背上的刺立起来。它腹部的毛是柔软的。

沟齿鼩
Solenodon cubanus
坚硬的爪子可以把昆虫、蠕虫和小蜥蜴从地表的落叶层中挖出来。

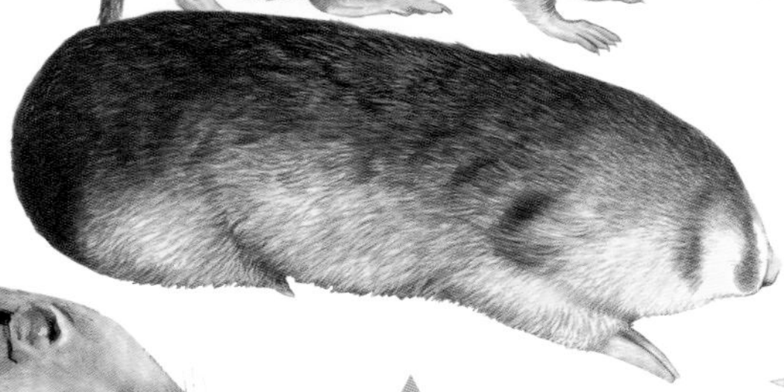

金鼹
Amblysomus hottentotus
鼻子上有角状的肉垫，前脚上长着爪子，这些都有助于它在地下挖隧道。

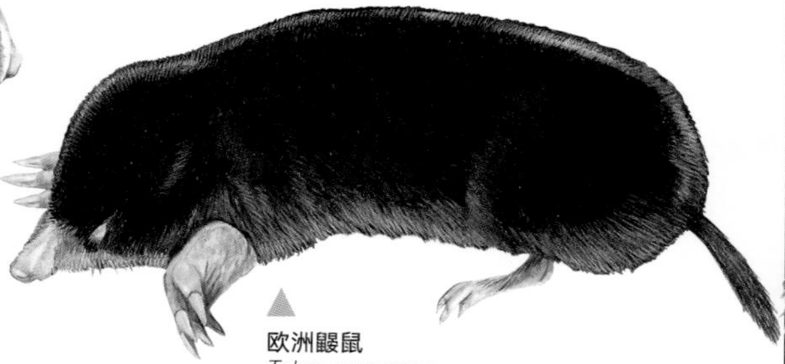

欧洲鼹鼠
Talpa europaea

生存现状

食虫类动物共有428种，其中有173种被列入了《国际自然及自然资源保护联盟（IUCN）红色物种名录》，包括世界上最珍稀的动物之一——南非大金鼹。下图是另一种濒危的食虫类动物——鲁文佐里獭鼩，它们生活在非洲刚果盆地周围的河流和溪水中。鲁文佐里獭鼩濒危的原因是：随着越来越多的人类在它们的栖息地附近定居，人类排放的垃圾和污水渐渐污染了它们赖以生存的溪流。

灭绝	5
极危	22
濒危	48
易危	54
其他	44

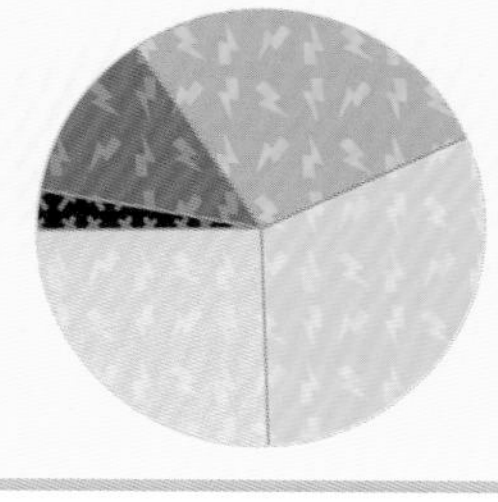

鲁文佐里獭鼩

食虫类

在世界上的很多地方都可以找到刺猬、裸足猬、鼹鼠、麝香鼠、鼩鼱这些动物，而沟齿鼩、马岛猬、獭鼩这些动物的分布范围则比较窄。

2目 · 2科 · 6属 · 21种

鼯猴和树鼩

世界上只有两种现存的鼯猴。它们住在树上，白天睡觉，夜间活动。它们是小型动物，成年个体重达2千克。鼯猴的前肢和后肢间有薄而坚固的翼膜。它们不会飞翔，但是可以在树间滑翔，滑翔距离长达91米。然而，在空中灵巧不等于在地面上也灵巧，鼯猴在走路时很笨拙。现存的19种树鼩中大部分生活在树上，跑上跑下地寻找小动物和水果。它们活跃、吵闹、有领地意识，长得有点像松鼠。虽然树鼩和松鼠亲缘关系不近，但它们和松鼠一样，都可以在蹲坐的时候用前爪握住食物。

像风筝一样飞

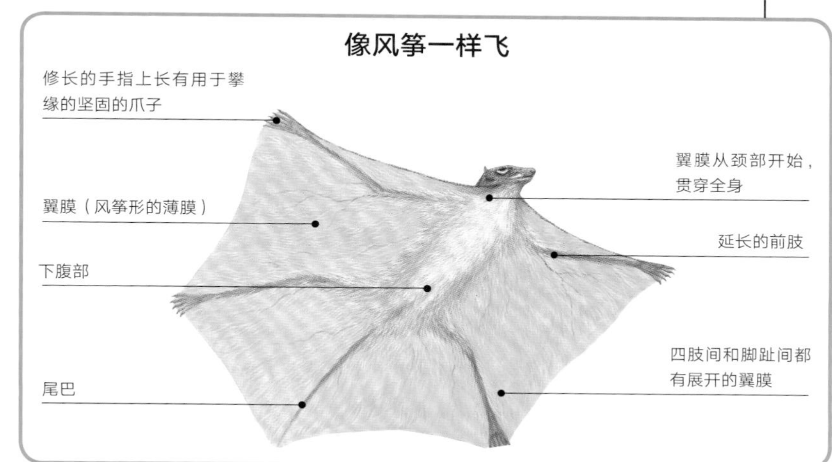

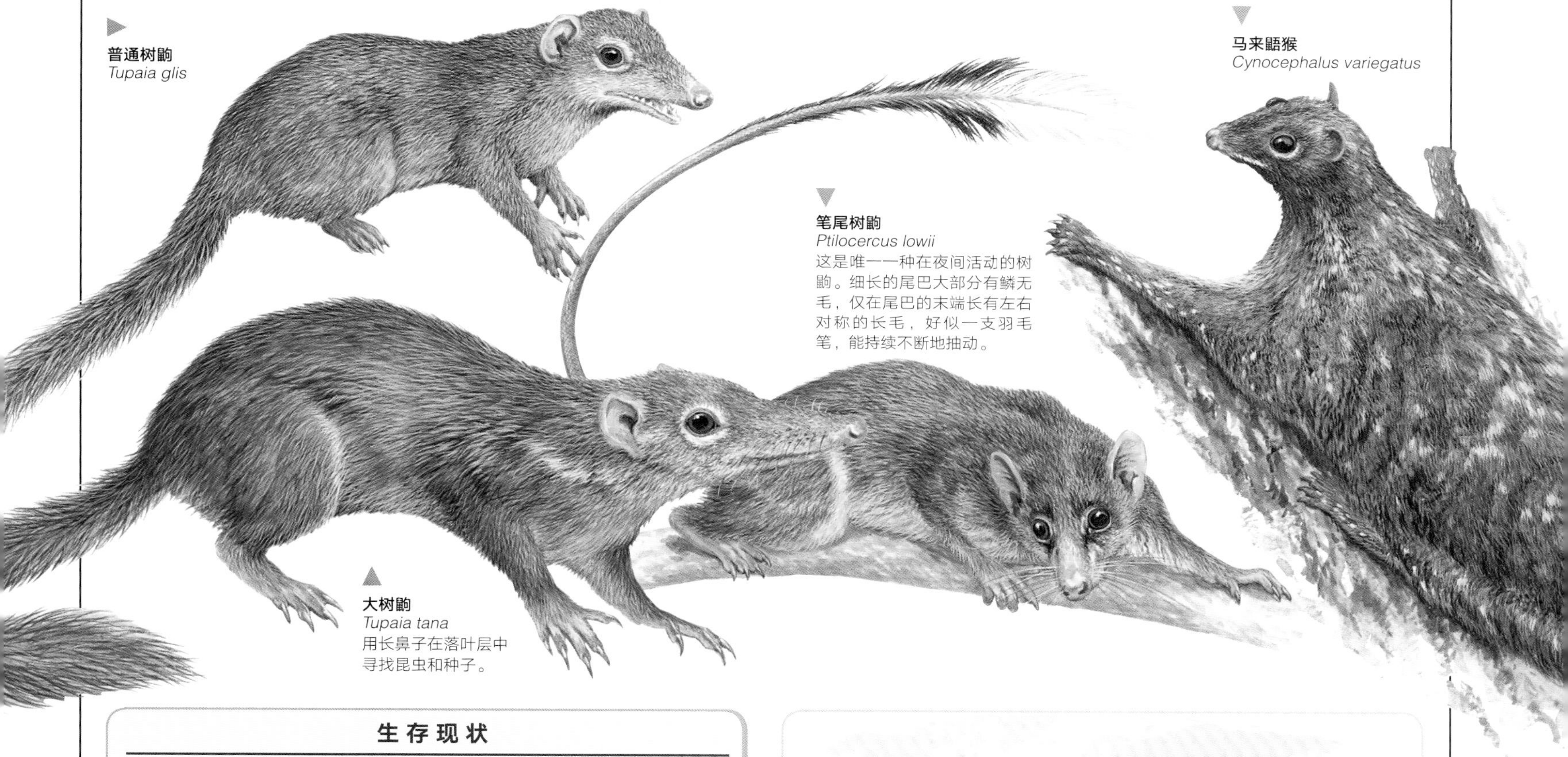

普通树鼩 *Tupaia glis*

马来鼯猴 *Cynocephalus variegatus*

笔尾树鼩 *Ptilocercus lowii*
这是唯一一种在夜间活动的树鼩。细长的尾巴大部分有鳞无毛，仅在尾巴的末端长有左右对称的长毛，好似一支羽毛笔，能持续不断地抽动。

大树鼩 *Tupaia tana*
用长鼻子在落叶层中寻找昆虫和种子。

生存现状

鼯猴和树鼩共有21种，其中有8种被列入了《国际自然及自然资源保护联盟（IUCN）红色物种名录》。菲律宾鼯猴被当地农民当作害兽，并被猎杀作为食物。伐木也对其雨林栖息地造成了威胁。

灭绝	0
极危	0
濒危	2
易危	5
其他	1

菲律宾鼯猴

树鼩　鼯猴和树鼩

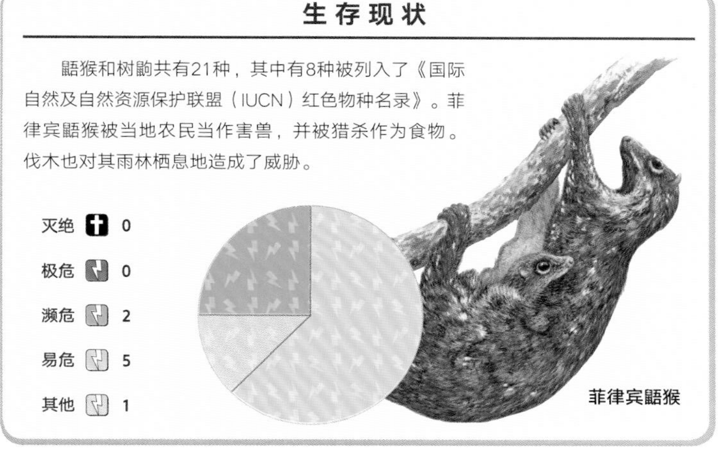

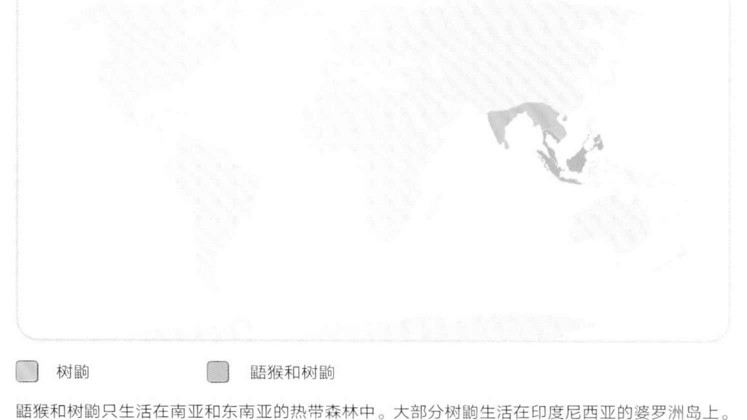

鼯猴和树鼩只生活在南亚和东南亚的热带森林中。大部分树鼩生活在印度尼西亚的婆罗洲岛上。

1目 · 18科 · 177属 · 993种

蝙蝠

蝙蝠是唯一一类能真正飞行的哺乳动物。它们很可能是从树栖的祖先进化来的，这些祖先需要在高高的树枝间移动，它们先是在树枝间跳跃，后来进化成在树枝间滑翔，最后进化出了飞行能力。它们的翅膀比鸟类的翅膀更加灵活，使得它们在飞行时更加敏捷。各种蝙蝠组成了翼手目，翼手目是哺乳动物中的第二大目，包含哺乳动物$\frac{1}{4}$的物种。最小的蝙蝠是大黄蜂蝠，它头长不足10毫米，翼展只有15厘米。最大的蝙蝠是马来狐蝠，它的翼展长达2米。蝙蝠被分为两类：果蝠（也称狐蝠）和小蝙蝠，其中小蝙蝠主要以昆虫为食。蝙蝠通常过群居生活，雌性蝙蝠可能会组成独特的育幼群，在育幼群中养育后代，并避免雄性蝙蝠和未怀孕的雌性蝙蝠的打扰。

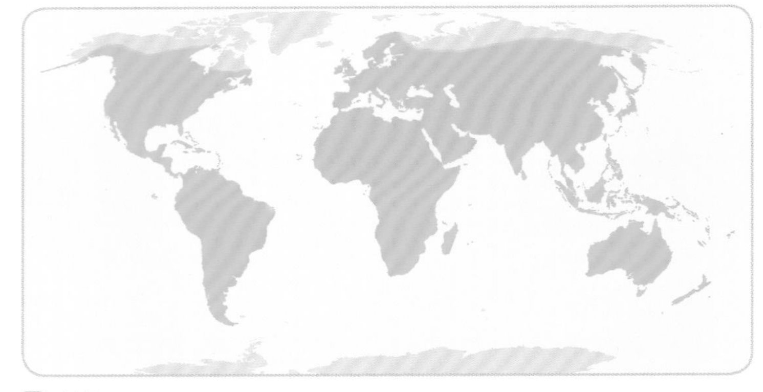

蝙蝠

蝙蝠分布在世界上几乎所有地方，只有极地和少数与大陆隔离的岛屿没有蝙蝠的分布。它们在较为温暖的地方更为常见，尤其是热带地区。

蝙蝠休息的姿态

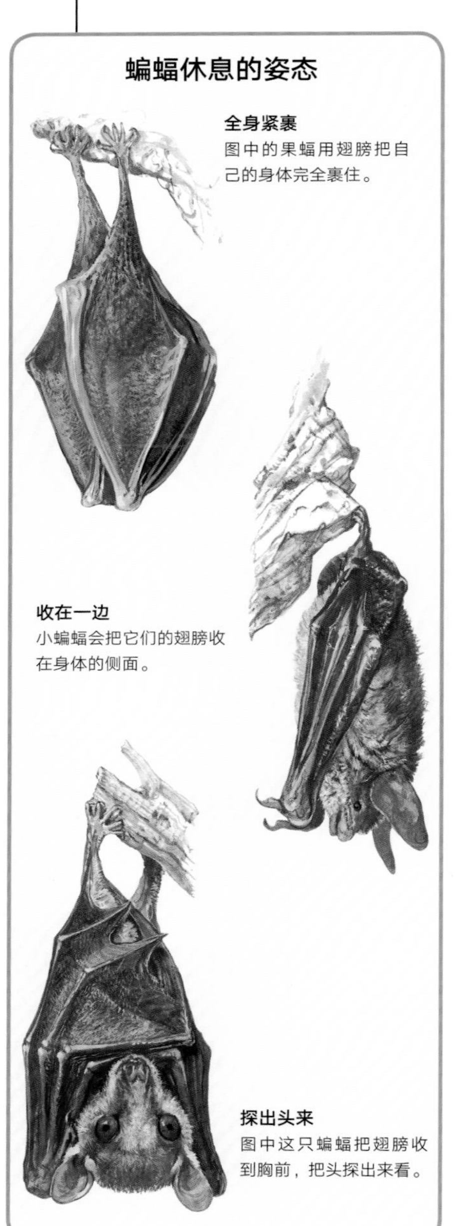

全身紧裹
图中的果蝠用翅膀把自己的身体完全裹住。

收在一边
小蝙蝠会把它们的翅膀收在身体的侧面。

探出头来
图中这只蝙蝠把翅膀收到胸前，把头探出来看。

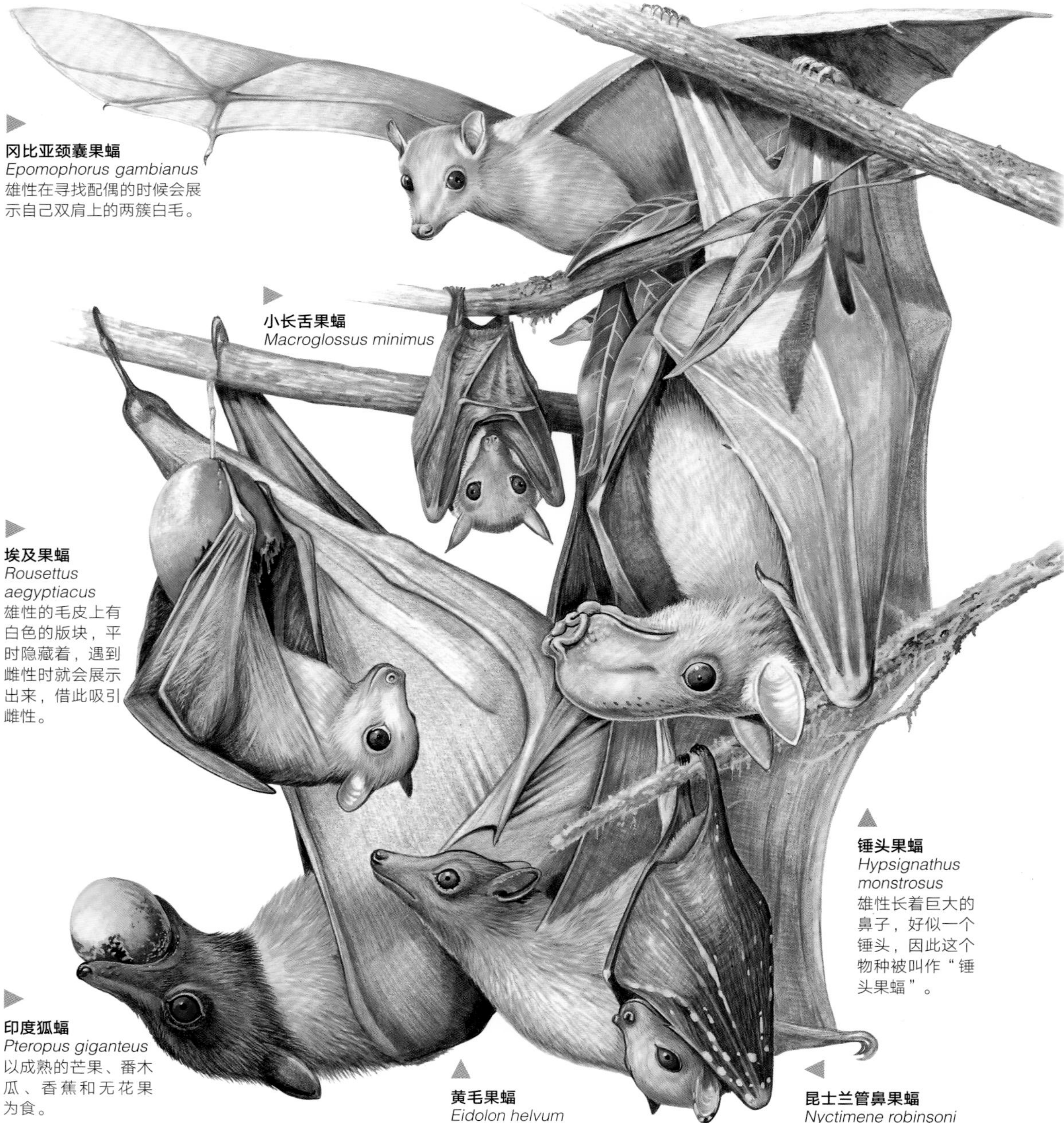

冈比亚颈囊果蝠
Epomophorus gambianus
雄性在寻找配偶的时候会展示自己双肩上的两簇白毛。

小长舌果蝠
Macroglossus minimus

埃及果蝠
Rousettus aegyptiacus
雄性的毛皮上有白色的版块，平时隐藏着，遇到雌性时就会展示出来，借此吸引雌性。

锤头果蝠
Hypsignathus monstrosus
雄性长着巨大的鼻子，好似一个锤头，因此这个物种被叫作“锤头果蝠”。

印度狐蝠
Pteropus giganteus
以成熟的芒果、番木瓜、香蕉和无花果为食。

黄毛果蝠
Eidolon helvum

昆士兰管鼻果蝠
Nyctimene robinsoni

视觉和听觉

回声定位

果蝠依靠视觉四处飞行。小蝙蝠利用雷达一样的回声定位系统“看见”周围的东西。这种能力使得它们可以在黑暗中捕食。它们会发出超声波，并通过接收这些被固体物质（比如昆虫的身体）反射回来的超声波，来感知自己的周围有什么物体。

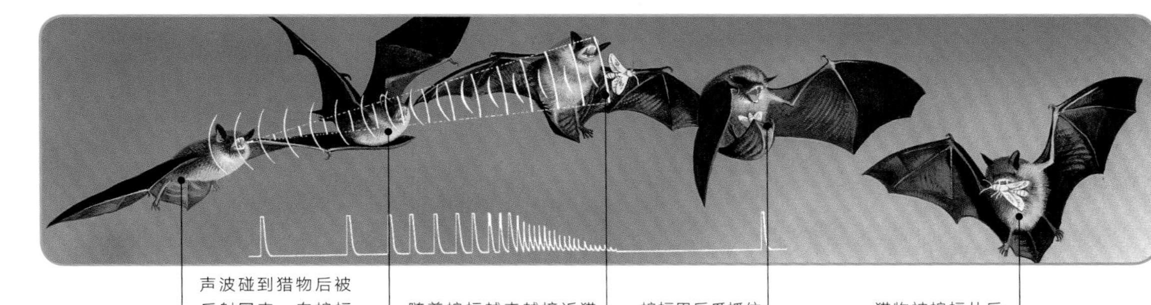

蝙蝠发出超声波

声波碰到猎物后被反射回来，向蝙蝠揭示猎物的位置

随着蝙蝠越来越接近猎物，声波的频率会变高

蝙蝠用后爪抓住猎物

猎物被蝙蝠从后爪转移到口中

发出超声波

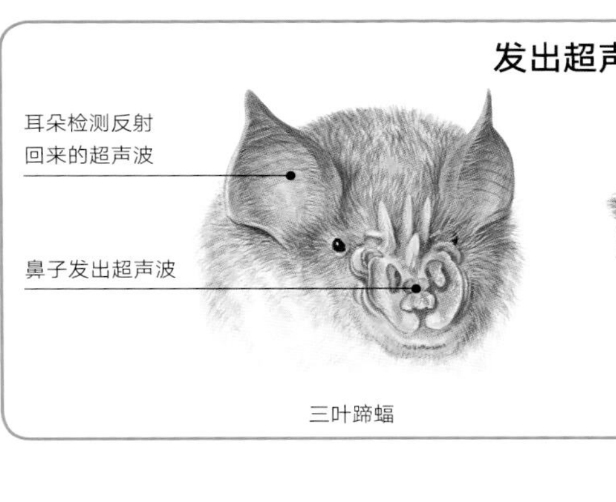

耳朵检测反射回来的超声波

鼻子发出超声波

三叶蹄蝠

耳朵检测反射回来的超声波

口腔发出超声波

须鼠耳蝠

耳朵和鼻子

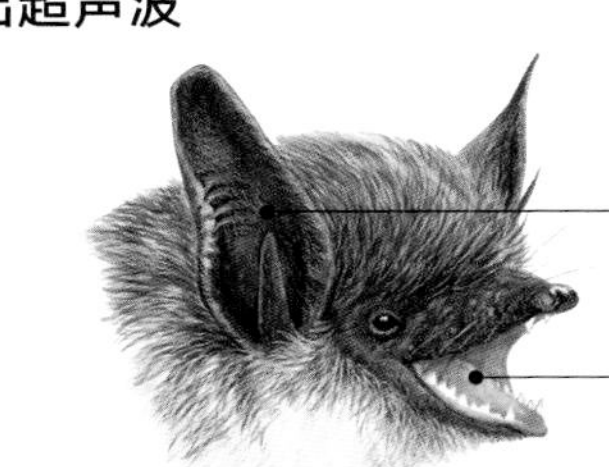

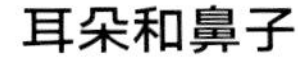

大耳蝠
耳朵上的皮瓣能提高回声定位的效果。

建棚蝠
叶状的鼻子有助于检测从猎物身上反射的回声。

小裸背果蝠
鼻子可以嗅出食物的位置。

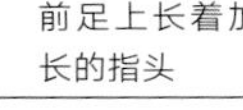

前足上长着加长的指头

翼膜由两层皮肤和中间的血管组成

肘

大耳朵

眼窝

颈椎融合为一体

胸骨和扁平化的肋骨

长着爪子的大拇指

朝后的膝盖

骨盆

后足

后足上的距进一步扩大了翼膜的面积

尾巴

小蝙蝠

大部分蝙蝠都属于小蝙蝠这一类。所有的小蝙蝠都利用回声定位系统寻找食物，其中大部分物种会在晚上捕捉在空中飞行的昆虫，有一些体形比较大的物种会捕捉鱼、青蛙、鸟、蜥蜴和啮齿类等小型脊椎动物，有一些物种以水果、花和花蜜为食，还有3个物种以舔食鲜血为生。小蝙蝠通常比果蝠的体形小，成年后体长通常不到15厘米，所以它们被叫作“小蝙蝠”。因为高度依赖于回声定位系统，它们的眼睛很小，耳朵高度发达，脸上长着有利于提高回声定位效果的鼻叶和瓣膜。

皺面蝠
Centurio senex
脸上长着骇人的褶皱。

冕蹄蝠
Hipposideros diadema

兜犬吻蝠
Nyctinomops femorosaccus
粗尾巴延伸到了翼膜之外。

普通吸血蝙蝠
Desmodus rotundus
长着特化的大拇指和后腿，使得它在捕猎时可以手脚并用。

假吸血蝠
Vampyrum spectrum

兔唇蝠
Noctilio leporinus
长腿上长着巨大的脚掌和坚硬的爪子，用来抓捕水中的鱼。颊囊可以把嚼过的鱼肉暂时储存起来，以便于继续捕鱼。

白蝠

这种生活在中美洲的小型蝙蝠以水果为食。它们会用牙齿在大叶子上咬，使叶子塌下来，形成可以保护它们的“小帐篷”。它们会组成6只左右的小群体，一起在“小帐篷”下面躲避热带雨林的暴雨。当阳光透过绿色的叶子照射下来的时候，它们的白色绒毛会反射出绿色的光，使得它们能隐蔽在绿叶中。除了白蝠，还有至少14种蝙蝠会把叶子做成“小帐篷”。

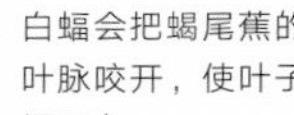

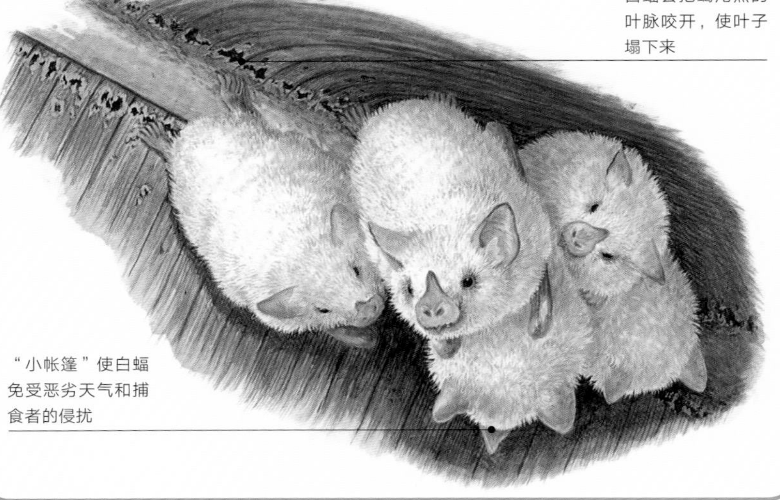

白蝠会把蝎尾蕉的叶脉咬开，使叶子塌下来

“小帐篷”使白蝠免受恶劣天气和捕食者的侵扰

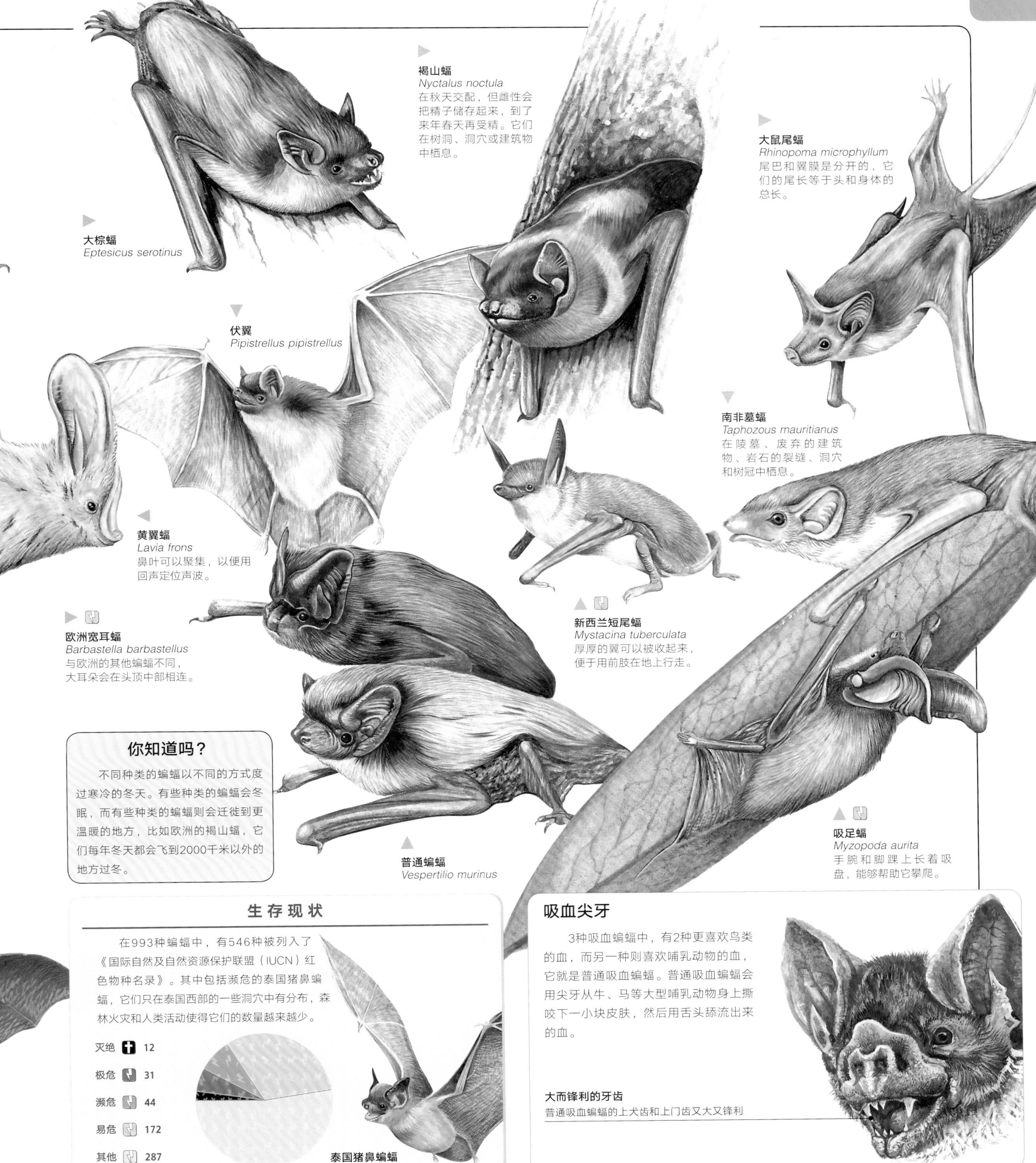

你知道吗？

不同种类的蝙蝠以不同的方式度过寒冷的冬天。有些种类的蝙蝠会冬眠，而有些种类的蝙蝠则会迁徙到更温暖的地方，比如欧洲的褐山蝠，它们每年冬天都会飞到2000千米以外的地方过冬。

生存现状

在993种蝙蝠中，有546种被列入了《国际自然及自然资源保护联盟（IUCN）红色物种名录》。其中包括濒危的泰国猪鼻蝙蝠，它们只在泰国西部的一些洞穴中有分布，森林火灾和人类活动使得它们的数量越来越少。

灭绝	12
极危	31
濒危	44
易危	172
其他	287

泰国猪鼻蝙蝠

吸血尖牙

3种吸血蝙蝠中，有2种更喜欢鸟类的血，而另一种则喜欢哺乳动物的血，它就是普通吸血蝙蝠。普通吸血蝙蝠会用尖牙从牛、马等大型哺乳动物身上撕咬下一小块皮肤，然后用舌头舔流出来的血。

大而锋利的牙齿
普通吸血蝙蝠的上犬齿和上门齿又大又锋利

1目 · 13科 · 60属 · 295种

灵长类

大猩猩以家族部落的形式生活在非洲的东部、中部和中西部。大猩猩宝宝会被喂18个月的奶，并且在母亲身边生活大约3年的时间。

灵长类动物是一类智力发达的哺乳动物，大部分居住在树上。它们朝前的双眼可以使它们拥有三维视觉和判断距离的能力。它们的拇指可以对握，即能摸到其他指头的指尖，这能让它们抓握物体。灵长类动物主要分为两个类群：低等灵长类（即原猴类）和高等灵长类（即猴和猿）。

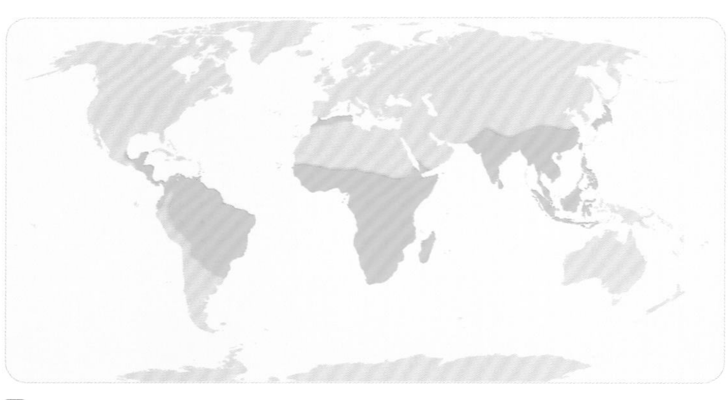

灵长类

大部分灵长类动物生活在雨林中，主要是非洲、亚洲和南美洲的热带和亚热带的区域。只有几种生活在温带地区。

灵长类的特征

直立的骨架

猿类有时会上身直立地坐着或行走。它们的手臂比腿长，可以在行走时辅助平衡。

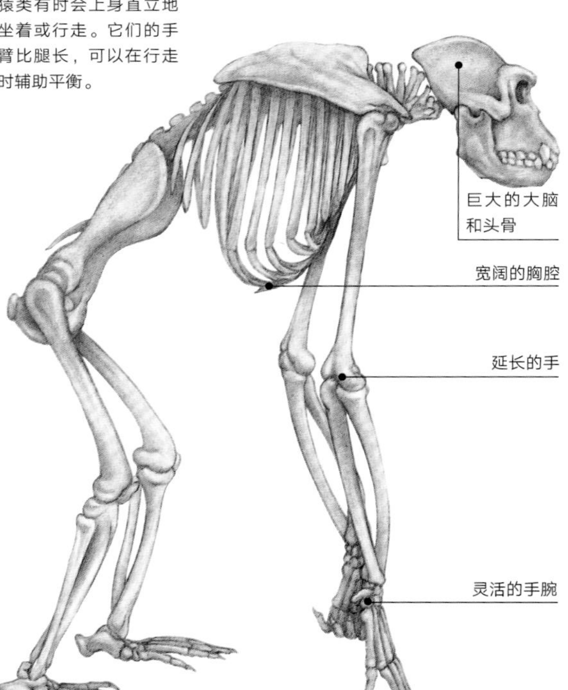

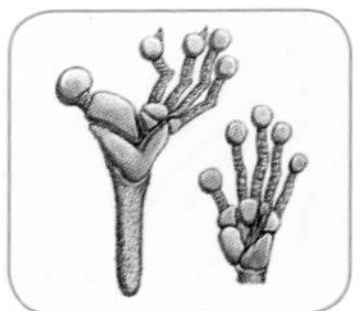

眼镜猴

光盘一样的足垫，可以在爬树时起到辅助作用。

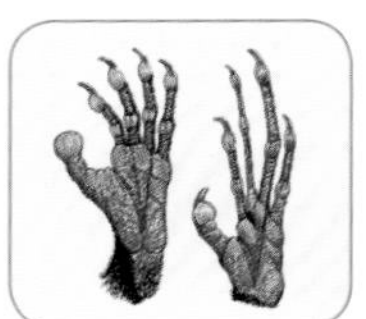

指猴

长长的中指可以把蛴螬从洞中挖出来。

大猩猩

又宽又平的脚掌（左图）可以支撑沉重的身躯。

丛猴和跗猴

丛猴和跗猴属于低等灵长类，也叫原猴类。它们长着和狗一样的潮湿的鼻子，面部被毛发覆盖。原猴类的尿液、粪便和气味腺能发出特别的气味，它们会利用这些气味标记领地并相互识别。大部分原猴类动物是小型的树栖夜行物体。它们拥有巨大的眼睛，能帮助它们在黑暗中看见东西，但是它们分辨颜色的能力不强。原猴类主要吃昆虫，但有的也会吃果实、树叶、花朵、花蜜和植物胶。丛猴也叫婴猴，因为它们会在半夜发出像婴儿哭声一样的声音。跗猴得名是因为它们的脚上长着长长的跗骨。

狐猴

和丛猴、蹦猴一样，狐猴也属于低等灵长类。它们的祖先曾经遍布非洲、亚洲和欧洲，但因为竞争不过进化程度更高的猴类，而在绝大部分地方灭绝。5000万年以前，一小部分狐猴乘坐浮木，从非洲大陆漂流到了马达加斯加岛上。现在，有约50种狐猴生活在马达加斯加岛上。狐猴的英文名是“lemur”，这个名字源自拉丁语中的“鬼”，与狐猴诡异的眼神和叫声十分契合。大部分狐猴生活在马达加斯加岛东部潮湿的季风雨林中，以水果、树叶、昆虫和蜥蜴之类的小动物为食。鹰会捕食落单的小狐猴。狐猴也会被隐肛狸（一种像猫的食肉动物）所捕杀。

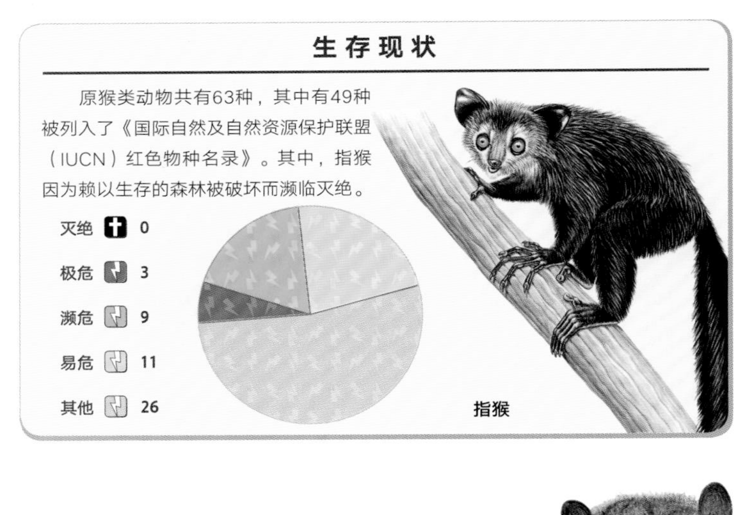

生存现状
原猴类动物共有63种，其中有49种被列入了《国际自然及自然资源保护联盟（IUCN）红色物种名录》。其中，指猴因为赖以生存的森林被破坏而濒临灭绝。
灭绝 0
极危 3
濒危 9
易危 11
其他 26
指猴

大狐猴
Indri indri
耳朵又大又黑，还长着一撮毛，它们的尾巴很短。

指猴
Daubentonia madagascariensis
利用回声定位寻找蛴螬。

褐美狐猴
Eulemur fulvus

鼬狐猴
Lepilemur mustelinus
它们的后腿很强壮，可以跳得很远。

科氏倭狐猴
Microcebus coquereli
幼崽被母亲舔舐时，会发出轻柔的呜呜声。

领狐猴
Varecia variegata
成体的毛色是黑红相间或黑白相间的。母亲在树上搭窝，以便及时发现捕食者。

叉斑鼠狐猴
Phaner furcifer
树上被昆虫钻出的洞里会渗出汁液，叉斑鼠狐猴就以这些汁液为食。

你知道吗？

狐猴通过气味交流，它们的臀部和足部上长着气味腺（有些种类的胳膊上也有），可以在它们经过的所有物体的表面上留下气味信息，使得其他狐猴知道其踪迹。

冕狐猴
Propithecus diadema

马达加斯加岛上的狐猴

环尾狐猴族群

环尾狐猴生活在包含多达30只狐猴的族群中。在行进时，它们会将自己有鲜明特征的尾巴高高举起，防止族群成员走散。环尾狐猴喜欢走在干燥裸露的岩层上，它们有一半的时间是在地面上度过的，比任何其他种类的狐猴都长。寒夜过后，它们会通过晒太阳使身体暖和起来。雌性环尾狐猴在族群中的社会地位比雄性高，这一点在灵长类中是不常见的。

环尾狐猴的尾巴总是有13道黑圈和13道白圈

环尾狐猴主要吃水果，有时吃花朵、植物汁液和树叶，偶尔也吃昆虫

腕部腺体分泌的气味会被蹭到尾巴上，用于在争夺领地的“臭味战争”中甩向对手

棕尾鼬狐猴

棕尾鼬狐猴是夜行、树栖的动物，主要以树叶为食。它们会食用自己的粪便，以再次消化。雌性棕尾鼬狐猴会用嘴携带自己的幼崽。

大狐猴

大狐猴一跳，能跳到9米高的树枝上。雌性在比雄性更高的树枝上觅食，因为那里有更多的食物。

红腹美狐猴

红腹美狐猴只会与一位配偶建立信任关系。一对配偶和至多3个孩子一起生活在族群中。雌性红腹美狐猴的体形比雄性小，但在族群中的地位比雄性高。

维氏冕狐猴

维氏冕狐猴生活在马达加斯加岛西边的干旱森林中。它们在地面上靠后腿奔跑、跳跃，还可以利用手臂上的小皮膜滑翔。

新世界猴

猴子可以分为两类：新世界猴和旧世界猴。新世界猴生活在中美洲和南美洲的热带雨林中。新世界猴包括蜘蛛猴、吼猴、松鼠猴、绢毛猴、绒猴和秃猴。它们都长着又宽又扁的鼻子、朝向两侧的鼻孔以及特殊的牙齿排列方式。很多新世界猴长着有抓握功能的尾巴，好似第5只足，辅助其攀爬。大部分新世界猴是树栖的夜行动物，以树叶、水果、坚果等为食。有些新世界猴会吃昆虫或小动物（比如蜥蜴或小鸟）。新世界猴有的独自生活，有的成对生活，有的形成小型群体，有的形成一雄多雌的群体，有的形成家庭群体，有的则形成多达500只的大型群体。

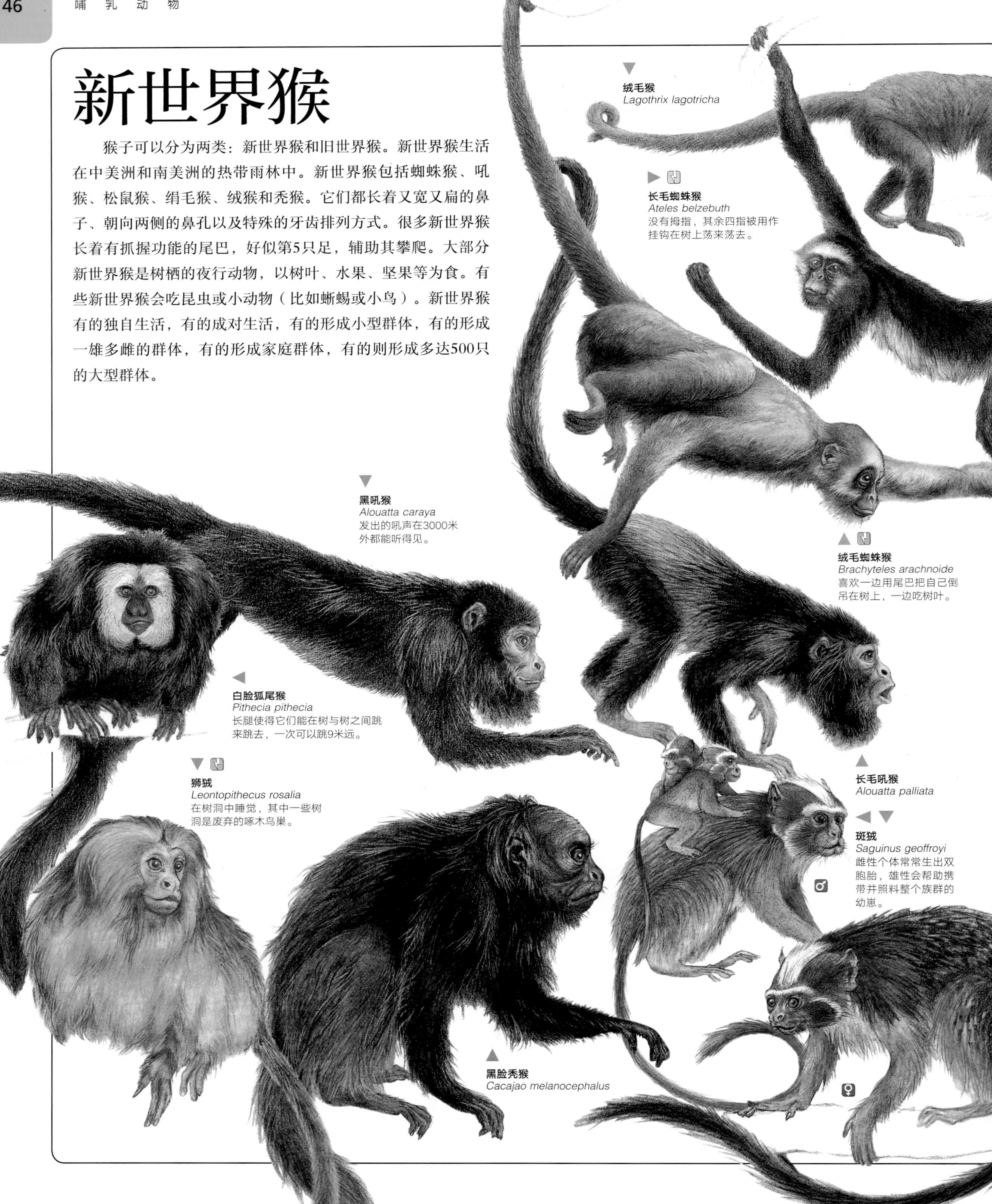

绒毛猴
Lagothrix lagotricha

长毛蜘蛛猴
Ateles belzebuth
没有拇指，其余四指被用作挂钩在树上荡来荡去。

黑吼猴
Alouatta caraya
发出的吼声在3000米外都能听得见。

绒毛蜘蛛猴
Brachyteles arachnoide
喜欢一边用尾巴把自己倒吊在树上，一边吃树叶。

白脸狐尾猴
Pithecia pithecia
长腿使得它们能在树与树之间跳来跳去，一次可以跳9米远。

狮狨
Leontopithecus rosalia
在树洞中睡觉，其中一些树洞是废弃的啄木鸟巢。

长毛吼猴
Alouatta palliata

斑狨
Saguinus geoffroyi
雌性个体常常生出双胞胎，雄性会帮助携带并照料整个族群的幼崽。

黑脸秃猴
Cacajao melanocephalus

秋千高手

蜘蛛猴用它们具有抓握功能的尾巴，在树顶间荡来荡去。它们的尾巴就像第5只足，能够抓住树枝，也能够让小蜘蛛猴把自己固定在妈妈的身上。

侏狨
Callithrix pygmaea
夜猴
Aotus trivirgatus
大大的眼睛使得它们可以在夜里看见东西。
松鼠猴
Saimiri sciureus
雌性在雨季产崽，因为雨季的食物更充足。
暗黑伶猴
Callicebus moloch
成年后只会与一位配偶结合，并且结合后终身不分离。
狨
Callithrix jacchus
卷尾猴
Cebus paella

新世界猴和旧世界猴的区别

新世界猴
绒毛猴
旧世界猴
长尾猴
旧世界猴的鼻孔之间的间距很窄，而且鼻孔朝下
大部分新世界猴都长着具有抓握功能的尾巴，作为它们的第5只足
旧世界猴的手上和脚上的拇指（趾）都可以对握，这使得它们可以更好地握住东西
新世界猴长着又宽又扁的鼻子和朝向两侧的鼻孔
旧世界猴即使有尾巴，尾巴也不能用来抓握
新世界猴即使有拇指，拇指也不能和其他指头对握

旧世界猴

除了地中海猕猴被引入到了欧洲的直布罗陀，其他旧世界猴都只在非洲和亚洲有分布。所有旧世界猴都长着朝下的大鼻子。它们的尾巴没有抓握功能（有几种甚至连尾巴都没有），但它们的手上长着可以与其他手指对握的拇指，使得它们能够精确地拿起物件。有些旧世界猴的臀部长着裸露、加厚的皮肤（术语是“臀胼胝”）。旧世界猴中的大部分物种生活在树上，但也有很多在地上觅食。旧世界猴可以分为两类：其中一类长着颊囊，当它们在开阔地带的时候会把食物先储存在颊囊里，等到了安全的地方再食用，这一类的代表是狒狒。另外一类的胃有3个室，有助于充分消化它们食入的植物，这一类的代表是疣猴。

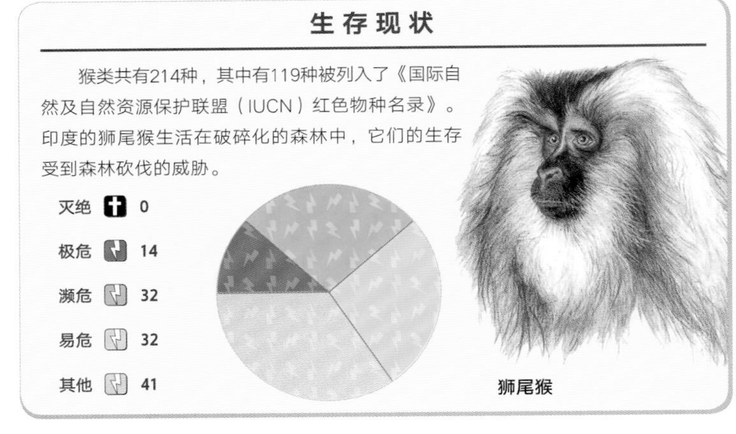

生存现状
猴类共有214种，其中有119种被列入了《国际自然及自然资源保护联盟（IUCN）红色物种名录》。印度的狮尾猴生活在破碎化的森林中，它们的生存受到森林砍伐的威胁。
灭绝 0
极危 14
濒危 32
易危 32
其他 41
狮尾猴

狮尾狒
Theropithecus gelada

阿拉伯狒狒
Papio hamadryas
会组成多达750只狒狒的群体聚在一起睡觉，以抵御捕食者的捕食。还会组成100只左右的狒狒团队，一起跋涉和觅食。

青长尾猴
Cercopithecus mitis
毛发通常是红褐两色或灰褐两色的，但也有的是蓝色的。

♂ ♀

长鼻猴
Nasalis larvatus
雄性的大鼻子可以使它们的叫声更加嘹亮。

地中海猕猴
Macaca sylvanus
雄性会帮忙照顾幼体，这在猕猴中很少见。

短肢猴
Allenopithecus nigroviridis

西非红疣猴
Procolobus badius

川金丝猴
Rhinopithecus roxellana
生活在海拔4400米的高山中。
白臀叶猴
Pygathrix nemaeus
红面猴（短尾猴）
Macaca arctoides
随着年龄的增长脸部会越来越秃。
长尾叶猴
Semnopithecus entellus
生活在印度的珍稀动物。通常情况下，1只雄性会和20~30只雌性组成一个群体。
红尾长尾猴
Cercopithecus ascanius
在相互梳理或玩耍之前，会先用鼻子蹭对方，表示打招呼。
绿猴
Chlorocebus aethiops
灰颊冠白睑猴
Lophocebus albigena
在遇到危险时会发出尖锐的报警声。
黑白疣猴
Colobus polykomos
刚出生几个月时是白色的。
山魈
Mandrillus sphinx

吃草的狮尾狒

狮尾狒是灵长类中的“割草机”，除了草几乎什么都不吃。它们只生活在东非的埃塞俄比亚，组成400只左右的群体。它们的臀部长着厚厚的脂肪垫，使得它们每天可以长久地坐着吃草。它们的拇指和食指就像镊子一样，可以把草一棵棵地夹起来。雌性狮尾狒会花很多时间相互梳理毛发（它们是不会给雄性梳理的）。狮尾狒的胸前都有沙漏形的裸露的皮肤。在成年雄性中，这块皮肤是红色的，用于吸引雌性并吓走其他雄性。在雌性中，只有当它们准备好要交配时，这块皮肤才会变成红色。

猿类

猿类是智力最发达的灵长类动物。它们是有社会性的动物，会花费数年的时间照料孩子。虽然猿类的牙齿、鼻子与旧世界猴很像，但它们也有自己的特征。它们可以坐下，也可以站立，胸腔呈桶状，脊椎较短，没有尾椎。它们的手臂比腿长，它们的肩部和腕部很灵活。猿类可以分为两个科：猩猩科，包括非洲的黑猩猩、倭黑猩猩、大猩猩和亚洲的猩猩；长臂猿科，包括亚洲的长臂猿。它们在2000万年前进化成了不同的类群。猩猩科动物是和我们人类关系最近的亲戚，它们能解开逻辑问题并认出镜子中的自己。黑猩猩和猩猩会使用工具，大猩猩能学会手语。

生存现状

猿类共有18种，它们全部被列入了《国际自然及自然资源保护联盟（IUCN）红色物种名录》。其中最濒危的物种之一是苏门答腊猩猩。它们因为人类的农业和挖矿而失去了超过80%的雨林栖息地。

灭绝 0

极危 3

濒危 7

易危 3

其他 5

苏门答腊猩猩

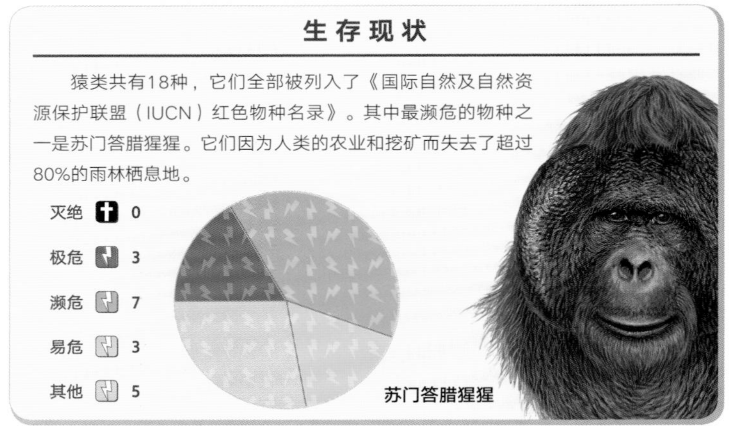

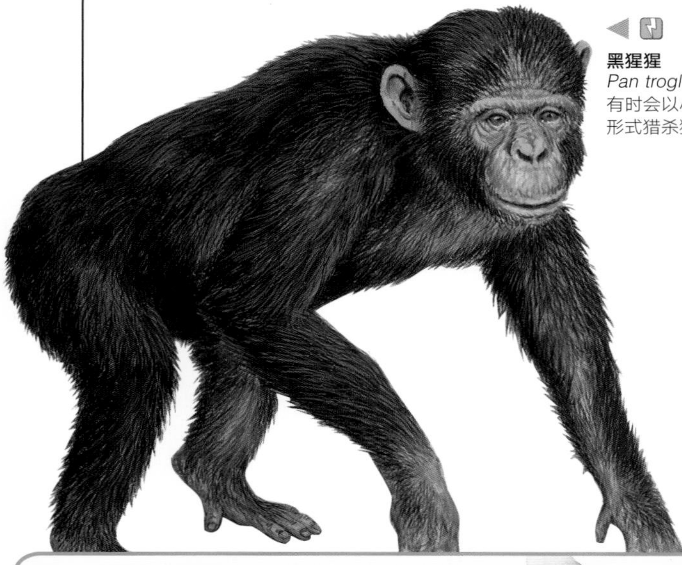

黑猩猩
Pan troglodytes
有时会以小队的形式猎杀猴子。

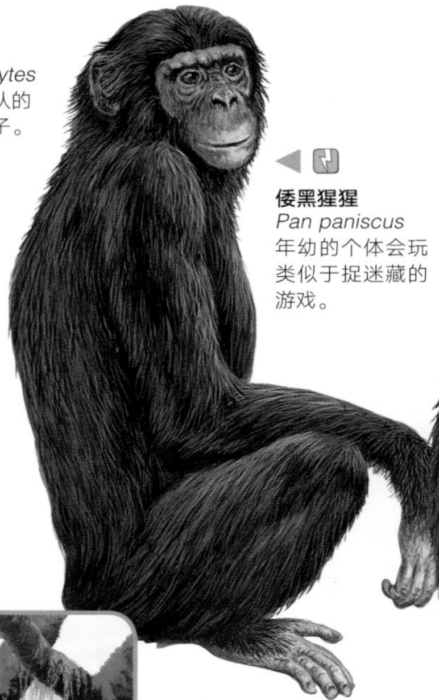

倭黑猩猩
Pan paniscus
年幼的个体会玩类似于捉迷藏的游戏。

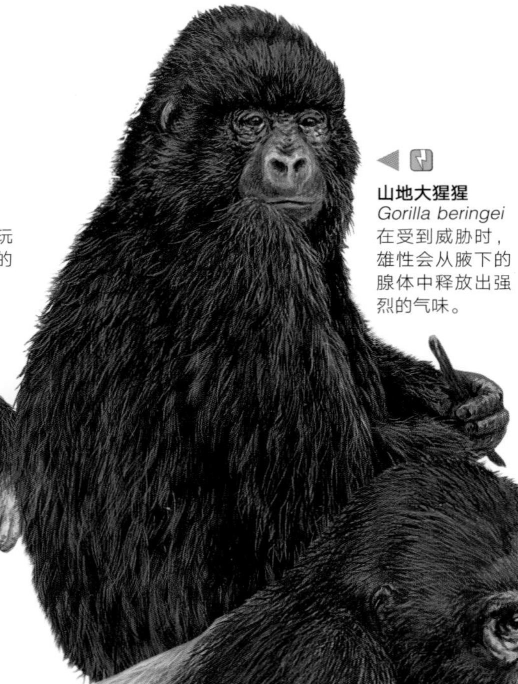

山地大猩猩
Gorilla beringei
在受到威胁时，雄性会从腋下的腺体中释放出强烈的气味。

大猩猩的社会

大猩猩生活在非洲东部、中部和中西部。它们会组成以成年雌性和它们的孩子为主的家族部落，由一只强壮的成年雄性担任首领。成年雄性大猩猩的背部是银白色的，所以大猩猩也被称为“银背大猩猩”。担任首领的大猩猩会用自己庞大的体格保卫自己的家庭，它们会一边拍打自己的胸口，一边怒吼，警告捕食者或其他成年雄性大猩猩不要靠近。

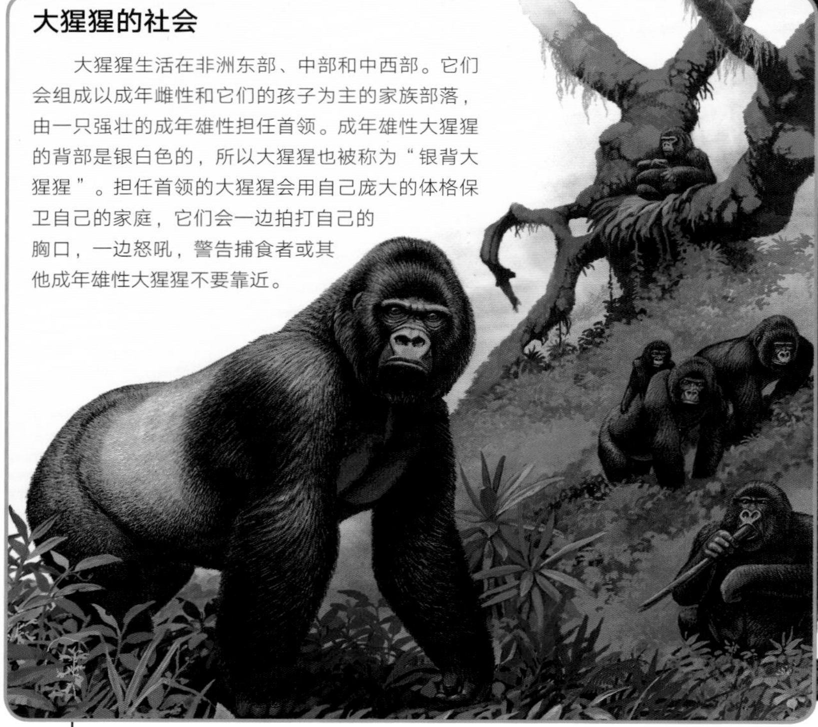

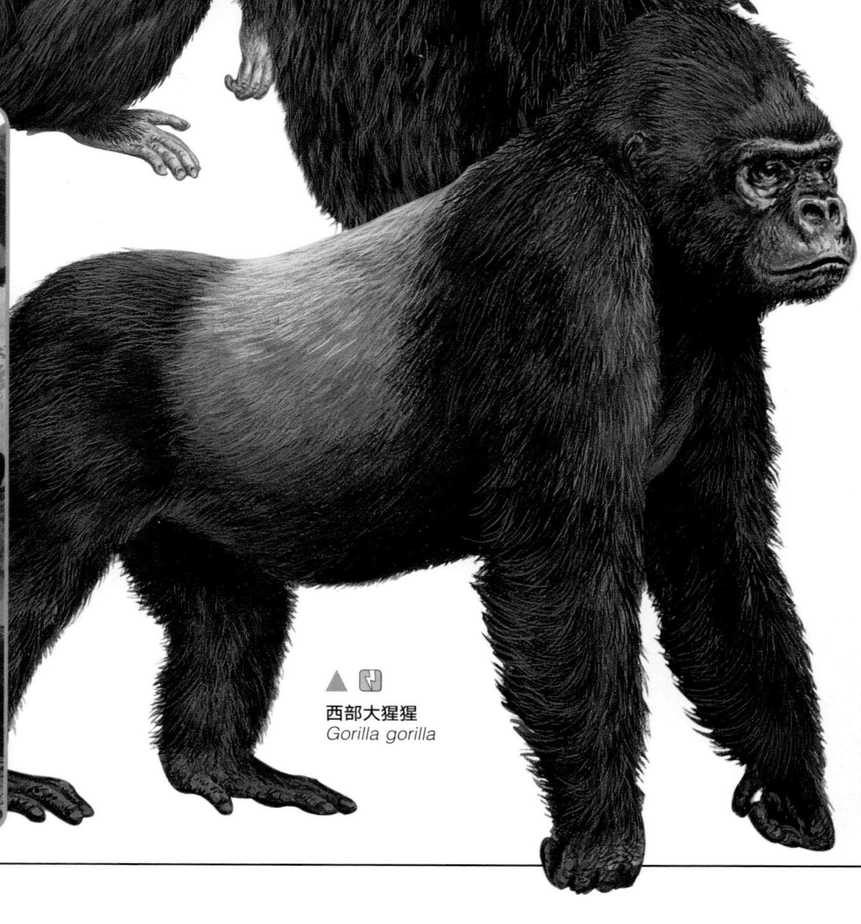

西部大猩猩
Gorilla gorilla

你知道吗？

长臂猿会尽可能地避开开阔的水面。它们会挂在树上，把手捧成碗状舀水喝。有时，它们会用毛绒绒的手在湿润的叶子上摸一把，然后吮吸毛发中的水。

头骨比较

长臂猿的歌声

长臂猿能发出嘹亮的歌声。长臂猿科的每个物种都有自己独特的歌声。它们早上醒来后的第一件事，就是引吭高歌半小时，以宣告自己的领地。一对雌雄长臂猿情侣能唱出复杂的二重唱，这种“情歌对唱”可能有加深感情的作用。

1目 · 11科 · 131属 · 278种

食肉类

鲑鱼为了繁殖，会逆流而上游到繁殖地。居住在北美洲沿海地区的棕熊，会在瀑布中等候并捕食鲑鱼。

很多动物吃肉，但这一类被称为“食肉类”的哺乳动物，拥有适应于捕食其他动物的特点。食肉类动物有两对锋利的裂齿。它们的消化系统能够很快地分解食物。大部分食肉类动物吃肉，很多食肉类动物既吃动物又吃植物，还有一些食肉类动物不吃肉。

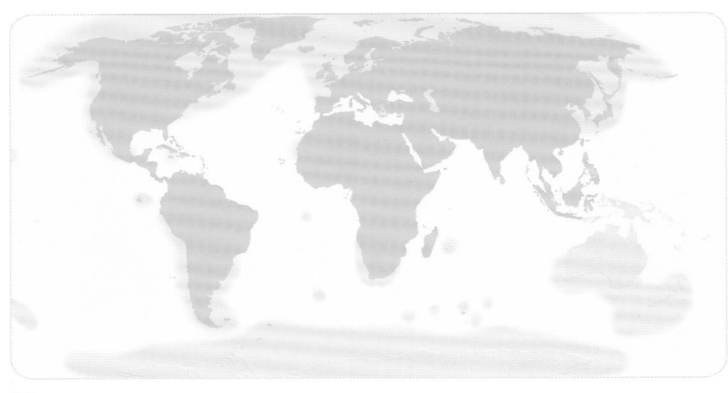

食肉类

食肉类动物遍布世界各地，除了澳大利亚、新几内亚、新西兰、太平洋的一些岛屿和南极洲内陆，世界上的其他地方都有食肉类动物的分布。

食肉类动物的特征

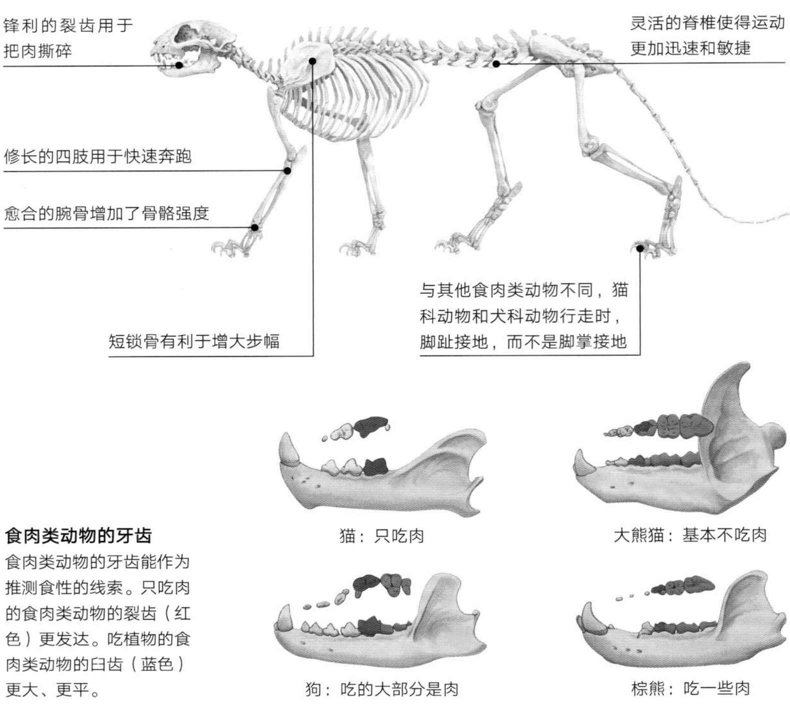

食肉类动物的牙齿
食肉类动物的牙齿能作为推测食性的线索。只吃肉的食肉类动物的裂齿（红色）更发达。吃植物的食肉类动物的臼齿（蓝色）更大、更平。

犬和狐狸

犬科动物在除南极洲以外的大陆上都有分布——澳洲野犬于8000年前被引入澳大利亚。所有犬类都有很好的视觉和听觉，以及敏锐的嗅觉。犬类主要吃肉，但有一些也会吃植物、无脊椎动物和动物尸体。犬科的成员通常在开阔的草原上居住和狩猎。犬类有两种狩猎方式。它们要么朝猎物猛扑过去，要么通过持续的追逐把猎物累死。一些物种，比如狼，通过集体狩猎来战胜比它们更大的猎物，它们生活在很大的社会群体中。捕食较小的猎物的猎手则生活在较小的群体中。相比于野犬和狼，狐狸通常身形更加修长、四肢更短、尾巴上的毛更浓密。狐狸的生活方式以独居为主。不止一种狐狸生活在洞穴中，如敏狐。

灰狐
Urocyon cinereoargenteus
产生臭鼬般的气味来标记自己的领地。坚硬、带钩的爪子使它很容易爬上树。

山狐
Pseudalopex culpaeus

薮犬
Speothos venaticus

河狐
Pseudalopex gymnocercus
遇到更大的捕食者的威胁时会装死。

敏狐
Vulpes macrotis

藏狐
Vulpes ferrilata

草原狐
Vulpes velox
草原狐的奔跑速度可以超过每小时40千米。

赤狐（北美型）
Vulpes vulpes fulva

苍狐
Vulpes pallida

食蟹狐
Cerdocyon thous

鬃狼
Chrysocyon brachyurus
捕猎时，它会用前爪敲击地面恐吓猎物，然后朝猎物扑去。

孟加拉狐
Vulpes bengalensis

小耳犬
Atelocynus microtis

生存现状

犬和狐狸共有34种，其中有16种被列入了《国际自然及自然资源保护联盟（IUCN）红色物种名录》。1980年，红狼被宣布野外灭绝，原因是人类的猎杀。之后有圈养的红狼被重新引入野外，但依然处于极度濒危的状态。

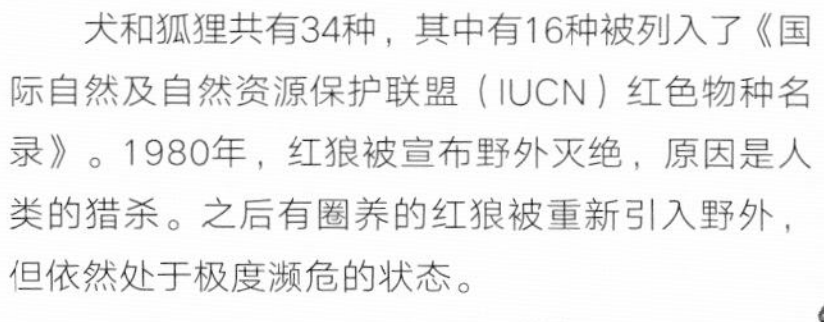

灭绝	1
极危	3
濒危	3
易危	2
其他	7

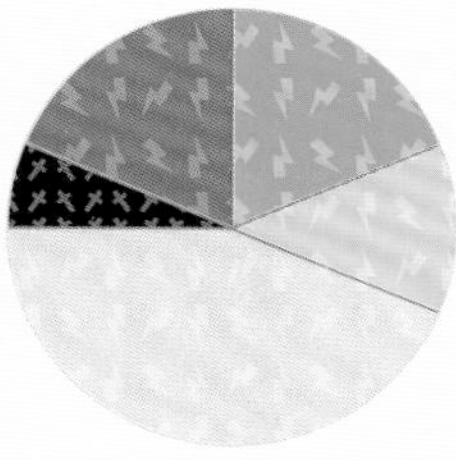

红狼

天生的猎手

犬类的吻部都又尖又长，里面长着巨大的嗅觉器官。它们敏锐的嗅觉使得它们可以长距离地追踪猎物，竖起的大耳朵可以使它们的听觉更加敏锐。

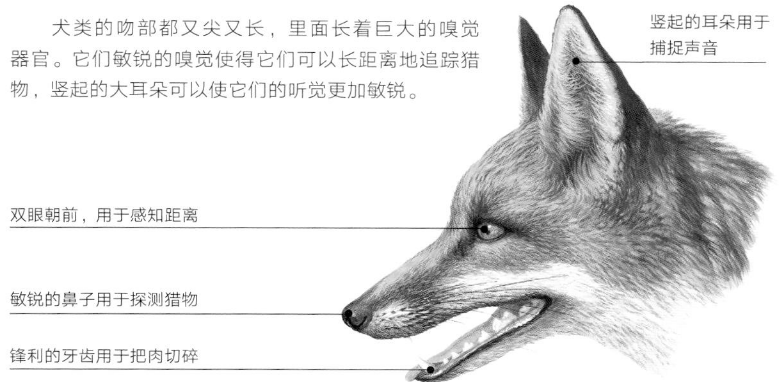

犬和狐狸

野犬和狼的体形通常比狐狸大。它们的身体专为奔跑而打造：四肢修长、胸腔又窄又深。犬类通过气味、姿态、表情、吠叫和嗥叫相互交流。它们通常会集群生活，兽群内有严密的社会结构。兽群中通常有一只或一对首领起支配作用，剩下的个体都是知道自己地位的服从者。兽群通常共同照料幼崽和伤者、保卫领地。最大的兽群由集体捕猎大型动物的物种（比如南非的非洲野犬）组成。它们会组成包含多达40个个体的兽群。

郊狼
Canis latrans
高亢的嗥叫可以传得很远。郊狼可以和其他种类的狼、家犬杂交。

红狼
Canis rufus
成年后会一雌一雄结合成终身的伴侣。

非洲野犬
Lycaon pictus
每只非洲野犬身上的斑纹都不一样。

灰狼（斯堪的纳维亚型）
Canis lupus lupus

灰狼（阿拉斯加型）
Canis lupus tundrarum
生活在北美洲靠近北冰洋的海岸，它们受法律保护。

北极狐
Alopex lagopus
会钻到雪中，躲避北极的寒风。在夏季，它们长着黑色的毛；在冬季，它们会长出白色的毛，以隐蔽在雪地里。

埃塞俄比亚狼（西门豺）
Canis simensis
种群数量曾因狂犬病而下降。

澳洲野犬
Canis lupus dingo

大耳狐
Otocyon megalotis
主要以白蚁之类的昆虫为食。

貉
Nyctereutes procyonoides
会在冬季到来之前增加体重，以度过寒冷的冬天。

黑背胡狼
Canis mesomelas
夫妻会共同照料幼崽。

家犬

驯服野兽

家犬是第一种被驯化的动物。最早的一批家犬在14000年前由欧亚灰狼驯化而来。这些狼徘徊在村庄周围，捡拾食物残渣。很多代以后，它们渐渐失去了对村民的恐惧，并与村民亲密地生活在一起。狼是智力发达、有社会性、适应性强的动物。人类可以通过模仿头狼的举动，控制它们的行为。有优良性状的狼被人们选择出来，共同繁育后代，它们的孩子也经受同样的选择。这种选择性的繁育产生了我们今天看到的家犬。

狗的品系

今天，全世界的狗共有800个品系。每个品系在选育之初都是为了特殊的目的，一些被用来为人类工作，一些被用来陪伴人类。大部分狗都同时因为这两个原因被人类繁育。

萨摩耶 工作犬

刚毛猎狐梗 猎犬

吉娃娃 玩赏犬

指示犬 运动狩猎犬

熊

熊是结实、强壮、凶残的捕食者。然而，它们之中只有北极熊几乎以肉类作为全部的食物来源。大部分熊捕食猎物，但有的也会寻找水果、坚果和树叶作为食物。植物占欧洲棕熊食物的$\frac{3}{4}$，中国的大熊猫只吃竹笋和草。嗅觉是熊最发达的感觉，这就是它们都长着大鼻子的原因，但它们的眼睛和耳朵很小。有些熊居住在北半球的温带地区。当天气变冷，它们中的一些物种会撤回到自己的窝里并睡上6个月，在此期间仅靠身体里储存的脂肪维生。这不是真正的冬眠，但是和冬眠很像。熊过独居的生活，但是幼崽会生活在母亲的保护下，直到母亲再次怀孕。

欧洲棕熊
Ursus arctos arctos
能够长时间用后腿站立，它们的耳朵很小，以至于会被过冬的长毛盖住。

喜马拉雅棕熊
Ursus arctos isabellinus

马来熊
Helarctos malayanus
长长的舌头可以用来取食蜂蜜和昆虫的幼虫。

亚洲黑熊
Ursus thibetanus

懒熊
Melursus ursinus
嘴唇上没有毛发，牙齿间有个缝隙，两者都是为了更方便把白蚁吸进嘴里。它们吸吮白蚁的声音在100米外也能听到。

大熊猫
Ailuropoda melanoleuca
前掌的拇指旁长着一块特殊的骨头，用于抓握竹笋。

你知道吗？

所有的熊崽在刚出生时都又小、又弱、又盲、又聋，并且大部分是没长毛的。但是它们的生长速度很快。北极熊幼崽在出生时只有600克，但是几个月后就能长到9千克。

熊的足

黑熊用前足（图1）上长长的爪子从土里挖出植物的根。它们用后足（图2）的脚掌行走。大熊猫是唯一一种前足（图3）长着“拇指”的熊，这种像对握的拇指一样的结构被用于抓握竹子。它们用后足（图4）的脚趾行走。

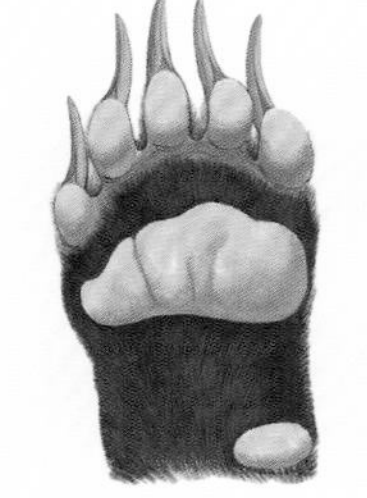
图1

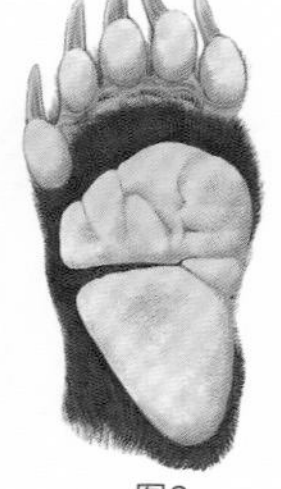
图2

美洲黑熊

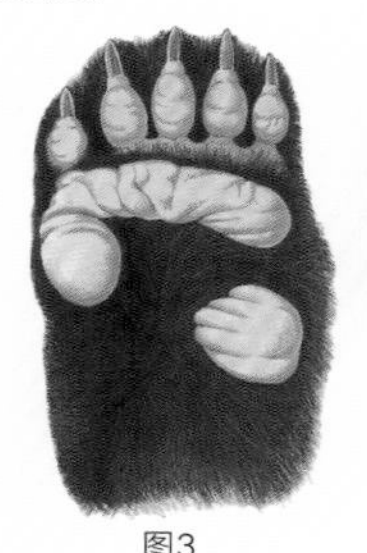
图3

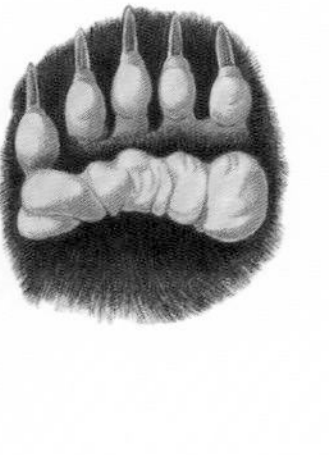
图4

大熊猫

生存现状

熊共有9种，其中有7种被列入了《国际自然及自然资源保护联盟（IUCN）红色物种名录》。世界上只有2000多只野外存活的大熊猫。对森林的砍伐正在破坏大熊猫在高海拔地区的家园。非法盗猎也造成了大熊猫数量的减少。

灭绝 0
极危 0
濒危 2
易危 3
其他 2

大熊猫

爬树

很多熊会爬到树上晒日光浴、在树枝上睡觉。马来熊是最擅长爬树的熊，能够爬到离地7米的高度。

美洲黑熊
Ursus americanus
毛色有的是黑色，有的是褐色。

北极熊
Ursus maritimus
前脚掌硕大，像桨一样，适于游泳。

小熊猫
Ailurus fulgens
最小的熊，也是唯一一种有长尾巴的熊。

眼镜熊
Tremarctos ornatus
唯一一种生活在南美洲的熊。

科迪亚克棕熊
Ursus arctos middendorffi
幼崽会和母亲一起生活3年，学习如何生存。

熊的特征

棕熊
在捕猎或受到威胁时，能以每小时65千米的速度奔跑。

熊的生活

北极熊的一年

北极熊居住在靠近海岸和岛屿的浮冰上。浮冰也是北极熊的主要猎物——环斑海豹的家。雄北极熊是独居的猎手，雌北极熊和她们的幼崽形成小家庭团体。雄北极熊和雌北极熊只有在春天短暂的繁殖季节才会在一起。其他在寒冷气候中生存的熊（比如美洲黑熊）会在冬季进入休眠，而北极熊在冬季却能保持活力。然而，无论在一年中的什么时候，只要食物变得匮乏，北极熊就可以立即进入休眠状态。

黑熊的一年

3月~5月
在母亲的注视下，幼崽第一次离开窝。

6月~8月
成年熊交配，但胚胎还未着床。

9月~11月
成年熊大量进食。只有当母亲体内储存了大量脂肪，胚胎才会着床。

12月~次年2月
在冬季中期，当母亲还在冬眠的时候，会有5只小熊出生。

4月~5月
幼崽和母亲在一起的时间超过两年。这意味着雄北极熊和雌北极熊每过3年才能交配一次，这导致了雄北极熊之间激烈的配偶争夺战

11月~次年1月
怀孕的北极熊会挖一个雪洞，在雪洞中分娩。幼崽通常有2只，有时会有3只。幼崽出生时发育不完全，但在持续喂奶的情况下成长得很迅速

2月~4月
三四个月大的时候，幼崽就可以离开窝了，但它们会在母亲身边待两年半的时间。因为它们需要用两年半的时间来学会在北极生存所需要的狩猎技能

4月~6月
冬天，食物很难获取，所以等到晚春环斑海豹幼崽数量很多的时候，北极熊会大量吞食环斑海豹的幼崽。北极熊经常只吃它们身上的脂肪，而扔掉其余的部分

獾和臭鼬

獾和臭鼬都是鼬科动物。鼬科是食肉类中演化最成功的一个科。几乎地球上的每一个栖息地中都能找到它们，它们生活在地上、地下或水中。它们的身体很长，四肢很短，面部平坦，长着小眼睛和小耳朵，但是它们拥有嗅觉发达的鼻子。几乎所有鼬科动物都能从肛门周围的腺体中分泌出一种难闻的物质，用来标记领地和互相交流。当遇到威胁时，臭鼬会竖起尾巴，将这种物质喷向潜在的捕食者。獾是移动缓慢的动物，它们会用强壮的臂膀和坚硬的爪子把小型哺乳动物从地下挖出来，作为食物。

斑臭鼬
Spilogale putorius
唯一一种能爬树的臭鼬。

条纹臭鼬
Mephitis mephitis
醒目的颜色可以警告捕食者“当心难闻的气体”。

鼬獾
Melogale moschata
常在树枝上睡觉。

猪獾
Arctonyx collaris
突出的口鼻很像猪的口鼻，用来寻找蠕虫、昆虫和植物的根。

墨西哥獾臭鼬
Conepatus semistriatus

智利獾臭鼬
Conepatus chinga
和其他臭鼬一样，视力很差。

你知道吗？

臭鼬会将有臭鸡蛋气味的硫化物喷向潜在的进攻者。它们可以将这种物质以看不见的雾的形式喷出，也可以形成一股强大的液流喷向进攻者的脸部。

美洲獾
Taxidea taxus
与大多数食肉类动物不同，獾通过挖掘寻找食物。

狗獾
Meles meles
毛发常被人类用来制作刷子。

打洞高手

狗獾能打出复杂的洞穴，被称为“獾穴”。獾穴通常深达3米，长达9米。獾穴中有很多入口、休息室和卫生间。狗獾以小家庭团体的形式居住在这些洞穴里，大约会有6个成员，通常包含一对占主导地位的雄獾和雌獾，以及它们的孩子。獾穴会被一代一代传下去，有些獾穴可能有几百年的历史。狗獾晚上离开獾穴，寻找食物。

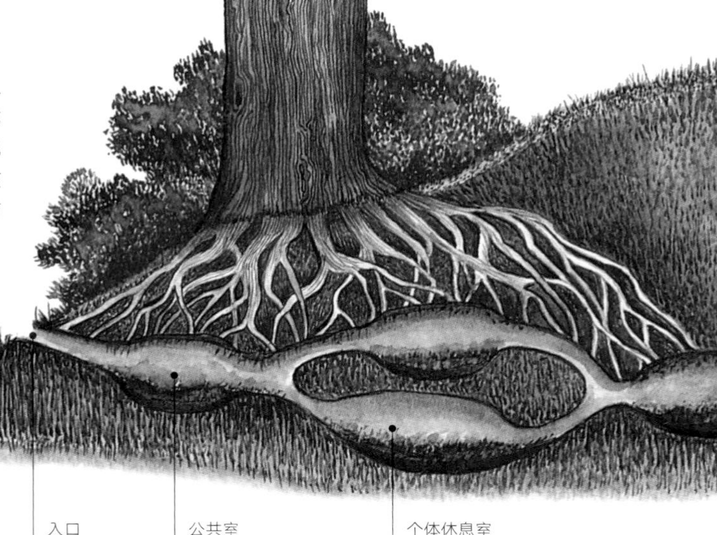

水獭和鼬

水獭和鼬这类动物，与獾和臭鼬的关系很近。水獭和鼬的身体十分瘦长，并且有一根灵活的脊椎骨帮助它们奔跑、跳跃，因此它们比其他的鼬科动物更加灵巧、跑得更快。除了澳大利亚和南极洲，剩下的大陆都有水獭和鼬的分布。水獭是游泳高手，它们的脚上有蹼，耳朵和鼻子在水下会关闭，它们的鼻子上长着胡须，可以用来探测猎物（青蛙、小龙虾、水鸟之类的小动物）。鼬是一类非常活跃的动物，聪明、狡猾、适应力强。它们主要以小动物为食，会坚持不懈地追捕小动物，甚至一路追到地洞里或树上。它们在奔跑时可以携带相当于自身体重一半的肉。

生存现状

鼬科动物共有65种，其中有22种被列入了《国际自然及自然资源保护联盟（IUCN）红色物种名录》。图中的黑足鼬曾一度在野外灭绝，原因是人类大量捕杀草原犬鼠，使它们失去了食物来源。

非洲小爪水獭
Aonyx capensis
被攻击时会发出尖锐的叫声。

渔貂
Martes pennanti
幼崽出生在空心树上的窝里面。

黄喉貂
Martes flavigula
喜欢吃有甜味的食物，因而又有“蜜狗”之称。

水獭
Lutra lutra
在淡水和咸水中都有分布。

巨獭
Pteronura brasiliensis
以家庭为单位在溪流旁边居住，每个家庭由大约8只巨獭组成。

日本貂
Martes melampus
以小型哺乳动物、鱼、蚯蚓、昆虫和水果为食。

海獭
Enhydra lutris
几乎终生在水中度过。

白颈鼬
Poecilogale albinucha

白鼬
Mustela erminea
在夏季，毛是棕色的，而到了冬天，则会长出白色的毛，这有助于它隐蔽在雪地里。

非洲艾鼬（非洲臭鼬）
Ictonyx striatus
非洲艾鼬被人类引入英国后，便大肆捕杀当地的野生动物。

北美水貂
Mustela vison
指（趾）间有一部分蹼，用于游泳。

黄鼬
Mustela sibirica

长尾鼬
Mustela frenata
会在猎物充裕的时候毫无节制地杀戮，并把吃不完的猎物储存起来，为未来猎物匮乏的时候做准备。

虎鼬
Vormela peregusna

南美巢鼬
Galictis vittata

林鼬
Mustela putorius
雄性比雌性的体重重1倍，体长比雌性长$\frac{1}{3}$。

蜜獾
Mellivora capensis
皮肤坚硬但松弛，使得它可以在被捕食者咬住脖子的情况下，转身攻击捕食者。

狐鼬
Eira barbara
体形相当于一只中等大小的家犬，生活在树上。

欧洲水貂
Mustela lutreola
足上有蹼，有助于它们在水下游泳和捕食。

海獭是怎么吃东西的？

与某些灵长类和海豚相似，海獭也会使用工具。它们会用石头砸碎鲍鱼、海胆等猎物的硬壳，吃里面的肉。它们会下潜到深达100米的海底觅食，然后回到水面，仰躺着享用它们的食物。

海豹、海狮和海象

海豹、海狮和海象被统称为鳍脚类，因为它们的四肢特化成了鳍状肢。它们光滑、流线型的身体使得它们在海里可以轻松地游泳，但它们在陆地上移动得相当笨拙。鳍脚类动物是潜水高手，其中的一些物种可以在水下待2个小时。当它们在水下游泳时，它们的瞳孔会放得很大，提升它们在低光照下的视力。海豹没有外耳，用后足游泳，并且后足不能向前弯。海狮和海狗有外耳，用前足游泳，后足可以向前弯，在陆地上起到脚的作用。与海豹相似，海象也没有外耳，用后足游泳，但是海象的后足又可以像海狮一样向前弯。

生存现状

鳍脚类动物共有36种，其中有13种被列入了《国际自然及自然资源保护联盟（IUCN）红色物种名录》。濒危的地中海僧海豹是世界上最濒危的哺乳动物之一。人类在地中海的过度捕鱼和过度开发使得地中海僧海豹的种群遭受毁灭性的破坏。

灭绝	2
极危	1
濒危	2
易危	7
其他	1

地中海僧海豹

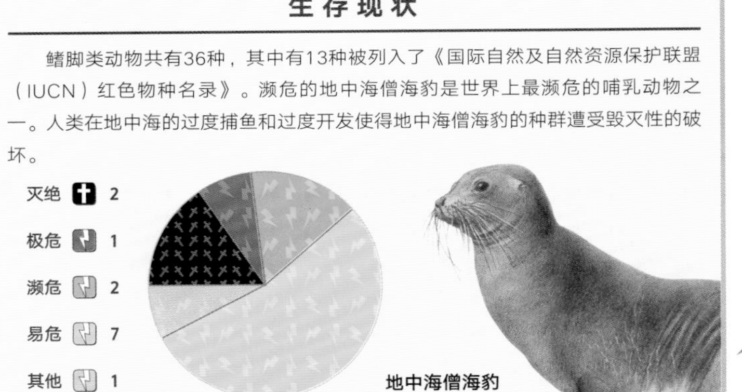

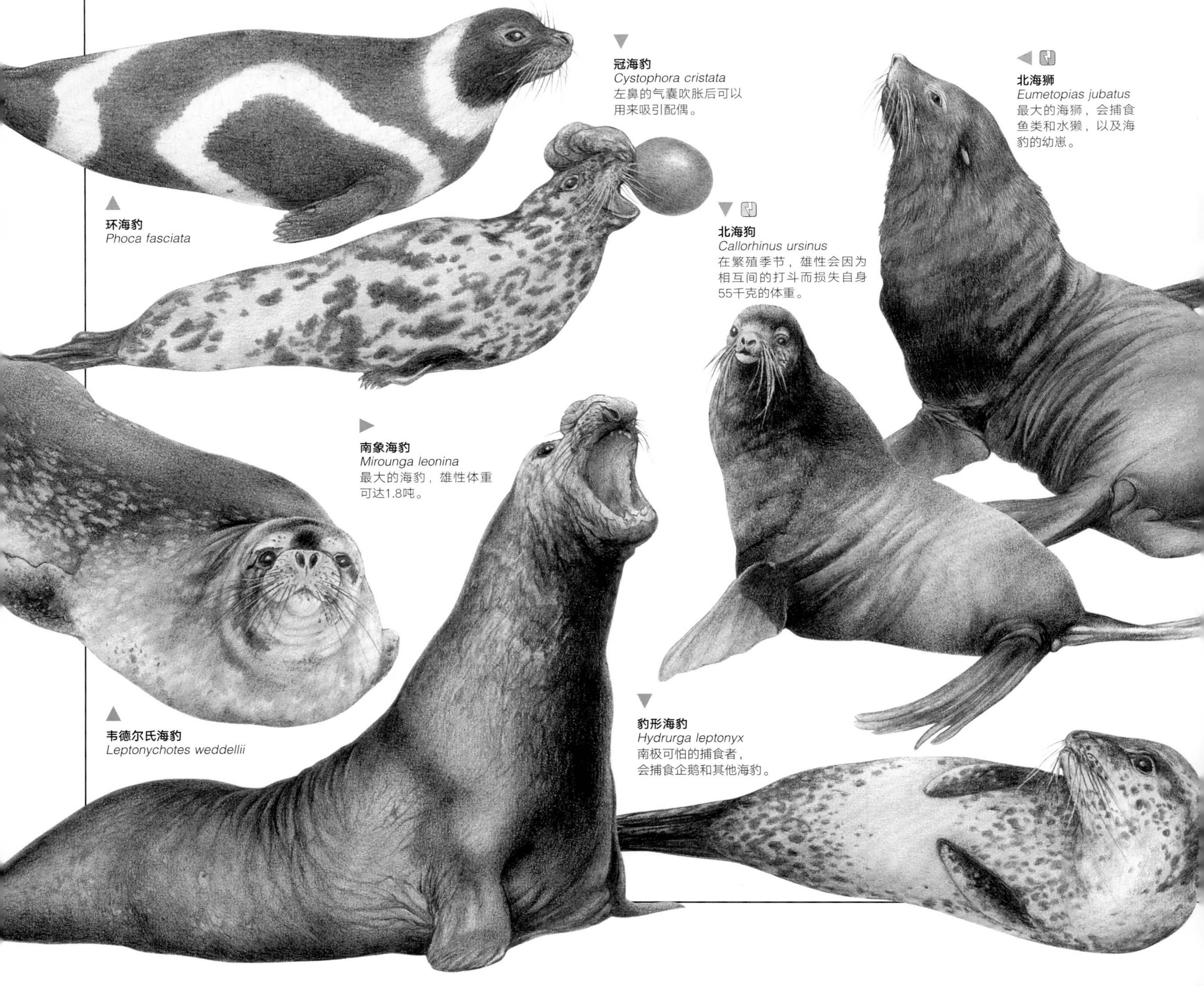

环海豹
Phoca fasciata

冠海豹
Cystophora cristata
左鼻的气囊吹胀后可以用来吸引配偶。

北海狮
Eumetopias jubatus
最大的海狮，会捕食鱼类和水獭，以及海豹的幼崽。

北海狗
Callorhinus ursinus
在繁殖季节，雄性会因为相互间的打斗而损失自身55千克的体重。

南象海豹
Mirounga leonina
最大的海豹，雄性体重可达1.8吨。

韦德尔氏海豹
Leptonychotes weddellii

豹形海豹
Hydrurga leptonyx
南极可怕的捕食者，会捕食企鹅和其他海豹。

新西兰海狗
Arctocephalus forsteri
主要在晚上捕食枪乌贼、章鱼和鱼。

海象
Odobenus rosmarus

环斑海豹
Phoca hispida
最小的鳍脚类动物。

琴海豹
Phoca groenlandica
幼崽在3周大的时候会脱去它们纯白色的毛发。

贝加尔海豹
Phoca sibirica
唯一一种主要生活在淡水中的海豹。

加州海狮
Zalopbans californianus
智力发达且适应性强，很容易被人类驯化。

地中海僧海豹
Monachus monachus
在近岸的礁石、洞穴和岩缝之中捕食。

海狮的群体

海狮在繁殖季节大量聚集在一起。和其他鳍脚类动物一样，它们离开海洋，在岸边的陆地上聚集成又大又吵闹的群体，在群体中繁殖。最强壮的雄性会控制一个包含着很多雌性的领地，并与领地中的雌性交配。

浣熊、鬣狗、灵猫和獴

浣熊属于浣熊科，这个科还包括蓬尾浣熊、白鼻浣熊、尖吻浣熊和蜜熊。浣熊科动物高度社会化，通过喧闹的叫声相互交流。它们不挑食，所以能在多种环境（包括城市）中生存。鬣狗科的鬣狗和土狼看起来像狗，但却与猫有着更多的共同点。鬣狗会团队作战捕杀大型猎物，但也会吃其他捕食者吃剩的猎物。土狼很胆小，过独居生活，食物主要是白蚁。缟狸、獛和林狸都是灵猫科动物，和猫科动物很相似，其中大部分是夜行性树栖动物，长着长长的尾巴、可收回的爪子和竖直向上的尖耳朵。獴科动物是灵猫科动物的近亲，有些种类因为能依靠速度和灵巧杀死剧毒的眼镜蛇而闻名。大部分种类独自生活，有些种类会结成社会性群体。

生存现状

浣熊科、鬣狗科、灵猫科和獴科共有98种动物，其中有39种被列入了《国际自然及自然资源保护联盟（IUCN）红色物种名录》。其中包括易危的环尾獴，它们的栖息地森林遭到了大面积砍伐，同时它们也面临着日益增强的外来物种的竞争。

灭绝	1
极危	1
濒危	15
易危	9
其他	13

环尾獴

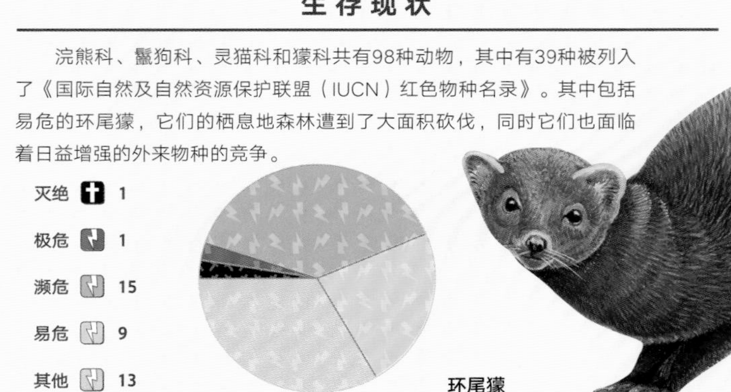

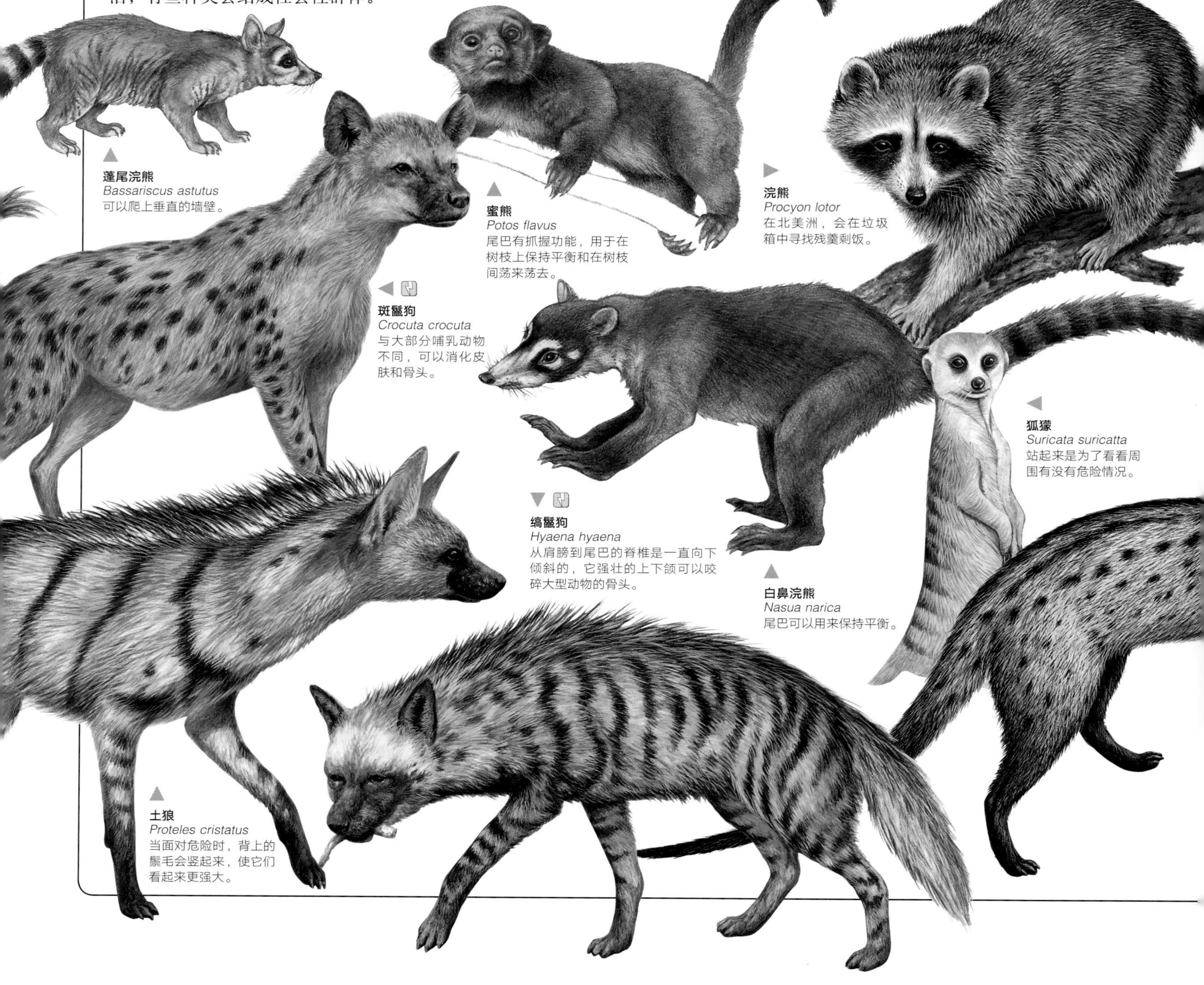

蓬尾浣熊
Bassariscus astutus
可以爬上垂直的墙壁。

蜜熊
Potos flavus
尾巴有抓握功能，用于在树枝上保持平衡和在树枝间荡来荡去。

浣熊
Procyon lotor
在北美洲，会在垃圾箱中寻找残羹剩饭。

斑鬣狗
Crocuta crocuta
与大部分哺乳动物不同，可以消化皮肤和骨头。

狐獴
Suricata suricatta
站起来是为了看看周围有没有危险情况。

缟鬣狗
Hyaena hyaena
从肩膀到尾巴的脊椎是一直向下倾斜的，它强壮的上下颌可以咬碎大型动物的骨头。

白鼻浣熊
Nasua narica
尾巴可以用来保持平衡。

土狼
Proteles cristatus
当面对危险时，背上的鬃毛会竖起来，使它们看起来更强大。

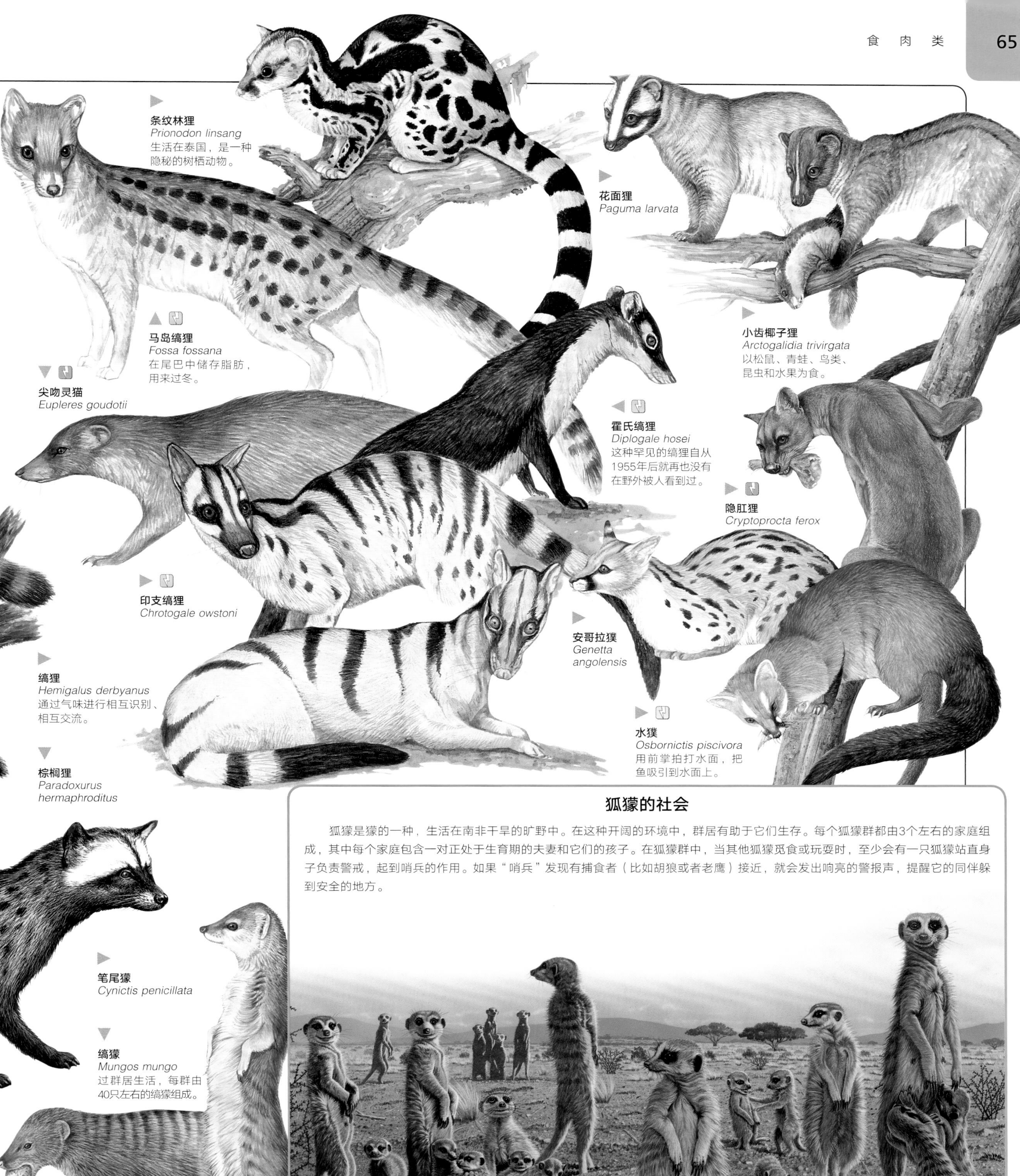

狐獴的社会

狐獴是獴的一种，生活在南非干旱的旷野中。在这种开阔的环境中，群居有助于它们生存。每个狐獴群都由3个左右的家庭组成，其中每个家庭包含一对正处于生育期的夫妻和它们的孩子。在狐獴群中，当其他狐獴觅食或玩耍时，至少会有一只狐獴站直身子负责警戒，起到哨兵的作用。如果“哨兵”发现有捕食者（比如胡狼或者老鹰）接近，就会发出响亮的警报声，提醒它的同伴躲到安全的地方。

大型猫科动物

猫科动物是顶级捕食者。它们有强壮的身体、朝前的双眼、剃刀般的牙齿和锋利的爪子，它们感觉敏锐、反应迅捷。大部分猫科动物只吃肉，很多猫科动物独居，夜间活动。猫科动物居住在地面上，但它们都有攀爬的能力，其中很多也是游泳健将。猫科动物分为三个类群：大型猫科动物、小型猫科动物、猎豹。狮、虎、豹和美洲豹是大型猫科动物。小型猫科动物包括猞猁、短尾猫和虎猫。大型猫科动物被归为一类的原因是它们能发出吼声，它们不能像小型猫科动物或猎豹那样发出“喵呜”的声音。

美洲豹
Panthera onca
擅长爬树、奔跑和游泳。

豹
Panthera pardus
豹的体表遍布着玫瑰形的花斑。黑豹是毛发中只有黑色素的豹。

虎
Panthera tigris
最大的猫科动物，独来独往的猎手。每只虎都有自己独特的条纹。

猎豹
Acinonyx jubatus
陆地上跑得最快的动物，它的奔跑速度能达到每小时97千米的极限。

雪豹
Uncia uncial

狮
Panthera leo
♂ 雄狮是所有猫科动物中唯一有鬃毛的，它们的体形可以达到雌狮的2倍。

狮群

通常是一只雄狮在家族（也叫狮群）中占据主导地位，有时占主导地位的是两只有亲缘关系的雄狮（通常是兄弟）

雌狮是狮群中主要的猎手，它们一起狩猎，为狮群提供食物

在狮群中生活的雌狮可以多达三代，这样的狮群由大约30只狮子组成

幼崽在断奶前会吃6个月的奶。每当有猎物被杀死，它们总是狮群中最后得到食物的

先跟踪，再出击

悄无声息的猎手

所有猫科动物都以相似的方式捕猎，它们捕猎时要依靠视觉正确地判断距离，依靠听觉捕捉最微弱的声音。猫科动物悄无声息地跟踪它们的猎物，在爬向猎物的过程中保持隐蔽。当猫科动物足够接近猎物了，或者已经被猎物发现了，它们就会朝猎物扑过去。如果它们抓住了猎物，就会把猎物扑倒在地，用咬断咽喉的方式杀死猎物。猎物可能在失血过多致死之前就因窒息而死，因为猫科动物用强壮的下颌咬断了它们的气管。

老虎在扑向鹿、野猪或豪猪之前会悄悄靠近。它们的条纹使得它们可以隐藏在草丛中，以便伏击猎物。当一口气吃下多达39千克的食物以后，老虎会把没吃完的部分藏起来，供以后食用。它们这样做是因为10次狩猎中有9次会失败。

雌狮为狮群捕猎，而雄狮则为自己捕猎。这伙雄狮正在袭击一头水牛。每只狮子抓住水牛的一部分，一起发力把它按倒。

条纹能形成保护色，让老虎藏身于草丛中

老虎会先跟踪猎物，然后猛扑上去

老虎会抓住猎物的脖子，咬断猎物的咽喉，使猎物无法呼吸

猎物因咬伤造成的窒息或失血过多而死亡

折叠刀一样的爪子

几乎所有猫科动物的爪子都能被收回掌中。它们只有在爬树或捕猎时才把爪子露出来，这样做能让爪子保持锋利。

小型猫科动物

小型猫科动物不仅在体形上比大型猫科动物小很多，而且还有发育更为完善的喉部，这使得它们可以持续地发出“喵呜”的声音。和大型猫科动物一样，它们有发达的裂齿，并且缺少臼齿。这是因为猫科动物在进食时只需要把肉撕碎，而不需要把植物磨碎。小型猫科动物有大大的眼睛，它们的瞳孔通常是垂直的，但也有些种类是圆的。它们的皮毛可能是单色的，比如美洲狮和金猫；可能是有斑点或花斑的，比如虎猫、短尾猫和薮猫；可能带有模糊的条纹，比如野猫；也可能是上述几种的混合。皮毛颜色的作用是让它们与周围的环境融为一体，也叫“伪装”，这对于跟踪并突袭猎物的动物来说至关重要。

生存现状

猫科动物共有36种，其中有25种被列入了《国际自然及自然资源保护联盟（IUCN）红色物种名录》。这些动物中包括极度濒危的东北虎。偷猎者的偷猎行为，威胁着位于俄罗斯的最大的东北虎残存种群。

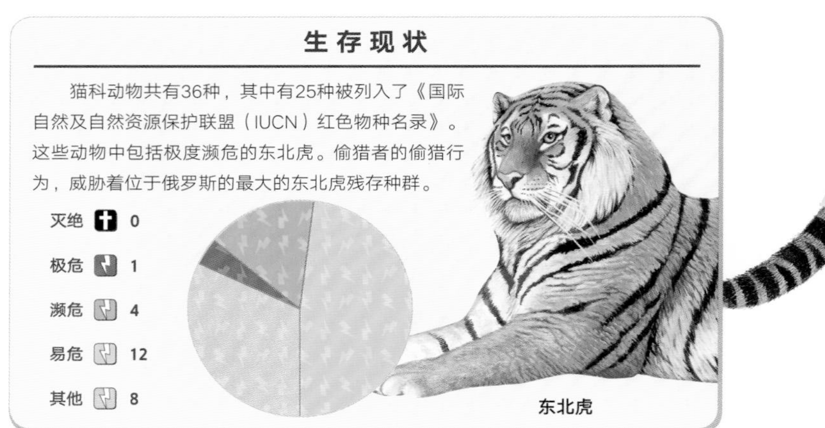

短尾猫
Lynx rufus

野猫
Felis silvestris
用位于尾巴和头部的腺体分泌的气味对物体做标记，它们也用尿液标记领地。

狞猫
Caracal caracal
用豪猪的旧洞穴作为幼崽的窝。

加拿大猞猁
Lynx canadensis

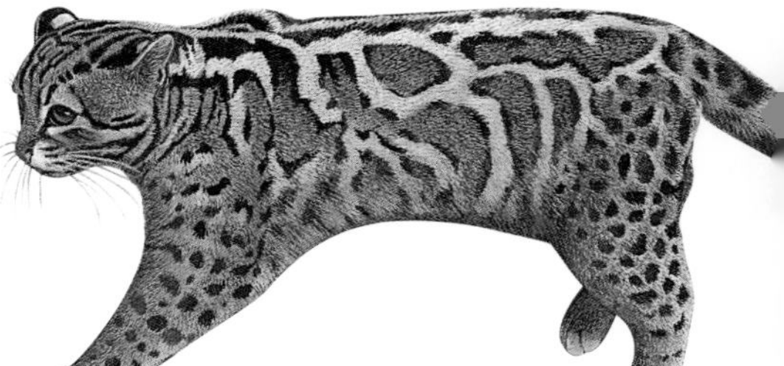

美洲狮（山狮）
Puma concolor

云猫
Pardofelis marmorata
生活在东南亚的雨林中。

安第斯山猫
Oreailurus jacobita
又长又厚的毛发能帮助安第斯山猫抵御高山的寒风。

来自荒野

猫最早被古埃及人驯服。即使经过了几千年的驯化，宠物猫还是没有失去它们的狩猎本能，它们中的一些又返回了野外，这些猫被称为流浪猫。仅在北美洲就有超过1亿只家猫或流浪猫。

防御信号

退后

猫科动物在面临威胁时会使用面部表情。生活在中美洲和南美洲的长尾虎猫，通过紧盯对手，表示自己有能力防御对手的进攻。

准备进攻

在进攻前，长尾虎猫收拢耳朵、张大嘴巴、露出利齿，给对手发出最后的警告。

7目 · 28科 · 139属 · 329种

有蹄类

在一年一度的穿越塞伦盖蒂大草原的大迁徙中，斑马和角马成群结队地穿过马拉河。集群的生活方式可以保护它们免受捕食者的攻击。

坚硬的蹄子有助于食草动物在草原上生存。蹄子可以让它们跑得更快，从而从捕食者的利爪之下逃脱。只有两类有蹄类动物拥有真正的蹄子：奇蹄目动物——貘、犀牛和马，偶蹄目动物——猪、河马、骆驼、鹿、牛和长颈鹿。其他有蹄类动物都有自己的特化特征。

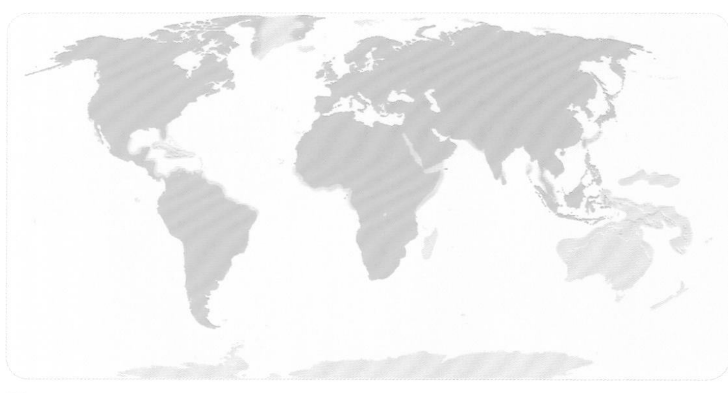

有蹄类

有蹄类动物分布在除澳大利亚、南极洲和一些岛屿以外的全部的陆地上。海牛生活在美洲、非洲、亚洲和澳大利亚的近岸的浅水中。

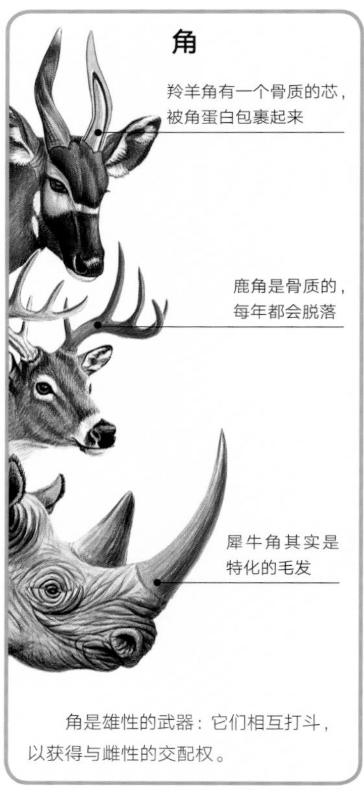

角是雄性的武器：它们相互打斗，以获得与雌性的交配权。

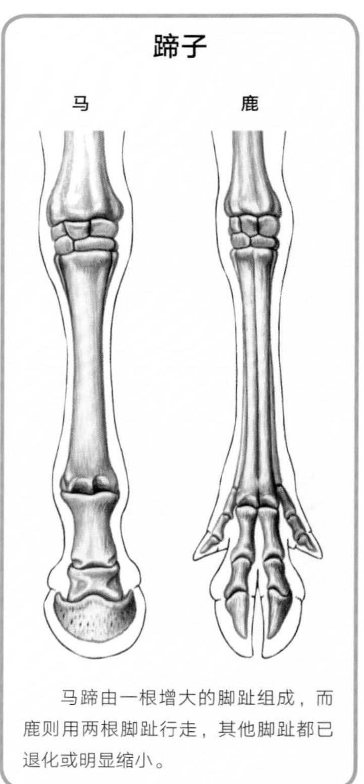

马蹄由一根增大的脚趾组成，而鹿则用两根脚趾行走，其他脚趾都已退化或明显缩小。

大象

大象是陆地上最大的动物。大象现存只有2个物种：亚洲象和非洲象（目前也有研究将非洲象分为非洲草原象和非洲森林象两个物种），都生活在热带气候中。大象的象鼻是由上唇和鼻子组合成的。象鼻中包含超过15万条肌肉。象鼻足够强壮，可以搬运很重的东西，也足够灵巧，可以捡起一根小枝条。大象拥有柱子般的四肢和宽阔的脚掌，用于支撑它们巨大的身躯。它们身体中的热量通过那对分布有很多血管，又大又薄的耳朵散发出去。大部分大象是社会性动物。成年雄象聚集成“单身汉”象群，或者独自生活。有亲缘关系的成年雌象和它们的孩子生活在由最年长的大象领导的族群中。

生存现状

2种大象都被列入了《国际自然及自然资源保护联盟（IUCN）红色物种名录》。人类为了象牙猎杀非洲象的行为已经持续了几个世纪，最近几年猎杀事件的增多是大象数量锐减的主要原因。

灭绝	0
极危	0
濒危	1
易危	1
其他	0

非洲象

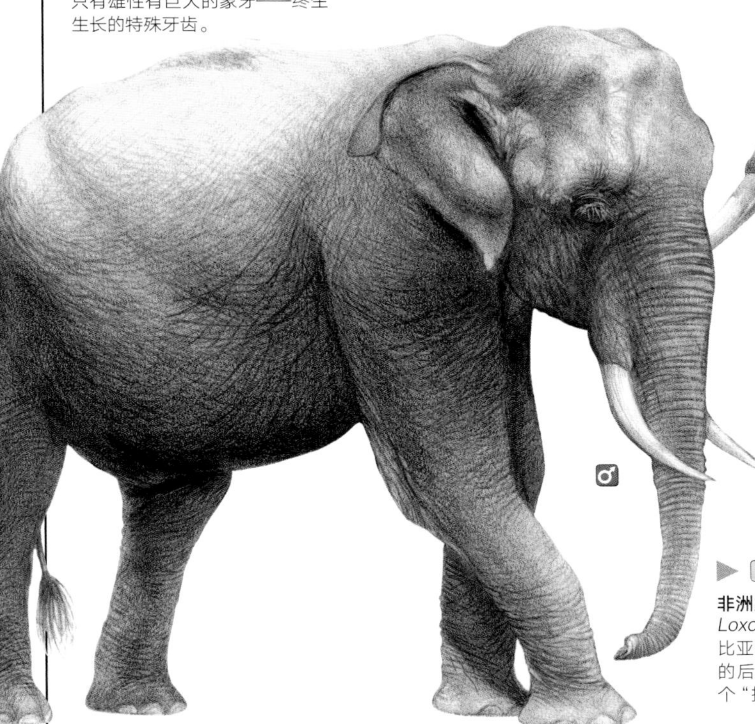

亚洲象
Elephas maximus
耳朵比非洲象小，象鼻末端有一个“指头”，后足有4个趾甲。只有雄性有巨大的象牙——终生生长的特殊牙齿。

♂

非洲象
Loxodonta africana
比亚洲象更重、更高，耳朵也更大。它的后足有3个趾甲，它的象鼻末端有2个“指头”。雄性和雌性都有巨大的象牙。

成体

幼体

大象的成长

新生小象与成年大象的体形差距悬殊。一只雄性非洲象在出生时的体重为110千克，但在它的一生中会增加6400千克的重量。大象的哺乳期长达3年。它们会在母亲身边生活8～10年。与人类相似的是，它们在12～14岁时是青少年。雌象在16岁时就可以生育。大象在幼年期生长迅速，它们会在20岁之前完成大部分生长，但在余生中还会继续生长。它们通常可以活到65至70岁。

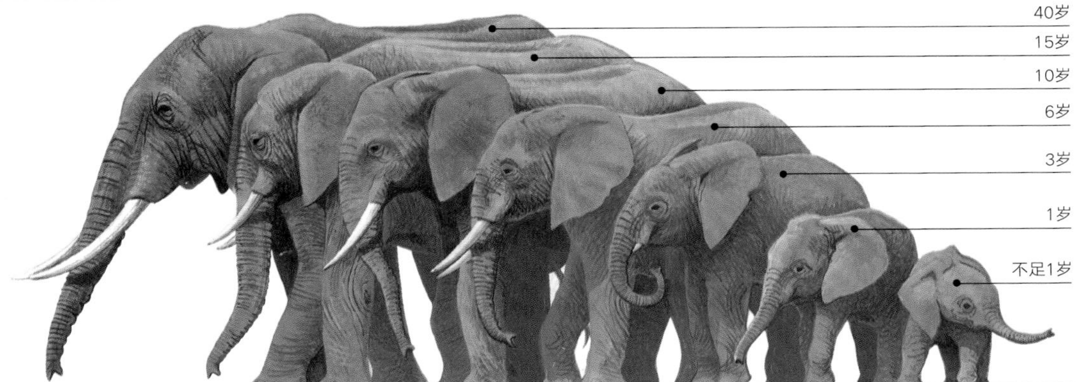

马、驴和斑马

马、驴和斑马都是马科的动物。虽然野生的马科动物只生活在非洲和亚洲的草原和荒漠中，但野化的家养马科动物已经遍布大多数洲了。它们的祖先是在北美洲进化出来的，但在上一次冰河时代结束前，北美洲的马科动物就消失了。马科动物通常过一雄多雌的大群体生活。所有的马科动物都单趾着地。它们的牙齿为了适应食草生活经历了特化：它们用门齿把叶子咬断，用颊齿把叶子磨碎。长在脑袋两侧的眼睛和敏锐的听力使得它们时刻保持警惕以躲避危险。马科动物通过摇尾巴、动耳朵和动嘴唇的方式相互交流，也会利用嘶鸣声传递信号。大部分马科动物会通过相互梳理毛发的方式巩固感情。

平原斑马
Equus burchelli
每只斑马都有自己独特的条纹，这可能有助于斑马群中的斑马相互识别。

山斑马
Equus zebra
会对斑马或角马发出的报警声产生反应。

野马
Equus ferus
在野外已灭绝，但仍以家马的形式存在着。

蒙古野驴
Equus hemionus
以草为食，但当草匮乏时，它们也会取食灌木和乔木。

西藏野驴
Equus kiang
会组成多达400只的驴群，并由一只年长的雌驴领导。

波斯野驴
Equus onager
经过短时间的加速奔跑就可以达到每小时65千米的速度。

非洲野驴
Equus africanus
家驴是从非洲野驴驯化来的。

生存现状

在9种马科动物中，有6种被列入了《国际自然及自然资源保护联盟（IUCN）红色物种名录》。其中的细纹斑马，曾因为其美丽的皮毛而被大量捕杀导致濒危。这一物种现在面临着栖息地丧失和与家畜争夺资源的双重威胁。

灭绝	2
极危	1
濒危	2
易危	1
其他	0

细纹斑马

马与历史

悬在半空
曾经，没有人知道马在飞奔时的步态是怎么样的，直到19世纪70年代末，人们用摄影技术拍下了它们的动作。照片显示，它们在飞奔时有四蹄同时离地的瞬间。

备受信赖的战马

马被人们驯化，用于提供肉和奶、驮运重物和载人。在至少长达1500年的时间里，直到蒸汽引擎被发明出来，马匹都是最快、最可靠的运输工具。它们在人类文化的传播过程中扮演着重要角色，在战争中发挥着决定性作用。阿提拉领导下的匈人，利用战马的速度和敏捷，征服了半个欧洲，击败了强大的罗马军队。

马的用途

马被军人和警察用作骑乘工具。

马在农场协助人类劳作。

马匹被用于运动和娱乐。

儒艮和海牛

海牛目中现存仅4个物种：儒艮和3种海牛。它们是海生哺乳动物，终生生活在水中。它们生活在热带和亚热带的海域，以浅海生长的海草为食。它们的祖先生活在陆地上，现生生物中与它们的亲缘关系最近的是大象和蹄兔。它们的前肢变成了鳍状肢，后肢几乎消失。儒艮的尾巴和鲸的尾巴很像，而海牛的尾巴则像一支扁平的大桨。海牛目动物都是食草动物，这使得它们的肠胃中充满了气体，因此它们都长着沉重的骨骼，以抵消气体产生的浮力。美人鱼的传说可能就来自于被水手偶然看到的海牛。

生存现状

所有现存的海牛目动物都被列入了《国际自然及自然资源保护联盟（IUCN）红色物种名录》。曾经生活在白令海峡的大海牛，在18世纪因水手的疯狂捕杀而灭绝。

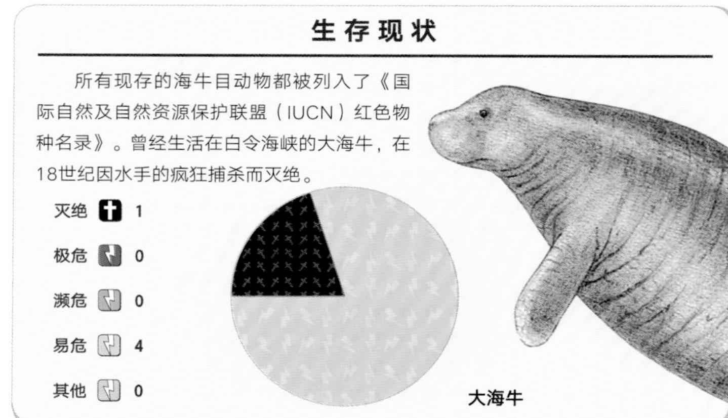

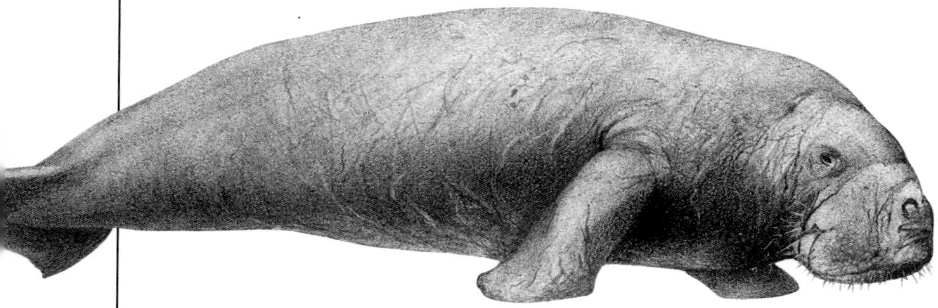

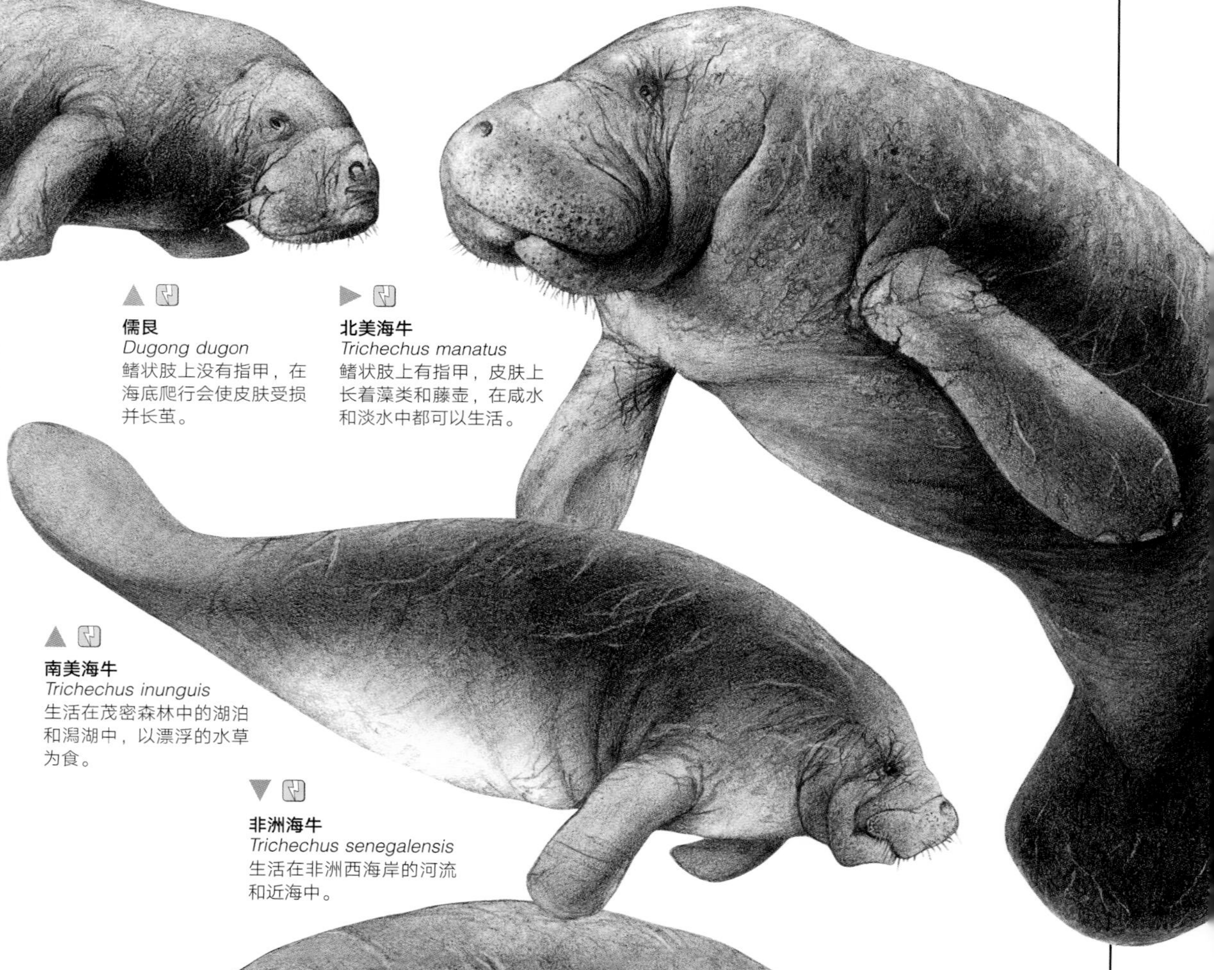

儒艮
Dugong dugon
鳍状肢上没有指甲，在海底爬行会使皮肤受损并长茧。

北美海牛
Trichechus manatus
鳍状肢上有指甲，皮肤上长着藻类和藤壶，在咸水和淡水中都可以生活。

南美海牛
Trichechus inunguis
生活在茂密森林中的湖泊和潟湖中，以漂浮的水草为食。

非洲海牛
Trichechus senegalensis
生活在非洲西海岸的河流和近海中。

海底割草机

海牛目动物以生长在暖水浅海的藻类和海草为食，它们的视力很差，主要靠鼻子上有触觉的毛发寻找食物的位置。它们会用肌肉质的嘴唇把植物从海底拔出来，并用鳍状肢把植物送入口中。它们的身后会留下一条没有海草的道路，仿佛割草机驶过的痕迹。

蹄兔、貘和土豚

蹄兔的大小接近兔子，模样像豚鼠，它们是大象和海牛的远亲，生活在非洲和中东地区。它们的四足长着扁平的指（趾）甲，像蹄子一样。它们的上门齿会持续生长，看起来像一对小獠牙。蹄兔通过挤作一团和晒太阳两种方式取暖。貘的鼻子和大象的鼻子很像，但它们与犀牛的亲缘关系更近。貘有四种，其中三种生活在中美洲和南美洲的热带雨林中，一种生活在东南亚地区。这四种貘都是胆小的食草动物，它们的视力很差，但听觉和嗅觉发达。与大多数有蹄类动物不同，土豚不是食草动物，而是以蚂蚁和白蚁为食，在觅食季节，它们一晚上能吃五万只蚂蚁或白蚁。

生存现状

蹄兔、貘和土豚共有12个物种，其中有7个物种被列入了《国际自然及自然资源保护联盟（IUCN）红色物种名录》。生活在南美洲安第斯山脉的山貘因遭到过度捕杀和栖息地丧失而濒临灭绝。

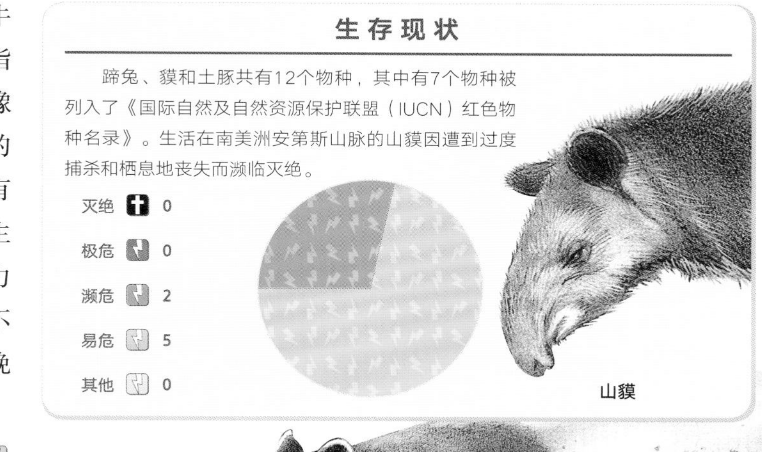

山貘

蹄兔
Procavia capensis
用蹄兔的粪便制成的药物被用于治疗癫痫。

马来貘
Tapirus indicus
特殊的毛色可以使它隐蔽在阴暗的雨林中。

黄斑蹄兔
Heterohyrax brucei

南非树蹄兔
Dendrohyrax arboreus
背上长着气味腺，被它的一撮毛覆盖着。

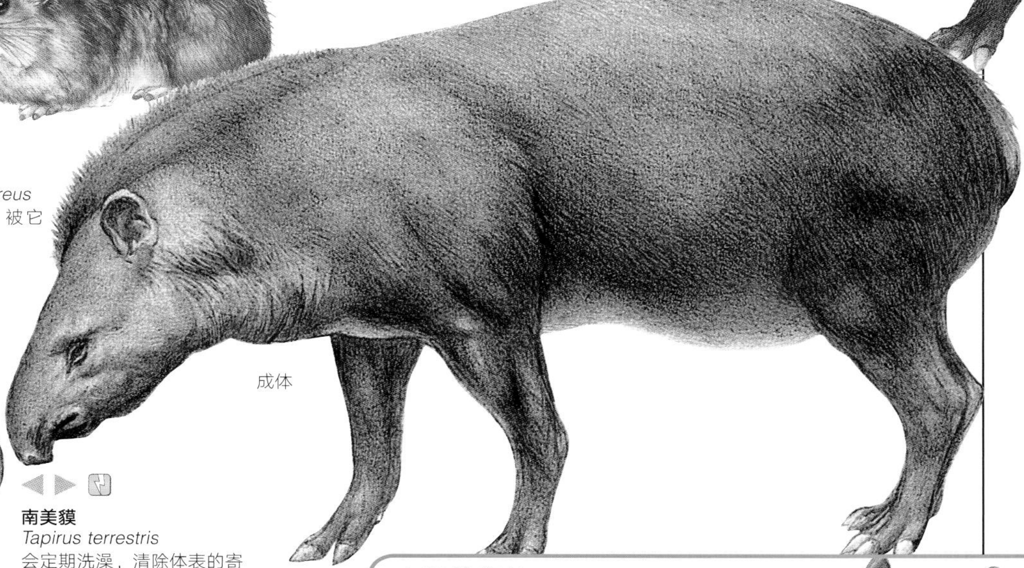

成体

幼体

南美貘
Tapirus terrestris
会定期洗澡，清除体表的寄生虫。幼年南美貘身上有条纹和斑点。

土豚
Orycteropus afer

土豚的身体

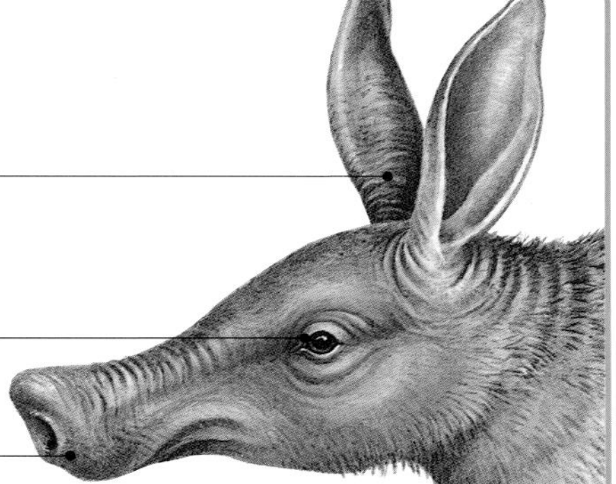

土豚的耳朵尖端向后折，避免挖洞时泥土进入耳中

土豚的视力很差，受惊吓时会横冲直撞

绝佳的嗅觉使得土豚在黑暗中也能找到白蚁

犀牛

犀牛看起来像大象，但它们与貘和马的亲缘关系更近。现存的犀牛只有5种，其中3种生活在亚洲，2种生活在非洲，生活在非洲的白犀是现存第三大的陆生动物。所有犀牛的吻部都长着1个或2个巨大的角，雄性犀牛会为了争夺雌性，用角相互打斗，雌性犀牛则会用角轻轻地推着孩子走。雌雄犀牛会用角防御捕食者，也会用角把粪便压散，作为气味标记。犀牛的身体庞大而敦实，它们的脚上有3根脚趾，走在地上留下的脚印就像扑克牌里的黑桃图案。犀牛通常是独居的食草动物，有时为了繁殖会聚集在一起几个月。雌性犀牛或年轻的雄性犀牛有时会形成暂时性的群体。

生存现状

5种犀牛都被列入了《国际自然及自然资源保护联盟（IUCN）红色物种名录》。极度濒危的爪哇犀曾经广泛分布于亚洲，但现在只剩下不到100只。它们面对的最大威胁是人们为了得到它们的角而猎杀它们。

爪哇犀
Rhinoceros sondaicus
上唇有抓握能力，可以把树叶送入口中。

印度犀
Rhinoceros unicornis

苏门答腊犀
Dicerorhinus sumatrensis

成体

黑犀
Diceros bicornis
幼崽会在母亲身边待接近4年的时间。

幼体

白犀
Ceratotherium simum
脖子上巨大的隆起有助于支撑它巨大的头。雄性白犀会用散布尿粪和践踏植物的方式标记自己的领地。

冲锋的犀牛

黑犀在受到威胁或惊吓时会变得怒不可遏、横冲直撞。它们很擅长短距离冲刺，在冲刺的同时，会从鼻子中发出巨大的声响，使冲刺变得更加可怕。成年黑犀的体重接近1400千克，巨大的体重加上高速冲刺，使得一切被黑犀撞到的来犯者都会被它们的角深深刺伤。

黑犀会用自己的角刺伤并撞飞侵犯者

黑犀的角是由角蛋白组成的，与人类指甲的成分一样

斑鬣狗

你知道吗？

地球上曾经出现过的最大的陆生哺乳动物是生活在4000万年前的巨犀，它肩高5.5米，体重可能超过22吨。

牛、山羊和绵羊

牛、山羊和绵羊都属于牛科，牛科是一个多种多样的类群，其中还包括水牛、北美野牛、羚羊和瞪羚。雄性和很多雌性的野生牛科动物头上长着被角蛋白包裹的骨质角（洞角），这些角终生生长不会脱落。牛科动物用每只足的中间两根脚趾支撑自身的体重，这两根脚趾组成了两瓣蹄子。所有牛科动物都是食草动物，其中有很多只吃草。这些食物中的营养含量很低，但牛科动物可以通过它们特化的消化系统最大限度地利用其中的营养。牛科动物的胃有4个室，在这些胃室中，植物坚硬的细胞壁被细菌所分解。虽然南美洲和澳大利亚没有自然出现的牛科动物，但家养的牛科动物在全世界都有分布。

生存现状

牛科动物共有136种，其中有114种被列入了《国际自然及自然资源保护联盟（IUCN）红色物种名录》。人类的捕杀和来自家养牛的竞争使亨氏牛羚成为了极度濒危的物种，野外只剩下不到400只。

灭绝	6
极危	8
濒危	19
易危	25
其他	56

亨氏牛羚

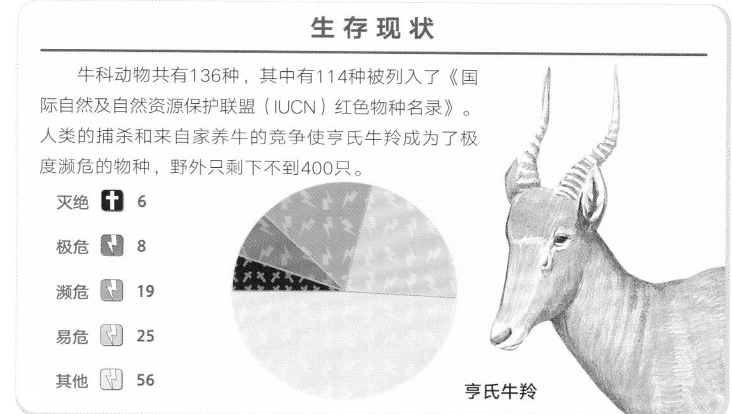

白大角羊
Ovis dalli
在夏季草场和冬季草场之间迁徙。
雪羊
Oreamnos americanus
生活在陡峭的高山地区。
臆羚
Rupicapra rupicapra
有弹性的蹄子可以紧紧抓住地面。
山地水牛
Bubalus quarlesi
看起来更像鹿的水牛。
捻角山羊
Capra falconeri
巨大的角长达1.5米。
蛮羊（巴巴里蛮羊）
Ammotragus lervia
西班牙山羊
Capra pyrenaica
阿拉伯塔尔羊
Hemitragus jayakari
麝牛
Ovibos moschatus
鬣羚
Capricornis sumatraensis
中南大羚
Pseudoryx nghetinhensis
牦牛
Bos grunniens
北美野牛
Bison bison

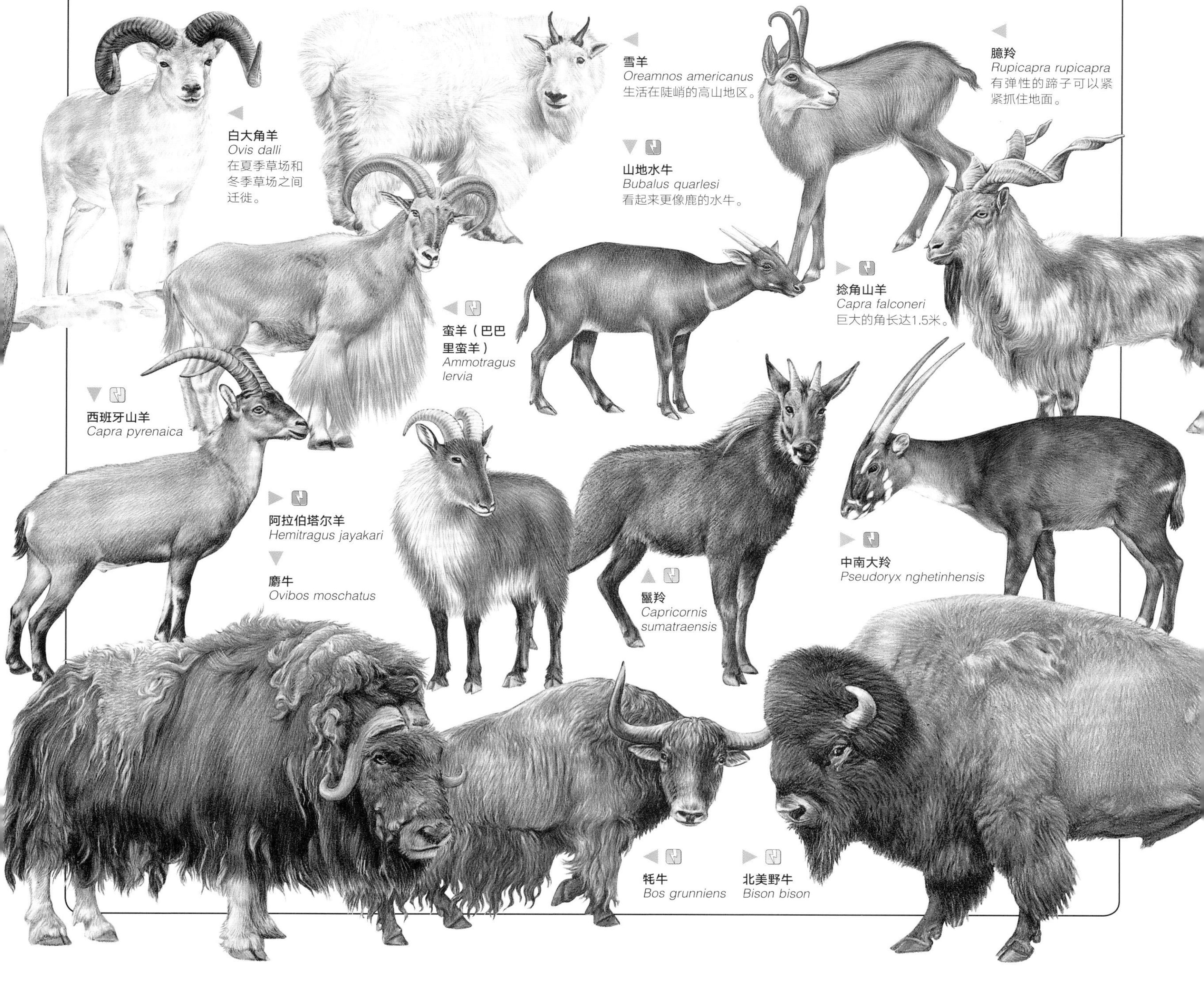

羚羊

羚羊是牛科动物中的一类，它们都长着洞角，大部分生活在非洲。羚羊是反刍动物，胃有4个室，被咽下的食物先进入前2个室，经过初步的消化，再返回口中被重新咀嚼并再次咽下，然后食物会进入胃的后2个室。羚羊拥有修长轻盈的身体、短短的尾巴和肌肉发达的后腿。它们在奔跑过程中可以朝各个方向跳跃、奔跑，这能帮助它们躲避捕食者。北美洲的叉角羚看起来很像羚羊，但它不属于羚羊这个类群。叉角羚的角和牛科动物一样，是由骨头和角蛋白组成的，但角上的角蛋白层和鹿角一样，每年都会脱落。它是陆地上奔跑速度最快的动物之一，速度可达每小时65千米。

紫羚
Tragelaphus eurycerus

德氏大羚羊
Taurotragus derbianus
会用角劈开树枝，以吃到树叶。

石羚
Raphicerus campestris

山苇羚
Redunca fulvorufula

黑斑羚
Aepyceros melampus
只有雄性长着长长的、带棱的角，躲避捕食者时可以跳到3米高。

藏羚
Pantholops hodgsonii

斑纹角马
Connochaetes taurinus
受到惊吓时，会先跑开，晃晃头，跺跺脚，然后再面对威胁。

汤姆森瞪羚
Gazella thomsonii
通常聚成小群体生活，但在雨季会几千只一起迁徙。

南非剑羚
Oryx gazella
雄性的角长达1.5米。在幼崽出生后的前6个星期内，南非剑羚母亲会把幼崽藏起来，每天给它们喂食。

狷羚
Alcelaphus buselaphus
可以形成多达1万只的松散群体，有时候群体中还混有其他羚羊和斑马。

扭角林羚
Tragelaphus strepsiceros
雄性会通过大叫来建立自己的统治地位，也会在求偶过程中发出类似于“呜呜”“哼哼”“呼呼”的声音。

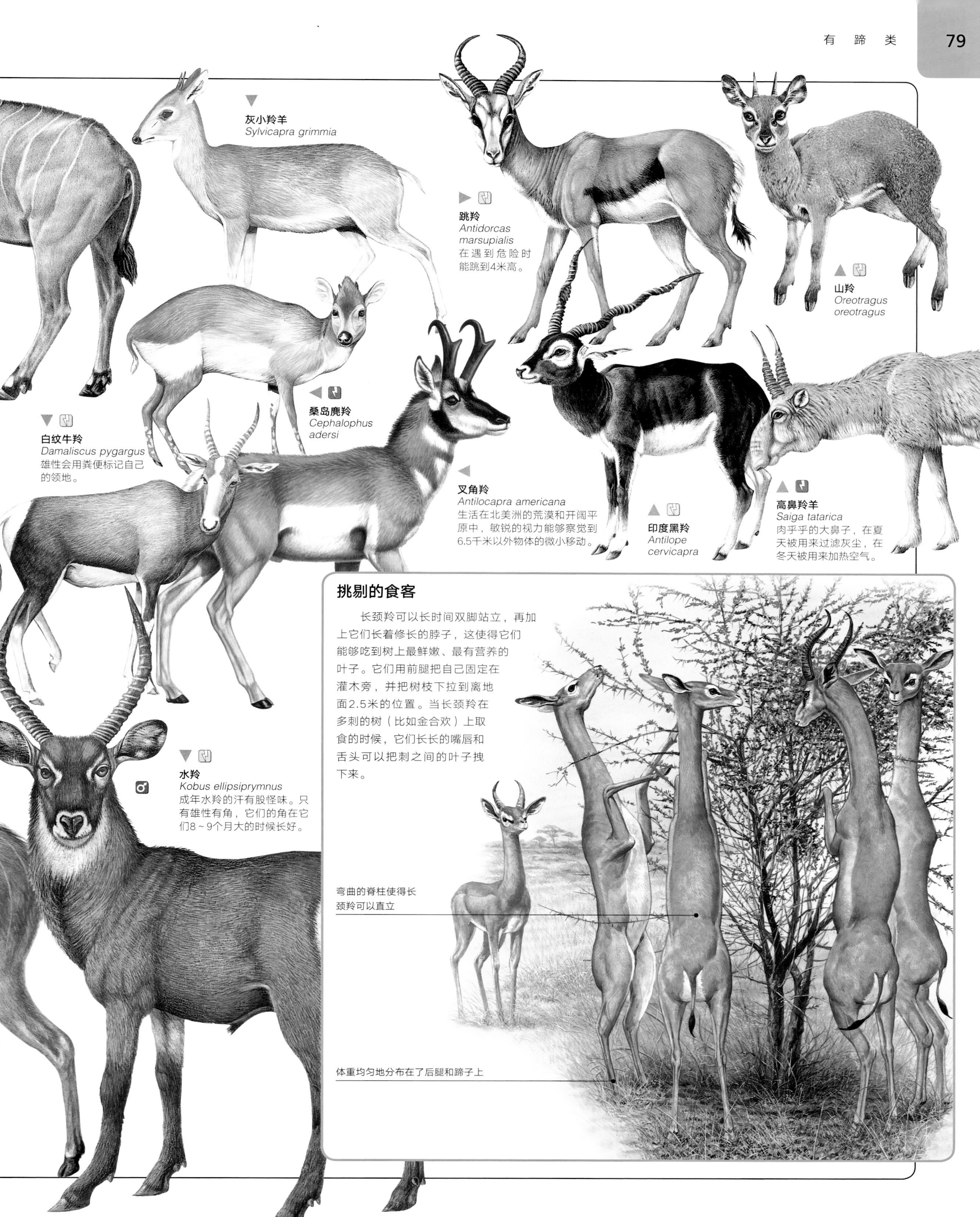

挑剔的食客

长颈羚可以长时间双脚站立，再加上它们长着修长的脖子，这使得它们能够吃到树上最鲜嫩、最有营养的叶子。它们用前腿把自己固定在灌木旁，并把树枝下拉到离地面2.5米的位置。当长颈羚在多刺的树（比如金合欢）上取食的时候，它们长长的嘴唇和舌头可以把刺之间的叶子拽下来。

大迁徙

曾经有几百万头美洲野牛在迁徙过程中穿过了北美洲的几大草原。在19世纪，美洲野牛因被大量猎杀而几乎灭绝。现在，它们只存活在保护区中。

穿越塞伦盖蒂

有很多动物会在每年固定的时间里从一个地方移动到另一个地方，这种移动被称作迁徙，与季节的变化有关。哺乳动物中有通过飞行迁徙的，有通过奔跑迁徙的，也有通过游泳迁徙的。它们迁徙的原因有很多：更充足的食物、更好的气候、用于生育和照料幼崽的更加安全的地点。迁徙规模最大的动物中，有一些是有蹄类动物，比如北极的驯鹿、非洲的跳羚和亚洲的喜马拉雅塔尔羊。

角马的迁徙是世界上最大规模的迁徙之一。130万只牛羚途经长达2900千米的往返旅程，从坦桑尼亚的塞伦盖蒂草原，迁徙到肯尼亚马赛马拉区域的开阔草原，再返回塞伦盖蒂。每年5月末，角马会在塞伦盖蒂吃饱草，集体前往马赛马拉，在马赛马拉交配、吃草、饮水，并于11月返回塞伦盖蒂。

角马随雨季和旱季的变化而迁徙，它们的迁徙路线是环形的，途经塞伦盖蒂国家公园和附近的保护区。

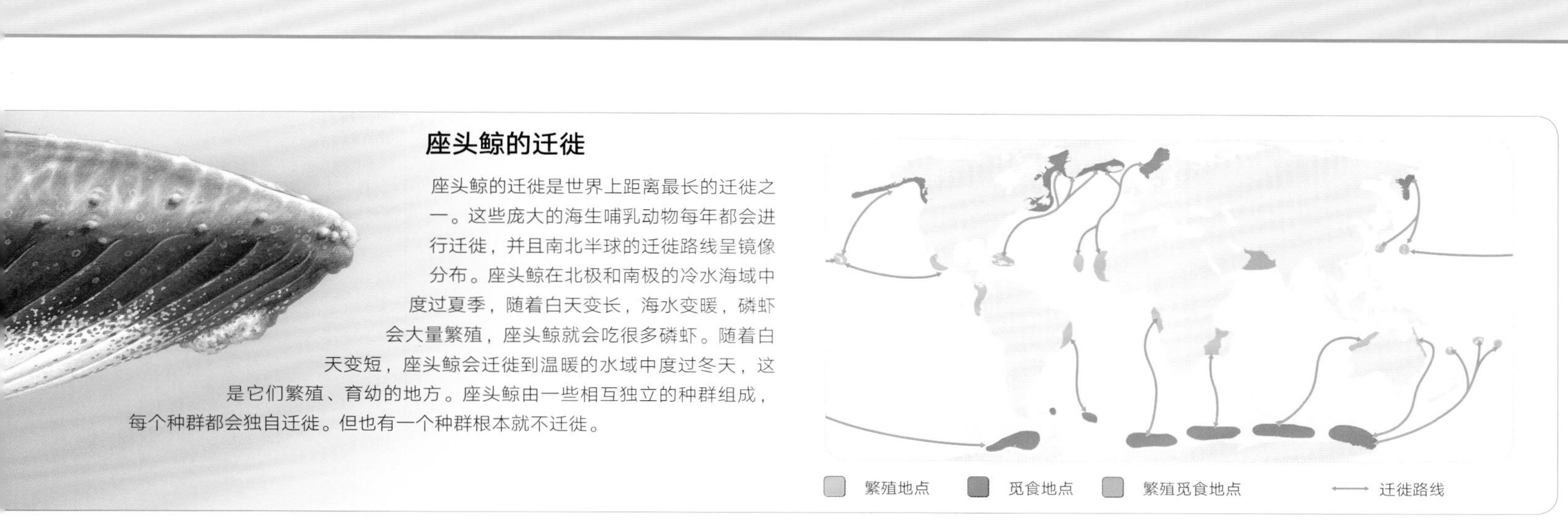

座头鲸的迁徙

座头鲸的迁徙是世界上距离最长的迁徙之一。这些庞大的海生哺乳动物每年都会进行迁徙，并且南北半球的迁徙路线呈镜像分布。座头鲸在北极和南极的冷水海域中度过夏季，随着白天变长，海水变暖，磷虾会大量繁殖，座头鲸就会吃很多磷虾。随着白天变短，座头鲸会迁徙到温暖的水域中度过冬天，这是它们繁殖、育幼的地方。座头鲸由一些相互独立的种群组成，每个种群都会独自迁徙。但也有一个种群根本就不迁徙。

新生命

角马的幼崽在雨季开始时出生，然后一直与母亲待在一起，直到长到8个月大，这时它们会离开母亲，并且与同龄的角马组成新的群体

在路上

角马在迁徙过程中，不会在任何一个地方长时间停歇。这种做法减轻了它们对环境的破坏。实际上，它们排出的粪便还增强了沿途土壤的肥力

旅伴

斑马和角马在同一时间迁徙。斑马会吃被角马咬短的草，并利用庞大的角马群抵御捕食者

旅途中的危险

渡河是一件危险的事情。鳄鱼和其他捕食者会等待斑马的到来，把绊倒的或者落单的斑马抓走

鹿

驼鹿、驯鹿、麋鹿都是鹿科动物。鼷鹿科和麝科与鹿科的亲缘关系很近，这两个科的动物都长着长长的犬齿。鹿和羚羊很像，都长着修长的身体、修长的脖子、苗条的四肢、短短的尾巴、长在侧面的眼睛和高高的耳朵。但与羚羊不同的是，鹿的角是裸露的骨质角，没有角蛋白包裹。鹿角每年都会生长然后脱落，大部分雄鹿（以及一部分雌鹿）的头上长着鹿角。鹿角的形态多种多样，有毛冠鹿那样像两个小锥子的角，也有驯鹿那样有复杂分枝结构的角（驼鹿的双角有2米宽）。所有的鹿都是反刍动物，它们以小树枝、嫩叶、嫩草和水果为食。鹿是逃脱大师，有一些鹿能通过跳跃和躲闪从天敌面前逃走，另外一些靠的则是奔跑的速度和耐力。

生存现状

在50种鹿中，有34种被列入了《国际自然及自然资源保护联盟（IUCN）红色物种名录》。其中，生活在南美洲的智利马驼鹿是一种濒危动物，它们面临着多种威胁，包括非法捕猎以及和家畜竞争食物。

灭绝	1
极危	1
濒危	4
易危	7
其他	21

智利马驼鹿

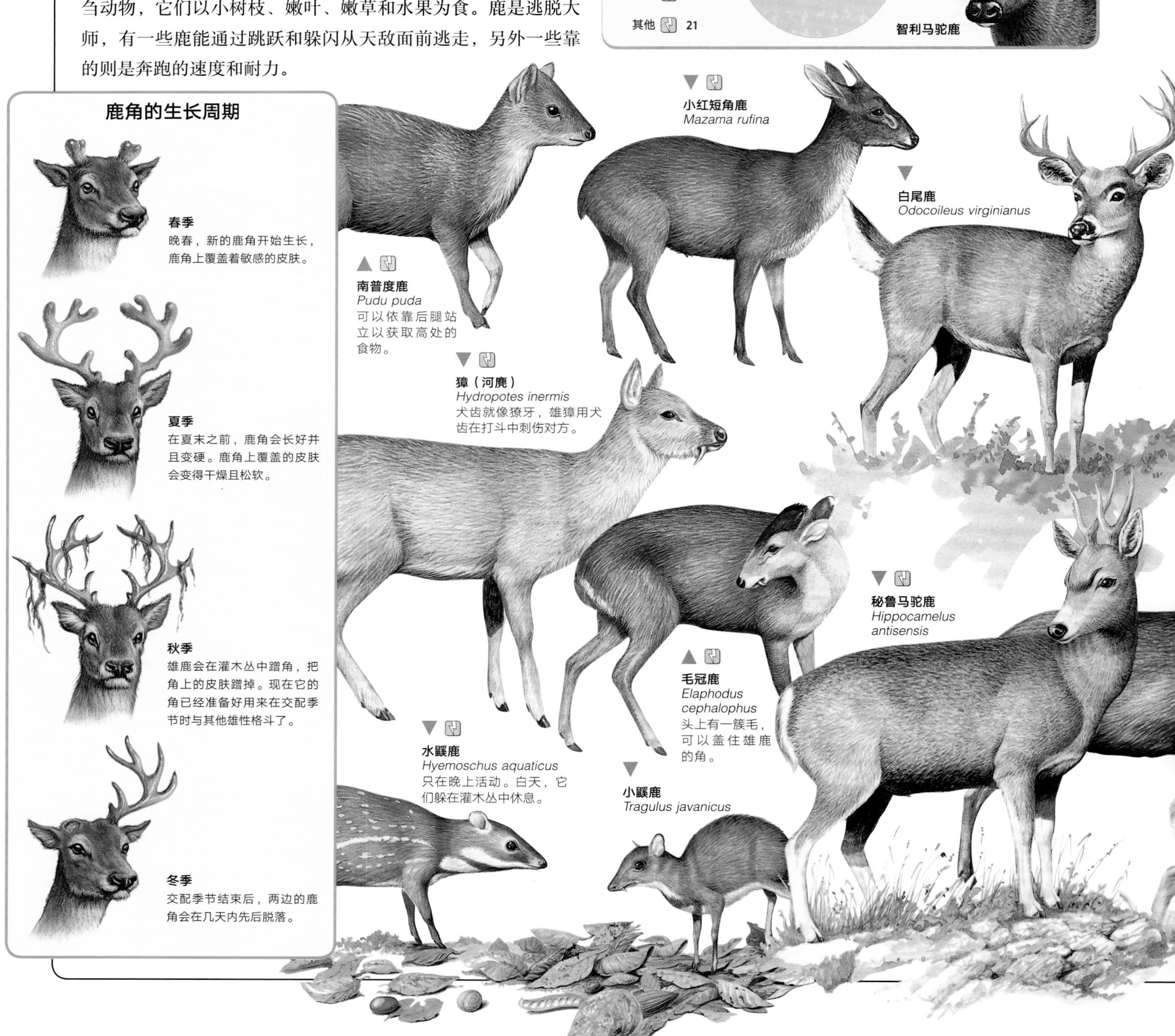

鹿角的生长周期

春季
晚春，新的鹿角开始生长，鹿角上覆盖着敏感的皮肤。

夏季
在夏末之前，鹿角会长好并且变硬。鹿角上覆盖的皮肤会变得干燥且松软。

秋季
雄鹿会在灌木丛中蹭角，把角上的皮肤蹭掉。现在它的角已经准备好用来在交配季节时与其他雄性格斗了。

冬季
交配季节结束后，两边的鹿角会在几天内先后脱落。

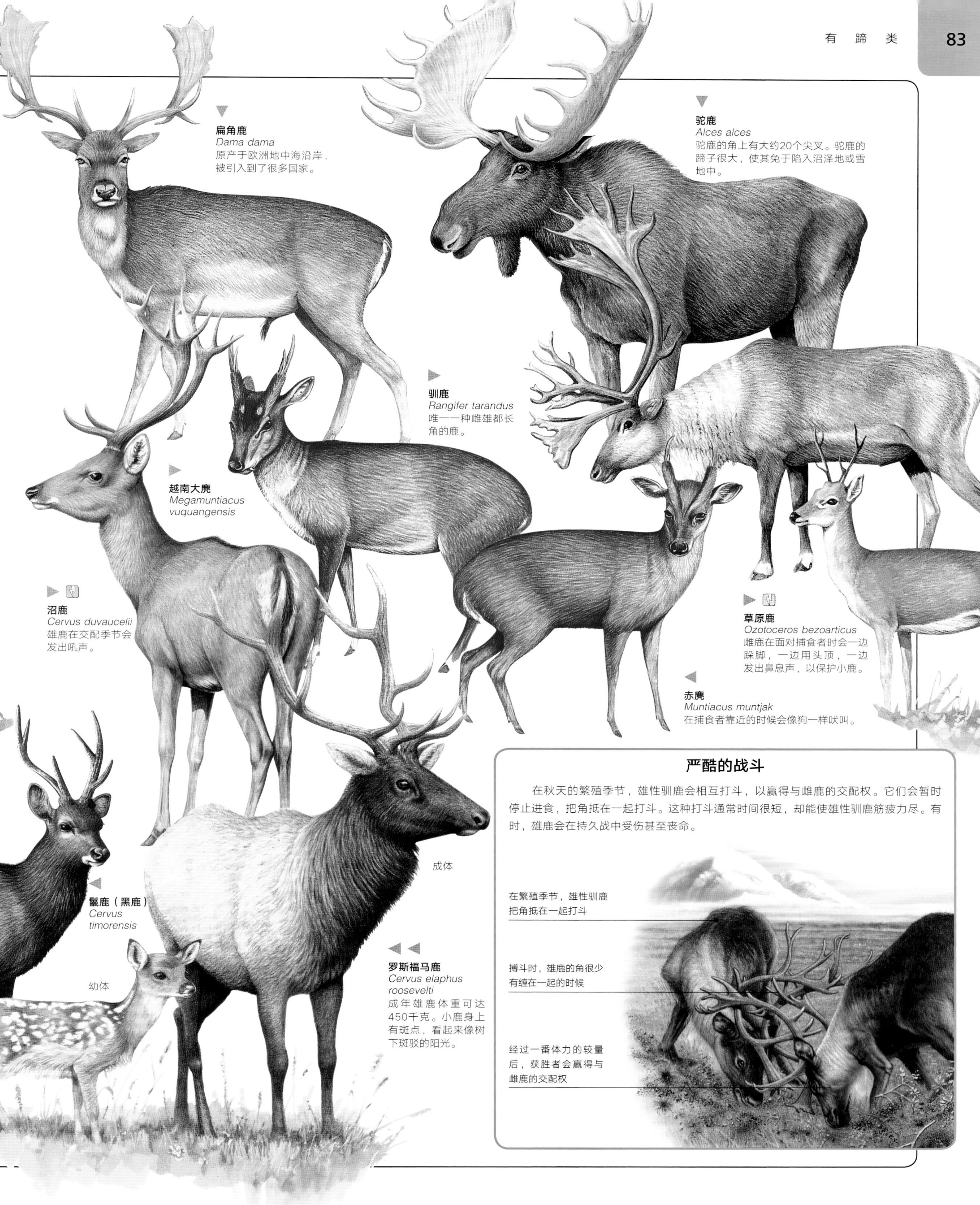

严酷的战斗

在秋天的繁殖季节，雄性驯鹿会相互打斗，以赢得与雌鹿的交配权。它们会暂时停止进食，把角抵在一起打斗。这种打斗通常时间很短，却能使雄性驯鹿筋疲力尽。有时，雄鹿会在持久战中受伤甚至丧命。

长颈鹿和獾㹢狓

长颈鹿和獾㹢狓是现存仅有的长颈鹿科动物，它们和牛、羊、羚羊有比较远的亲缘关系。长颈鹿和獾㹢狓都有长长的脖子、长长的尾巴和长长的四肢，它们的前腿比后腿长，使得它们的后背前高后低。长颈鹿是世界上最高的动物，一只成年的长颈鹿，身高可达5.5米，其中长脖子的贡献功不可没。长颈鹿和獾㹢狓的头上都长着被皮毛覆盖的小骨角（长颈鹿角）、细长灵活的舌头、大大的眼睛和耳朵。长颈鹿以小群体的形式生活在非洲稀树草原中有树的地方，它们身上美丽的斑纹与树下的斑驳阳光很相似。獾㹢狓喜欢独居在非洲中部阴暗的雨林中，在这种地表植被茂密的地方，它们身体后部的条纹可以使捕食者看不清其轮廓。

索马里长颈鹿
Giraffa camelopardalis reticulata
和人一样有7块颈椎，只是比人的颈椎更长。年轻的雄性会用脖子打斗（类似于人类掰手腕）。

南非长颈鹿
Giraffa camelopardalis giraffa
在开阔的非洲稀树草原上，长颈鹿身上的斑纹为它们提供了极好的伪装，这些斑纹沿着它们的四肢逐渐变浅。

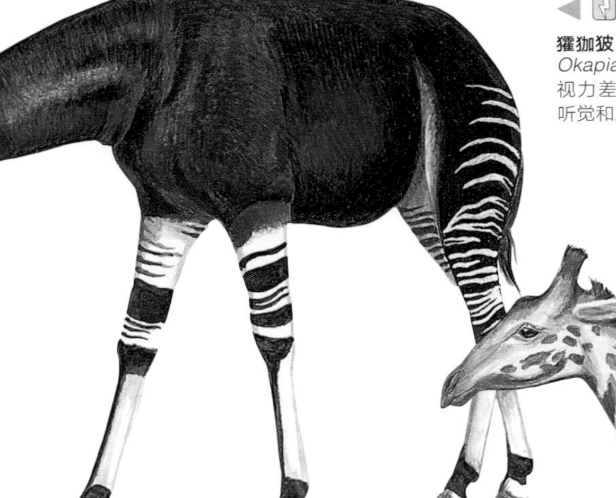

獾㹢狓
Okapia johnstoni
视力差，但有敏锐的听觉和发达的嗅觉。

肯尼亚长颈鹿
Giraffa camelopardalis tippelskirschi
在自卫时会用前腿踢敌人。

努比亚长颈鹿
Giraffa camelopardalis camelopardalis
在喝水时会把前腿打开，把脖子弯下去，捕食者在此时猎杀它们易如反掌。

舌尖上的金合欢

金合欢的叶子有毒，枝上有锋利的刺。长颈鹿身上有特殊的适应机制，使得它们可以大量食用金合欢的树叶。

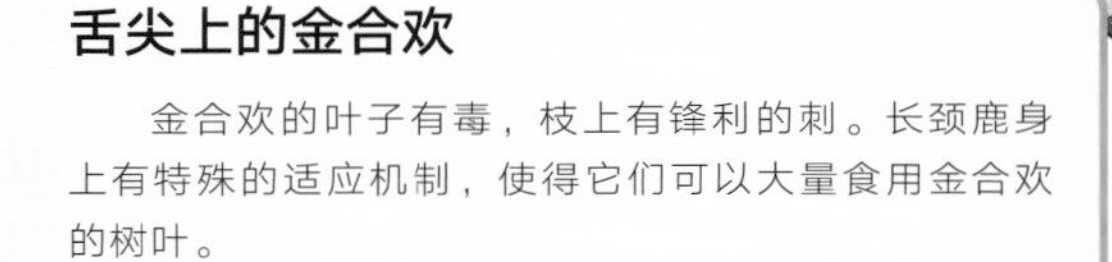

长颈鹿会选择金合欢上新鲜的叶子吃，它们最柔软、毒性也最小

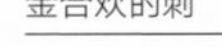

成年长颈鹿的舌头长达53厘米

金合欢的刺

骆驼

骆驼科由6种动物组成：单峰驼、双峰驼、原驼、骆马，以及被驯化的美洲驼和羊驼。骆驼科动物是社会性动物，在野外，它们组成一雄多雌的群体，由唯一的一头雄性领导。没有取得“领导权”的年轻雄性有时会组成小型的雄性群体。所有骆驼科动物都很适应荒漠或半荒漠地区的环境，它们的胃有3个室，能从它们吃的茎叶中汲取养分。单峰驼和双峰驼有丰满的驼峰，用于储存营养物质。骆驼科动物站立时，只有蹄的前部会接触地面。它们把全身的重量都压在了足底的肉垫上。骆驼科动物行走时，总是同时迈同一侧的前腿和后腿，产生一种摇摇晃晃的步态。这一特点使得一些家养骆驼被称为“沙漠之舟”。

生存现状

在6种骆驼科动物中，有3种被列入了《国际自然及自然资源保护联盟（IUCN）红色物种名录》。极度濒危的野生双峰驼遭受到了猎杀的威胁。另一方面，有很多家养双峰驼存活着。

灭绝	1
极危	1
濒危	0
易危	0
其他	1

野生双峰驼

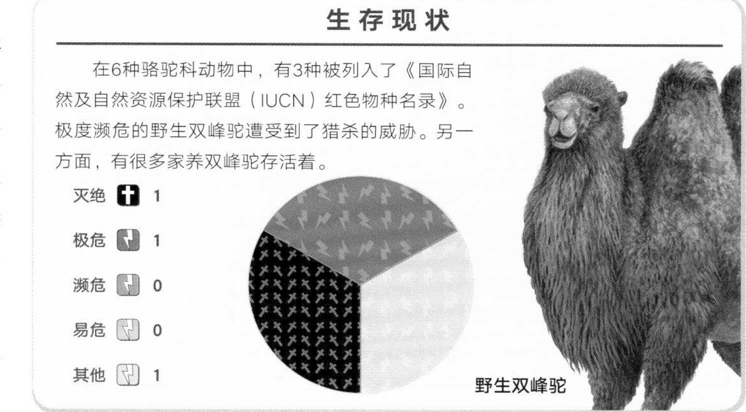

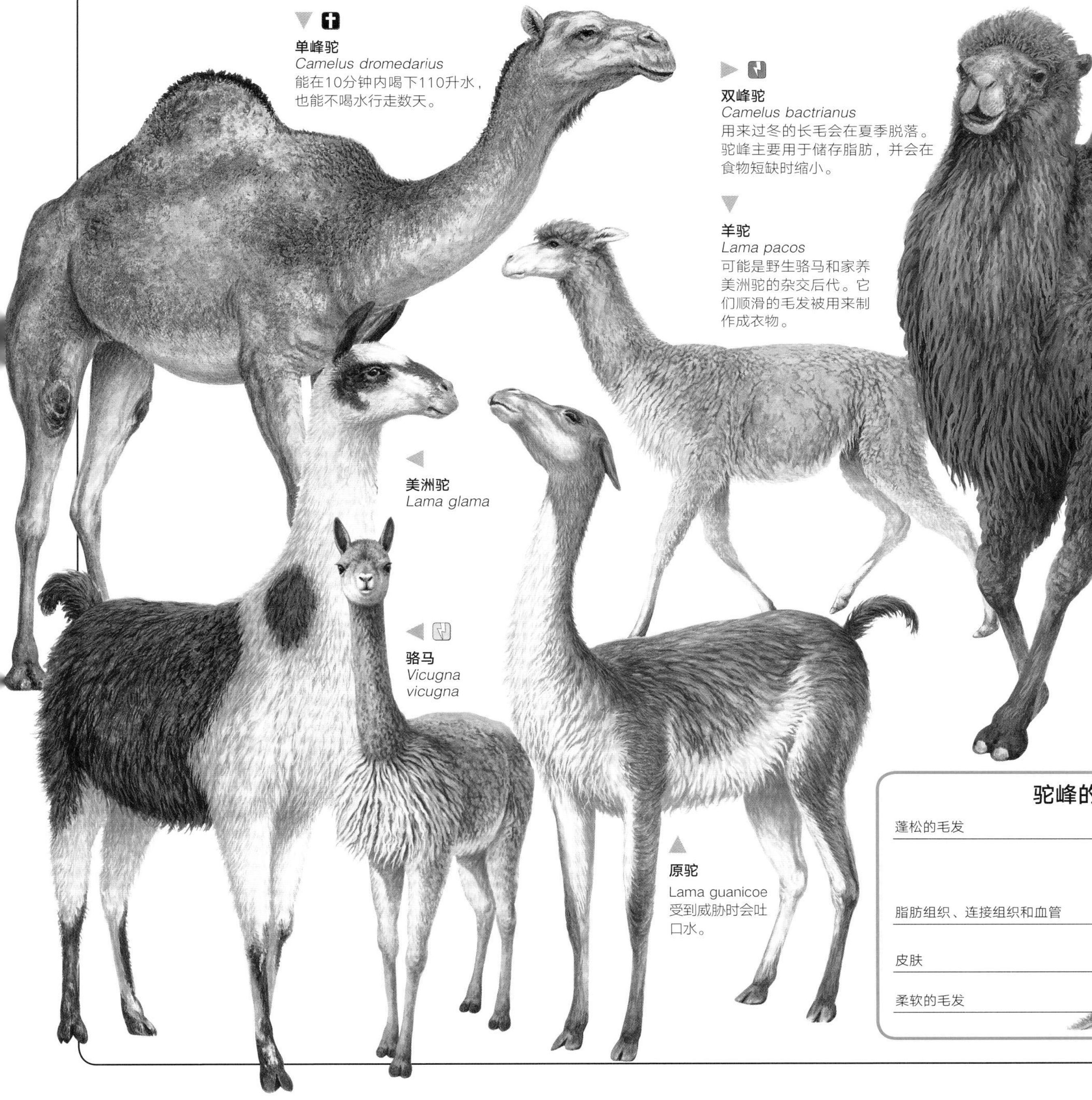

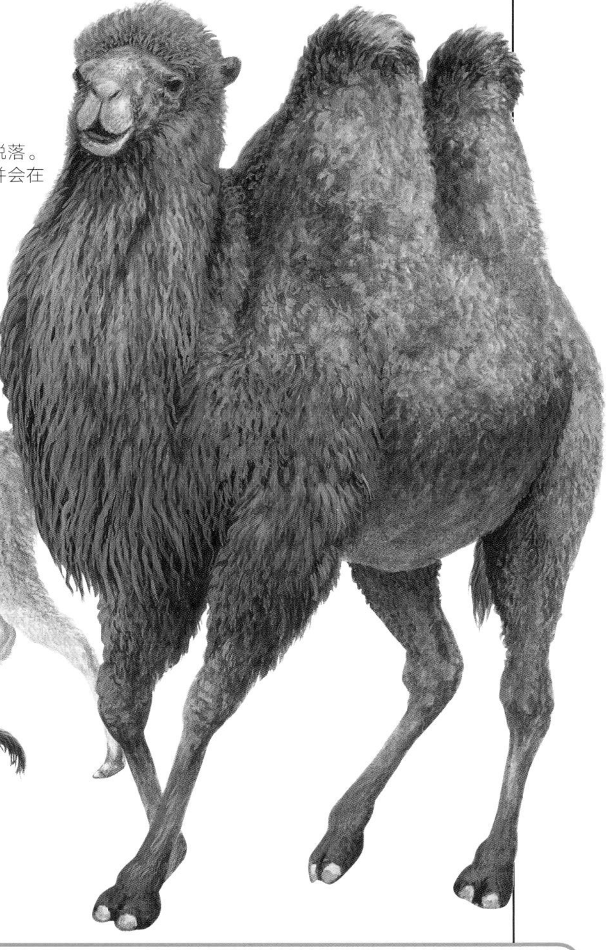

单峰驼
Camelus dromedarius
能在10分钟内喝下110升水，也能不喝水行走数天。

双峰驼
Camelus bactrianus
用来过冬的长毛会在夏季脱落。驼峰主要用于储存脂肪，并会在食物短缺时缩小。

羊驼
Lama pacos
可能是野生骆马和家养美洲驼的杂交后代。它们顺滑的毛发被用来制作成衣物。

美洲驼
Lama glama

骆马
Vicugna vicugna

原驼
Lama guanicoe
受到威胁时会吐口水。

驼峰的里面有什么

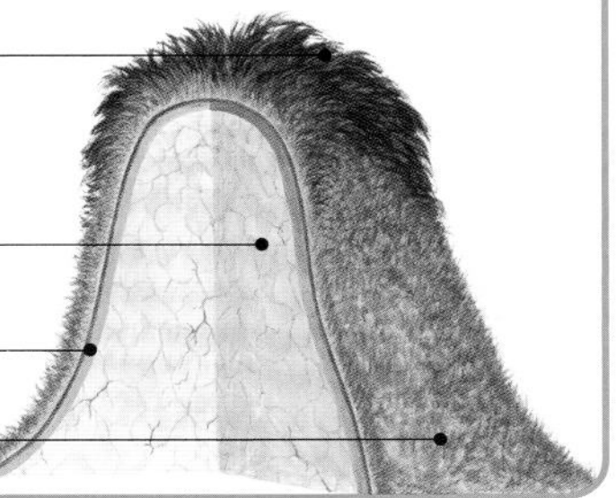

蓬松的毛发
脂肪组织、连接组织和血管
皮肤
柔软的毛发

猪和河马

家猪、野猪和鹿豚都是有蹄类哺乳动物，但不是严格意义上的食草动物。它们吃植物，也吃蛴螬、蚯蚓、鸟卵和其他小动物。它们用它们的长鼻子在落叶层和土壤中寻找食物。猪鼻子被坚韧的软骨包围。上犬齿和下犬齿形成了锋利的獠牙，被用作武器和地位的象征。社会性的西猯看起来像猪，但是它们有修长的四肢、带气味腺的臀部和用于消化各种植物的复杂的胃。河马看起来也像猪，但是与它们亲缘关系最近的动物可能是鲸。这些身材呈桶状的食草动物善于游泳，白天的大部分时间，它们在水中休息；晚上，它们从水中走出，获取食物。

生存现状

在21种猪、西猯和河马中，有10种被列入了《国际自然及自然资源保护联盟（IUCN）红色物种名录》。濒危的草原西猯正在因猎杀、外来物种带来的疾病和栖息地丧失的威胁而逐渐消失。

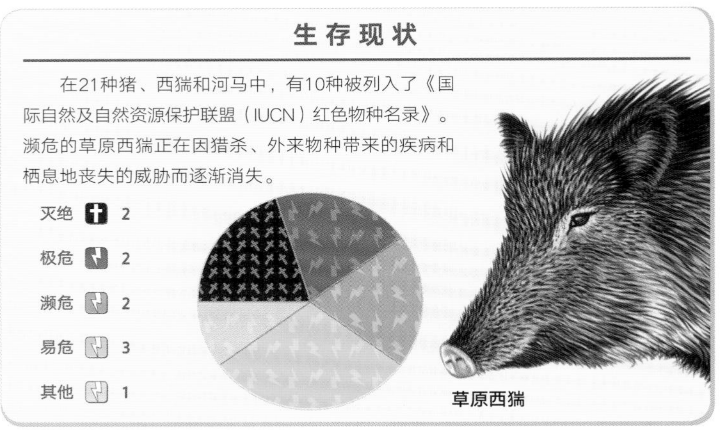

草原西猯

鹿豚
Babyrousa babyrussa
体表毛发稀少，遍布褶皱。

大林猪
Hylocherus meinertzhageni
雄性长有肿胀的脸颊，内含气味腺。

非洲野猪
Potamochoerus porcus
在打斗中会用头相互碰撞，用尾巴相互抽打。

倭猪
Sus salvanius
体形最小的猪，雄性最多只有9千克重。

河马
Hippopotamus amphibius
虽然河马没有汗腺，但它们能用黏液腺分泌的粘液保护皮肤，它们的皮肤也因此呈红色。

成体

♀

♂

野猪
Sus scrofa
在泥水中打滚，以抵御阳光和昆虫。小野猪的伪装性条纹会随着年龄的增长而逐渐消退。

幼体

白嘴西猯
Tayassu pecari

草原西猯
Catagonus wagneri
通过发出咕噜声和抖动牙齿的声音来进行交流。

疣猪
Phacochoerus africanus
雄性和雌性都长有獠牙。它们的膝盖上长有肉垫，用于取食时跪在地上。

非洲灌丛野猪
Potamochoerus larvatus

领西猯
Pecari tajacu
同一群体中的成员间会通过用头蹭对方臀部的方式打招呼。它们也会相互梳理毛发。

张开大嘴

河马可以把嘴张得很大，因为它们的下颌连接在颅骨下很靠后的位置。河马长着整齐而锋利的牙齿。雄性的下犬齿的长度可以超过30厘米，用于相互打斗。声波可以通过下颌骨传入耳中，使得河马在水下也可以听见声音。

倭河马
Hexaprotodon liberiensis
大部分独自生活，夜间活动。

须鲸

鲸类包括各种鲸、海豚和鼠海豚。鲸类与河马有共同的祖先，它们的祖先生活在陆地上。经过几千万年的进化，鲸类拥有了像鱼一样的流线型躯体，前肢变成了鳍状肢，后肢消失，尾巴变得强壮并演化出了两块扁平的尾鳍。现在，所有的鲸类都能完全在水中觅食、休息、交配、生育、照料幼崽。鲸类可以分为两类：须鲸和齿鲸。须鲸是海洋中的巨兽，吃的却是一些微小的动物。它们的嘴里长着骨质的鲸须，鲸须排列紧密，可以把水滤过去而把微小的动物截留下来，供它们吞入喉中。很多须鲸通过低沉的吟唱相互交流，其中一些物种能发出悠长婉转的歌声。

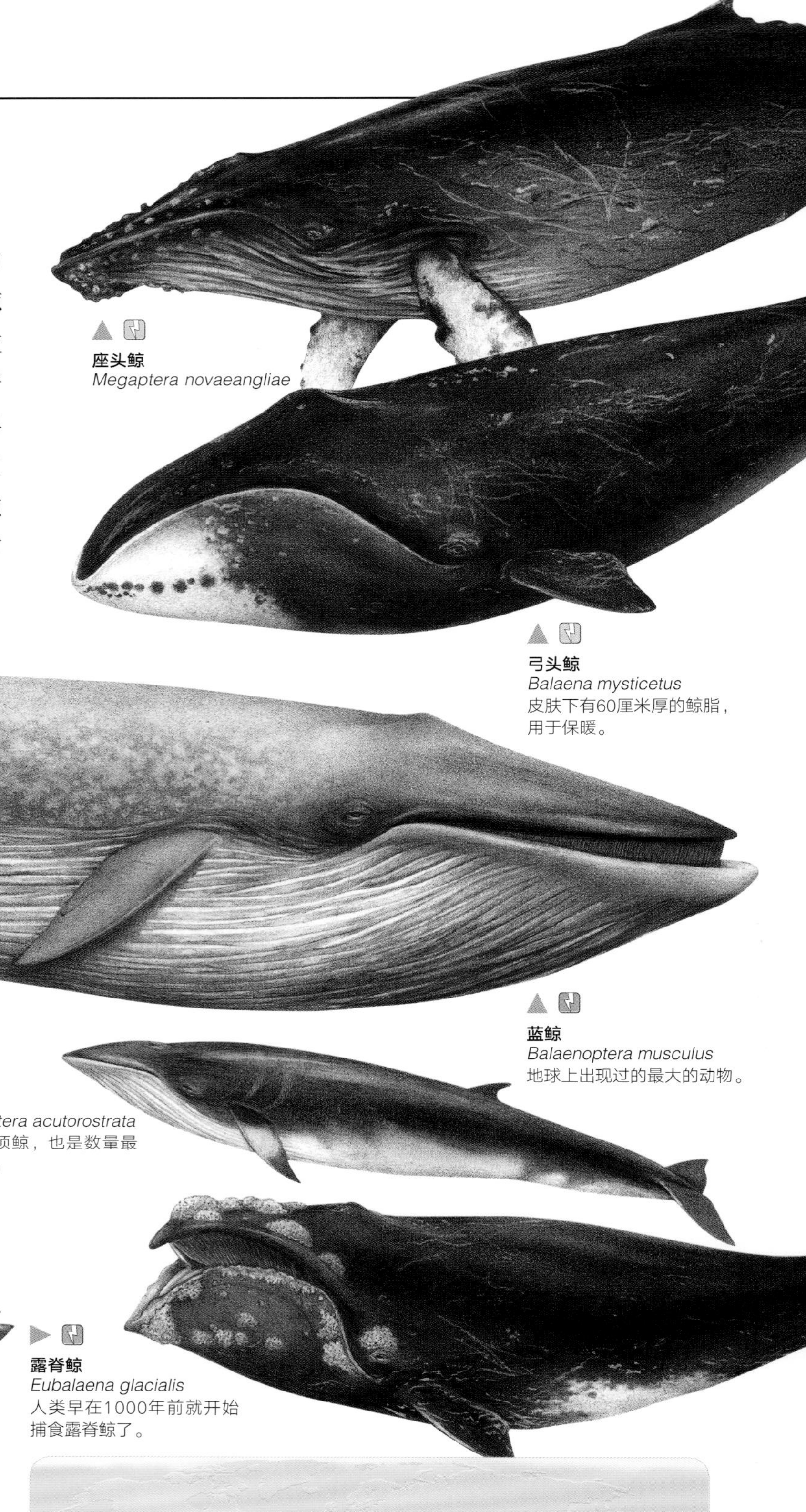

座头鲸
Megaptera novaeangliae

弓头鲸
Balaena mysticetus
皮肤下有60厘米厚的鲸脂，用于保暖。

蓝鲸
Balaenoptera musculus
地球上出现过的最大的动物。

灰鲸
Eschrichtius robustus
成年灰鲸的身上长满了鲸虱和藤壶，它们以滤沙式吸食的方式，滤食海底沉积物中的底栖生物。

小须鲸
Balaenoptera acutorostrata
是最小的须鲸，也是数量最多的须鲸。

长须鲸
Balaenoptera physalus
游泳的速度可达每小时37千米。

露脊鲸
Eubalaena glacialis
人类早在1000年前就开始捕食露脊鲸了。

生存现状

在13种须鲸中，已有12种被列入了《国际自然及自然资源保护联盟（IUCN）红色物种名录》。在20世纪，长须鲸被商业捕鲸船过度捕杀而濒临灭绝。多亏了禁止捕鲸的禁令，长须鲸的数量开始恢复。

灭绝	0
极危	0
濒危	5
易危	1
其他	6

长须鲸

鲸类

除了冰盖下面的海和里海，鲸类在世界上的所有海域中都有分布。江豚（鼠海豚科）生活在一些主干河流。

捕猎高手

捕猎技术

鲸类在捕猎时会使用一些策略和技巧。须鲸长着巨大的嘴，可以吞下大量的小动物。齿鲸利用声呐寻找单个的猎物。有很多种鲸会合作捕猎，比如座头鲸利用气泡合作捕鱼：一头座头鲸绕着鱼群游泳，把它们赶到一起，它一边螺旋上升，一边吐出气泡组成猎物无法穿过的“气泡网”。然后其他座头鲸会轮流张着嘴进入“气泡网”中，吃里面的鱼。

虎鲸会定期在猎物生活的地方巡逻。图中的虎鲸正冲向海滩，企图抓走一只海狮幼崽。

鱼群被“气泡网”困住，聚到一起

座头鲸捕猎团队中的一个成员张着嘴游入被困住的鱼群中，把猎物和海水一齐吞下

团队中的另一个成员绕着鱼群游泳，吐出的气泡组成“气泡网”

座头鲸以小群体为单位生活、迁徙，这使得群体内成员之间的关系十分密切，这种密切的关系对于座头鲸进行“气泡网捕鱼”之类的合作行为是很必要的。

齿鲸

大部分鲸类都属于齿鲸。齿鲸包括抹香鲸、独角鲸、白鲸、喙鲸、海豚、鼠海豚和江豚。与体形庞大的须鲸不同，大部分齿鲸都是中等体形。齿鲸的鲸群也比须鲸大，社会关系更加复杂。齿鲸是智商最高的哺乳动物之一，它们用声音相互交流，并且它们非常顽皮。齿鲸利用回声定位系统“看见”水下的景物，它们先发出高频的声波，然后通过水下物体弹回来的回声判断物体的位置。鱼类和鱿鱼是它们喜欢的食物。齿鲸的嘴里长着的圆锥形利齿，不是用来咀嚼食物，而是用来紧紧地咬住猎物。

生存现状

在69种齿鲸中，已有35种被列入了《国际自然及自然资源保护联盟（IUCN）红色物种名录》。分布在中国的白鱀豚是一种极度濒危的动物。渔民常常误杀白鱀豚，白鱀豚的栖息地也常因污染等原因被破坏。

灭绝	0
极危	2
濒危	2
易危	1
其他	30

白鱀豚

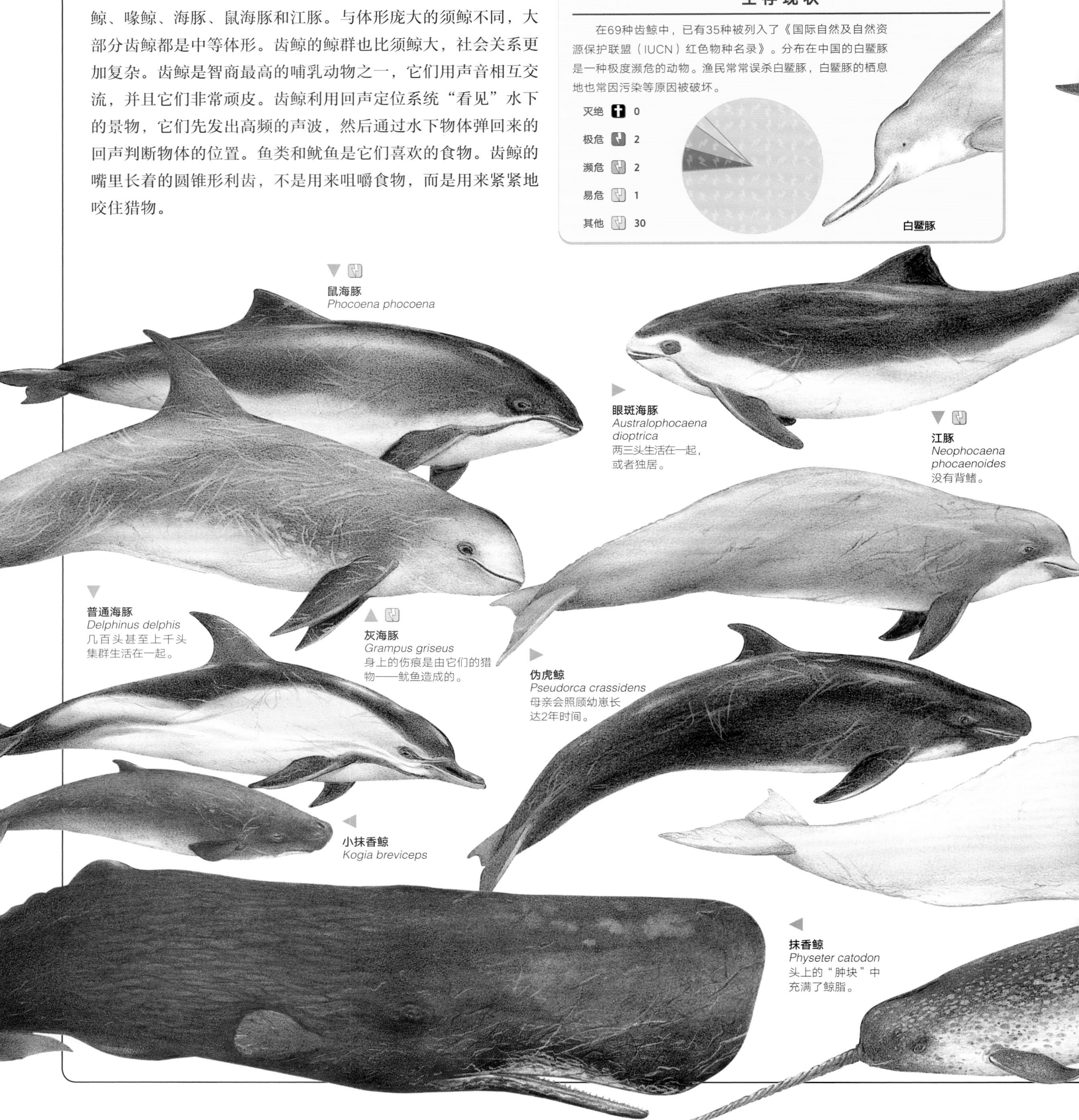

鼠海豚
Phocoena phocoena

眼斑海豚
Australophocaena dioptrica
两三头生活在一起，或者独居。

江豚
Neophocaena phocaenoides
没有背鳍。

普通海豚
Delphinus delphis
几百头甚至上千头集群生活在一起。

灰海豚
Grampus griseus
身上的伤痕是由它们的猎物——鱿鱼造成的。

伪虎鲸
Pseudorca crassidens
母亲会照顾幼崽长达2年时间。

小抹香鲸
Kogia breviceps

抹香鲸
Physeter catodon
头上的“肿块”中充满了鲸脂。

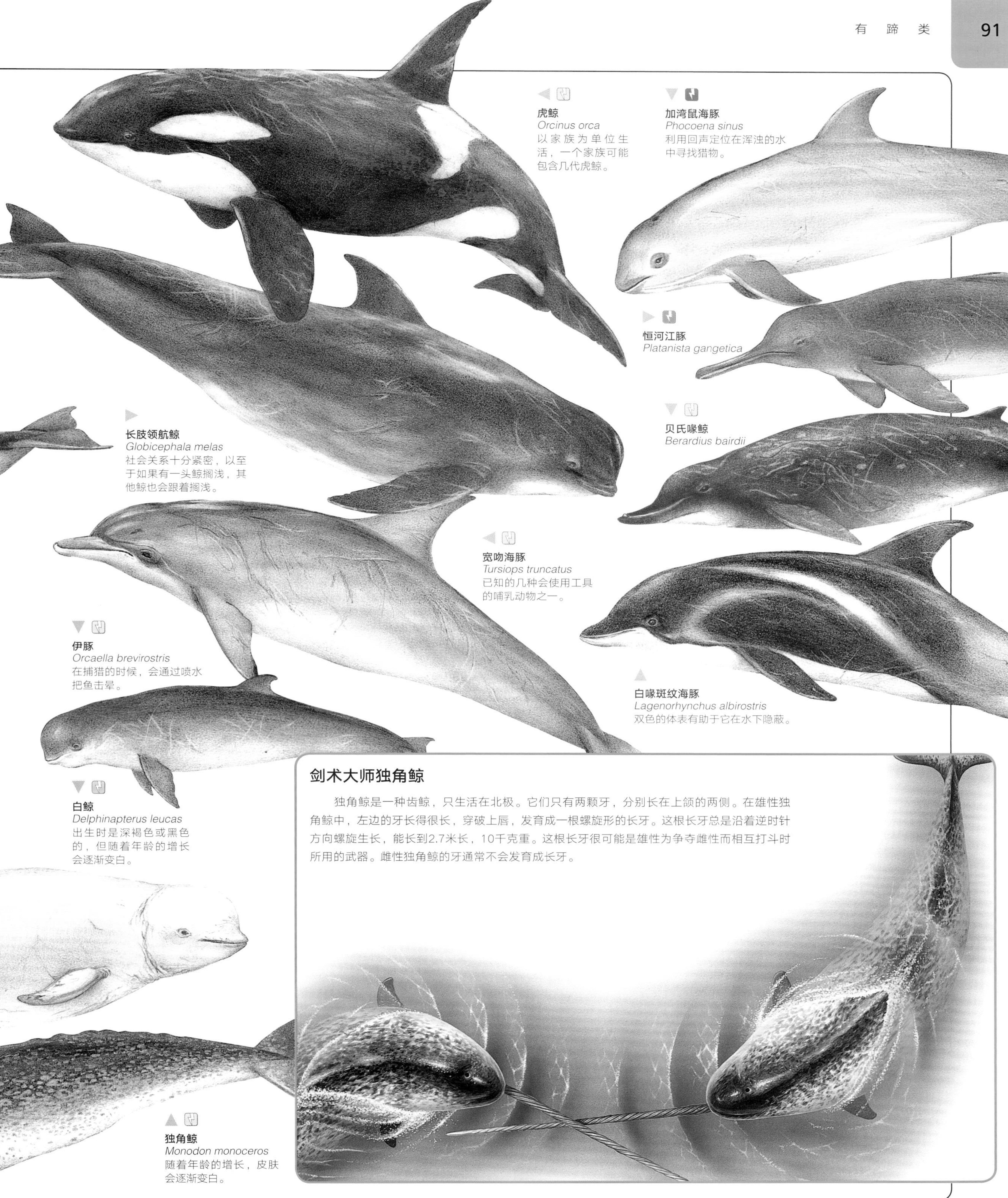

剑术大师独角鲸

独角鲸是一种齿鲸，只生活在北极。它们只有两颗牙，分别长在上颌的两侧。在雄性独角鲸中，左边的牙长得很长，穿破上唇，发育成一根螺旋形的长牙。这根长牙总是沿着逆时针方向螺旋生长，能长到2.7米长，10千克重。这根长牙很可能是雄性为争夺雌性而相互打斗时所用的武器。雌性独角鲸的牙通常不会发育成长牙。

1目 · 29科 · 442属 · 2010种

啮齿类

接近一半的哺乳动物都是啮齿动物。它们如此繁盛的原因之一是它们可以迅速繁衍出大量后代。啮齿动物大多身形矮胖，四肢和尾巴短小。它们矮小的身形使得它们可以适应很多不同的栖息环境。它们的上、下颌各长着一对凿子似的门齿，这两对门齿会终生生长。啮齿动物主要有三类：松鼠类啮齿动物、鼠类啮齿动物和豚鼠类啮齿动物。所有松鼠类啮齿动物都长着发达的咀嚼肌，使得它们的啮咬强劲有力。很多松鼠生活在树上，以水果、坚果、树叶和昆虫为食。地栖松鼠、草原犬鼠、土拨鼠和花栗鼠更喜欢吃草和其他小型植物。囊鼠、老鼠、山河狸和跳鼠生活在地下的洞穴中。河狸大部分时间生活在水中。

啮齿类在除南极洲之外的各个大陆都有野外分布，它们在寒冷的北极圈或炎热的沙漠中都能生存。

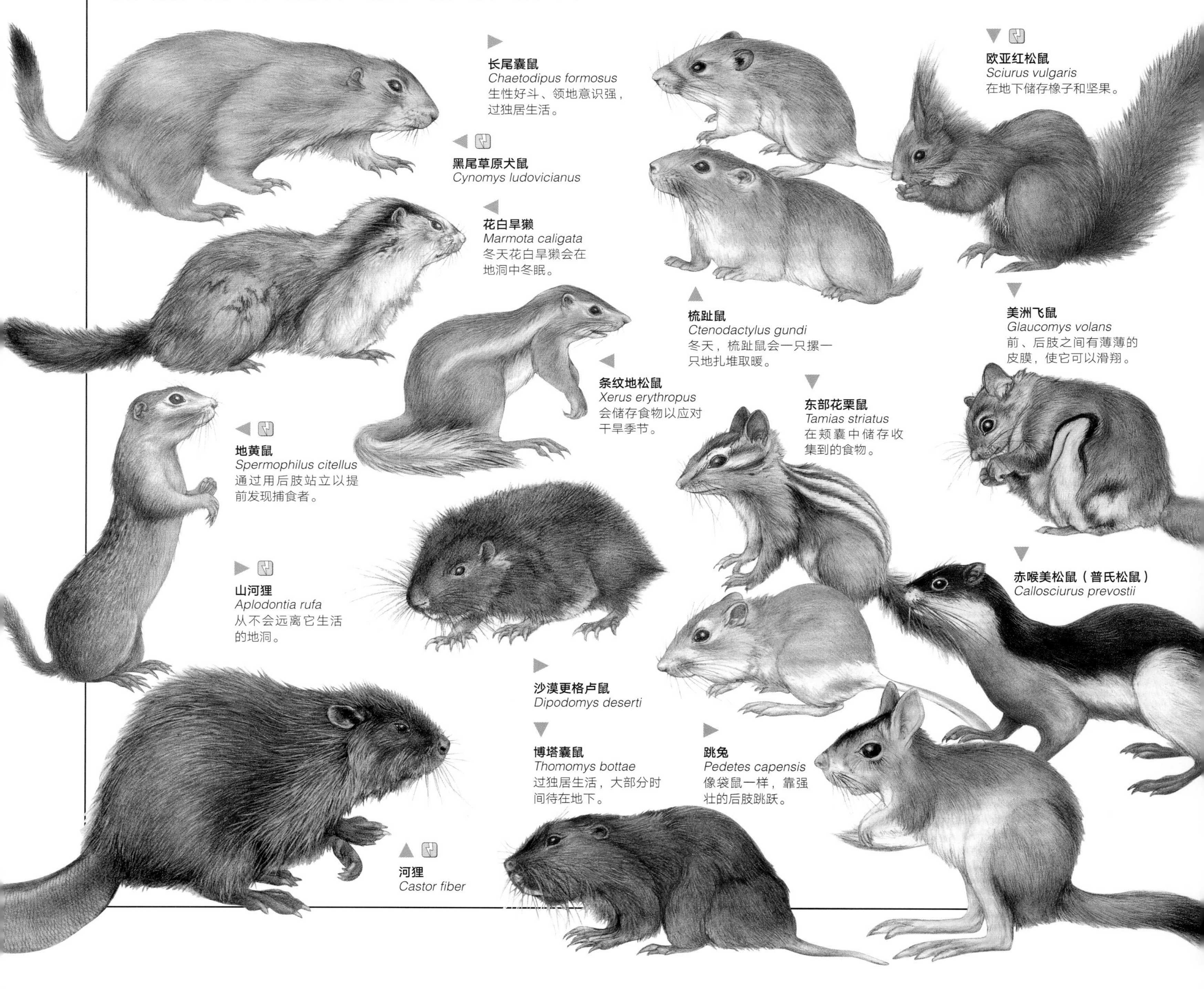

长尾囊鼠
Chaetodipus formosus
生性好斗、领地意识强，过独居生活。

黑尾草原犬鼠
Cynomys ludovicianus

花白旱獭
Marmota caligata
冬天花白旱獭会在地洞中冬眠。

欧亚红松鼠
Sciurus vulgaris
在地下储存橡子和坚果。

梳趾鼠
Ctenodactylus gundi
冬天，梳趾鼠会一只摞一只地扎堆取暖。

美洲飞鼠
Glaucomys volans
前、后肢之间有薄薄的皮膜，使它可以滑翔。

条纹地松鼠
Xerus erythropus
会储存食物以应对干旱季节。

东部花栗鼠
Tamias striatus
在颊囊中储存收集到的食物。

地黄鼠
Spermophilus citellus
通过用后肢站立以提前发现捕食者。

山河狸
Aplodontia rufa
从不会远离它生活的地洞。

赤喉美松鼠（普氏松鼠）
Callosciurus prevostii

沙漠更格卢鼠
Dipodomys deserti

博塔囊鼠
Thomomys bottae
过独居生活，大部分时间待在地下。

跳兔
Pedetes capensis
像袋鼠一样，靠强壮的后肢跳跃。

河狸
Castor fiber

忙碌的河狸

河狸窝和大坝

河狸是动物世界中的“工程师”。它们通过修筑水坝、运河和窝穴来改变自己的生活环境。河狸以家庭形式生活，每个家庭包括一对夫妻和它们的孩子，这对夫妻会终身生活在一起。河狸家庭有的居住在河岸的地洞里，有的居住在自己搭建的窝里。河狸窝是用树枝和泥土建成的圆顶建筑，入口在水下，居住区有植物材料作内衬。通过修筑堤坝来阻止水的流动，河狸能够在窝周围造出一个平静的池塘。然而，池塘终将充满污泥，届时河狸家庭将会重新寻找一个地方再建一个新家。

河狸的后足有蹼，可以用来游泳；扁平的尾巴可以用来控制方向；透明的眼睑可以让它们在看见东西的同时，避免水进入眼睛。

牙齿和嘴唇

和其他啮齿类一样，河狸有两对又大又锋利的门齿。这两对门齿会不断生长，并且以特定的方式磨损，以保持锋利。门齿的外表面覆盖有坚固的釉质，起保护牙齿的作用，内表面比较柔软，会在河狸咬东西的时候磨损，从而使门齿边缘像凿子一样锋利。门齿和臼齿之间的牙间隙使得河狸的嘴唇可以在门齿后面闭合，从而不会食入木头之类的不能吃的东西。

门齿在嘴唇的前面。

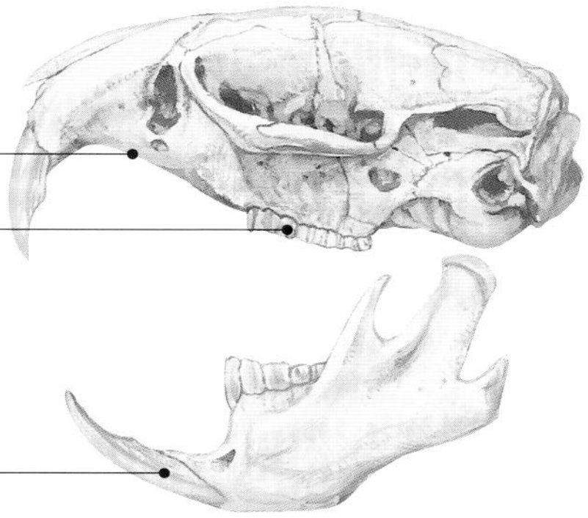

牙间隙可以防止不能吃的东西进入口中

臼齿用来研磨食物

门齿用来咬开坚硬的贝壳和种子，从而吃到里面的食物

咬断
河狸吃掉树皮，然后用强健的门齿咬断树干

搬运
把树弄倒后，河狸会用嘴搬运一些小树枝

入口
河狸窝的入口在水下，这样可以使它们免受捕食者的侵袭

河狸窝

温暖的室内
与外界多变的气候相比，河狸窝内的温度更为稳定

老鼠和豚鼠

老鼠和它们的近亲物种被称为鼠类啮齿动物，它们大都脸尖、胡须长，长着咀嚼肌，可以轻松地啃咬东西。大部分鼠类啮齿动物都生活在地面，以种子为食，但有些也生活在树上、地下或水中，比如睡鼠就是常常居住在树上的鼠类啮齿动物。多数鼠类啮齿动物以冬眠的方式来度过寒冷的冬天。跳鼠的后肢和尾巴都很长，使得它们可以跳跃前行。豚鼠和它们的近亲物种被称为豚鼠类啮齿动物，与鼠类啮齿动物不同，大部分豚鼠类啮齿动物头大体胖、四肢短、尾巴小。它们一窝产下的幼崽数量较少，但出生时的发育程度很高。豚鼠类啮齿动物（比如豚鼠和豪猪）长着发达的咀嚼肌，使得它们咬起东西来强劲有力。

生存现状

在2010种啮齿类动物中，有698种被列入了《国际自然及自然资源保护联盟（IUCN）红色物种名录》中。其中包括金仓鼠，野生的金仓鼠已濒临灭绝，但世界各地仍有大量金仓鼠被作为宠物圈养。

灭绝	31
极危	56
濒危	98
易危	161
其他	352

金仓鼠

巢鼠 *Micromys minutus* 尾巴可以像第5条腿一样辅助其攀爬。

草原林跳鼠 *Zapus hudsonius*

露沼鼠 *Otomys irroratus*

黑背攀鼠 *Dendromus melanotis*

刚毛棉鼠 *Sigmodon hispidus*

三趾跳鼠 *Dipus sagitta*

拉布拉多白足鼠 *Peromyscus maniculatus*

长爪鼾 *Prometheomys schaposchnikowi*

麝鼠 *Ondatra zibethicus*

花园睡鼠 *Eliomys quercinus* 冬眠时间可长达半年多。

黄跳鼠 *Notomys cervinus*

欧洲仓鼠（普通仓鼠） *Cricetus cricetus*

黑家鼠（屋顶鼠） *Rattus rattus*

板齿鼠 *Bandicota indica*

大沙鼠 *Rhombomys opimus*

刺巢鼠 *Leporillus conditor*

滑尾鼠 *Mallomys rothschildi*

西伯利亚环颈旅鼠（北极旅鼠） *Dicrostonyx torquatus* 在夏天是棕色的毛，在冬天会换成白色的毛。

条纹草鼠 *Lemniscomys striatus*

疾病传播者

黑家鼠和褐家鼠已经与人类共同生活了几千年。它们经常成群出动，在谷仓、食品店和垃圾堆中寻找食物。它们不仅会造成极大的破坏，还会传播疾病。褐家鼠可以引发腺鼠疫，这种疾病在中世纪夺去了欧洲$\frac{1}{3}$人口的性命。通过传播疾病，老鼠造成了比战争更多的死亡人数。

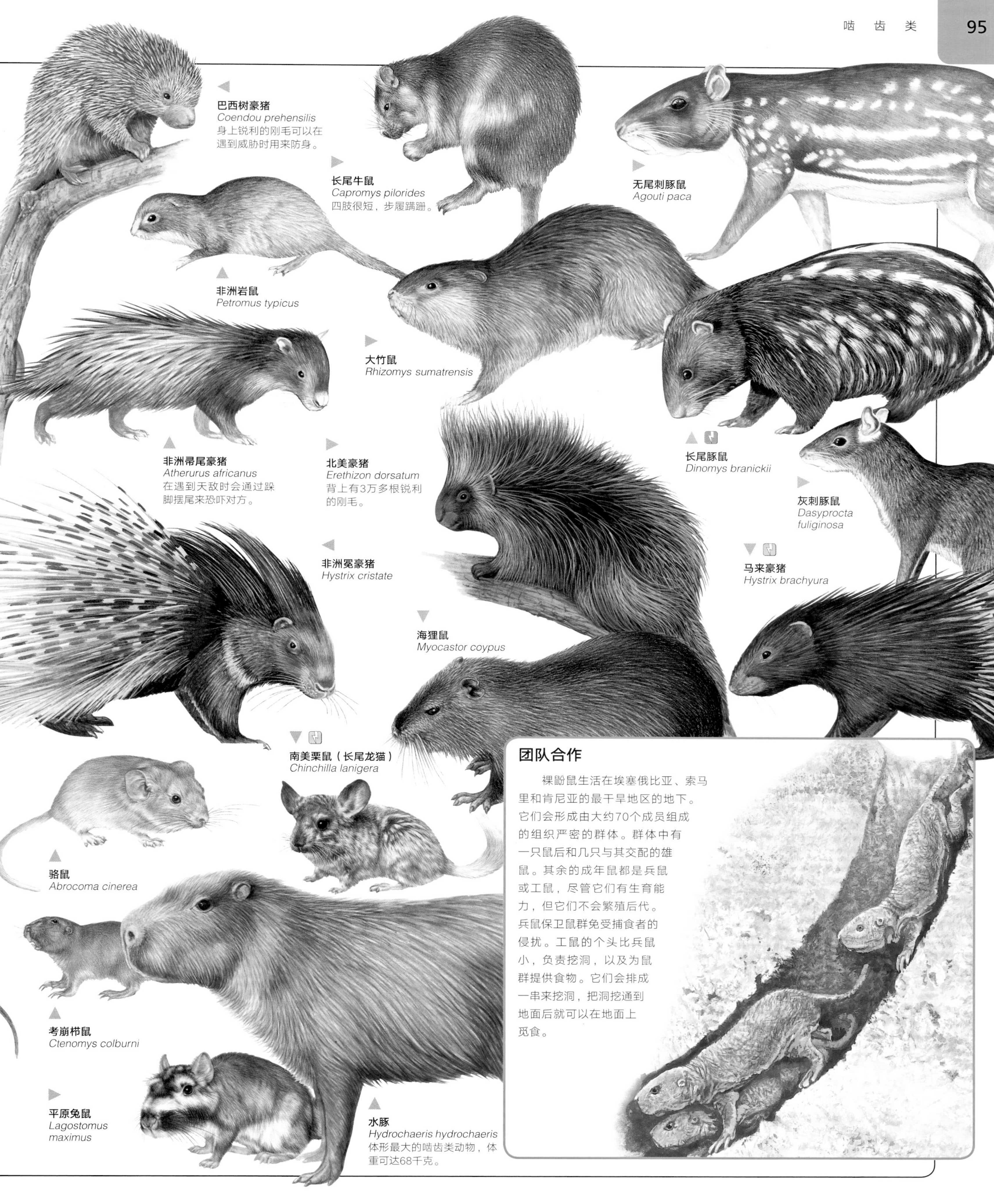

团队合作

裸鼢鼠生活在埃塞俄比亚、索马里和肯尼亚的最干旱地区的地下。它们会形成由大约70个成员组成的组织严密的群体。群体中有一只鼠后和几只与其交配的雄鼠。其余的成年鼠都是兵鼠或工鼠，尽管它们有生育能力，但它们不会繁殖后代。兵鼠保卫鼠群免受捕食者的侵扰。工鼠的个头比兵鼠小，负责挖洞，以及为鼠群提供食物。它们会排成一串来挖洞，把洞挖通到地面后就可以在地面上觅食。

2目 · 3科 · 19属 · 97种

兔子和象鼩

穴兔、野兔和鼠兔看上去像大型啮齿动物，但它们属于兔形目。和啮齿动物一样，它们长着持续生长的大门齿，并且可以迅速繁殖大量后代。与啮齿动物不同的是，它们的第二对门齿（钉状牙）长在第一对门齿的后面。兔形目动物都是食草动物，它们的眼睛长在头的两侧，时刻提防捕食者的攻击。穴兔和野兔的耳朵很大，听力敏锐，而鼠兔的耳朵又短又圆。兔形目动物的后腿强劲有力，使它们可以逃脱捕食者的追捕。象鼩目动物长着可以动的长鼻子，这就是它们得名的原因。它们生活在地面上，以昆虫为食，视觉和听觉都很敏锐。它们四肢修长，通过奔跑或跳跃来逃脱捕食者的攻击。大多数象鼩目动物都有一个终身伴侣，它们会共享一片领地。

雪兔 *Lepus timidus* 夏天毛色为棕色，与苔原植被混成一色。冬天毛色变为白色，有利于它在雪地中隐蔽。

中非兔 *Poelagus marjorita*

侏兔 *Brachylagus idahoensis*

阿萨密兔 *Caprolagus hispidus*

欧洲野兔 *Lepus europaeus* 奔跑速度可以达到每小时56千米。

苏门答腊兔 *Nesolagus netscheri*

东部棉尾兔 *Sylvilagus floridanus*

林棉尾兔 *Sylvilagus brasiliensis*

穴兔 *Oryctolagus cuniculus*

生存现状

兔形目和象鼩目共包含97个物种，其中有34种被列入了《国际自然及自然资源保护联盟（IUCN）红色物种名录》。分布在南非的南非山兔是一种极度濒危的动物，它们面临的主要威胁是栖息地的丧失，其他威胁包括流浪猫、狗的袭击，以及偷猎者的非法捕捉。

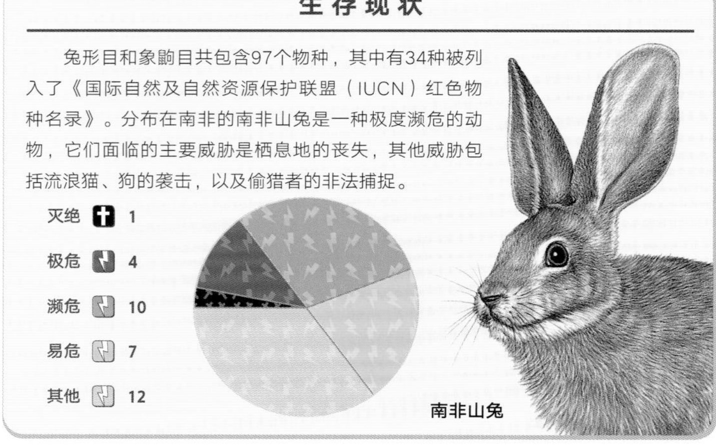

灭绝	1
极危	4
濒危	10
易危	7
其他	12

南非山兔

兔形目　兔形目和象鼩目

除了澳大利亚、南极洲、南美洲南部和东南亚的部分地区之外，兔形目动物在世界的其他地方都有分布。象鼩目动物生活在非洲的很多地区。

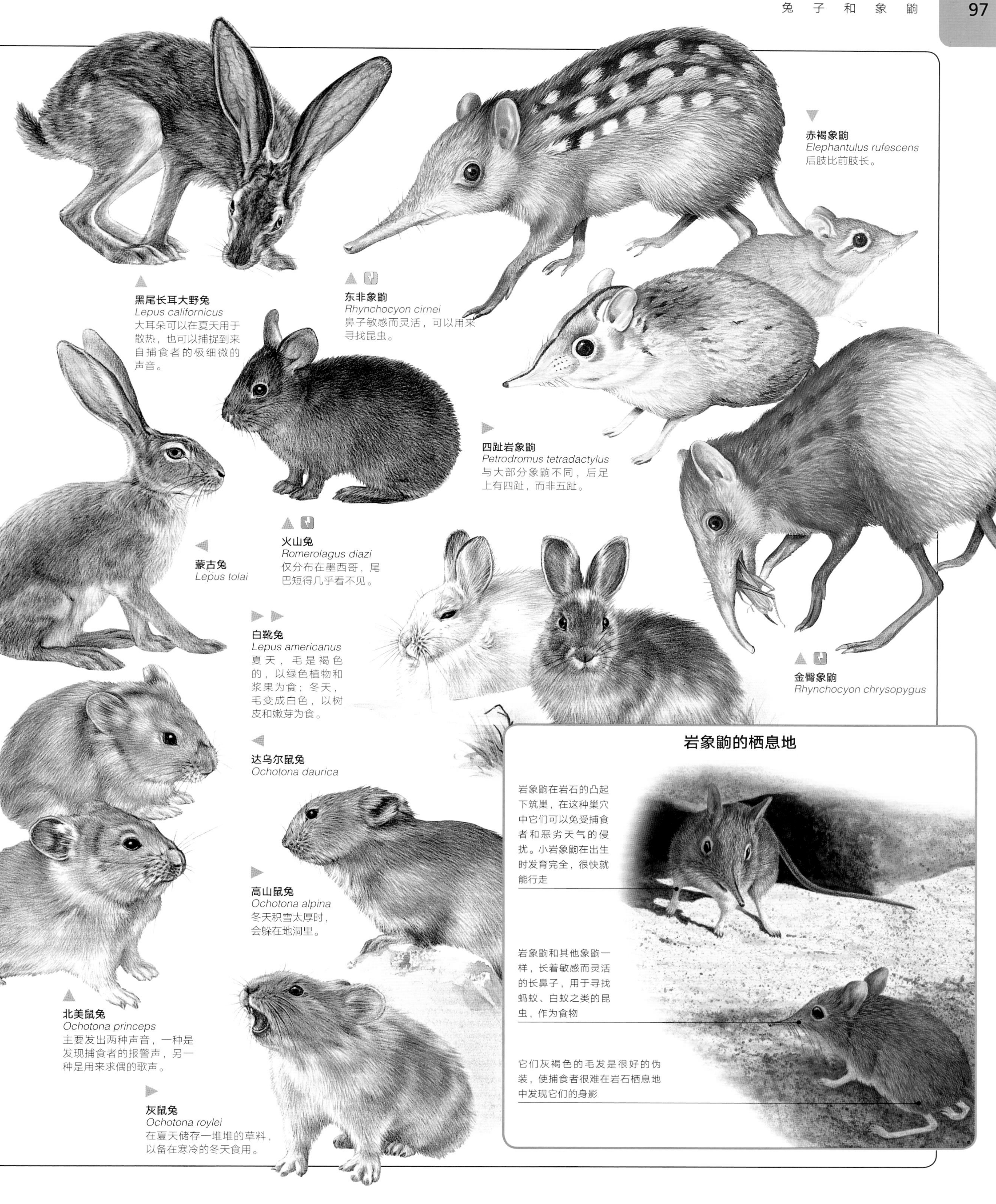

黑尾长耳大野兔
Lepus californicus
大耳朵可以在夏天用于散热，也可以捕捉到来自捕食者的极细微的声音。

东非象鼩
Rhynchocyon cirnei
鼻子敏感而灵活，可以用来寻找昆虫。

赤褐象鼩
Elephantulus rufescens
后肢比前肢长。

四趾岩象鼩
Petrodromus tetradactylus
与大部分象鼩不同，后足上有四趾，而非五趾。

火山兔
Romerolagus diazi
仅分布在墨西哥，尾巴短得几乎看不见。

蒙古兔
Lepus tolai

白靴兔
Lepus americanus
夏天，毛是褐色的，以绿色植物和浆果为食；冬天，毛变成白色，以树皮和嫩芽为食。

金臀象鼩
Rhynchocyon chrysopygus

达乌尔鼠兔
Ochotona daurica

高山鼠兔
Ochotona alpina
冬天积雪太厚时，会躲在地洞里。

北美鼠兔
Ochotona princeps
主要发出两种声音，一种是发现捕食者的报警声，另一种是用来求偶的歌声。

灰鼠兔
Ochotona roylei
在夏天储存一堆堆的草料，以备在寒冷的冬天食用。

岩象鼩的栖息地

岩象鼩在岩石的凸起下筑巢，在这种巢穴中它们可以免受捕食者和恶劣天气的侵扰。小岩象鼩在出生时发育完全，很快就能行走

岩象鼩和其他象鼩一样，长着敏感而灵活的长鼻子，用于寻找蚂蚁、白蚁之类的昆虫，作为食物

它们灰褐色的毛发是很好的伪装，使捕食者很难在岩石栖息地中发现它们的身影

鸟类

31目 · 194科 · 2161属 · 9723种

鸟类

火烈鸟很容易受惊，它们会迅速飞走，远离危险。它们起飞前需要助跑达到一定的速度才能起飞。飞行时，它们会伸直脖子，抬起腿，使腿和身体保持在同一水平面。

鸟类在地球上的任何一种生境都有分布，从冰冷刺骨的南极洲，到酷热干旱的撒哈拉沙漠，甚至在人群密集的城市我们也能见到它们活跃的身影。鸟类的体形大小也有着天壤之别，最大的鸵鸟可以高达2.7米，体重达136千克；而最小的蜂鸟则可以轻至2.8克。世界上的第一只科学意义上的鸟类，是早在1.5亿年前从恐龙进化而来。这些古老的物种都长有羽毛，并可以在天空飞翔。而到了现在，虽然大部分的鸟类仍然是飞行高手，但也有一部分物种丧失了飞行能力。和它们的祖先爬行动物一样，鸟类的腿上还保留有鳞片，并且都通过产卵繁殖后代；但和爬行动物不同的是它们是恒温动物（爬行动物是变温动物）。强大的飞行能力让很多鸟类成为了优秀的旅行家：很多鸟儿每年都会通过长途跋涉地迁徙来躲避寒冷的冬天，并寻找丰富的食物。要想灵巧地在天空中飞行，鸟类都需要具备锐利的目光。因而对于鸟类来说，视觉是它们最发达的感官。其次是它们的听觉，在没有耳郭帮它们汇聚声波的前提下，它们的听力也很发达，这是因为它们经常需要用声音来互相交流——事实上，世界上有超过一半的鸟类都属于“鸣禽”，它们可以唱出复杂的旋律或声音。这些声音帮助它们宣告领地、发出警报以及吸引异性。还有很多种鸟，一旦和配偶结为连理，则终身不会分离。有些鸟类集群生活，有些鸟类则单独生活。

鸟类的解剖结构

鸟类的形态各异，但是都有着相似的身体结构。鸟类的前肢特化为翅膀，皮肤没有汗腺，但在尾部有一个可以分泌油脂的尾脂腺——这些油脂被用来梳理羽毛，并使羽毛在一定程度上防水。会飞的鸟类都具有一个适应于飞行的身体结构：身体重量集中在身体中间部位，流线型体形大大减小了空气阻力。鸟类的骨骼比哺乳动物少得多，所以它们的体重很轻，但仍然很强壮。它们的骨骼有很多部分都是中空的，这进一步减轻了它们的重量；而这些中空的部分有一些被用来储存空气，并与呼吸系统相连，这为它们飞行时提供了更充足的氧气供应。

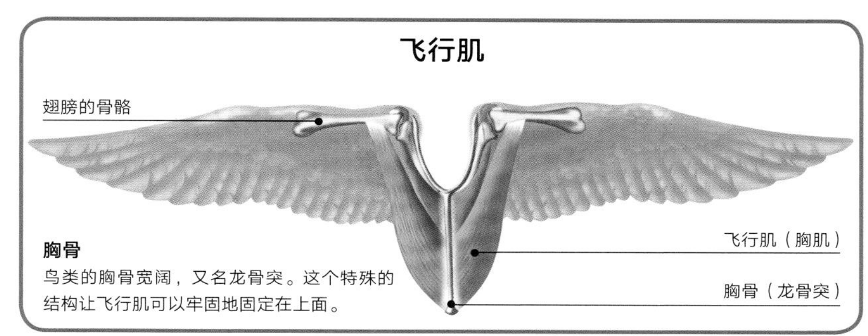

胸骨
鸟类的胸骨宽阔，又名龙骨突。这个特殊的结构让飞行肌可以牢固地固定在上面。

桡骨

尺骨

肱骨

喙
代替了牙齿和嘴唇；舌头中有一块骨骼，帮助获取或在嘴里移动食物，并帮助吞咽

食道
一条连接嘴和肠道的管

嗉囊
储存暂时不消化的食物，或反刍给幼鸟吃

肝脏

砂囊
肌胃部分，用来磨碎食物

肠道

脚
根据不同需求而各自特化，有的适合停栖，有的适合奔跑，也有的适合游泳、抓握或者撕碎猎物

羽毛
让鸟类可以飞行的同时，也负责保暖、自我保护、提供隐蔽的保护色或进行求偶炫耀

尾巴
上面有被称为“舵羽”的羽毛，用来在飞行时协助转向和减速

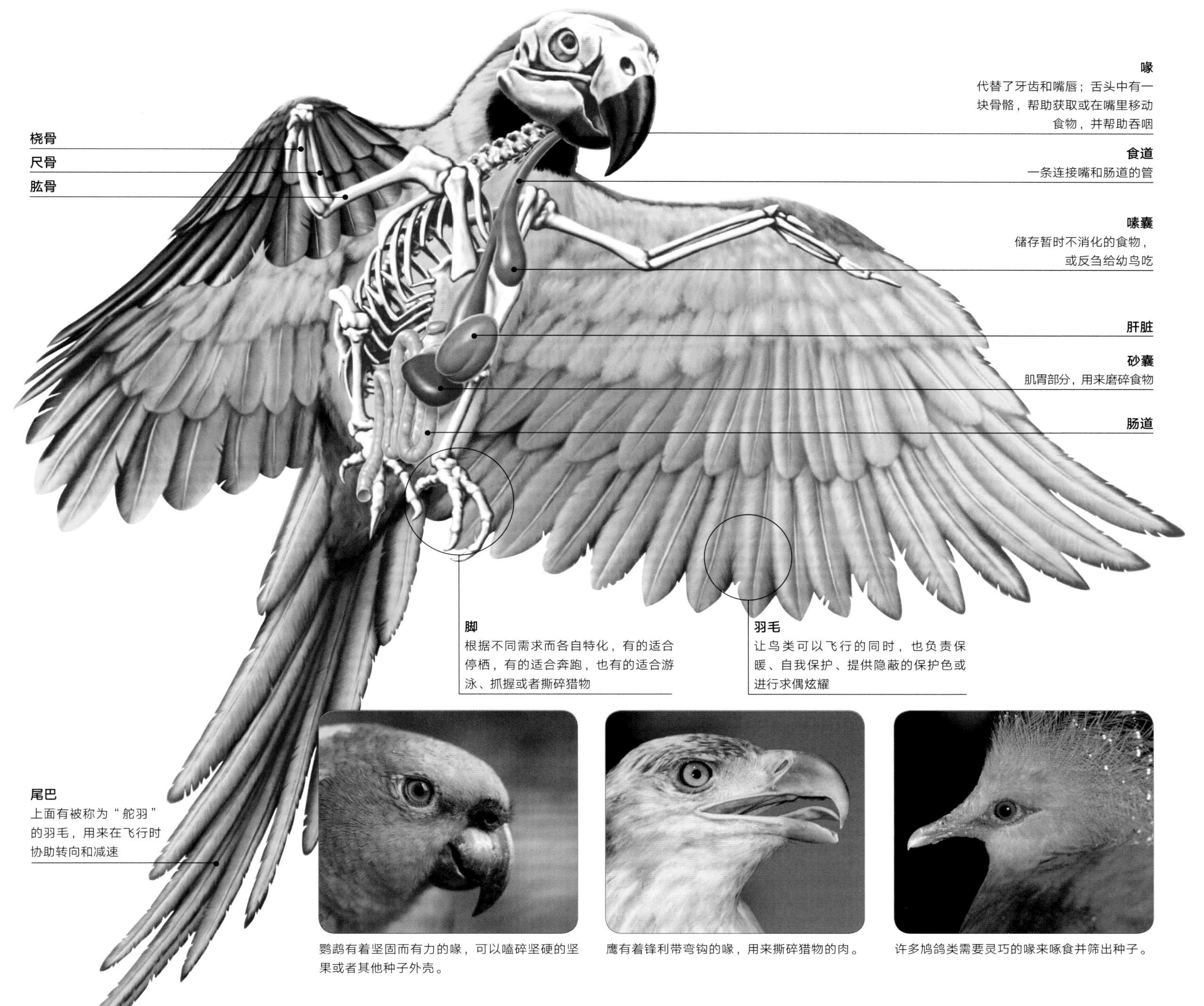

鹦鹉有着坚固而有力的喙，可以嗑碎坚硬的坚果或者其他种子外壳。

鹰有着锋利带弯钩的喙，用来撕碎猎物的肉。

许多鸠鸽类需要灵巧的喙来啄食并筛出种子。

羽毛的种类

羽毛兼具强度和色泽。它们和哺乳动物的毛发与爪子，还有爬行动物的鳞片一样，都由角蛋白构成。每一根羽毛都有一个羽轴，上面附着着大量的羽片（又称翮）。在一些类型的羽毛里，羽片是由钩突互相连接而成，羽小支通过钩突相互连接从而形成坚固的结构。从大类上说，总共有3种类型的羽毛：飞羽、廓羽和绒羽。绒羽是最贴近皮肤的一层，主要用来保暖；廓羽覆盖在绒羽上面，使鸟类的外形保持光滑，在飞行时减小阻力；飞羽长在翅膀和尾巴上，使鸟类可以完成飞行环节的每个动作。

飞羽
长、坚硬而光滑。

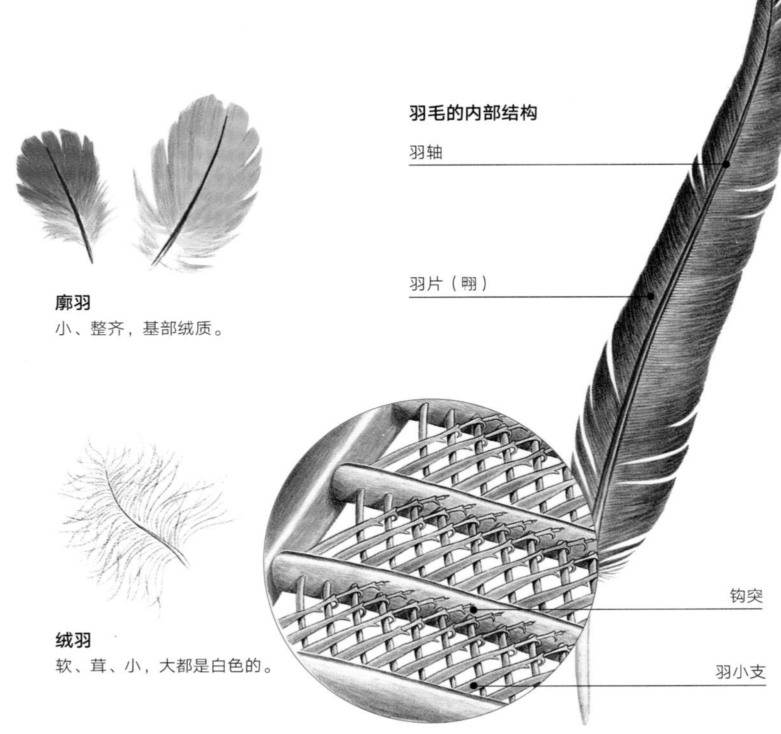

廓羽
小、整齐，基部绒质。

绒羽
软、茸、小，大都是白色的。

鸟卵变小鸟

卵子在雌鸟体内受精。卵白、卵黄、膜和卵壳这四部分在卵被产下来之前就已经形成了。在坚硬卵壳的保护下，胚胎以卵白和卵黄为营养逐渐发育。一般而言，鸟类会把卵产在巢中，并由父母轮流孵卵，以维持卵的孵育温度。当雏鸟在卵中发育成熟时，它们需要自己把卵壳啄破，才能顺利完成孵化。

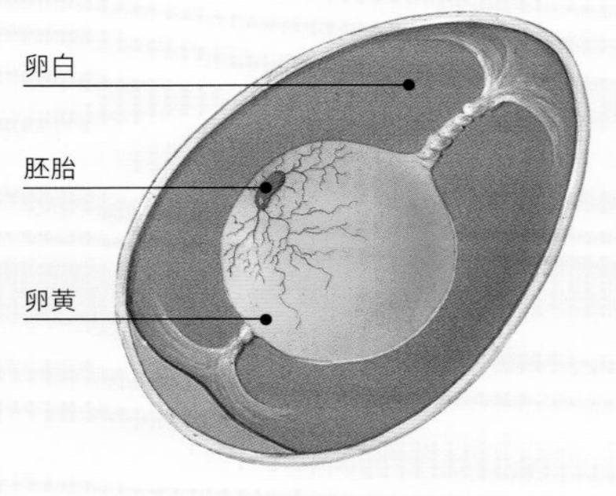

新产下的卵
卵黄提供营养，卵白主要提供水分。

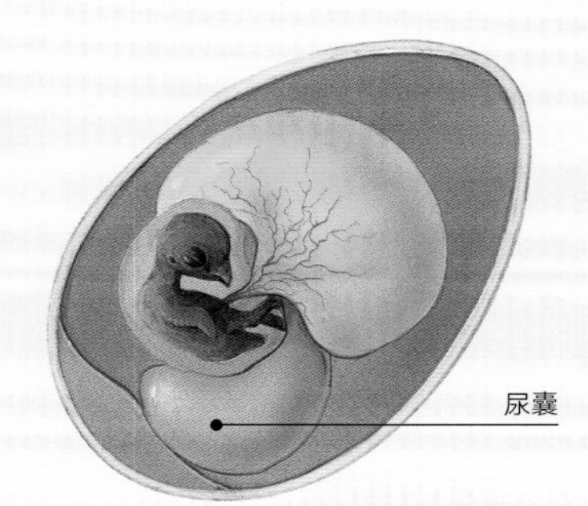

胚胎
胚胎发育产生的代谢废物都储存在一个特殊的囊中。

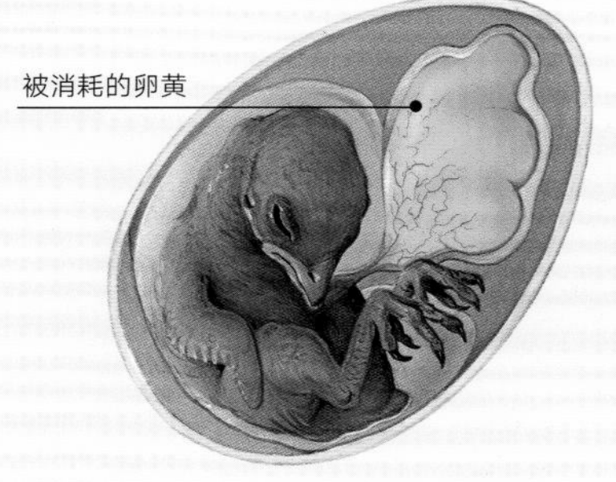

发育的幼雏
在幼雏不断发育的过程中，它逐渐吸收卵黄的养分。

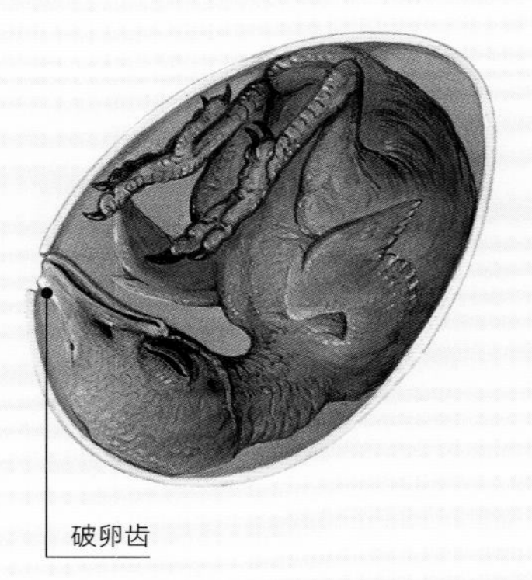

准备孵化
即将破壳而出的小鸟会用“破卵齿”啄破卵壳。

抓捕猎物

鸟类适应了多种不同的取食方式。像雨燕等种类吃虫子，在空中一边飞行一边捕食；啄木鸟在树干上凿洞抓里面的肉虫；猛禽用利爪抓捕大一点的猎物；鸻鹬在淤泥中刺探寻找虫子；鹭用尖尖的喙啄鱼；鹈鹕用可伸缩的喉囊像渔网一样捞鱼。鹈鹕在水下捕鱼时因为第三眼睑的存在而不用闭眼，从而可以看到水下的情况。

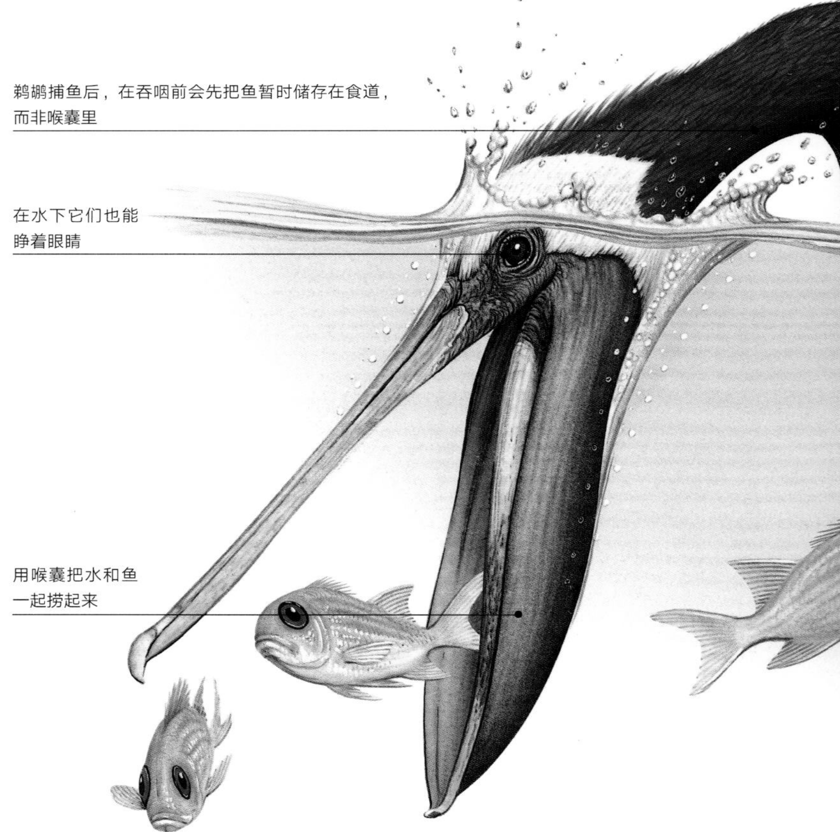

鸟类的行为

一只灰林鸮正在给雏鸟喂老鼠吃。有些种类的猫头鹰会根据食物的丰富程度来微调它们的繁殖期。

超过10万对王企鹅会在南极洲的海岸上组成巨大的群体。它们不会筑巢，而是由成鸟用双脚夹着自己的卵来孵。除非在非常拥挤的情况下，王企鹅之间一般不打架。

所有鹈鹕脚上都有蹼

美洲绿鹭一边在湿地周围踱步，一边用长而锋利的喙刺穿小鱼和青蛙作为食物。

大多数鸟类只有一个配偶。丹顶鹤用舞蹈来求偶和维持与配偶的关系。

3目 · 5科 · 15属 · 60种

平胸鸟和䳍鸟

大多数已知不会飞的鸟都属于平胸鸟：鸵鸟、美洲鸵、鸸鹋、鹤鸵和几维鸟。它们的胸骨上不具备龙骨突（会飞的鸟身上的重要结构），因而它们也没有发达的胸肌用于飞行。它们的翅膀大多笨拙，且飞羽非常柔软。平胸鸟不会飞的原因或许是它们没有天敌，抑或是有其他逃走的方法。事实上，它们大都非常擅于奔跑，被它们强壮而修长的腿踢一下，后果是非常严重的。鸵鸟跑得有多快呢？反正训练有素的赛马也跑不过它。美洲鸵的翅膀像巨大的斗篷，跑起来很像一张帆。䳍鸟是平胸鸟的近亲，体形小而臃肿，有龙骨突，具有一定的飞行能力。它们躲避危险的方法或是站着一动不动，或是借助灌丛的掩护偷偷逃走。

鸵鸟
Struthio camelus
雄性在求偶时会翘起白色的尾羽进行炫耀。父母会共同负责孵卵。

大䳍
Tinamus major

杂色穴䳍
Crypturellus variegatus
在地面上觅食，吃种子、树根和小昆虫。

大美洲鸵
Rhea americana

凤头䳍
Eudromia elegans

小斑几维
Apteryx owenii
鼻孔开在喙的尖端。

你知道吗？

几维鸟是为数不多的嗅觉灵敏的鸟类之一。它们用喙上敏锐的嗅觉器官在地面上寻找虫子一类的食物。但相应的，几维鸟的视力非常糟糕。

鸸鹋
Dromaius novaehollandiae
具有浓密的双层羽毛。

双垂鹤鸵
Casuarius casuarius
脑袋上的“头盔”帮助它们穿梭在茂密的热带雨林中。雄性负责筑巢和孵卵。

生存现状

在60种平胸鸟和䳍鸟当中，有22种被列入了《国际自然及自然资源保护联盟（IUCN）红色物种名录》。其中，新西兰的褐几维处于濒危状态，主要原因是外来引入的上级猎食者的大肆扫荡，比如狗和猫。加之生境的大量丧失，这种几维鸟在新西兰的北岛和南岛两个大岛上几乎销声匿迹。

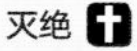

状态	数量
灭绝	2
极危	2
濒危	2
易危	10
其他	6

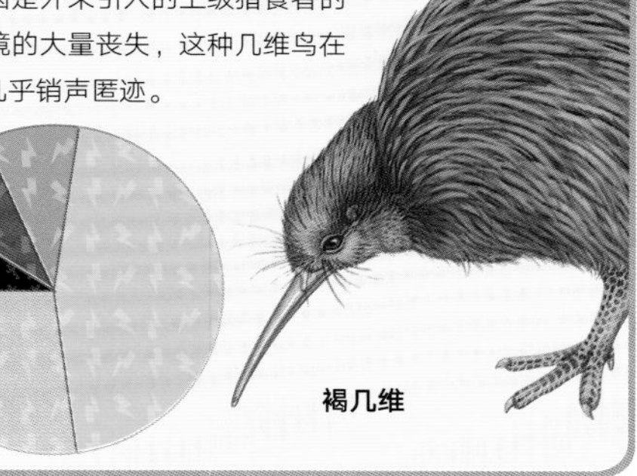

褐几维

平胸鸟和䳍鸟

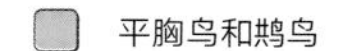

鸵鸟分布于非洲，鸸鹋和鹤鸵只分布在大洋洲；几维鸟局限分布在新西兰，而䳍鸟和美洲鸵则分布在中南美洲。

1目 · 5科 · 80属 · 290种

雉禽

雉、鹧鸪、松鸡、鹌鹑和其他近亲都属于雉禽。它们都有着矮壮的身体，较小的头，还有短而宽的翅膀。它们主要生活在地面上，尽管很多种类都可以做短距离的低空快速飞行，但它们大多主要生活在地面上。也正因此，它们的后肢非常强壮，擅长奔跑。对于地栖的种类而言，它们刚孵出的幼鸟没过多久就可以在地上快速跑动了。因为大多数雉禽都是天敌眼中的美餐，所以它们大都具有暗淡的羽毛作为保护色。但像一些雄性的雉类如雄孔雀，则反其道而行之，具有非常华丽的羽毛。它们会以此向雌性拼命地炫耀来求偶，同时伴随着复杂的鸣叫声或者华丽的舞蹈。

彩冠雉 *Penelope pileata*

大凤冠雉 *Crax rubra*

珠颈翎鹑 *Callipepla californica* 孵出后一个小时就可以奔跑了。

红腿石鸡 *Alectoris rufa* 身体两侧都有条状的花纹。

岩雷鸟 *Lagopus mutus* 出于自我保护的目的，它们冬天的羽毛是雪白的，而夏天则换成杂褐色。

灰纹鹧鸪 *Francolinus griseostriatus*

勺鸡 *Pucrasia macrolopha*

原鸡 *Gallus gallus* 家鸡就是从原鸡驯化而来的。

蓝孔雀 *Pavo cristatus*

赤鸡鹑 *Galloperdix spadicea*

白冠长尾雉 *Syrmaticus reevesii*

鹫珠鸡 *Acryllium vulturinum*

大眼斑雉 *Argusianus argus* 大多以热带雨林中掉落在地上的果实为食。

黑长尾雉 *Syrmaticus mikado*

眼斑火鸡 *Meleagris ocellata*

生存现状

在290种雉禽当中，有111种被列入了《国际自然及自然资源保护联盟（IUCN）红色物种名录》。其中，以易危的白冠长尾雉为代表，很多雉禽都遭受着非法捕猎和栖息地丧失的威胁。

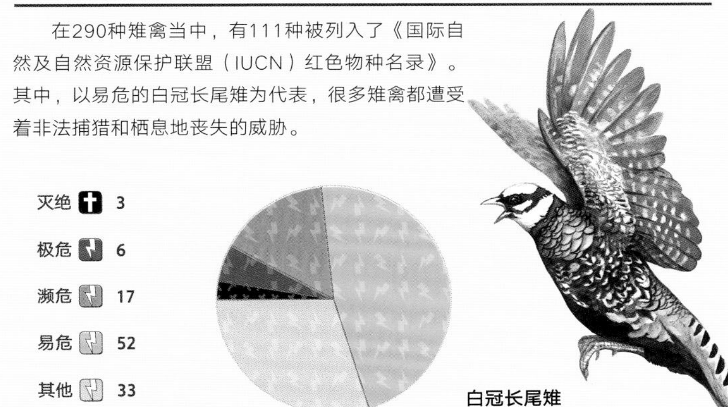

状态	数量
灭绝	3
极危	6
濒危	17
易危	52
其他	33

白冠长尾雉

雉禽

雉禽广泛分布在世界上各种森林、灌木丛和草地生境；但南极洲、澳大利亚部分区域，格陵兰、南美洲和非洲的部分区域是没有雉禽分布的。

1目 · 3科 · 52属 · 162种

游禽

鸭子、雁和天鹅属于游禽，主要生活在水上或水边的生境中。它们的小短腿和脚蹼适应于游泳的生活方式，而它们也都是知名的游泳健将。游禽的尾巴宽而平，而它们的脖子相对于身体来说比较长。它们的覆羽致密而防水，绒羽则厚实而温暖。很多游禽拥有颜色鲜艳、图案美丽的羽毛。除了一些从来不飞行的游禽，大多数游禽善于飞行，并且每年会迁徙很长的距离往返于它们的繁殖地和越冬地。它们迁徙的主要目的是寻找食物，包括植物、鱼类和贝类。叫鸭类也属于游禽，它们生活在南美洲，用带钩的喙连根拔起水中的植物来取食。

欧绒鸭
Somateria mollissima
沿海岸生活，以贝类为食；它们的绒羽是有名的鸭绒被填充物，非常保暖。

赤嘴潜鸭
Netta mufina

翘鼻麻鸭
Tadorna tadorna
雄性的喙上有一个橙色的凸起物，而雌性的则是白色的。

澳洲斑鸭
Stictonetta naevosa
在澳洲的沼泽湿地生活，以干净的溪流中的浮游生物为食。

红头潜鸭
Aythya ferina

绿翅雁
Neochen jubata
在河边的树洞中筑巢。

长尾鸭
Clangula hyemalis

绿头鸭
Anas platyrhynchos

瘤鸭
Sarkidiornis melanotos
雄性的喙上长着一颗大的肉瘤。

湍鸭
Merganetta armata
生活在南美洲安第斯山脉的山涧中。

林鸳鸯
Aix sponsa
小鸳鸯有时会从树上的巢中跳进下面的湖水中。

生存现状

在162种游禽当中，有41种被列入了《国际自然及自然资源保护联盟（IUCN）红色物种名录》。其中，濒危的白头硬尾鸭由于和非本土的棕硬尾鸭大量杂交而逐渐失去了基因纯粹性。同时，栖息地丧失、人类猎杀、污染和意外被渔网挂住而死亡也是导致其种群数量下降的原因。

灭绝	6
极危	6
濒危	9
易危	11
其他	9

白头硬尾鸭

游禽

游禽广泛分布在世界各地的淡水和海水性湿地中，除了南极洲和部分非洲及格陵兰地区。事实上，它们几乎出现在世界上每一种类型的湿地中。

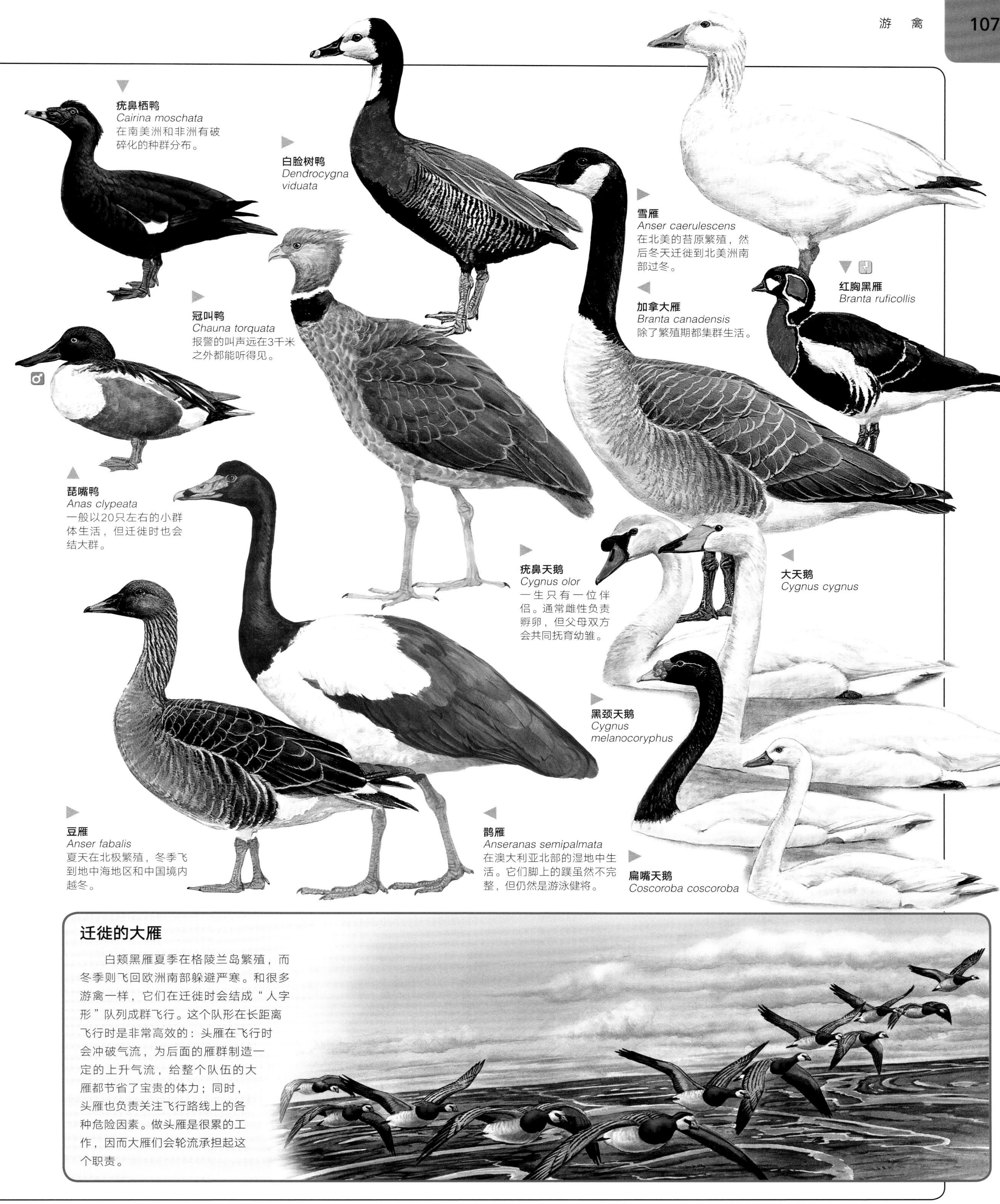

迁徙的大雁

白颊黑雁夏季在格陵兰岛繁殖，而冬季则飞回欧洲南部躲避严寒。和很多游禽一样，它们在迁徙时会结成“人字形”队列成群飞行。这个队形在长距离飞行时是非常高效的：头雁在飞行时会冲破气流，为后面的雁群制造一定的上升气流，给整个队伍的大雁都节省了宝贵的体力；同时，头雁也负责关注飞行路线上的各种危险因素。做头雁是很累的工作，因而大雁们会轮流承担起这个职责。

1目 · 1科 · 6属 · 17种

企鹅

企鹅是一类不会飞的鸟，用翅膀划水游泳。企鹅一生中有$\frac{3}{4}$的时间在海水中度过，并且也进化出了适应水中生活的各项身体机能：致密而防水的羽毛可以储藏温暖的空气，让它们不惧冰冷的海水；体表下厚厚的脂肪层进一步保暖。它们在陆地上褪去旧的羽毛并长出新的，这大概需要1个多月。大多数企鹅结大群生活，进行求偶和孵卵。幼鸟出生时只具有保暖的绒羽，因而在防水的覆羽长成前不能下水。这个过程中，它们的父母要一直承担喂食的义务。贼鸥和海鸥常常会打企鹅蛋和雏鸟的主意，但当企鹅长大为成鸟之后，它们在陆地上就基本没有天敌了。但海洋中以企鹅为食的鲨鱼和豹海豹仍是企鹅生存的最大威胁。

南非企鹅
Spheniscus demersus

阿德利企鹅
Pygoscelis adeliae
这种攻击性很强的企鹅在南极大陆上繁殖。

黄眼企鹅
Megadyptes antipodes
在新西兰南岛海岸线上的树林和灌丛中筑巢。

斯岛黄眉企鹅
Eudyptes robustus
只在新西兰的斯纳尔岛上繁殖，一个群体中可以有多达200只的个体。

帝企鹅
Aptenodytes forsteri
世界上最大的企鹅。雌鸟在冬天产卵后把卵留给雄性孵化，而后所有雌鸟一起去觅食，等到春天来临时才返回到雄鸟身边。

小蓝企鹅
Eudyptula minor
它也叫神仙企鹅，是世界上最小的企鹅。

王企鹅
Aptenodytes patagonicus
父母可以行走400千米去给幼雏寻找食物。

皇家企鹅（白颊黄眉企鹅）
Eudyptes schlegeli
繁殖时会离开一直生活的麦考利岛，前往南极洲水域。一次产两枚卵，但只有一只幼雏能长大。

生存现状

在17种企鹅中，有12种被列入了《国际自然及自然资源保护联盟（IUCN）红色物种名录》。其中，新西兰的黄眼企鹅是最濒危的企鹅。它们的卵和幼雏常常会被外来物种偷食，而它们自己也经常被牲畜踩死。

灭绝	0
极危	0
濒危	3
易危	7
其他	2

黄眼企鹅

企鹅

企鹅生活在南半球海洋中较为寒冷的水域中，沿大陆或海岛的海岸线繁殖。只有加拉帕戈斯企鹅不知因何分布在赤道附近的岛屿上。

水里水外的生活

潜水捕鱼

尽管陆地上的企鹅显得有些笨拙滑稽，但一进入水里它们就能游动得异常迅速灵敏，因而可以很容易捕食到海里的鱼类和其他海洋动物。在冰雪覆盖的岸边，它们常常会肚子贴地，滑雪橇一般冲到海水里。在水中游泳的时候，它们会像海豚一样从水里跳出来，然后借机换气呼吸。它们的翅膀像扁平而又坚硬的划桨一样，使它们在水中也有不输于其他鸟类在天空中飞行的速度。在游泳的时候，企鹅会把头缩到肩膀边，然后双脚在后面迅速地划水，把身体向前推，就像鱼雷的形态一样。多方面的能力让企鹅在水中可以达到每小时32千米的速度，并且可以在水中停留超过20分钟。

企鹅会用位于靠后位置的两条小短腿在陆地上蹒跚而行。它们也会从一块岩石跳到另一块岩石上。

企鹅们在岸上会把翅膀伸展开来散热，以防身体过热。

3目 · 6科 · 33属 · 139种

信天翁和鸊鷉

信天翁与鹱属于管鼻类，高度适应海洋生活。它们之所以被称为“管鼻类”，是因为它们都具有一个长而突出的、像管子一样的鼻孔。它们通过气味来定位食物、繁殖地和辨别同伴。管鼻类非常擅于飞行，经常飞行上百千米觅食。神奇的是，它们会在开阔的水域飞行好几天，而不用降落在陆地休息。鸊鷉类和管鼻类相似，也终生生活在水中或水边。它们会用植物在水上建筑“浮巢”——像浮萍一样漂在水上。大型鸊鷉苗条而优雅，小一些的则看起来像鸭子。鸊鷉类的瓣状蹼的边缘有浅裂，从而可以在划水时快速地移动。鸊鷉类的近亲——潜鸟类则具有脚蹼，同样用来划水。无论是鸊鷉还是潜鸟，都不擅长飞行，它们更喜欢通过潜水来躲避危险。

灰风鹱
Procellaria cinerea
管鼻较小而向上开，可能是一种对潜水行为的适应。

暴雪鹱
Fulmarus glacialis
常跟随渔船，取食从甲板上扔下来的鱼的残片。

黄鼻信天翁
Thalassarche chlororhynchos
直到8岁才开始繁殖。

斑腰叉尾海燕
Oceanodroma castro

皇家信天翁
Diomedea epomophora
巨大而修长的翅膀使它可以毫不费力地乘风而行。

黄蹼洋海燕
Oceanites oceanicus
在南极繁殖，夏季迁徙到大西洋或北半球的其他海域。

凤头鸊鷉
Podiceps cristatus
求偶时，雌雄个体都会在脸颊上长出披肩一样的饰羽互相炫耀。

小鸊鷉
Tachybaptus ruficollis
一些鸊鷉会通过取食一些羽毛来通顺肠胃，并避免鱼刺对肠胃的损伤。

黑颈鸊鷉
Podiceps nigricollis

生存现状

在139种信天翁、鹱、鸊鷉和潜鸟当中，有88种被列入了《国际自然及自然资源保护联盟（IUCN）红色物种名录》。其中，极危的斐济鹱是世界上最罕见的鸟类之一。

灭绝	4
极危	17
濒危	18
易危	30
其他	19

斐济鹱

鸊鷉和潜鸟
信天翁和鹱
鸊鷉、潜鸟、信天翁和鹱

鸊鷉生活在湿地中。潜鸟生活在遥远的北方和其他北半球的湖泊中。信天翁和鹱广泛分布在世界各大洋中。

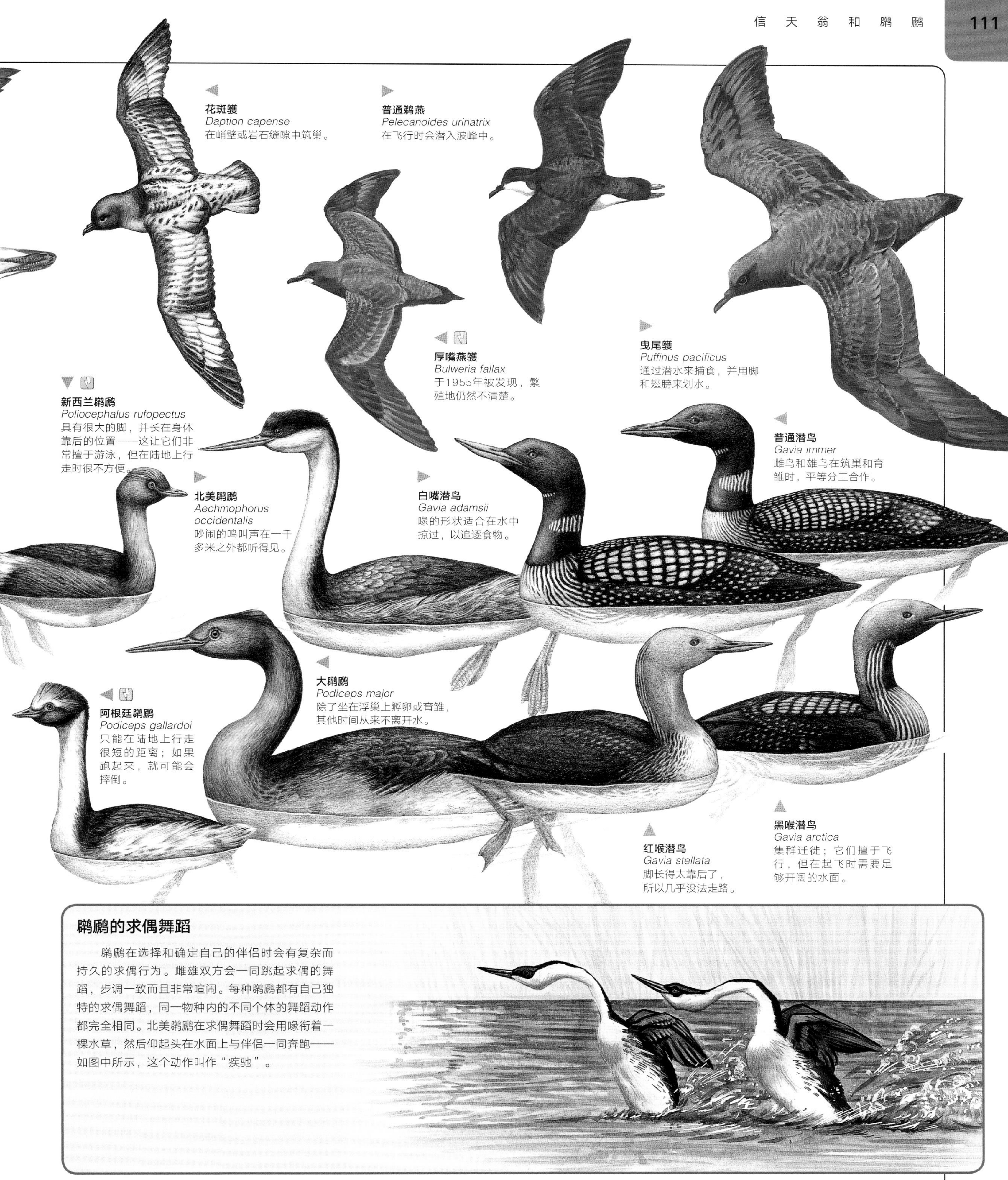

花斑鹱
Daption capense
在峭壁或岩石缝隙中筑巢。
普通鹈燕
Pelecanoides urinatrix
在飞行时会潜入波峰中。
厚嘴燕鹱
Bulweria fallax
于1955年被发现，繁殖地仍然不清楚。
曳尾鹱
Puffinus pacificus
通过潜水来捕食，并用脚和翅膀来划水。
新西兰䴙䴘
Poliocephalus rufopectus
具有很大的脚，并长在身体靠后的位置——这让它们非常擅于游泳，但在陆地上行走时很不方便。
北美䴙䴘
Aechmophorus occidentalis
吵闹的鸣叫声在一千多米之外都听得见。
白嘴潜鸟
Gavia adamsii
喙的形状适合在水中掠过，以追逐食物。
普通潜鸟
Gavia immer
雌鸟和雄鸟在筑巢和育雏时，平等分工合作。
阿根廷䴙䴘
Podiceps gallardoi
只能在陆地上行走很短的距离；如果跑起来，就可能会摔倒。
大䴙䴘
Podiceps major
除了坐在浮巢上孵卵或育雏，其他时间从来不离开水。
红喉潜鸟
Gavia stellata
脚长得太靠后了，所以几乎没法走路。
黑喉潜鸟
Gavia arctica
集群迁徙；它们擅于飞行，但在起飞时需要足够开阔的水面。

䴙䴘的求偶舞蹈

䴙䴘在选择和确定自己的伴侣时会有复杂而持久的求偶行为。雌雄双方会一同跳起求偶的舞蹈，步调一致而且非常喧闹。每种䴙䴘都有自己独特的求偶舞蹈，同一物种内的不同个体的舞蹈动作都完全相同。北美䴙䴘在求偶舞蹈时会用喙衔着一棵水草，然后仰起头在水面上与伴侣一同奔跑——如图中所示，这个动作叫作“疾驰”。

2目 · 4科 · 44属 · 123种

鹭和红鹳

鹭和它们的近亲（鹳、鹮、琵鹭、白鹭、鸦和锤头鹳等）都属于涉禽，在浅水或沼泽地中行走和觅食（食物主要包括鱼、昆虫和青蛙）。它们的长腿可以让它们在水中站立或行走时，羽毛不致于被水沾湿。所有的鹭都有长长的脖子和喙；在飞行时，它们会把自己的脖子缩起来。鹭有一种特殊的羽毛，叫做粉绒羽；它们不会脱落，但它们的羽小节会持续脱落成一种粉状物，鹭会用喙收集这些粉状物来清洁羽毛。

红鹳也是一种涉禽。它们明显的鲜红羽色来源于它们取食的植物和小动物中的成分。这类鸟具有构造特殊的喙，可以在它们集大群时，滤食水面的食物。

生存现状

在123种鹭和红鹳当中，有37种被列入了《国际自然及自然资源保护联盟（IUCN）红色物种名录》。其中，朱鹮的濒危是由于其生境的污染和破坏。朱鹮目前只分布在中国的中部地区。

鹭和它们的近亲广布于除南、北极外全世界范围的淡水生境中。红鹳分布在几乎所有大洲，生活在浅水湖和海岸区域。

1目 · 6科 · 8属 · 63种

鹈鹕

鹈鹕和其他五个科的水鸟有较近的亲缘关系，它们是鲣鸟、鹲、鸬鹚、蛇鹈和军舰鸟。这一类鸟都具有四个脚趾，且具有脚蹼。因此，这一类鸟都属于真正的水鸟。它们非常擅于游泳，其中一部分不擅于在陆地上行走。除了鸬鹚和一部分蛇鹈，这一类鸟中的其他物种都有防水的羽毛。很多物种有巨大的喉囊，上面没有羽毛覆盖。这种喉囊可以用来捕捉鱼类，也可用于在求偶时吸引异性。这一类鸟集群筑巢，常常与其他类群的海鸟混群。它们的平均寿命都很长，甚至可以在20年中从不更换配偶和繁殖地。雄性和雌性共同承担筑巢和育雏的任务。

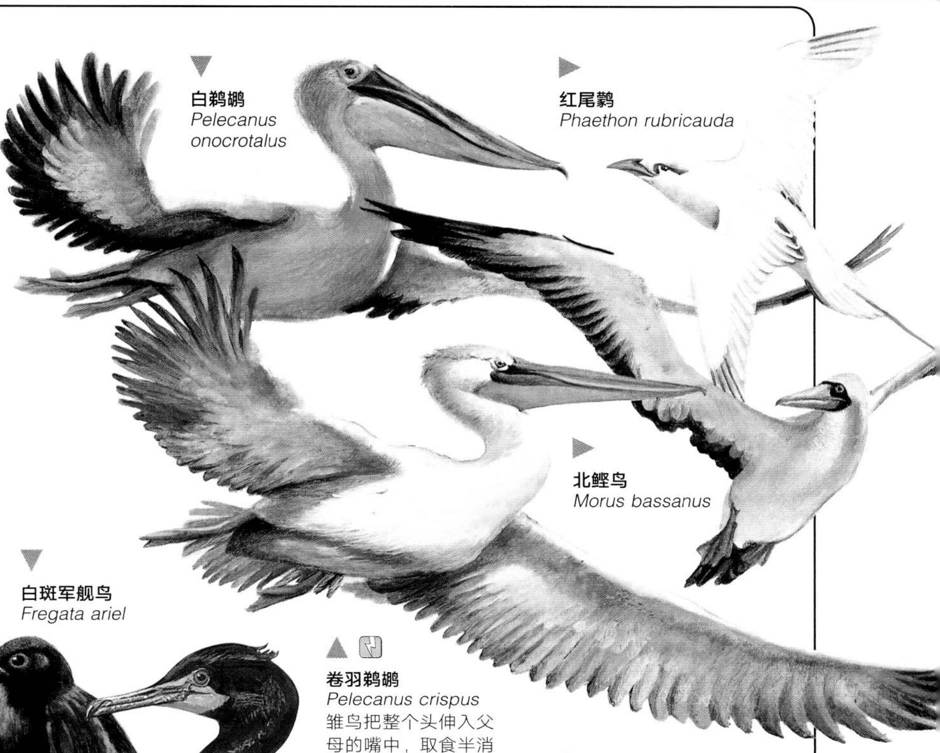

白鹈鹕 *Pelecanus onocrotalus*

红尾鹲 *Phaethon rubricauda*

北鲣鸟 *Morus bassanus*

白斑军舰鸟 *Fregata ariel*

卷羽鹈鹕 *Pelecanus crispus*
雏鸟把整个头伸入父母的嘴中，取食半消化的鱼。

欧鸬鹚 *Phalacrocorax aristotelis*
用咕噜声和咔哒声来互相联络。

海鸬鹚 *Phalacrocorax pelagicus*
可以在近海岸的水域中潜水30米，在海底取食。

双冠鸬鹚 *Phalacrocorax auritus*
会在休息时，张开翅膀，晾干由于潜水而沾湿的羽毛。

黑腹蛇鹈 *Anhinga melanogaster*

♀ ♂

普通鸬鹚 *Phalacrocorax carbo*
繁殖期间，腿上会长出白色的羽簇。

秘鲁鲣鸟 *Sula variegata*
可以潜水15米深捕食。

美洲蛇鹈 *Anhinga anhinga*

蓝脚鲣鸟 *Sula nebouxii*
用脚蹼孵卵。

生存现状

在63种鹈鹕和它们的近亲当中，有23种被列入了《国际自然及自然资源保护联盟（IUCN）红色物种名录》。其中，易危的毛脸鸬鹚只在新西兰的4个小岛上有分布。在过去，它们常被当地人猎捕；现在它们有时也会被商业捕鱼作业所捕捉。

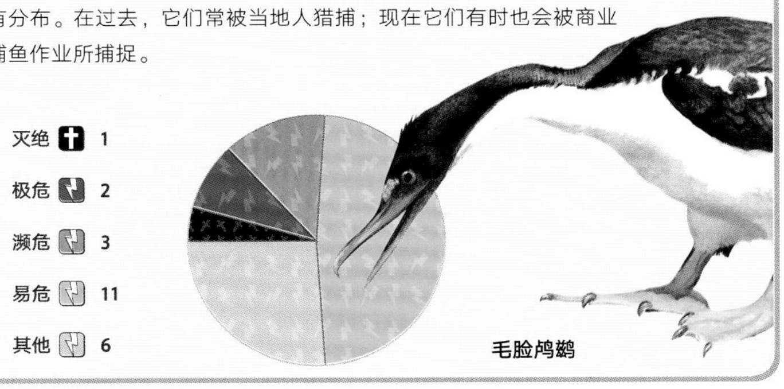

灭绝	1
极危	2
濒危	3
易危	11
其他	6

毛脸鸬鹚

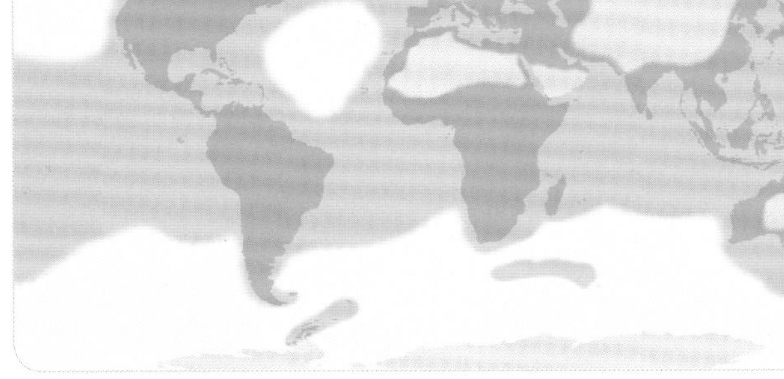

鹈鹕

鹈鹕和它们的近亲广泛分布于全世界大多数水环境中，其中大部分位于热带和温带地区。

1目 · 3科 · 83属 · 304种

猛禽

雕、鸢、鵟、神鹫、秃鹫和鹰都属于猛禽，这类鸟中有很多种都是依靠从天空俯冲下来的冲力，抓捕猎物。猛禽组成的隼形目是鸟类中最大的目之一，这个凶猛的类群中包括世界上飞得最快的鸟——隼，以及最丑陋的食腐者——秃鹫。所有的猛禽都是肉食动物，而且大部分种类都适应于猎捕活的猎物。强壮的腿配合上锋利的爪，可以牢牢地抓住挣扎的猎物。尖锐而弯曲的喙可以轻松地撕碎猎物的身体。大多数猛禽具有长而宽阔的翅膀，可以在开阔的高空中翱翔并寻找猎物。而那些生活在森林中的猛禽则具有更短更圆的翅膀，使得它们可以自如而迅速地转变飞行方向。

你知道吗？

白头海雕和大多数猛禽一样，一生不会改换配偶。为了在结合前构建这种亲密的关系，它们的求偶方式是：雌雄个体紧握对方的爪子，一边翻转一边从天上急坠下来，直到快要坠地时才分开，非常惊险壮观。

生存现状

在304种猛禽当中，有81种被列入了《国际自然及自然资源保护联盟（IUCN）红色物种名录》。其中，极度濒危的加州神鹫在上世纪80年代几乎面临灭绝。威胁其生存的主要因素包括猎人的捕杀，采蛋人对鸟蛋的掠夺，人类对其猎物的诱捕，以及由于食用被铅弹击杀的动物导致的铅中毒。

灭绝	2
极危	9
濒危	8
易危	26
其他	36

加州神鹫

猛禽

猛禽广泛分布于世界各地。从稀疏、极寒的北极苔原，到炎热、茂盛的热带雨林，以及干旱、荒凉的沙漠都可以看到它们的身影。

食腐的秃鹫

黑白兀鹫是一种秃鹫。它们不经常捕食活的猎物，而是经常吃被其他捕食者捕杀吃剩的尸体。它们强有力的喙可以轻易地咬碎骨头。为了寻找食物，它们会在非洲大平原上方6100米的高空上盘旋，用它们高超的视力来寻找动物尸体或者正在进食的食肉动物。在一具尸体旁有时会聚集上百只个体。它们经常因为吃得太饱、身体太重而无法飞行，所以需要花一段时间消化后才能重新起飞。

猛禽

猛禽之所以是如此出众的捕猎者，一个重要原因就在于它们卓越的视力。它们可以敏锐地侦查到广袤开阔的领地内猎物微小的活动。一只隼在30米上空可以发现一只蝗虫，而人发现在3米外的蝗虫就已经很费力了。当猛禽们锁定了猎物，它们就会以迅雷不及掩耳之势迅猛出击，这让它们的猎物在反应过来想要逃跑之前就已经成为了盘中餐。隼就是这样利用视力捕猎的空中猎手。同时，也有很多隼利用声音来寻找猎物。它们面部有一个特殊的构造来帮助汇集声波。蛇鹫是唯一一种在陆地上捕猎的猛禽，它们利用长而有力的腿四处寻找和驱赶猎物。

蛇雕
Spilornis cheela
捕食树蛇，同时也会猎食蜥蜴。

灰鹰
Accipiter novaehollandiae

黑鹞
Circus maurus
分布在南非的一种小型猛禽。

红脚隼
Falco vespertinus
每年冬天会从欧洲西北部和亚洲迁徙至南非。

红腿小隼
Microhierax caerulescens

雀鹰
Accipiter nisus

暗色歌鹰
Melierax metabates

爪哇鹰雕
Spizaetus bartelsi
在雨林中生活，捕食小鸟和小型哺乳动物。

蛇鹫
Sagittarius serpentarius
用长腿去踢打并制服猎物。

红隼
Falco tinnunculus

黄头叫隼
Milvago chimachima
经常把牛背上的蜱虫拽下来。

喙和利爪

猛禽的食谱包括其他种类的鸟、哺乳动物、鱼、青蛙、蛇，甚至是昆虫。它们的喙和利爪形态多样，适应于猎捕不同种类的猎物。猛禽一般会用利爪紧紧抓住猎物，并用力量巨大的喙把猎物撕碎。

鹗：食鱼者
可翻转的外趾，长而尖锐的利爪，以及粗糙、带倒刺的脚趾使得鹗可以抓住并携带光滑的猎物。

雀鹰：食鸟者
长而锋利的爪子和有力的抓握有利于其在飞行中捕捉小鸟，接着它就用喙拔掉羽毛并撕开猎物的身体。

白背兀鹫：食腐者
它的利爪主要用于抓握而非抓捕，它的猎物也主要是濒死的动物或已经死掉的动物尸体。它有力的喙可以敲碎骨头及撕开尸体。

猛雕：食猴鹰
它巨大的腿和利爪主要用来抓捕猴子、树懒和其他树栖的哺乳动物。

捕食策略

攻击方式

虽然猛禽的主要武器是它们强壮的利爪，但它们还具备很多其他的方式来寻找和攻击猎物。像鹗或者一些隼，它们会在空中快速扑动翅膀搜索猎物，然后迅速俯冲，发动攻击；一些隼也习惯于停歇在高处，观察地面上猎物的动向；鵟也往往拥有类似的策略。鹞则擅于“低空巡航”，它们会缓慢地在靠近地面的高度飞行并寻找猎物。海雕会在海岸区域翱翔，缓慢拍动翅膀并寻找海中的鱼。鸢会在半空中用爪子捕捉昆虫。“俯冲”则是描述隼类突然发起的向下超高速冲击的攻击方式。在冲向目标时，隼会收紧自己的翅膀以减小阻力，并将爪子对准猎物，用强大的冲击力杀死猎物。游隼在俯冲时甚至可以达到每小时270千米的超高速。

俯冲

隼会使用多种捕食技巧。其中最有技巧性的就是俯冲：它们首先会在空中小幅盘旋，观察下面猎物的动作

发现猎物

当它们发现猎物后，它们会突然急速俯冲下去，头在前面，翅膀收紧。在这个过程中，它们的速度可以达到每小时240千米，甚至更高的速度

鹗不是常见的猛禽，因为它们只吃鱼。它们会用爪子从水中把鱼抓出来，然后带走吃掉。

带走

隼在抓捕猎物时首先会用张开的爪子冲向猎物，这常常会使猎物的身体被严重抓伤。虽然这一瞬间可能抓不住猎物，但等到猎物受伤开始坠落时它们就可以再次去抓了

白兀鹫会使用工具，如小树枝或石头，来砸开鸵鸟蛋。

2目 · 12科 · 62属 · 213种

鹤

鹤形目动物是一个复杂多样的类群，包括鹤、秧鹤、喇叭鸟、秧鸡、田鸡、鸨和三趾鹑等。它们大多形态各异且缺少共同点：鹤一般都很大，有长长的腿；而三趾鹑则小而臃肿，腿也非常短。但这些鸟都起源于同一个祖先——一类古代生活在海边的地栖鸟。鹤和它们的近亲主要在地面活动，比起飞行和游泳，许多种类更偏好行走，甚至有的种类飞行能力已经退化了。鹤类通常把它们的巢建在地上或者浮在浅水上。它们的幼鸟也在刚孵化之后就可以独立行走了。绝大多数的鹤类通过叫声互相通信联络。在很多种类当中，雌性和雄性会一起歌唱；它们还会跳华丽的舞步来求偶，或者以此巩固配偶之间的关系。

日䴉
Eurypyga helias
在求偶炫耀时，它们会展开它们明亮而鲜艳的翅膀和尾巴。

黑冠鸨
Neotis denhami
这种害羞的鸟经常蜷伏起来，避免被发现。

非洲鳍脚䴘
podica senegalensis

角骨顶
fulica cornuta

麝雉
Opisthocomus hoazin
有嗉囊，像牛的瘤胃一样可以分解植物组织。

凤头鸨
Sypheotides indicus

长脚秧鸡
Crex crex

白胸拟鹑
Mesitornis variegatus

蓑羽鹤
Anthropoides virgo
和伴侣一同表演像芭蕾一样独特的舞蹈。

秧鹤
Aramus guarauna
因为凄厉的哀嚎和尖叫，被人称为“大叫的鸟”。

黑冕鹤
Balearica pavonina
不同于大部分鹤类，它们会在树上栖息。

棕三趾鹑
Turnix suscitator

生存现状

在213种鹤和它们的近亲当中，有101种被列入了《国际自然及自然资源保护联盟（IUCN）红色物种名录》。其中，一度被认为已经灭绝的濒危新西兰物种南秧鸡在1948年又一次被发现。外来物种是近年来对其造成威胁的主要因素。

类别	数量
灭绝	22
极危	4
濒危	20
易危	30
其他	25

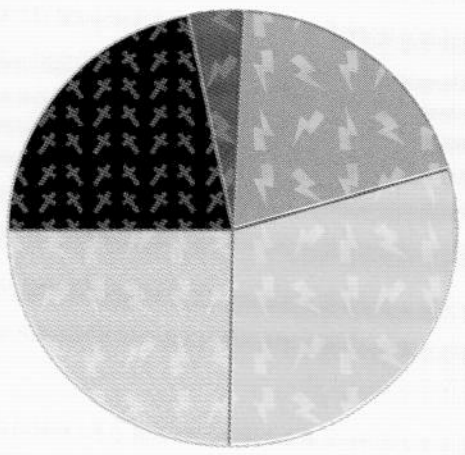

南秧鸡

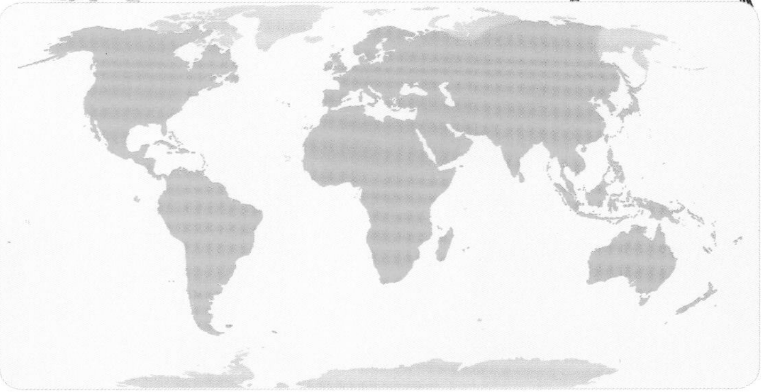

 鹤

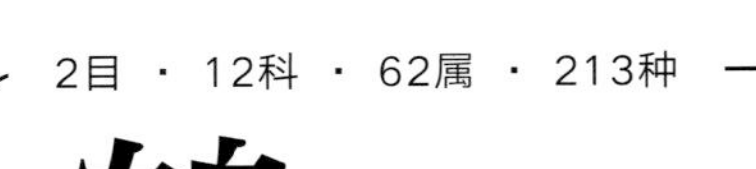

除了南极洲外，所有大洲都有至少一种鹤或其近亲类群。它们生活在多种多样的生境中，湿地、森林、草原甚至沙漠都能看到它们的身影。

1目 · 16科 · 86属 · 351种

鸻鹬、鸥和海雀

鸻鹬、鸥和海雀生活在海边、湖泊或者池塘边。它们的长相大都不一样，原因在于它们适应的生活环境都有细微的差别和分化；但相同的是，它们都非常擅长于飞行。其中的鸻鹬类包括蛎鹬、杓鹬、长脚鹬等，大都是长腿的鸟。它们喜欢在海岸边的浅水中行走，觅食底层淤泥中的食物。鸥类主要是海鸟，它们经常取食海岸线上的尸体，同样也会从深水中捕食鱼类。燕鸥擅长俯冲潜水，它们会在天空中盘旋锁定目标后，头朝下俯冲到水中捕捉鱼类。海雀则像企鹅一样，通过游泳和潜水觅食；但与企鹅不同的是，它们可以飞行。

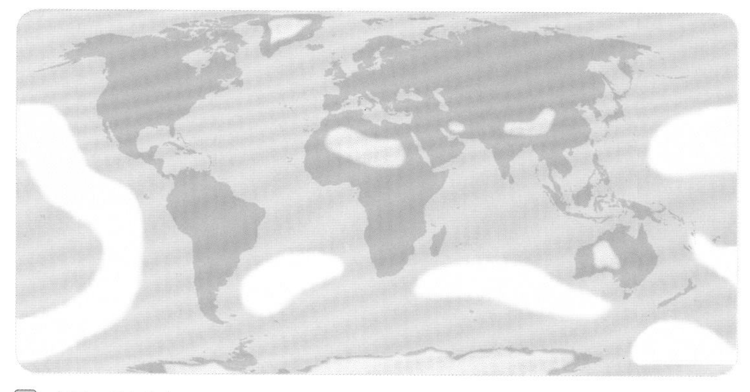

鸻鹬、鸥和海雀

这些鸟大多生活在河湖、海洋边，但有的也可以生活在半干旱区域。

长尾贼鸥
Stercorarius longicaudus
在繁殖季节捕食旅鼠或其他啮齿类动物。

眼斑燕鸥
Sterna nereis
虽然燕鸥类有蹼，但它们很少游泳。

白额燕鸥
Stema albifrons
吃小鱼小虾。

普通燕鸥
Stema hirundo
集群繁殖，场面非常喧闹；当有入侵者出现时，就会遭到天空中巡视的燕鸥的疯狂攻击。

北极海鹦
Fratercula arctica
集群在海边峭壁上繁殖，有时也会利用野兔挖的巢。

凤头海雀
Aethia cristatella

大黑背鸥
Larus marinus
几乎无所不吃，包括很多小鸟。

簇羽海鹦
Fratercula cirrhata
在海滨沙滩上挖深达1.8米的洞作为巢穴。

银鸥
Larus argentatus
经常被看到混群在大黑背鸥当中。

黑剪嘴鸥
Rynchops niger
捕食的时候，会靠近并掠过水面，用特殊结构的喙把发现的猎物捞出来。

你知道吗？

北极燕鸥是迁徙距离最长的鸟类。每年迁徙超过20000千米，往返于北极繁殖地和南极越冬区。

鸻鹬、鸥和海雀

杓鹬、滨鹬和它们的近亲属于典型的鹬类。它们大都有修长的身体和细长的腿。它们的喙往往很细，但长度和弯曲程度则各自有别。杓鹬的喙长而下弯，可以在淤泥中寻找底栖生物；塍鹬的喙长而直，可以在水下的淤泥中刺探；而滨鹬的喙短而坚硬，尖端可以敏锐地感知那些善于藏匿的猎物。鸻类的喙则是短而结实，可以牢牢地抓住猎物。大多数的鸻鹬并没有脚蹼，除了反嘴鹬类和长脚鹬类——而这两类鸟也更喜欢在岸边和浅水区觅食，而非在水中游泳。南极的鞘嘴鸥类比鸻鹬看起来更加肥硕敦实，像只巨大的白鸽子。它们不擅长飞行，但短而强壮的双腿让它们可以飞快地奔驰。

生存现状

在351种鸻鹬、鸥和海雀当中，有71种被列入了《国际自然及自然资源保护联盟（IUCN）红色物种名录》。其中，不会飞行的大海雀已经因为人类的捕猎而灭绝。已知的最后一对大海雀在1844年于冰岛被发现。

类别	数量
灭绝	4
极危	8
濒危	8
易危	21
其他	30

大海雀

你知道吗？

许多鸻鹬的雌鸟会产4枚卵，并且尖端朝向巢的中部排列，使其所占空间最小化。这也可能会让孵化变得更加容易。

鹮嘴鹬
Ibidorhyncha struthersii
分布在中亚地区的溪流和湖泊生境，用长而下弯的喙在石头下面寻找昆虫。

黑翅长脚鹬
Himantopus himantopus
因为脚长的缘故，比起其他鸻鹬，它们可以在更深的水中觅食。

流苏鹬
Philomachus pugnax
雄性有着长而蓬松的颈部饰羽，用于求偶炫耀。在非繁殖期雌性的相貌和雄性很像。

大石鸻
Esacus magnirostris
在东南亚和澳洲的沙滩、礁石滩、红树林以及潮间带觅食。

反嘴鹬
Recurvirostra avosetta
用上翘的喙筛出淤泥中的小型生物。

凤头距翅麦鸡
Vanellus chilensis
伫立不动地寻找猎物，锁定目标后就飞奔过去猎食。

扇尾沙锥
Gallinago gallinago
喙尖特殊的构造使其可以在淤泥中捕食猎物。

领燕鸻
Glareola pratincola
晨昏时分，结成小群飞行，捕食昆虫。

弯嘴滨鹬
Calidris ferruginea
在潮间泥滩上觅食，食用前会用水把食物洗干净。

白腰杓鹬
Numenius arquata
会发出瘆人的"咕呜"的叫声。

黑尾塍鹬
Limosa limosa
一种社会性的鸟，经常成群结队地觅食。每年，结成配偶的雌雄鸟会分别迁徙到繁殖地，并在繁殖地找到对方。

鹤鹬
Tringa erythropus

红脚鹬
Tringa totanus
只要是退潮时分，就会不分昼夜地在潮间带上觅食。

红颈瓣蹼鹬
Phalaropus lobatus
有着优雅的泳姿，头高高抬起并频频点头。

黑脸鞘嘴鸥
Chionis minor
用翅膀上的刺作为武器，厚厚的脂肪使其在寒冷的南极也能保持温暖。

在海滩上

世界上的许多滨鸟和海鸟都利用夏季（6~7月）的时间在北极地区繁衍后代。北极的夏天非常短，但生物量却非常丰富，食物十分充足。而当冬季来临，这些鸟类又将跨越无垠的大洋，来到南方的海岸觅食和生活。上万只鸟会集中停歇在某些地方，比如地中海。白额燕鸥在隐蔽性很好的鹅卵石滩上产卵、孵卵，并利用高耸的陡崖做掩护。鸻类的巢隐藏在植物或鹅卵石间，每窝养育2~3枚卵。鸥类的巢则散落在沙丘周围。有些大型鸥类会以其他物种的卵或幼鸟为食，有时甚至不会在意那是不是属于自己的同类。

2目 · 3科 · 46属 · 327种

鸠鸽和沙鸡

鸠鸽类和沙鸡类每天都是集群觅食，往来于繁殖地和觅食地之间。鸠鸽类属于树栖型鸟类，取食植物的果实和种子。鸠鸽类的喙的结构可以让它们在喝水的时候，大口地吸吮，而不必小口地抿。鸠鸽类可以产生喂养幼鸽的“鸽乳”。鸠鸽类的食道具有一个名叫嗉囊的结构，无论雄雌，它们嗉囊中的腺体都可以分泌一种浓稠的营养物质，用于饲喂幼鸟。在沙漠中生活的沙鸡类不产生鸽乳。这些强壮而敏捷的鸟类每天都要飞行超过65千米，前往水源地喝水并返回觅食地。它们在地面营巢，而它们的幼鸟在出生几小时之后，就可以离开巢穴，跟随父母去觅食了。

维多利亚凤冠鸠
Goura victoria
雄性在求偶时会不停地炫耀自己华丽的顶冠来吸引异性。

红冠蓝鸠
Alectroenas pulcherrima
这种引人注目的鸟类曾因人类的猎杀一度变得非常稀少，但目前它们的种群数量已经得到了恢复。

栗腹沙鸡
Pterocles exustus
成鸟会用羽毛吸收水分，供它们的幼鸟饮用。

绿翅金鸠
Chalcophaps indica
取食热带雨林中掉落在地上的果实，有时也取食白蚁。

斑姬地鸠
Geopelia striata
这种鸟类像老鼠、兔子一样在地上到处乱跑，以草的种子为食。

毛腿沙鸡
Syrrhaptes paradoxus

原鸽
Columba livia
在全世界范围内常见，一般在各个城市中集群生活。

斑皇鸠
Ducula bicolor

黑斑果鸠
Ptilinopus cinctus
果鸠类以果实为食，也有着针对这类食物特化的消化系统。

生存现状

在327种鸠鸽和沙鸡当中，有112种被列入了《国际自然及自然资源保护联盟（IUCN）红色物种名录》。其中，已经灭绝的、不会飞行的渡渡鸟曾经分布在印度洋上的毛里求斯岛。17世纪，探险家们为了食物和乐趣，大量捕杀渡渡鸟，使这个物种在世界上消失。

状况	数量
灭绝	14
极危	12
濒危	15
易危	34
其他	37

渡渡鸟

鸠鸽和沙鸡

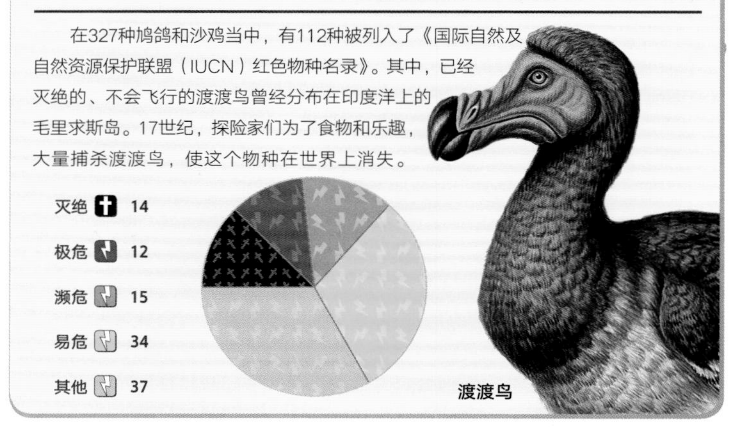

鸠鸽类广布于全世界，但大部分物种主要分布在热带和亚热带。沙鸡类只分布在亚洲和非洲干旱少雨的区域。

2目 · 2科 · 41属 · 161种

杜鹃和蕉鹃

虽然杜鹃类和蕉鹃类有亲缘关系，但外表和行为十分迥异。杜鹃以其“巢寄生”的行为而“臭名昭著”，它们把卵产在其他鸟类的巢中，让这些不知情的“外人”代为抚养自己的宝宝。当然了，已知有巢寄生行为的杜鹃约为50种，而更多的杜鹃并不这么做，它们包括：社会行为比较发达的犀鹃和圭拉鹃类，大多具有强烈的领地意识；走鹃和地鹃类，顾名思义，比起飞行，更喜欢在地上奔跑；此外还有岛鹃和鸦鹃。大多数杜鹃科的鸟类羽色暗淡，便于隐蔽。与之相对，蕉鹃大多色彩艳丽，具有长长的尾巴和短短的翅膀，擅长在树枝上奔跑而非跳跃。除紫蕉鹃之外，蕉鹃都具有漂亮的羽冠。它们有时会聚集成多达10只的群体大声喧闹，互相进行交流。

白眉金鹃
Chrysococcyx caprius

褐翅鸦鹃
Centropus sinensis
叫声非常特别，粗哑而聒噪。

滑嘴犀鹃
Crotophaga ani
上喙有高高突起的脊，便于它们取食蝗虫等各种昆虫。

蓝蕉鹃
Corythaeola cristata

蓝冠蕉鹃
Tauraco hartlaubi
主要吃果实和种子，但它们有时也吃昆虫。

大杜鹃
Cuculus Canorus
雌性不会筑巢，而是在别的鸟类的巢穴中产卵，并把这个窝中本来的鸟卵或幼鸟推出去或吃掉，这种行为称为“巢寄生”。

棕腹鸡鹃
Neomorphus geoffroyi

紫蕉鹃
Musophaga violacea
唯一一种不具有羽冠的蕉鹃。

走鹃
Geococcyx californianus
捕食小型爬行动物、老鼠和昆虫，有时也吃鸟卵。

斑翅凤头鹃
Clamator jacobinus

你知道吗？

蕉鹃终生生活在树冠层。它们在树枝之间可以敏捷而灵巧地穿梭移动。它们每只脚的第四个脚趾与其他三个脚趾具有合适的角度，可以灵巧地前后活动。

生存现状

在161种杜鹃和蕉鹃当中，有23种被列入了《国际自然及自然资源保护联盟（IUCN）红色物种名录》。其中，分布在印度尼西亚婆罗洲的婆罗洲地鹃受到威胁的主要原因是栖息的热带雨林生境遭到破坏。

类别	数量
灭绝	2
极危	2
濒危	2
易危	7
其他	10

婆罗洲地鹃

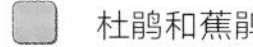

杜鹃和蕉鹃

杜鹃类广布全世界，但主要分布于热带及亚热带地区。蕉鹃类的分布则局限在非洲的撒哈拉南部地区。

1目 · 3科 · 85属 · 364种

鹦鹉

鹦鹉大概是世界上最好辨认的一种鸟类了。它们有着独特的喙，短粗，上半部分向下弯曲。这个结构可以帮助其咬碎坚果和种子，完美地适应了它们的食谱。鹦鹉的脚也非常有特点：两趾朝前，两趾朝后，不难想象，这个结构可以帮助它们牢牢地抓住物体，同时在茂密的树林中也可以快速地移动。大多数鹦鹉的羽毛色彩非常艳丽，大多是绿色的主色调配上一抹亮丽的红、黄或者蓝色。当然，也有一部分鹦鹉的颜色非常单调，便于隐藏。鹦鹉亮丽的色彩和丰富的社交本领使其成为了非常受欢迎的宠物。因此，很多野生的鹦鹉被抓进笼子里流入了市场。这就是鹦鹉在濒危物种名录中占据大量位置的根本原因。

红胁绿鹦鹉 *Eclectus roratus*
雄雌个体长相实在差别太大了，以至于人们一度把它们识别为两个不同的物种。

棕脸侏鹦鹉 *Micropsitta pusio*

彩虹鹦鹉 *Trichoglossus haematodus*

粉红凤头鹦鹉 *Eolophus roseicapilla*

蓝顶亚马孙鹦鹉 *Amazona aestiva*

白冠鹦哥 *Pionus senllis*

鸮鹦鹉 *Strigops habroptilus*
雄性会挖出一个特别的求偶场所，在其中向雌性跳求偶的舞蹈，同时会通过其构造特别的鸣管发出沉闷而巨大的声音。

啄羊鹦鹉 *Nestor notabilis*
食谱包括种子、花和昆虫，但也会吃动物的尸体，有时甚至攻击活的绵羊。

生存现状

在364种鹦鹉当中，有146种被列入了《国际自然及自然资源保护联盟（IUCN）红色物种名录》。其中，墨西哥的厚嘴鹦哥濒危的原因：一方面在于其生活的松树林被大量砍伐；另一方面，它华美的红色额头搭配全身的翠绿让其在宠物市场受到追捧，催生了大量非法交易。

类别	数量
灭绝	19
极危	15
濒危	30
易危	45
其他	37

厚嘴鹦哥

鹦鹉

鹦鹉主要分布在南半球的热带，最北可以分布到阿富汗东部地区。南美洲和大洋洲孕育的鹦鹉物种最多。

黄领牡丹鹦鹉
Agapornis personatus
雄雌一旦结为连理，终身都不会分离。

费氏牡丹鹦鹉
Agapornis fischeri

红尾绿鹦鹉
Lathamus discolor

紫蓝金刚鹦鹉
Anodorhynchus hyacinthinus
以一种南美的棕榈果实为食，但这种果实实在太硬了，必须经过牛的消化系统消化一遍，鹦鹉才能把它嗑开。

塞内加尔鹦鹉
Poicephalus senegalus
单独或成对生活，但有时也会结成10只左右的小群体。

紫头鹦鹉
Psittacula cyanocephala

♂

白耳鹦哥
Pyrrhura leucotis

金刚鹦鹉
Ara macao
幼鸟孵化之后，会和亲代在一起度过两年的时光。

地鹦鹉
Pezoporus wallicus

军金刚鹦鹉
Ara militaris
寿命很长，据记载，一些笼养的金刚鹦鹉寿命可达65岁。

穴鹦哥
Cyanoliseus patagonus
在砂石岩或石灰岩的峭壁上结群挖洞、营巢。

便于咬碎物体的构造

张嘴时上喙的位置
鹦鹉的喙连接着强韧的肌肉，并具有坚硬的边缘，使得它们可以嗑开硬壳种子一类坚硬的食物
喙尖的钩用于拿取或抓住食物
发达的上喙关节就像杠杆一样，帮助鹦鹉用喙攀爬
下颌关节
张嘴时下喙的位置

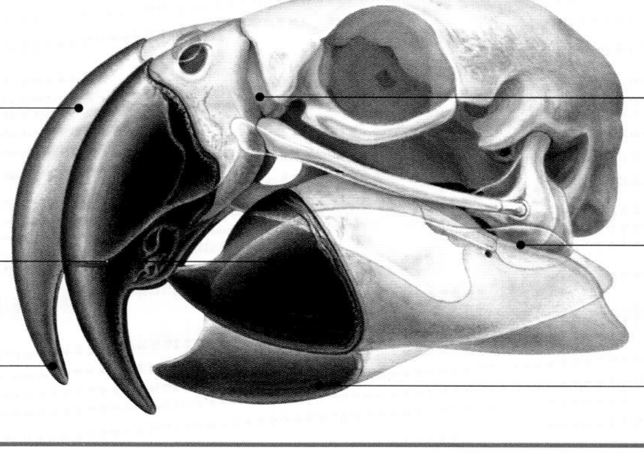

2目 · 7科 · 51属 · 314种

夜鹰和鸮

夜鹰类和鸮类（俗称猫头鹰）大都属于在夜里或晨昏时分捕猎的猎食者。它们大都具有斑驳而隐蔽的羽色，保证它们白天休息时不会被发现。夜鹰类（包括夜鹰、油鸱、林鸱等）都具有强大的拟态行为，它们极其擅长模仿一根折断的树枝。鸮类具有尖利而有弯钩的喙，可以有力地撕碎猎物的身体，而强壮的后肢和利爪让它们可以牢牢地抓握住挣扎的猎物。鸮类具有大而圆的双眼，面向正前方，这样可以帮助它们估算距离；同时，在黑暗少光的环境下，这双眼睛中敏锐的感光细胞能让它们把周围一览无遗。同样，夜鹰类在暗光下也具有优秀的视觉。但和鸮类不同，它们的双眼分别位于头两侧，也没有利爪。但夜鹰类和鸮类都具有敏锐的听觉。

茶色蟆口鸱
Podargus strigoides
停歇时一动不动，但当发现猎物时则会以迅雷不及掩耳之势冲过去。

斑毛腿夜鹰
Eurostopodus argus

油鸱
Steatornis caripensis
生活在阴暗的洞穴里，像蝙蝠一样通过回声定位。

帕拉夜鹰
Nyctidromus albicollis

林鸱
Nyctibius griseus
杂色斑驳的羽毛和模仿树枝一样的伫立姿态，使其可以极好地隐蔽自己。

欧夜鹰
Caprimulgus europaeus

北美小夜鹰
Phalaenoptilus nuttallii

生存现状

在314种夜鹰和鸮当中，有81种被列入了《国际自然及自然资源保护联盟（IUCN）红色物种名录》。其中，斑林鸮分布于中北美洲，目前处于近危状态。在它们的分布区域中，砍伐、清理枯木导致的栖息地干扰和破坏是对其生存最大的威胁。

灭绝	4
极危	8
濒危	12
易危	16
其他	41

斑林鸮

鸮 鸮和夜鹰

鸮生活在全世界范围内的森林区域中。蟆口鸱（夜鹰目）分布在大洋洲、太平洋西南部岛屿及其周围。夜鹰则分布在世界上气候温暖的区域。

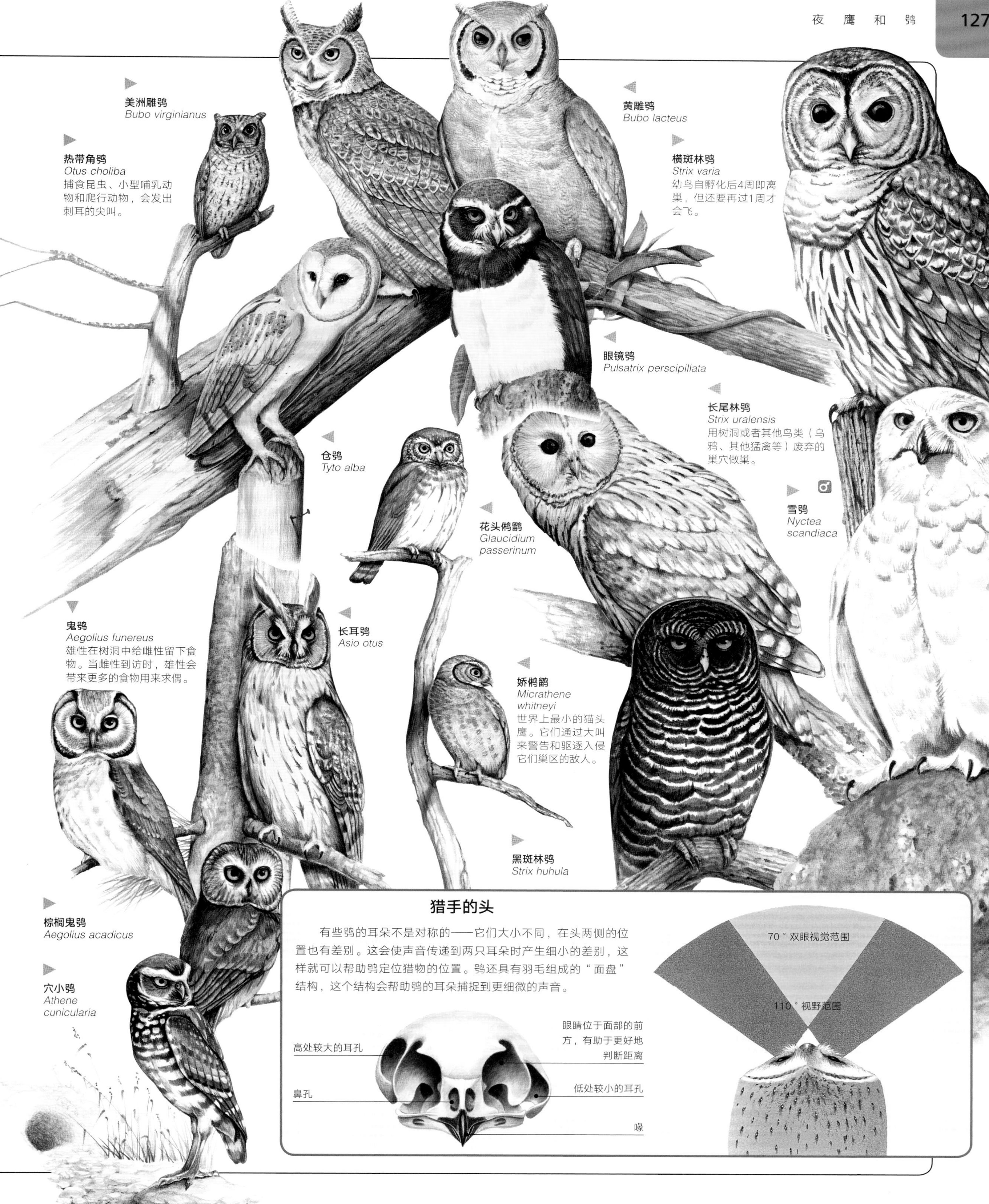

猎手的头

有些鸮的耳朵不是对称的——它们大小不同，在头两侧的位置也有差别。这会使声音传递到两只耳朵时产生细小的差别，这样就可以帮助鸮定位猎物的位置。鸮还具有羽毛组成的“面盘”结构，这个结构会帮助鸮的耳朵捕捉到更细微的声音。

1目 · 3科 · 124属 · 429种

蜂鸟和雨燕

蜂鸟和雨燕的翅膀骨骼结构很特别，这意味着它们可以高速振翅，并且做出很多别的鸟类做不出的高难度动作。蜂鸟大都非常小，同时具有华丽的羽毛，在阳光下熠熠生辉。大多数种类的蜂鸟体重不到9克。它们以花蜜为食，悬停在花前，并用长而尖的喙探进花中取食。雨燕相对较大，翅膀狭长而后弯，使得它们可以快速飞行。它们一生中大部分时间都在天上，只有夜里休息时才会着陆。它们主要在飞行时捕食成群的蜉蝣、白蚁等昆虫。它们甚至可以在天空中一边飞行一边交配。许多雨燕在北半球寒冷的冬天到来之前，都会飞越大洋来到南方过冬。

棕雨燕
Cypsiurus balasiensis

高山雨燕
Tachymarptis melba
如果成鸟找不到食物，在巢中的幼鸟就会降低自己的体温进入蛰伏状态。

巨蜂鸟
Patagona gigas
最大的蜂鸟，重达19克。

紫喉蜂鸟
Eulampis jugularis

金喉红顶蜂鸟
Chrsolampis mosquitus
每年迁徙约1000千米，不停歇一口气飞跃墨西哥湾。

灰腰雨燕
Hemiprocne longipennis
停歇时翅膀在背后收起，呈交叉状。

领星额蜂鸟
Coeligena torquata
在南美洲安第斯山脉的热带高海拔森林中生活。

极乐冠蜂鸟
Lophornis chalybeus
雄鸟具有闪耀的、有白点的颈羽，用于求偶炫耀。

翘嘴蜂鸟
Anthracothorax recurvirostris
有着不常见的上翘的喙尖，它叉状的舌头也有助于其吸食到花蜜。

剑嘴蜂鸟
Ensifera ensifera
喙有12.5厘米长。

生存现状

在429种蜂鸟和雨燕当中，有68种被列入了《国际自然及自然资源保护联盟（IUCN）红色物种名录》。其中，秘鲁的叉扇尾蜂鸟处于濒危状态，造成这一情况的主要原因是其森林栖息地被破坏，并被改造成农田。

灭绝	2
极危	8
濒危	13
易危	13
其他	32

叉扇尾蜂鸟

蜂鸟和雨燕

蜂鸟只分布在美洲，而且主要集中在中南美洲的热带地区。雨燕广布于全世界，但主要集中在热带地区。

蜂鸟飞行的秘密

如蜜蜂一般勤劳

大多数鸟类只能向前飞行，但蜂鸟奇迹般地可以向前、后、上、下任何方向飞行，甚至可以悬停，就像直升机一样。蜂鸟的翅膀每秒可以扇动90次，因而制造出一种“蜂鸟式噪声”。这得益于它们独特的翅膀结构。鸟类的翅膀就像手臂一样，包括肩膀、手肘、手腕和指关节。当蜂鸟的肩关节活动时，它们恒定弯折的肘关节和腕关节不会发生运动。而它们的“手”，已经特化加长成像手臂一样，这就给几乎覆盖了整个翅膀的飞羽提供了足够的动力。它们的胸骨也足够坚硬，让附着在上面的胸肌可以支持住高能量的飞行动作。当然，为了维持这种高耗能的飞行模式，它们需要摄取大量的能量。因此，在白天它们一刻不停地进食，而到了晚上它们则通过降低体温来减少能量消耗，我们称这种行为为“蛰伏”。

翅膀的内部结构

翅膀的骨骼结构为飞羽提供了强劲的动力。向前飞行时，蜂鸟的翅膀会上下扇动；而悬停时，它们会让翅膀快速地以“8字型”的形式扇动。

飞羽直接与指骨和前臂骨相连

加长的第四指骨

加长的中指骨

短化的前肢骨

肩关节

辉煌蜂鸟控制飞行的能力非常强，所以它们可以保持图中这种姿势，调整到合适的角度去取食藏在花中的花蜜。

蜂鸟的翅膀可以快速振动，达到悬停的效果，从而顺利地取食花蜜

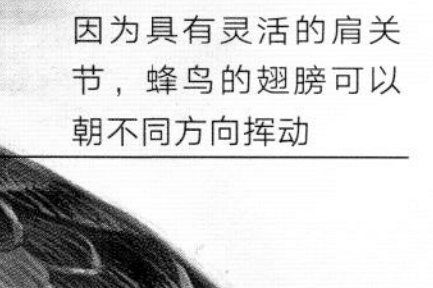

因为具有灵活的肩关节，蜂鸟的翅膀可以朝不同方向挥动

为了维持其飞行所需的能量，蜂鸟每天必须进食和它们体重相当的花蜜

修长的喙让蜂鸟可以伸到花朵的深处。它们的舌尖有一个像刷子一样的结构，可以从花中取得花蜜

富含花蜜的花

这只哥斯达黎加的雌性绿隐蜂鸟正在给幼鸟喂食。蜂鸟的心跳在运动状态下可以达到每分钟600次。

3目 · 13科 · 59属 · 254种

翠鸟

翠鸟所属的佛法僧目包括很多翠鸟的近缘物种，包括犀鸟、鴗、翠鴗、三宝鸟、蜂虎、鱼狗和戴胜等。咬鹃和鼠鸟则属于另外两个独立的目。大多数佛法僧目鸟类的脚都具有四趾，其中三趾朝前并拢在一起。它们具有粗壮而笔直的喙，用于掘土或在枯木上打洞做巢。这类鸟在捕食时常常停栖在小树枝上，等待并寻找小型陆生或水生动物，然后瞬间突击捕猎。大部分种类羽色都很亮丽。而咬鹃，以凤尾绿咬鹃为例，则更加引人注目。咬鹃主要生活在热带雨林中，以昆虫和小蜥蜴为食，也有部分种类吃水果。鼠鸟的颜色则非常暗淡——它们像老鼠一样藏匿在灌木丛中，并不断翘起它们的尾巴。

粉颊小翠鸟 *Ceyx pictus*

绿鱼狗 *Chloroceryle americana* 常常在非常靠近水面的高度飞行或停歇。

钩嘴翠鸟 *Melidora macrorrhina*

横斑翠鸟 *Lacedo pulchella*

普通翠鸟 *Alcedo atthis*

苏拉蓝耳翠鸟 *Cittura cyanotis*

笑翠鸟 *Dacelo novaeguineae* 典型而独特的刺耳叫声听起来就像是笑声。

白腹鱼狗 *Megaceryle alcyon* 会努力保卫自己在河边的领地，防止其他同类入侵。

斑鱼狗 *Ceryle rudis* 通过俯冲入水的方式捕鱼。

生存现状

在254种佛法僧目鸟类、鼠鸟、咬鹃等当中，有66种被列入了《国际自然及自然资源保护联盟（IUCN）红色物种名录》。其中，长尾地三宝鸟处于易危状态，部分原因是由于其生境中的树木被大量砍伐，用作柴火和烧制木炭。

灭绝	1
极危	2
濒危	4
易危	21
其他	38

长尾地三宝鸟

佛法僧目鸟类
鼠鸟和咬鹃
佛法僧目鸟类、鼠鸟和咬鹃

佛法僧目鸟类主要分布在温带地区，大部分集中在非洲和东南亚。鼠鸟分布在非洲。咬鹃间断分布在中美洲、非洲和亚洲。

凤尾绿咬鹃
Pharomachrus mocinno

斑鼠鸟
Colius striatus

白头鼠鸟
Colius leococephalus

绿颊咬鹃
Apaloderma narina

红头咬鹃
Harpactes erythrocephalus
雄性以其亮丽的羽毛而闻名。

白尾美洲咬鹃
Trogon viridis

红蜂虎
Merops nubicus
这种食谱特化的鸟类停歇在哺乳动物的背上，以捕食蜜蜂为生。

三宝鸟
Eurystomus orientalis
用高超的飞行技巧在半空中捕食昆虫。

杂色短尾鴗
Todus multicolor

鹃三宝鸟
Leptosomus discolor
叫声非常大且刺耳。

蓝胸佛法僧
Coracias garrulus

戴胜
Upupa epops
用长长的嘴伸入软土或动物粪便中寻找昆虫。

双角犀鸟
Buceros bicornis

翠鸟妈妈捕鱼

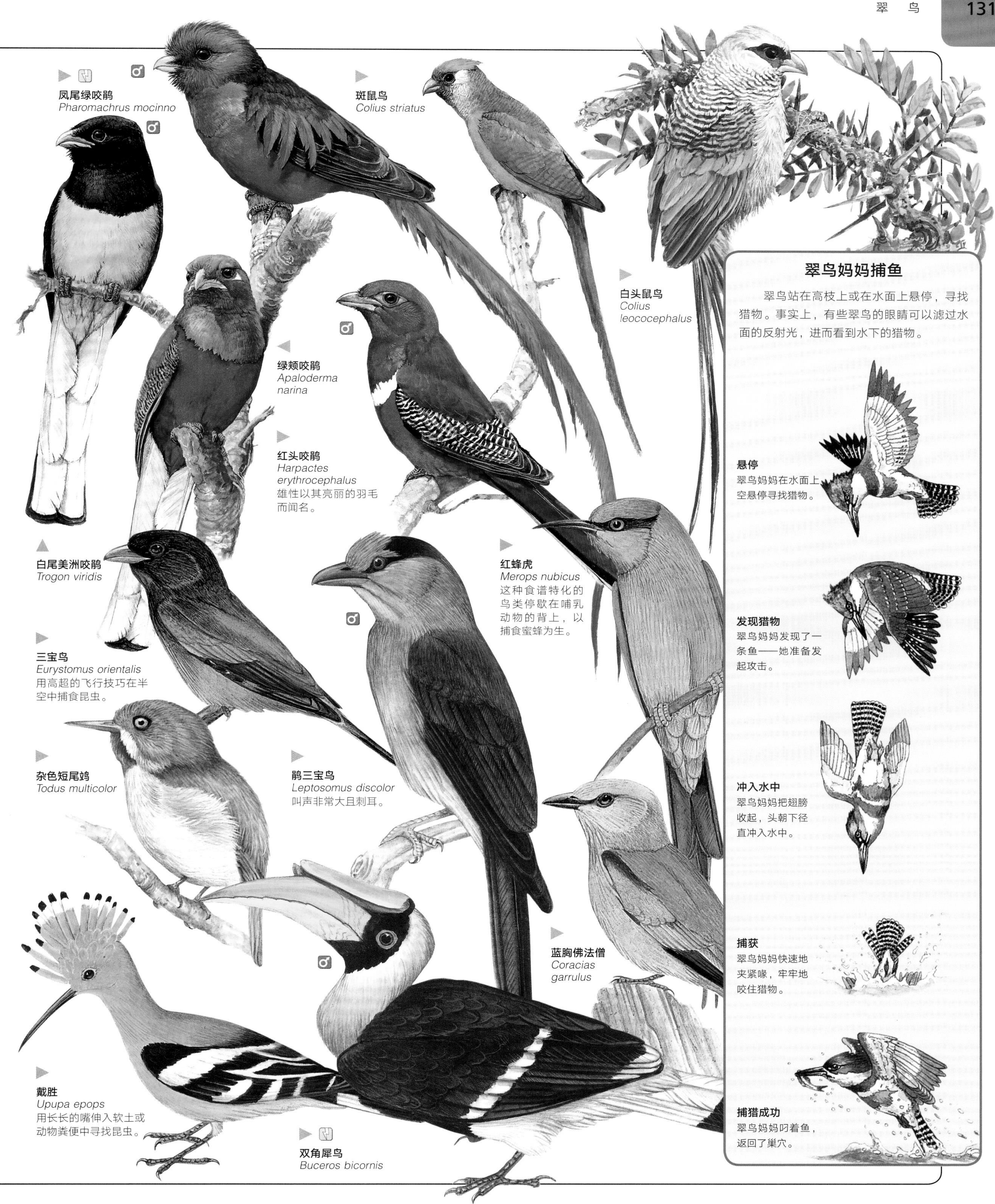

翠鸟站在高枝上或在水面上悬停，寻找猎物。事实上，有些翠鸟的眼睛可以滤过水面的反射光，进而看到水下的猎物。

悬停
翠鸟妈妈在水面上空悬停寻找猎物。

发现猎物
翠鸟妈妈发现了一条鱼——她准备发起攻击。

冲入水中
翠鸟妈妈把翅膀收起，头朝下径直冲入水中。

捕获
翠鸟妈妈快速地夹紧喙，牢牢地咬住猎物。

捕猎成功
翠鸟妈妈叼着鱼，返回了巢穴。

1目 · 5科 · 68属 · 398种

啄木鸟

响蜜䴕、鹟䴕、蓬头䴕、拟啄木鸟和巨嘴鸟都是啄木鸟的近亲，它们都属于䴕形目，也就是广义上的啄木鸟。所有啄木鸟的脚趾都是两趾向前、两趾向后，有助于它们牢牢握住树枝。大部分的啄木鸟色彩鲜艳，生活在热带地区。它们会把卵产在树上、白蚁窝里或者地上。啄木鸟会用强壮的脚趾和长长的趾甲把自己固定在树干上，然后用凿子似的喙啄穿树皮、寻找昆虫。响蜜䴕吃昆虫和蜂蜡，雌性响蜜䴕还会把卵产在别的鸟的巢里，让它们误认为是自己的孩子并代为哺育。鹟䴕和蓬头䴕都以昆虫为食，鹟䴕的喙长而尖；蓬头䴕的头大，喙短而硬。色彩鲜艳的拟啄木鸟和巨嘴鸟都以水果为食。巨嘴鸟有着巨大的喙，但它们仍然可以利用羽毛的颜色在雨林中很好地隐藏起来。

欧洲绿啄木鸟
Picus viridis

蚁䴕
Jynx torquilla
主要以蚂蚁为食——它们可以用弯曲的喙撬开蚁穴。

斑蓬头䴕
Bucco tamatia

红黄拟䴕
Trachyphonus erythrocephalus
会在临近树林和河流的白蚁窝上挖洞，作为自己的巢穴。

黑腹鹟䴕
Galbula dea
除了繁殖期，一般都是独自生活。

金尾啄木鸟
Campethera abingoni
啄木鸟的头骨外包肌肉，以防它们因啄击树干而脑震荡。

橡树啄木鸟
Melanerpes formicivorus
在树洞中藏橡子，留到冬天吃。

生存现状

在398种䴕形目鸟类中，有48种被列入了《国际自然及自然资源保护联盟（IUCN）红色物种名录》。生活在南亚的黄腰响蜜䴕面临的最大威胁是栖息地的破坏。在一些地方，人们也会掠夺这种鸟赖以为食的蜂巢，使它们面临着更大的威胁。

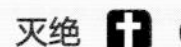

灭绝 0
极危 3
濒危 3
易危 9
其他 33

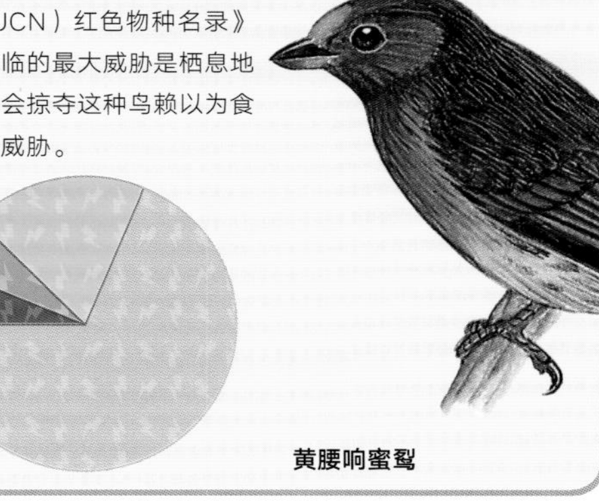

黄腰响蜜䴕

䴕形目鸟类

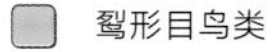

䴕形目鸟类生活在森林中，巨嘴鸟、鹟䴕和蓬头䴕集中生活在美洲的热带地区，大部分响蜜䴕都分布在非洲，而拟啄木鸟则都分布在热带地区。

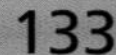

北美黑啄木鸟
Dryocopus pileatus

小金背啄木鸟
Dinopium benghalense
在树中寻找蚂蚁和其他昆虫为食。

巨嘴鸟

喙虽然巨大但是轻盈——因为是中空的。喙里面蜂窝状的结构使得它非常坚固

喙的用途是把水果摘下来，然后吞下

两趾向前、两趾向后的结构，让它们可以牢牢地抓握住树枝

巨嘴鸟在睡觉时会把尾巴遮在头上，并把大嘴收到背后

黄腹吸汁啄木鸟
Sphyrapicus varius

灰啄木鸟
Dendropicos goertae

黑喉响蜜鴷
Indicator indicator

绿巨嘴鸟
Aulacorhynchus prasinus

蓝喉拟啄木鸟
Megalaima asiatica

栗啄木鸟
Celeus brachyurus

灰胸山巨嘴鸟
Andigena hypoglauca

曲冠簇舌巨嘴鸟
Pteroglossus beauharnaesii

地啄木鸟
Geocolaptes olivaceus
用喙挖掘蚁巢，并用舌头捕捉里面的蚂蚁。

凹嘴巨嘴鸟
Ramphastos vitellinus
饮用热带植物中的水分，或在下雨时张开喙接雨水来喝。

1目 · 96科 · 1218属 · 5754种

鸣禽

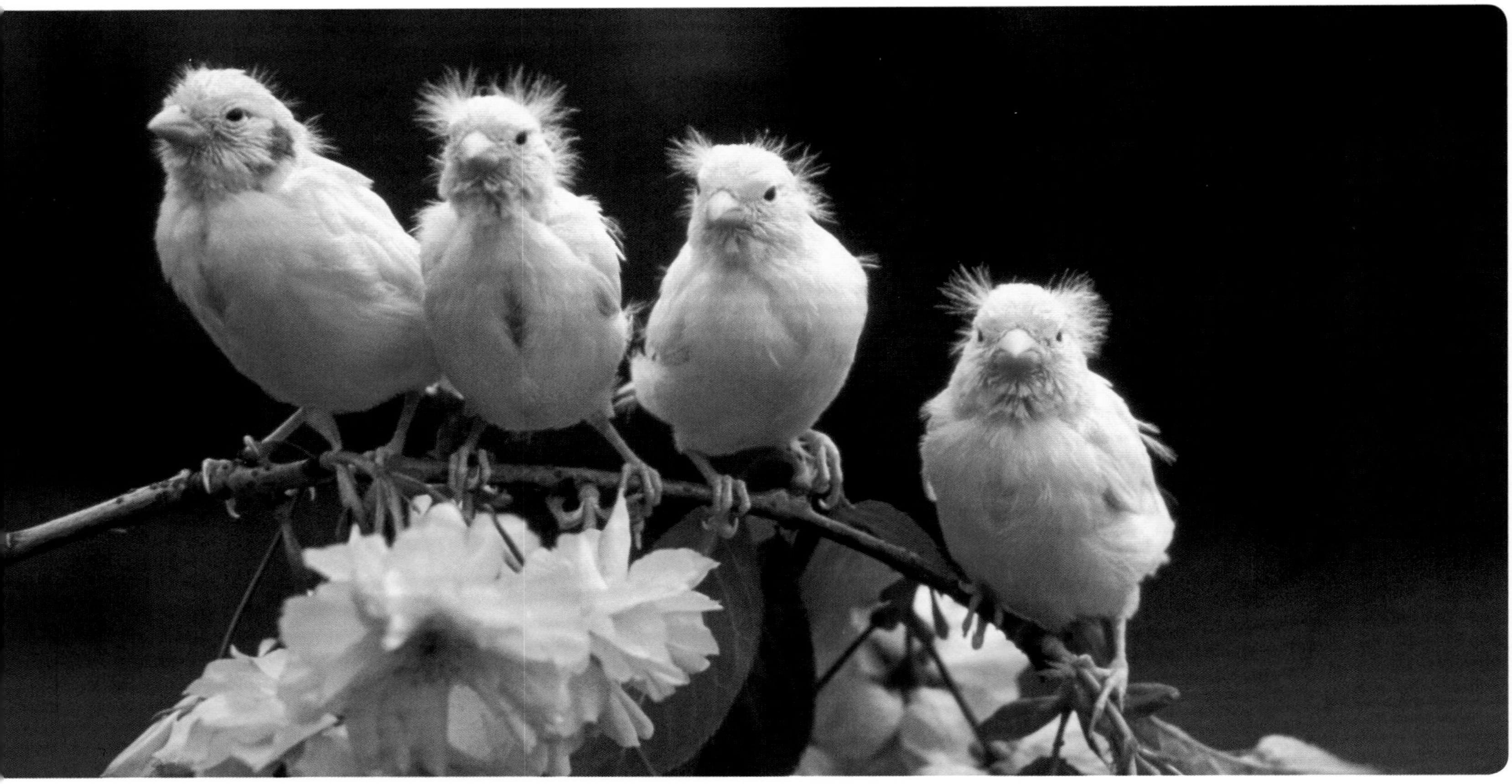

金丝雀是一种来自大西洋加那利群岛的小型雀类。400年来，它一直因动听的歌声受到人们的喜爱，成为最受欢迎的宠物鸟之一。

鸟类中最大的目就是雀形目，也被称作鸣禽。这个目包括了超过一半的鸟类物种。它们灵巧的、三前一后的脚趾使它们善于紧握大大小小的树枝。它们腿上的肌肉和肌腱排列整齐，使得脚趾可以紧紧握住树枝。最小的鸣禽能够停留在禾草纤细的叶片上。鸣禽有着非常发达的鸣管——这是一个位于其气管上的结构，得益于此，鸣禽可以唱出悦耳而复杂的旋律。这些歌声既可以用来宣示领地，也可以用来求偶。大部分鸣禽在繁殖期有固定的配偶，并与之共同育雏。鸣禽一般以昆虫和植物为食，但在繁殖期它们会倾向于进食更多的昆虫，以满足蛋白质的摄入量。

生存现状

在5754种鸣禽当中，有1066种被列入了《国际自然及自然资源保护联盟（IUCN）红色物种名录》。其中，东南亚分布的白眼河燕曾在1968年被发现，而自1978年之后就再没有人类的目击记录。人类在其越冬地对它们进行的捕杀可能是造成它们数量锐减的原因。

白眼河燕

鸣禽

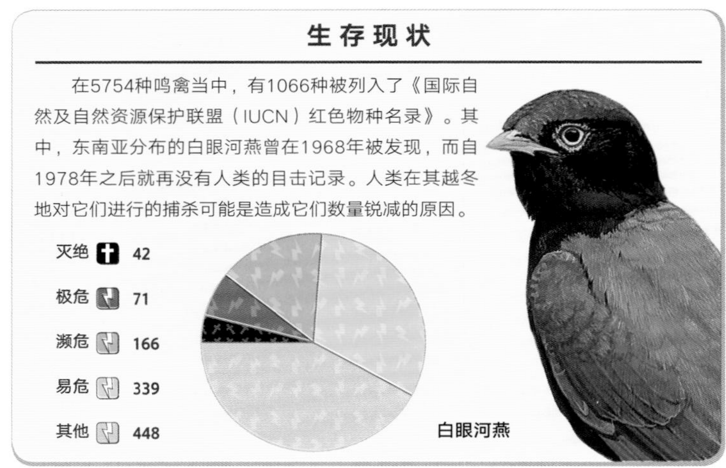

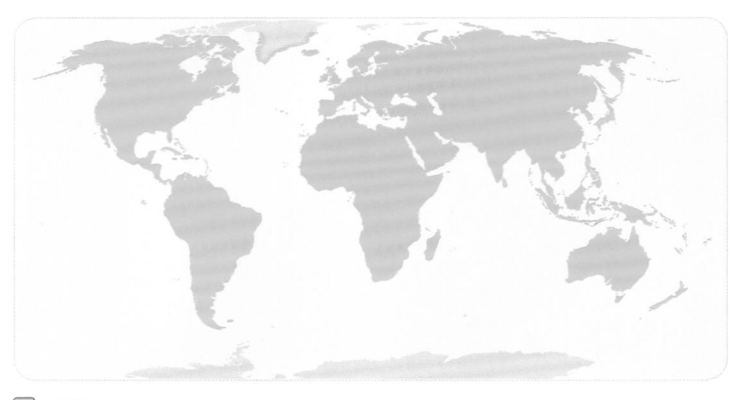

鸣禽分布在除了南极洲之外全世界的各个角落。它们广泛适应各种生境，无论是干燥的沙漠，还是潮湿的热带雨林都有其踪影。

鸣禽

䴕雀、灶鸟、蚁鸟和窜鸟主要分布在中南美洲的森林中。它们大多喜欢在茂密的林间穿梭，捕食昆虫和蜘蛛，一部分种类还会吃小青蛙、蛇、鸟卵或者其他鸟类的幼雏。䴕雀用尾巴将自己支撑在树干上，这一点和啄木鸟很像。蚁鸟以蜂类和行军蚁为食——它们会迅速地叼起单只蚂蚁，以避免被叮咬。娇鹟、伞鸟和霸鹟虽然也主要分布在中南美洲，但很多都扩散到了北美洲。娇鹟和伞鸟是一类以水果为生的小鸟。雄性的娇鹟和伞鸟大都拥有绚丽的羽毛，而雌性则色彩暗淡。霸鹟吃昆虫和水果。有时不同种类的鸟分布在同一区域也相安无事，这是因为它们彼此的食物来源各不相同。

领霸鹟
Mitrephanes phaeocercus
父母共同养育后代。

肉垂钟伞鸟
Procnias tricarunculata
这种伞鸟的喙上有3条长达12.5厘米的肉垂。

黑菲比霸鹟
Sayornis nigricans

红嘴镰嘴䴕雀
Campylorhamphus trochilirostris
长着细长的弧形的喙，可以伸入小而深的树洞中，啄食昆虫。

蓝冠娇鹟
Pipra coronata
雄性在求偶时会表演十分复杂的舞步。

绿伞鸟
Cotinga ridgwayi

金头娇鹟
Pipra erythrocephala

棕爬树雀
Margarornis rubiginosus

横斑蚁鵙
Thamnophilus doliatus
一种吵闹的小鸟，它们在歌唱时会竖起自己的羽冠。

纹胸蚁鸫
Hylopezus perspicillatus

黑腹食蚊鸟
Conopophaga melanogaster
体形最大，颜色最鲜亮的食蚊鸟。

黑喉隐窜鸟
Pteroptochos tarnii
鼻孔上有盖子（和其他鸟类不同），这可能有助于它们在茂密的灌丛中寻找食物。

灶鸟的巢

南美洲的棕灶鸟和它们的近亲会建筑起像土灶台一样的巢穴。有些种类用淤泥筑巢，而另外一些则用小树枝或苔藓。这也就是它们被称为“灶鸟”的原因。这样的巢穴同时具备了遮阳、保暖和抵御天敌的功能，使幼鸟在其中可以茁壮成长。

鸣禽

色彩艳丽的八色鸫是生活在热带丛林中的一类食虫鸟。比起飞行，它们更喜欢在地面跳跃。吸蜜鸟和绣眼鸟是主要分布于南半球的林栖鸟。吸蜜鸟舌尖的特殊结构便于其取食花蜜。食虫的山雀和鹟经常用它们的尾巴做出特定动作：扇尾鹟会像扇子一样开闭它们长长的尾羽，黑脸王鹟有着频繁翘尾巴的习性。鳾是一种主要分布于北半球的会爬树的鸟，它们一般在树上找虫子吃。鸦科（包括山鸦、星鸦、鹊、渡鸦、蓝鸦等）广布于全世界。它们大多有藏匿食物的习性，而且在很长一段时间之后还能找到食物。有一些鸦科的鸟类也有着动听的叫声。

白眉燕鵙
Artamus superciliosus

红背伯劳
Lanius collurio

金黄鹂
Oriolus oriolus

澳洲喜鹊（黑背钟鹊）
Gymnorhina tibicen
会集群鸣唱。

红嘴蓝鹊
Urocissa erythrohyncha
尾羽长达43厘米。

白颈渡鸦
Corvus albicollis
抓住乌龟后，会从高空把乌龟丢下摔在岩石上，直到摔碎乌龟的壳；之后，它们就可以吃到里面的肉了。

欧亚攀雀
Remiz pendulinus
用羽毛和植物悉心编织出精美的巢穴，像纸袋一样挂在树枝上。

红翅旋壁雀
Tichodroma muraria
在悬崖上的石缝中筑巢。

家庭的分工合作

一些鸣禽有合作育雏的行为，也就是说，除了幼鸟的亲生父母之外的其他鸟也会帮忙参与养育工作。这些帮手，有时是这个家庭里几乎已经成年了的哥哥姐姐，也可能是一些繁殖失败的成鸟。澳大利亚的华丽细尾鹩莺就普遍具有这种合作育雏的行为。

家庭关系
上一窝年轻的华丽细尾鹩莺经常会留在父母身边，帮忙养育它们的弟弟妹妹们

分工各异
年轻的哥哥们负责清理巢中幼鸟的粪便和食物残渣等，其他帮手也会帮忙清洁打理鸟巢，或者去采集食物，也有的帮手会负责保护幼鸟不受天敌伤害

母亲的职责
妈妈主要负责给幼鸟喂食，毕竟它的压力被帮手们大幅度地分担掉了。而像这样受到一个群体共同养育的幼鸟，其得到喂食的频率也会比只有父母养育的个体要更高

父亲的职责
爸爸一般担任的是瞭望守卫的工作，它大多时间会停栖在巢区旁边的树枝上，有时爸爸也会帮忙给幼鸟喂食

鸣禽

燕子是分布最广泛的一类鸣禽，大都会在一年中进行远距离迁徙。与近亲沙燕、岩燕、毛脚燕等类似，它们既会在半空中翻飞捕食昆虫，也会在巢附近优雅地鸣啭，但大多数时候是安静的。与之相反，百灵是著名的“歌唱家”，因此被人为地带到了世界各地。它们在地上不像其他鸟一样蹦跳，而是用长长的腿行走，捕食地面上的昆虫。鹎也是一类有着动人歌声的鸟类，但集群觅食时，叫声就显得颇为吵闹了。河乌是唯一一类和水密切相关的鸣禽，捕食水中的各种幼虫、水生昆虫和小鱼，大多采取潜水或在浅流的河底行走的方式觅食。借助翅膀，它们可以在水中自由地移动。

如何在求偶中脱颖而出？

视觉吸引

大多数鸟的视力都非常出众，所以它们也通过视觉信息来互相沟通交流。这种视觉信息包括色彩丰富的羽毛，形状特别的饰羽；也包括点头、舞蹈、构建精美的建筑，以及与众不同的飞行姿态等动作。鸟类常常通过这类动作来和其他个体“打招呼”，也会用来威胁天敌等有危险的动物。很多物种的雄性个体会用这种视觉信息进行求偶，吸引异性的目光并赢得宝贵的交配权。

这只雄性的华丽琴鸟扇动它扇子一样的尾羽来吸引异性。它把尾羽举过头顶，抽动着羽毛并边唱边跳。

雄性的园丁鸟会用精心编织并装饰华丽的亭子来吸引雌鸟。当两者确立伴侣关系后，雌鸟会在别的地方重新建一个巢。

求偶竞技场

新几内亚极乐鸟有着人尽皆知的美丽羽毛。在求偶季节，雄性们站在一起，挥舞着它们长长的丝状羽毛，并喧闹地鸣叫着，试图赢得雌性的芳心

人类的模仿

新几内亚极乐鸟是巴布亚新几内亚的国鸟。东巴布亚新几内亚的土著居民会模仿雄性极乐鸟的表演。人们用极乐鸟的羽毛装饰自己的衣物，然后跳起他们独特的仪式舞蹈

选择伴侣

雌性的新几内亚极乐鸟羽色相对暗淡许多。它们会选择那些羽毛色泽最出众的表演者作为自己的伴侣——这也是为了能够选出最合格的爸爸而做出的努力

鸣禽

在美洲，主要分布的是霸鹟类的鸟；相对应的，在旧大陆上，鹟类也扮演了类似的食虫鸟的角色。它们的习性大多是站在树枝上四处张望，瞄准猎物之后就迅速出击；也有一部分是在林间跳跃，取食叶片上的昆虫或者毛虫。麻雀和金翅雀用昆虫饲育幼鸟，而成鸟则依靠其短粗的喙啄食种子。鸫类以水果和小动物为食，多数习惯在地面活动。事实上，很多有名的鸣禽都属于鸫类，比如欧亚大陆的乌鸫和美国的旅鸫。椋鸟是常见而又容易识别的一种鸟。莺科的鸟可就不好识别了，它们的羽色暗淡而又相似，好在不同的莺科物种都有自己独特、婉转而又清晰的歌声。

群辉椋鸟
Aplonis metallica
羽毛色暗而有金属光泽，在太阳照射下显出紫绿色。

红巧织雀
Euplectes orix

热带蚋莺
Polioptila plumbea
与其他食虫鸟类结群。

黑腿白斑翅雀
Pheucticus tibialis
圆锥形的喙适合于吃草的种子。

戴菊
Regulus regulus

黑喉岩鹨
Prunella atrogularis
夏季主食昆虫，冬季则主食果实和种子。

雪鹀
Plectrophenax nivalis

长尾维达雀
Vidua paradisaea
维达雀会把蛋产在蜡嘴雀的巢中，让蜡嘴雀代为抚养。

绿篱莺
Hippolais icterina

蓝短翅鸫
Brachypteryx motana

白颈岩鹛
Picathartes gymnocephalus

美洲金翅雀
Carduelis tristis

纹眉薮鸲
Drymodes superciliaris
外表像鸲，但其实和乌鸦的亲缘关系更近。

黑领鸲莺
Myioborus torquatus
这是一种和美洲大陆大部分林莺差不多大小的小型树栖鸟。

蓝喉歌鸲（蓝点颏）
Luscinia svecica

多种多样的喙

适应辐射

一些旋蜜雀食虫（1和3），而另一些吃种子（2）。它们都是从同一种很久以前就扩散到夏威夷的吃种子的雀进化而来

不同的食性

许多吃种子的旋蜜雀有强壮而结实的喙，这样可以咬碎坚硬的壳（4）。另一部分则逐渐进化出了长而弯曲的喙，用来伸入花中取食花蜜（5）

局限性

虽然各种各样旋蜜雀的喙适应了夏威夷群岛上的各种食物资源，但还是有一些旋蜜雀灭绝了（6）。它们没能很快地适应外来的捕食者和其他的威胁因素

鸟类的喙的形状和大小，与它们的食谱和获取食物的方式有关。有时很多不同种类的鸟都分布在同一个生境中而相安无事——这是因为它们不同的喙分别对应了不同的食物资源。夏威夷群岛上有30多种旋蜜雀（虽然一部分已经灭绝了），而它们都有着一个共同的祖先：一种数百万年前定居在夏威夷群岛的雀类。一些物种保留了它们祖先短而粗壮的、吃种子的喙，而更多的则是进化出了各种不同形状的、取食花蜜的喙，分别对应形态各异的花朵

爬行动物

4目 · 60科 · 1012属 · 8163种

爬行动物

变色龙是一类通过改变皮肤颜色来伪装或交流的蜥蜴。一些颜色变化被变色龙用于警告对手远离，而另一些被用于吸引潜在的配偶。

爬行动物在地球上生活了超过3亿年。爬行动物包括以下几个类群：有鳞类（如蜥蜴、蛇和喙头蜥）、初龙类（如鳄）和龟鳖类。爬行动物可生活在咸水、淡水、地上、地下和树上。它们最常见于热带和温带地区，因为它们是变温动物，它们身体中绝大部分的热量是从周围环境获取的，而不是自身产生的。即使如此，仍有至少两种爬行动物生活在北极地区，也有一些物种生活在高山上的寒冷环境中。它们的生存之道是将自己置于阳光下加热身体，因为爬行动物不需要消耗大量的能量来维持体温。大部分爬行动物没有必要像哺乳动物和鸟类一样频繁地进食，一些爬行动物可以几日不进食而正常生存。与哺乳动物和鸟类一样，爬行动物是体内受精：雄性将精子排入雌性体内，使卵子受精。因此，爬行动物发展出许多寻偶、求偶和择偶的方式。在给予后代的照顾上，爬行动物与哺乳动物和鸟类不同。尽管有些爬行动物是尽职尽责的父母，但仍有很多物种任由后代独立谋生。其结果是大量的后代会死亡，只有少数生存至成年。

皮肤和鳞片

爬行动物的皮肤由鳞片覆盖。和哺乳动物的毛发一样，这些鳞片由角蛋白组成。某些爬行动物的鳞片之下有真皮形成的骨片。每一个物种都有不同形状和排列方式的鳞片，鳞片帮助爬行动物行动，并保护它们免受伤害。

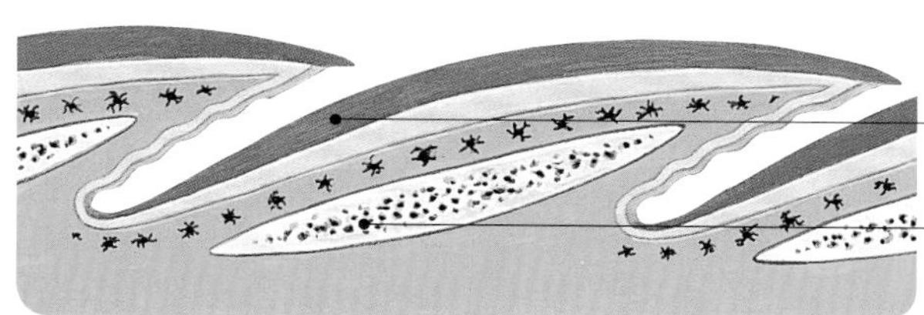

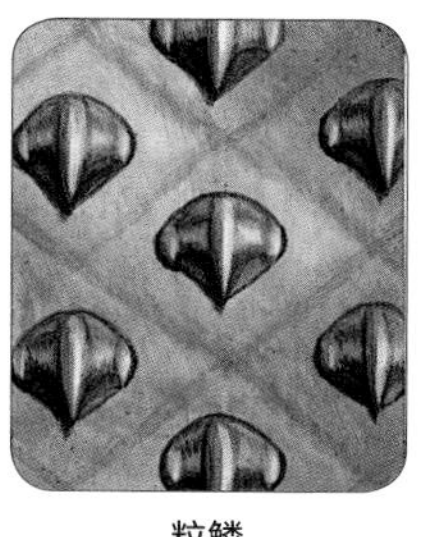
粒鳞

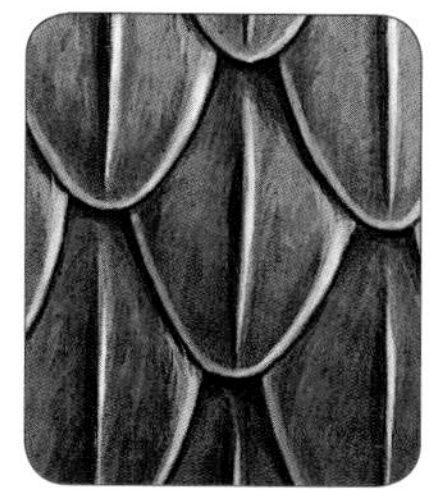
棱鳞

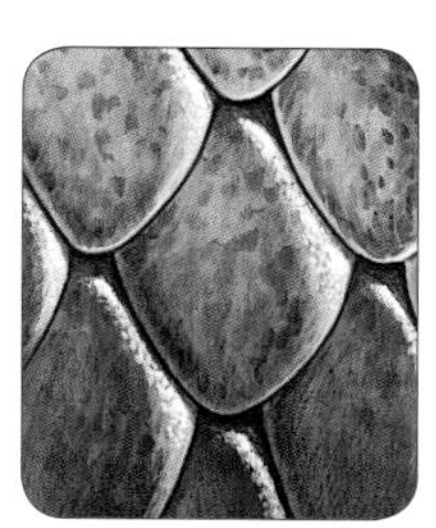
平滑鳞

爬行动物的繁殖

许多雌蛇会在窝里和卵待在一起以防备捕食者。

鳄鱼卵的外壳柔软且为革质，并被掩埋起来以减少水分丢失。

爬行动物通常在排出母体之外的卵中发育。一些蛇和蜥蜴将卵保留在体内直接生出幼体。为了保持卵内的湿润，卵壳是不透水的。氧气通过绒毛膜进入。胚胎由卵黄提供营养并处于充满液体的胚外体腔的缓冲保护下。

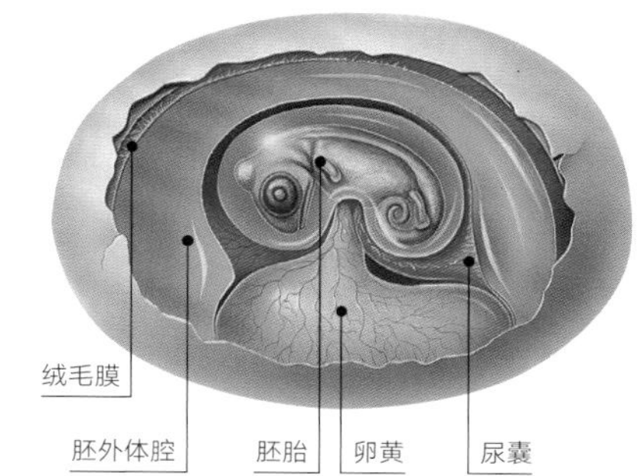

1目 · 1科 · 1属 · 2种

喙头蜥

两种喙头蜥是2.25亿年前与恐龙同时期起源的一个类群仅有的幸存者。它们看起来与蜥蜴外形相似，但却有着不同的骨架结构，也没有开放的外耳道口。它们有着独特的牙齿：一排下牙咬合在两排上牙之间。喙头蜥是夜行性动物，白天待在地洞里。它们吃昆虫和其他小动物。

生存现状

两种喙头蜥中有一种被《国际自然及自然资源保护联盟（IUCN）红色物种名录》列为易危。人类垦荒，还有捕食者（比如被引入的老鼠）对甘氏喙头蜥的卵和幼体的捕食，使得其数量在过去的几个世纪中逐渐减少。

灭绝 0
极危 0
濒危 0
易危 1
其他 0

喙头蜥曾经广泛分布于新西兰的两个主岛。现在它们仅发现于北岛海岸边的约30个小岛上。

1目 · 14科 · 99属 · 293种

龟和鳖

龟和鳖主要生活在热带和温带地区。许多龟和鳖既可以在水中生活，又可以在陆地上生活。有些物种几乎一生都生活在水中，比如海龟，它们的四肢特化成桨状，这使其游泳敏捷，行走却缓慢笨拙。另外一些物种已经适应了干旱环境（例如沙漠或稀树草原）中的生活。有些陆龟可能一辈子都不曾接触过江河湖海。龟和鳖的外壳是骨架的一部分，内部由脊柱相连。龟壳由内层的骨骼和外层的角质盾片组成，不同物种的外壳结构不同。鳖在壳之外有一层柔软、革质、可以活动的外膜。

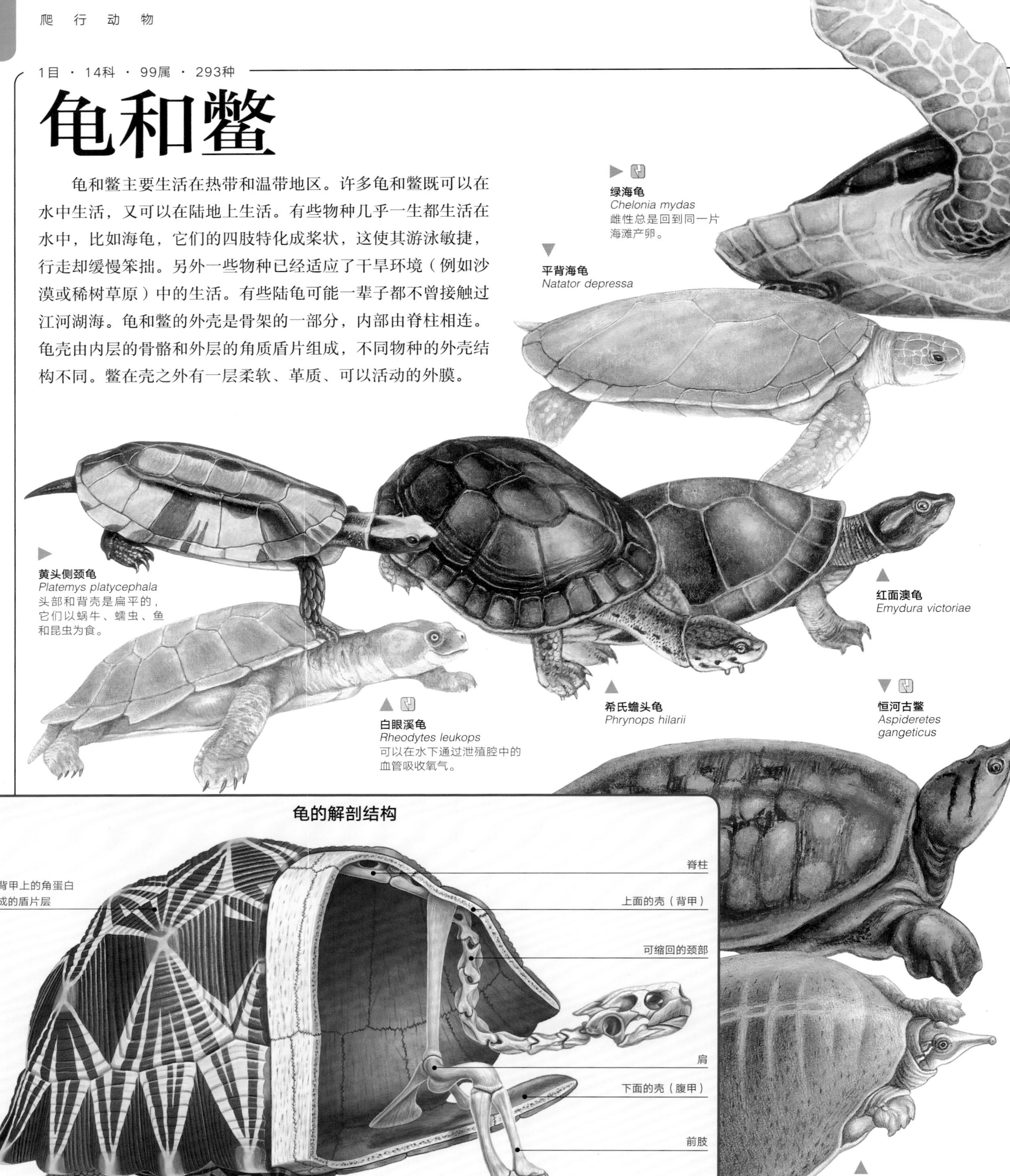

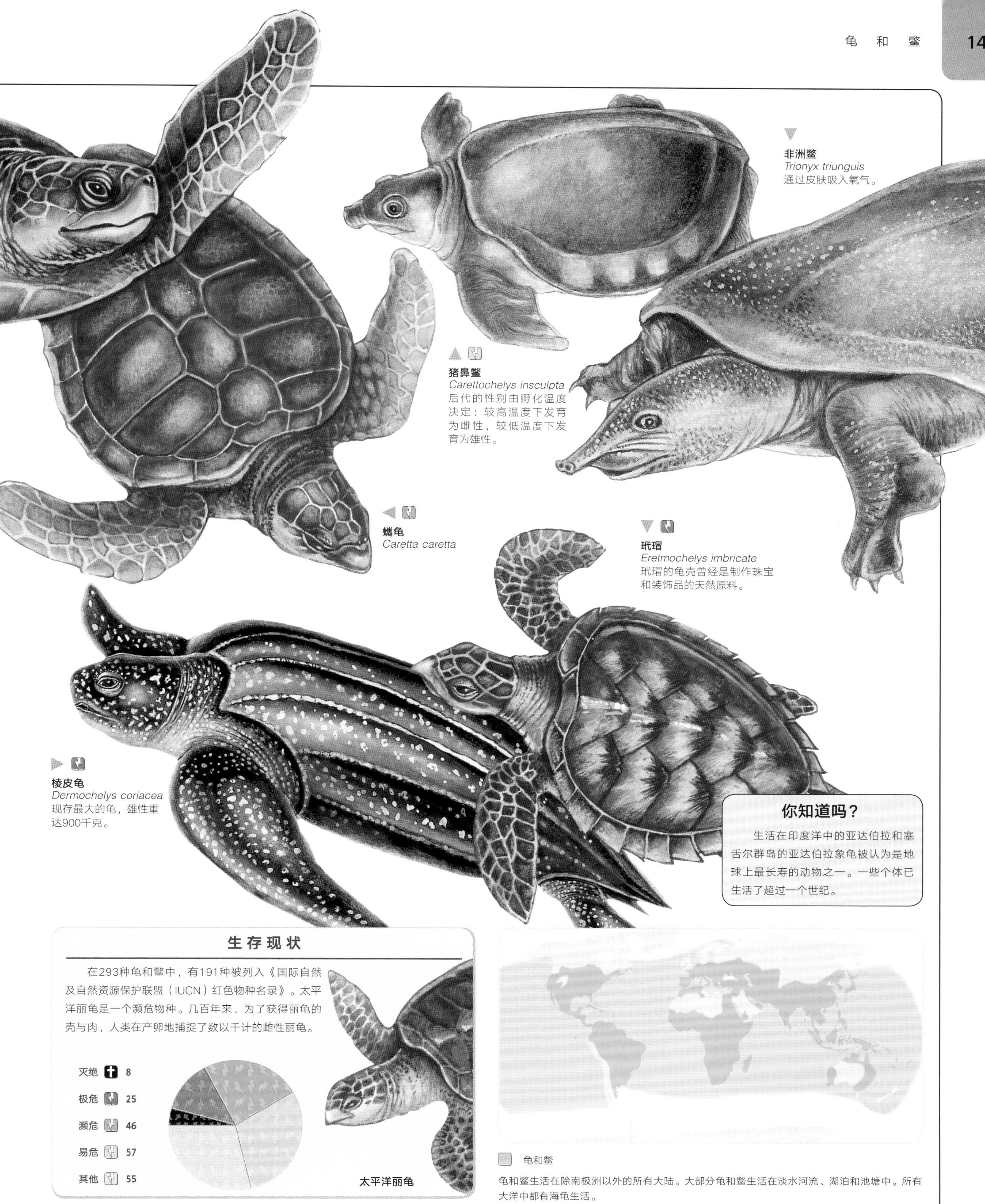

非洲鳖
Trionyx triunguis
通过皮肤吸入氧气。

猪鼻鳖
Carettochelys insculpta
后代的性别由孵化温度决定：较高温度下发育为雌性，较低温度下发育为雄性。

蠵龟
Caretta caretta

玳瑁
Eretmochelys imbricate
玳瑁的龟壳曾经是制作珠宝和装饰品的天然原料。

棱皮龟
Dermochelys coriacea
现存最大的龟，雄性重达900千克。

你知道吗？

生活在印度洋中的亚达伯拉和塞舌尔群岛的亚达伯拉象龟被认为是地球上最长寿的动物之一。一些个体已生活了超过一个世纪。

生存现状

在293种龟和鳖中，有191种被列入《国际自然及自然资源保护联盟（IUCN）红色物种名录》。太平洋丽龟是一个濒危物种。几百年来，为了获得丽龟的壳与肉，人类在产卵地捕捉了数以千计的雌性丽龟。

灭绝	8
极危	25
濒危	46
易危	57
其他	55

太平洋丽龟

龟和鳖

龟和鳖生活在除南极洲以外的所有大陆。大部分龟和鳖生活在淡水河流、湖泊和池塘中。所有大洋中都有海龟生活。

龟和鳖

龟和鳖这一类动物主要分为两个类群：侧颈龟和曲颈龟。侧颈龟通过侧向移动折叠颈部，将头置于背甲前缘之下。曲颈龟可以直接将颈部缩回壳中。一些种类不能完全缩回，所以它们头的一部分始终会露出壳。陆龟是曲颈龟中陆栖的物种。龟和鳖都没有牙齿，取而代之的是覆于上、下颌之上的坚硬的喙。它们的食谱十分多样：植物柔软的部位；小型无脊椎动物，如蠕虫、昆虫和水母；有时还有鱼类或者鸟类。肉食性的物种有着锋利的喙，功能类似于剪刀；而植食性的物种的喙有着锯齿形的外缘。

龟类的繁殖方式

交配
大多数龟类在交配之前会彼此闻嗅和顶撞。一些龟类在海水中交配，而大部分龟类在陆地上交配

产卵
几乎所有龟类都在陆地上的巢穴中产卵。幼龟通常在一个月之后孵化

孵化
幼龟从出生起便开始自谋生路，它们需要自己挖出通道离开巢穴

红腿象龟
Geochelone carbonaria
四肢上有闪亮的红色鳞片。
眼斑地图龟
Graptemys oculifera
锦龟
Chrysemys picta
帐篷沙龟
Psammobates tentorius
这种陆龟因其帐篷一样的拱形背甲而得名。
钟纹折背龟
Kinixys belliana
背壳上有铰合部，后肢部分的龟壳可以闭合。
佛罗里达穴龟
Gopherus polyphemus
生活在深达3米的地洞中。
咸水龟
Callagur borneoensis
在繁殖季节，雄性的头会变成白色，且头顶有一块红色的条纹。
♂
马来食蜗龟
Malayemys subtrijuga
这种淡水龟在海滩附近产卵，刚孵出的幼龟可以在咸水中生活至少两周。
地龟
Geoemyda spengleri

鞍背陆龟

加拉帕戈斯象龟的外壳分为两类：半球形和马鞍形。大部分加拉帕戈斯象龟的外壳为半球形，生活在有许多可食用植物的环境中。那些生活在岛上干旱缺水、植被稀疏区域的加拉帕戈斯象龟有着马鞍形的外壳（右图）。外壳前端上扬的开口使得这些象龟可以将头伸到离地面1.5米高的位置，这让它们可以食用仙人掌类植物的较高部分。相比于半球形外壳的象龟，它们拥有更长的脖子、四肢、口鼻以及更小的外壳。

1目 · 3科 · 8属 · 23种

鳄鱼

真鳄、鼍、凯门鳄和长吻鳄，统称为鳄鱼。它们都有长长的躯干、肌肉发达的四肢和两侧平滑以便游泳的尾巴。它们硕大的头部长着强有力的下颌和锋利的牙齿。鳄鱼已经在地球上生活了至少2.2亿年。它们是包括恐龙在内的远古爬行动物类群中的幸存者。鳄鱼的一生中，有许多时间待在水中，人们经常观察到鳄龟在河口、河流、沼泽、湖泊或者溪流的岸边晒太阳。所有的鳄鱼都在离水不远的巢中产卵。巢可能由植物材料堆成，或是在泥土或沙中挖成的洞。不同于大多数爬行动物，鳄鱼可能很吵闹，尤其是试图吸引配偶的雄性。雌性也对卵和幼鳄表现出不同寻常的保护。

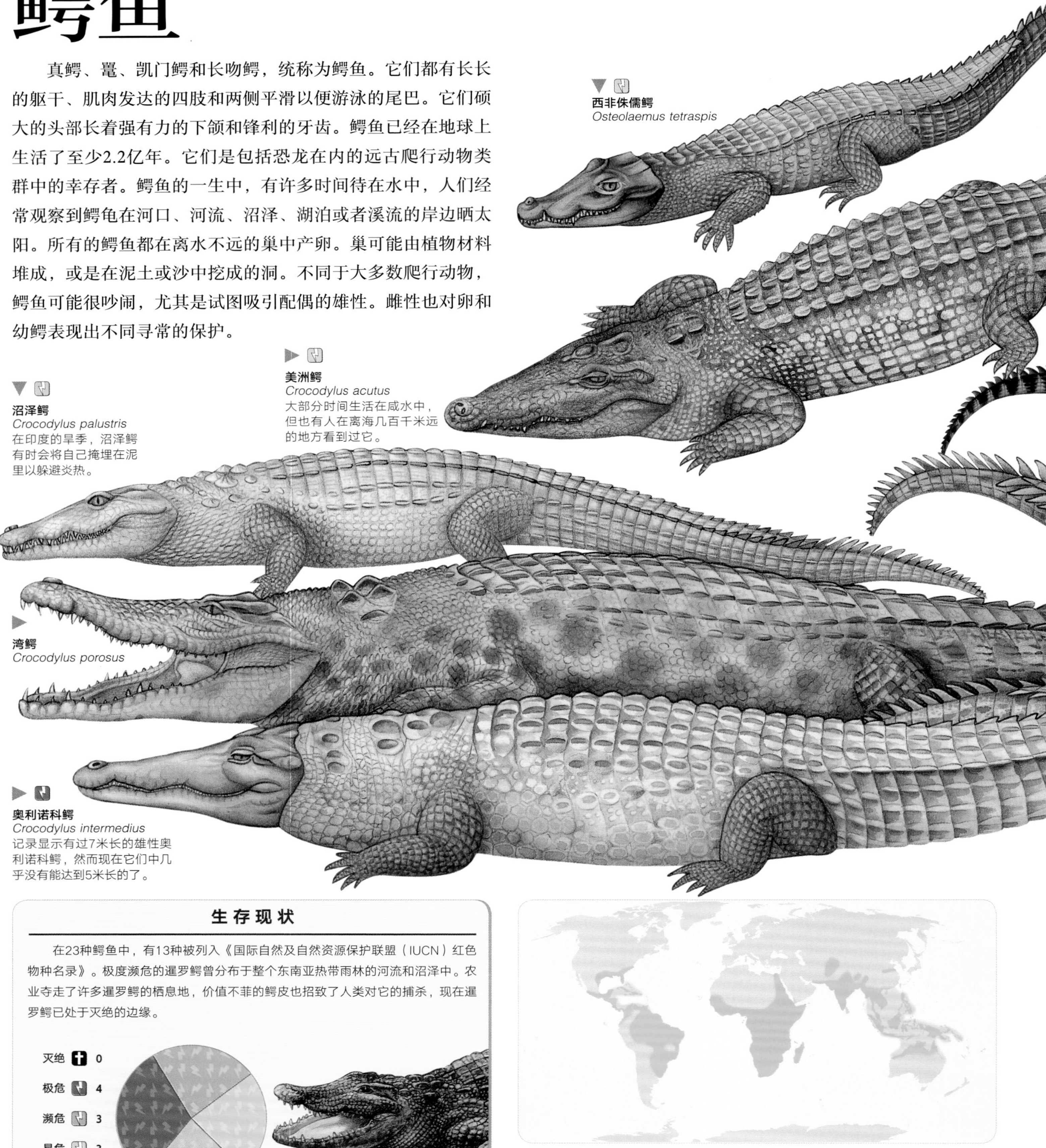

西非侏儒鳄
Osteolaemus tetraspis

美洲鳄
Crocodylus acutus
大部分时间生活在咸水中，但也有人在离海几百千米远的地方看到过它。

沼泽鳄
Crocodylus palustris
在印度的旱季，沼泽鳄有时会将自己掩埋在泥里以躲避炎热。

湾鳄
Crocodylus porosus

奥利诺科鳄
Crocodylus intermedius
记录显示有过7米长的雄性奥利诺科鳄，然而现在它们中几乎没有能达到5米长的了。

生存现状

在23种鳄鱼中，有13种被列入《国际自然及自然资源保护联盟（IUCN）红色物种名录》。极度濒危的暹罗鳄曾分布于整个东南亚热带雨林的河流和沼泽中。农业夺走了许多暹罗鳄的栖息地，价值不菲的鳄皮也招致了人类对它的捕杀，现在暹罗鳄已处于灭绝的边缘。

灭绝	0
极危	4
濒危	3
易危	3
其他	3

暹罗鳄

鳄鱼

鳄鱼生活在全世界的热带地区，生活在温带地区的扬子鳄和美国短吻鳄是仅有的例外。

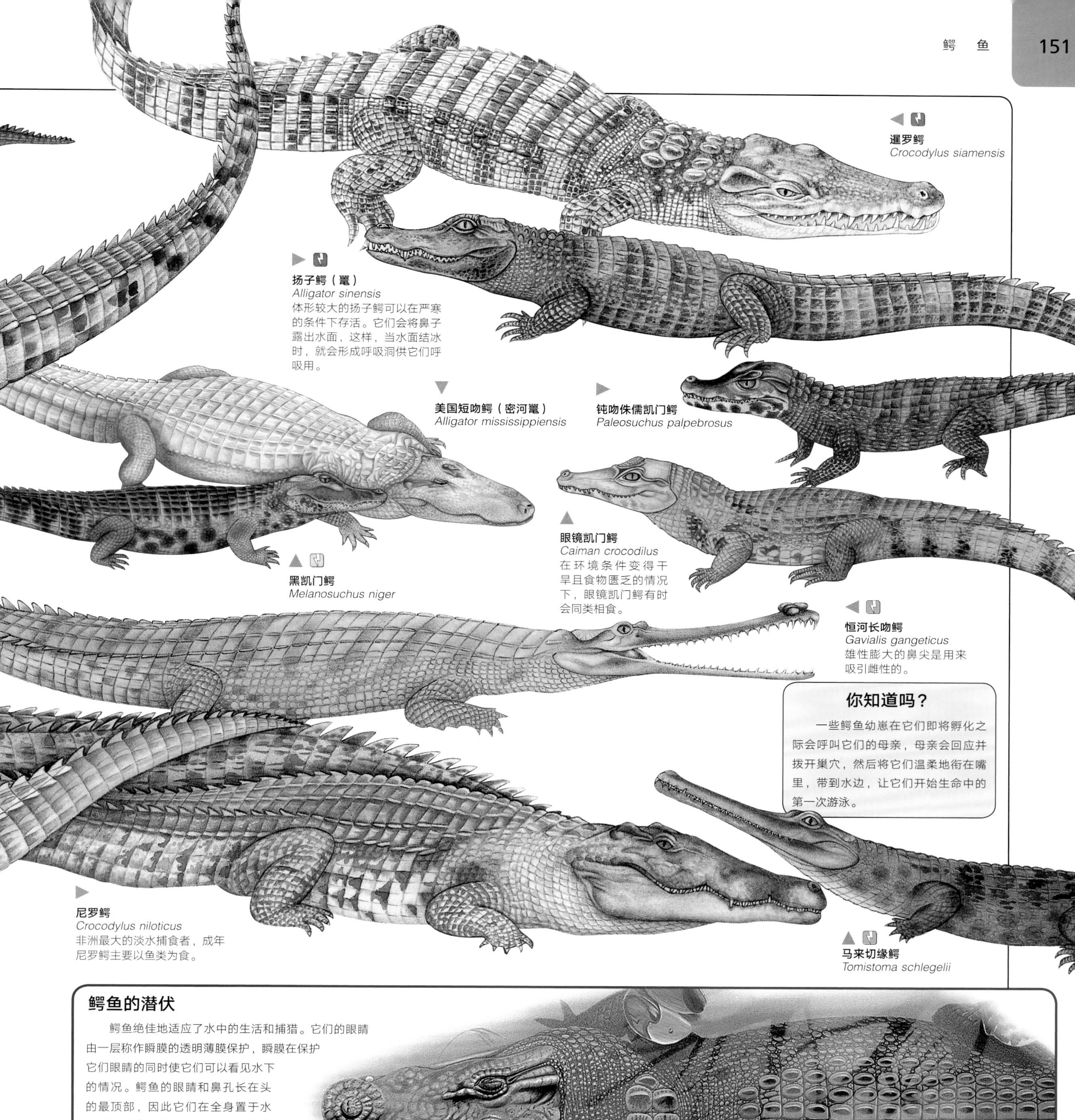

暹罗鳄
Crocodylus siamensis

扬子鳄（鼍）
Alligator sinensis
体形较大的扬子鳄可以在严寒的条件下存活。它们会将鼻子露出水面，这样，当水面结冰时，就会形成呼吸洞供它们呼吸用。

美国短吻鳄（密河鼍）
Alligator mississippiensis

钝吻侏儒凯门鳄
Paleosuchus palpebrosus

眼镜凯门鳄
Caiman crocodilus
在环境条件变得干旱且食物匮乏的情况下，眼镜凯门鳄有时会同类相食。

黑凯门鳄
Melanosuchus niger

恒河长吻鳄
Gavialis gangeticus
雄性膨大的鼻尖是用来吸引雌性的。

你知道吗？

一些鳄鱼幼崽在它们即将孵化之际会呼叫它们的母亲，母亲会回应并拨开巢穴，然后将它们温柔地衔在嘴里，带到水边，让它们开始生命中的第一次游泳。

尼罗鳄
Crocodylus niloticus
非洲最大的淡水捕食者，成年尼罗鳄主要以鱼类为食。

马来切缘鳄
Tomistoma schlegelii

鳄鱼的潜伏

鳄鱼绝佳地适应了水中的生活和捕猎。它们的眼睛由一层称作瞬膜的透明薄膜保护，瞬膜在保护它们眼睛的同时使它们可以看见水下的情况。鳄鱼的眼睛和鼻孔长在头的最顶部，因此它们在全身置于水面之下时仍可以观察和呼吸。这使得它们在展开一次突然袭击前可以不被察觉地游向猎物。当鳄鱼在水下游泳时，它们的鼻孔会被防水的瓣膜堵上。在鳄鱼和猎物于水下搏斗时，咽喉部的皮瓣将会阻止水涌入气管。

1亚目 · 27科 · 442属 · 4560种

蜥蜴

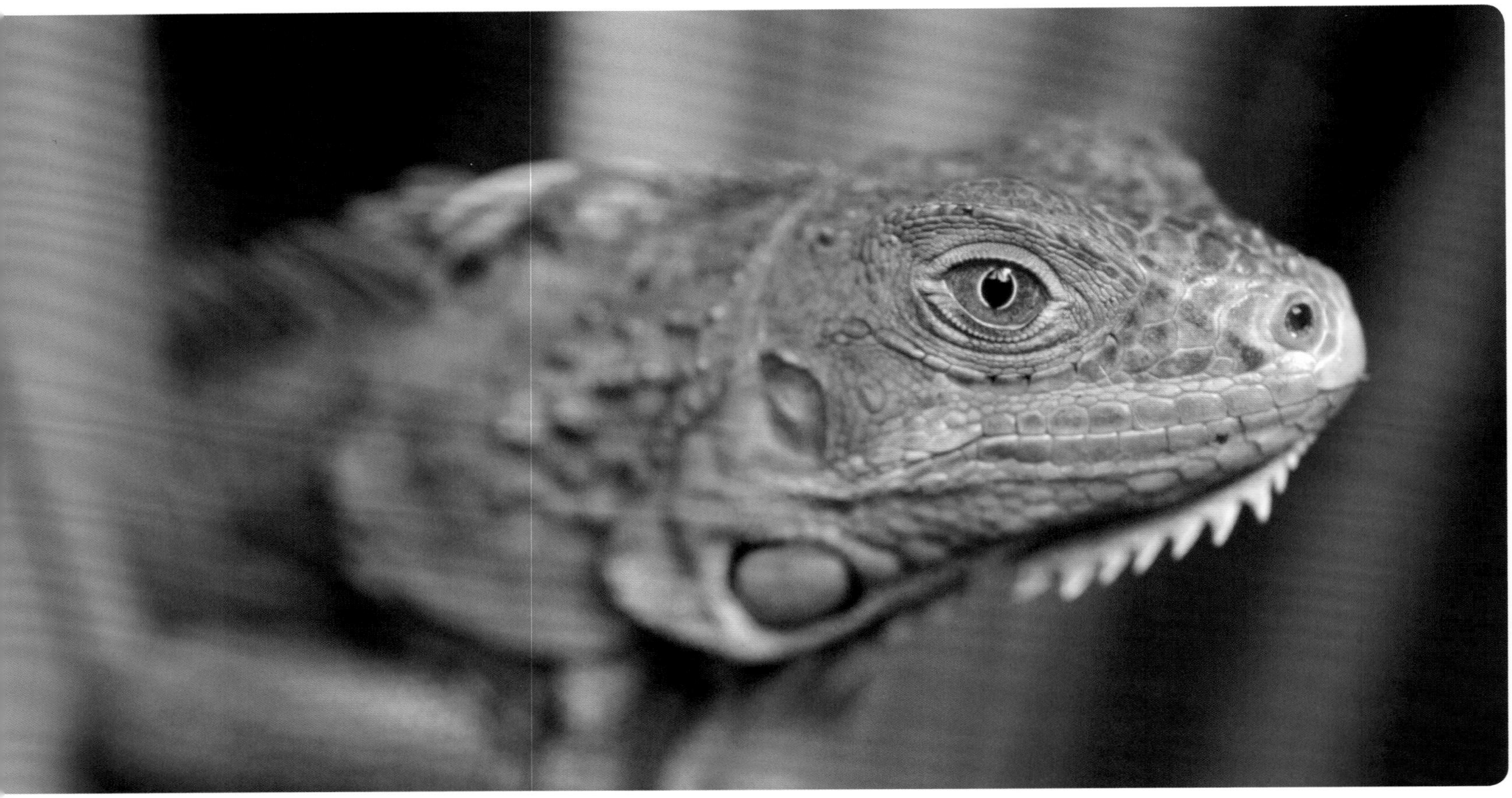

大多数蜥蜴捕食昆虫和其他小型动物，然而绿鬣蜥是严格的植食者（只吃植物）。在植被繁茂的热带家园中，绿鬣蜥总是伪装得天衣无缝。

蜥蜴在地球上存在已经超过1亿年的时间。在约6500万年前，恐龙和大多数其他大型爬行动物灭绝之时，蜥蜴却存活了下来，现在它们组成了现生爬行动物中最大的类群。蜥蜴中出现了这么多物种的一个原因是它们体形小——大多数不超过30厘米长，这意味着许多物种可以在同一片栖息地中共存。它们偏小的体形也使它们成为哺乳动物和鸟类喜爱的猎物。蜥蜴中的许多物种进化出了躲避或者逃脱捕食者的方法。大多数蜥蜴伪装得很好，有些物种锋利的棘刺能刺伤捕食者的喉咙，而另一些物种的鳞片十分光滑，难以被抓住，鬣蜥和巨蜥用它们的尾巴作为武器击退袭击者。石龙子和壁虎在遭遇袭击时会断弃它们的尾巴，趁机逃脱，以保全性命。

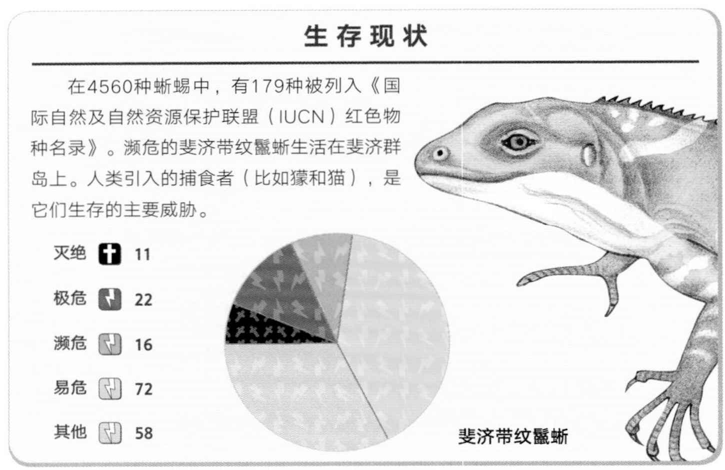

生存现状

在4560种蜥蜴中，有179种被列入《国际自然及自然资源保护联盟（IUCN）红色物种名录》。濒危的斐济带纹鬣蜥生活在斐济群岛上。人类引入的捕食者（比如獴和猫），是它们生存的主要威胁。

- 灭绝 11
- 极危 22
- 濒危 16
- 易危 72
- 其他 58

斐济带纹鬣蜥

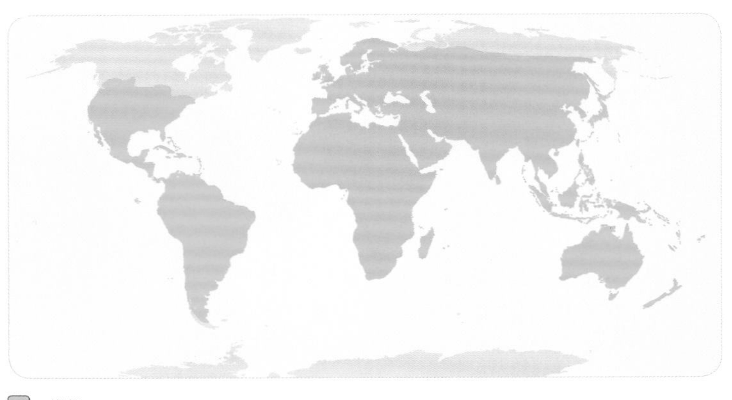

蜥蜴

蜥蜴分布在几乎所有的大陆和岛屿上，只有南极洲以及北美、欧洲和亚洲的某些区域没有它们的分布。

美洲鬣蜥主要生活在美洲的热带和亚热带地区。它们全都是昼行性的，而且大多数物种的鳞片有保护色。大多数物种在头颈之下有一层被称作“肉垂”的皮褶。许多物种沿背部垂直生长的鳞片形成了冠。幼年的美洲鬣蜥通常取食昆虫和其他小动物，而成年个体常常是取食花、水果和叶片的植食者。大多数美洲鬣蜥生活在陆地上，它们要么在地面上、要么在岩石间。有些物种几乎完全生活在树上，只在产卵时才从树上下到地面。海鬣蜥是唯一一种长时间待在海里的蜥蜴。海鬣蜥潜水至9米深的海水中，取食海藻或者沉水植物。鼻部的一个腺体将过量的盐分以结晶的形式从它的体内排出。

小安德烈斯岛鬣蜥
Iguana delicatissima
雄性之间相互推顶头部，以竞争和雌性交配的机会。

钝鼻豹鬣蜥
Gambelia sila
经常生活在地松鼠废弃的洞穴中。

马达加斯加锯尾鬣蜥
Oplurus cyclurus
生活在马达加斯加岛的森林地区。

环颈蜥
Crotaphytus collaris
受到惊吓时，会用后腿站起来，以跑得更快。

胖身叩壁蜥
Sauromalus obesus
生活在北美西南部的沙漠中。当食物稀少时，它会停止产卵。

沙漠强棱蜥
Sceloporus magister

黑刺尾鬣蜥
Ctenosaura similis
可以通过晒太阳，将自己的颜色从暗（右图）变浅（上图）。

犀蜥
Cyclura cornuta
胃中的细菌可以帮助其消化食物。

绿鬣蜥
Iguana iguana
加上尾巴的长度，这种鬣蜥可以生长到两米长。

安乐蜥和鬣蜥

安乐蜥和它们的近亲都是体长在2.5~12厘米之间的小型蜥蜴，它们大多数取食昆虫和其他小动物。树栖的物种拥有典型的具有吸附能力的脚垫，这使得它们成为攀爬高手。如果被捕食者捉住，它们会断弃尾巴。安乐蜥生活在南美洲和中美洲。其中一个物种——绿安乐蜥，生活在美国东南部，它可以随着光照和温度的变化从亮绿色变化到暗棕色。鬣蜥，也叫凿齿蜥，生活在非洲、亚洲和澳大利亚，它们的体长在2~140厘米之间。鬣蜥有着较大的头部、分叉的舌头和发达的四肢。它们生活在从沙漠到热带雨林的各种环境中，一些物种甚至部分时间生活在水中。

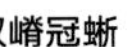

双嵴冠蜥
Basiliscus plumifrons
这种游泳高手凭借后肢在水面上奔跑。只有雄性有头冠。♂

苏门答腊鼻角蜥（双镰蜥）
Harpesaurus beccarii

斗篷蜥
Chlamydosaurus kingie
在树上时，斗篷蜥以蝉为食。在地上时，则以蚂蚁和蟋蟀为食。

长鬣蜥
Physignathus cocincinus
头顶小小的“第三只眼”可以感受不同的光照强度，这也许可以帮助它选择适合的晒背地点。

白唇树蜥
Calotes mystaceus
当激动时，如争斗或者求偶展示，这些蜥蜴的颜色会发生变化。

东部鬃狮蜥
Pogona barbata

彩虹飞蜥（普通鬣蜥）
Agama agama

魔蜥

生活在澳大利亚中部的魔蜥作为蜥蜴里的“豪猪”而广为人知。它的棘刺使其难以被捕食者咽下。魔蜥可以喝到落在背上的露水，因为水会沿着棘刺之间的缝隙流入它的口中。

五线飞蜥
Draco quinquefasciatus

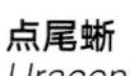

点尾蜥
Uracentron azureum

条带安乐蜥
Anolis transversalis

展示和求偶

不同的展示方式

快速地上下摆头

木匠安乐蜥有着简单的展示方式。它展开自己橘红色的肉垂，然后快速而有节奏地上下摆头。

变化节奏地摆头

丝绸安乐蜥有一种不一样的展示方式。它重复展开和闭合自己彩色的肉垂，先快速摆头，然后转为缓慢。

缓慢地摆头

地衣安乐蜥有着一套复杂的展示方式。它在缓慢摆头的同时展开和关闭肉垂。当肉垂展开时，更多色彩艳丽的线条被展示了出来。

肢体语言

蜥蜴可以通过改变姿势和移动身体部位来交流。当受到威胁或者求偶的时候，一些物种会竖起头上的冠，另一些物种会展开或者缩回颈部的皮褶，许多物种会抽动它们的尾巴，或者像做俯卧撑那样一上一下地抬高和放低身体。一些年幼的雄性蜥蜴会通过三足站立缓缓地来回摇晃第四足，以告诉占统治地位的雄性蜥蜴它们并不会构成威胁。蜥蜴还可以改变颜色以相互交换信息或者恐吓捕食者。雄性安乐蜥向雌性求偶时，会上下摆动头部，并展开它们喉部的肉垂。一些蜥蜴（例如澳大利亚的斗篷蜥）使用恐吓战术来警告潜在的捕食者。当斗篷蜥受惊或者生气时，会展开搭在肩膀周围的斗篷状皮褶，这使得它看起来是实际大小的两倍。

避役

避役，俗称“变色龙”，是蜥蜴中最有特色的一类。它们的大眼睛被皮肤包着，只露出瞳孔。它们的双眼可以独立转向不同的方向，这可以帮助其判断距离，从而精准地弹射出长舌头捕获猎物。绝大多数避役捕食昆虫和其他无脊椎动物，而体形较大的种类也会取食小型鸟类和哺乳动物。避役体长在2.5~68厘米之间。大多数避役有一条灵活的尾巴，就像一只额外的手一样可以抓握树枝。它们的两个或三个趾头会连在一起，这使得它们在树上的移动更为便利。避役是昼行性（白天活动）的动物。大多数物种生活在非洲的高地或者马达加斯加岛上。

小避役
Furcifer minor
沾满了黏液的长舌头像弹弓一样弹射出去，捕获猎物。与很多其他蜥蜴不同，受到威胁时，它不会断尾。

普通避役
Chamaeleo chamaeleon

克尼斯纳侏儒避役
Bradypodion damaranum
不产卵而直接产下幼体。

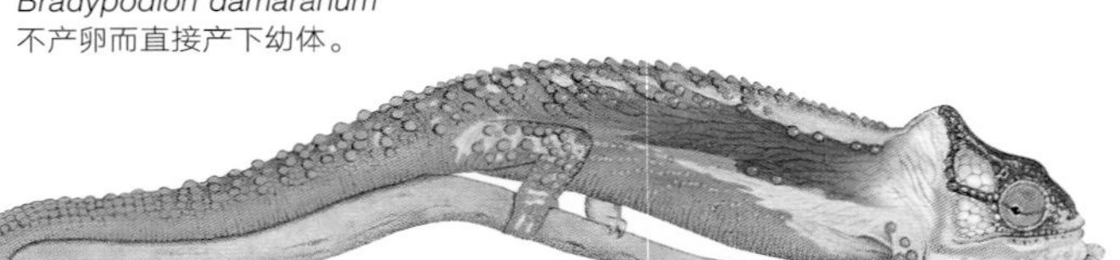

枕盾避役
Calumma malthe

尖嘴避役
Chamaeleo jacksonii
雄性有3个用于相互争斗的角。

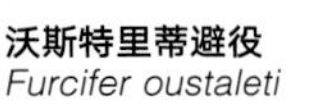

纵纹避役
Furcifer lateralis

沃斯特里蒂避役
Furcifer oustaleti

海岛避役
Calumma parsonii
最大的变色龙之一，它可以长到一只小猫的大小。

睫变色龙
Brookesia superciliaris

变色

避役能够改变身体颜色。在较低温度下，它们的皮肤变得几乎接近白色。行为也会影响颜色。雄性避役可能为了警告其他雄性离开它的领地而一下子变成红色。下图的变色龙从伪装的绿色变成了表示生气的红色。

你知道吗？

避役舌头的长度和伸出速度让人难以置信。舌头可以以超过每秒5米的速度移动，在不到百分之一秒内捕获超过自己身长之外的猎物。

壁虎

壁虎是蜥蜴中的第二大类群，生活在除南极洲以外的其他所有大洲。它们最常见于热带和亚热带地区，但也有物种在较冷的地区（如意大利北部和新西兰南部），甚至环境严酷的高山上生活。和蜥蜴不同，壁虎主要在夜晚活动，它们的大眼睛有助于在微弱的光亮下捕捉猎物。它们的四足有用以吸附在物体表面的足垫，这使它们成为“攀爬能手”。一些物种可以在光滑的、没有任何其他东西能贴上去的表面（如玻璃）上奔跑。壁虎依靠声音交流，会像鸟类一样叽叽喳喳地叫，也可以发出吼声。有些物种在遇到危险时会发出高频的尖叫声报警。许多壁虎用声音寻找配偶，而某些雌性壁虎在没有雄性时也可以产生后代。

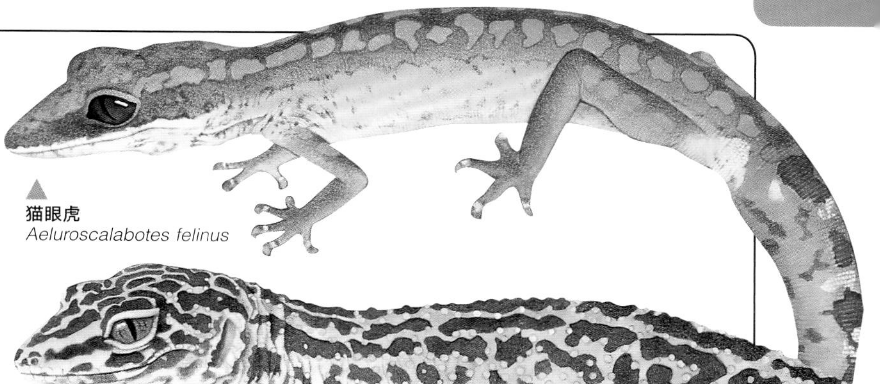

猫眼虎
Aeluroscalabotes felinus

斑脸虎
Eublepharis macularius
与大多数壁虎不同，斑脸虎有可以活动的眼睑。

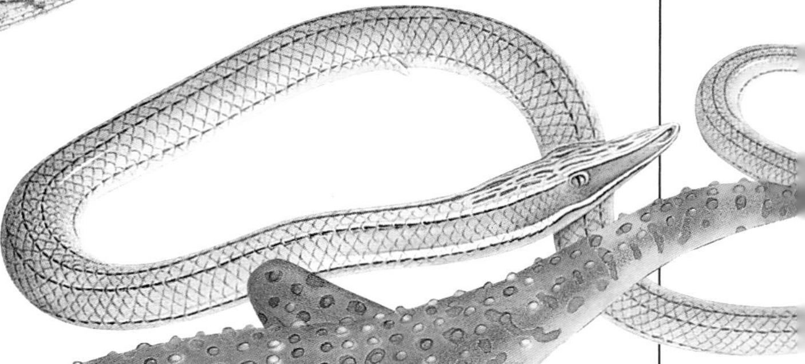

澳蛇蜥
Lialis burtonis
壁虎的近亲，它们的后肢极为短小，没有前肢。

角叶尾虎
Saltuarius cornutus

马达加斯加残趾虎
Phelsuma madagascariensis
与大多数壁虎不同，马达加斯加残趾虎在白天活动。

大壁虎
Gekko gecko
雄性大壁虎会发出响亮的叫声来吸引雌性。

褶虎
Ptychozoon kuhli
雄性褶虎对进入其领域的其他雄性极富攻击性。

睫澳虎
Strophurus ciliaris
睫澳虎能从尾部的刺中喷出有臭味的液体。

守宫
Tarentola mauritanica

你知道吗？

大多数壁虎没有眼睑。取而代之的是，每只眼睛都有一层透明的不能动的膜。这层膜可能会沾上灰尘，所以壁虎经常用舌头舔，来清洁眼睛。

高高地飞行

褶虎生活在东南亚的树上，既可以“飞行”也可以攀爬。它有带蹼的脚以及沿身体和尾部向两侧扩展的皮肤。伸展开四肢，它就可以在树枝间进行短距离的滑翔。

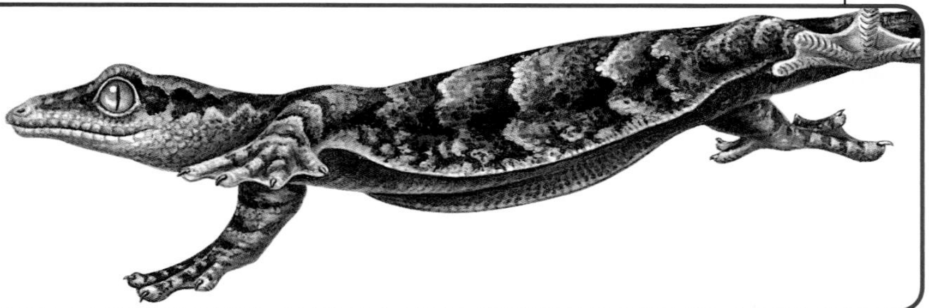

石龙子

石龙子科是蜥蜴中最大的科。除极地以外，它们生活在世界各地，不过在温暖的地区更为常见。它们体长在2.5~67厘米之间，且绝大多数身披光滑的鳞片。石龙子的体色通常为单一的灰色或棕色。这给它们提供了与生存环境中的落叶、石缝和朽木十分相似的伪装。很多种石龙子的四肢退化或者消失了，四肢消失的物种通常生活在洞穴中。有些物种可以爬树。和许多其他蜥蜴一样，石龙子在受到袭击时会自断尾巴保全自己，而且尾巴几乎都能重新长出来，这就是所谓的"自截再生"。石龙子捕食昆虫和其他小动物，如蜘蛛。它们主要依靠视觉和嗅觉进行积极主动的觅食行为。

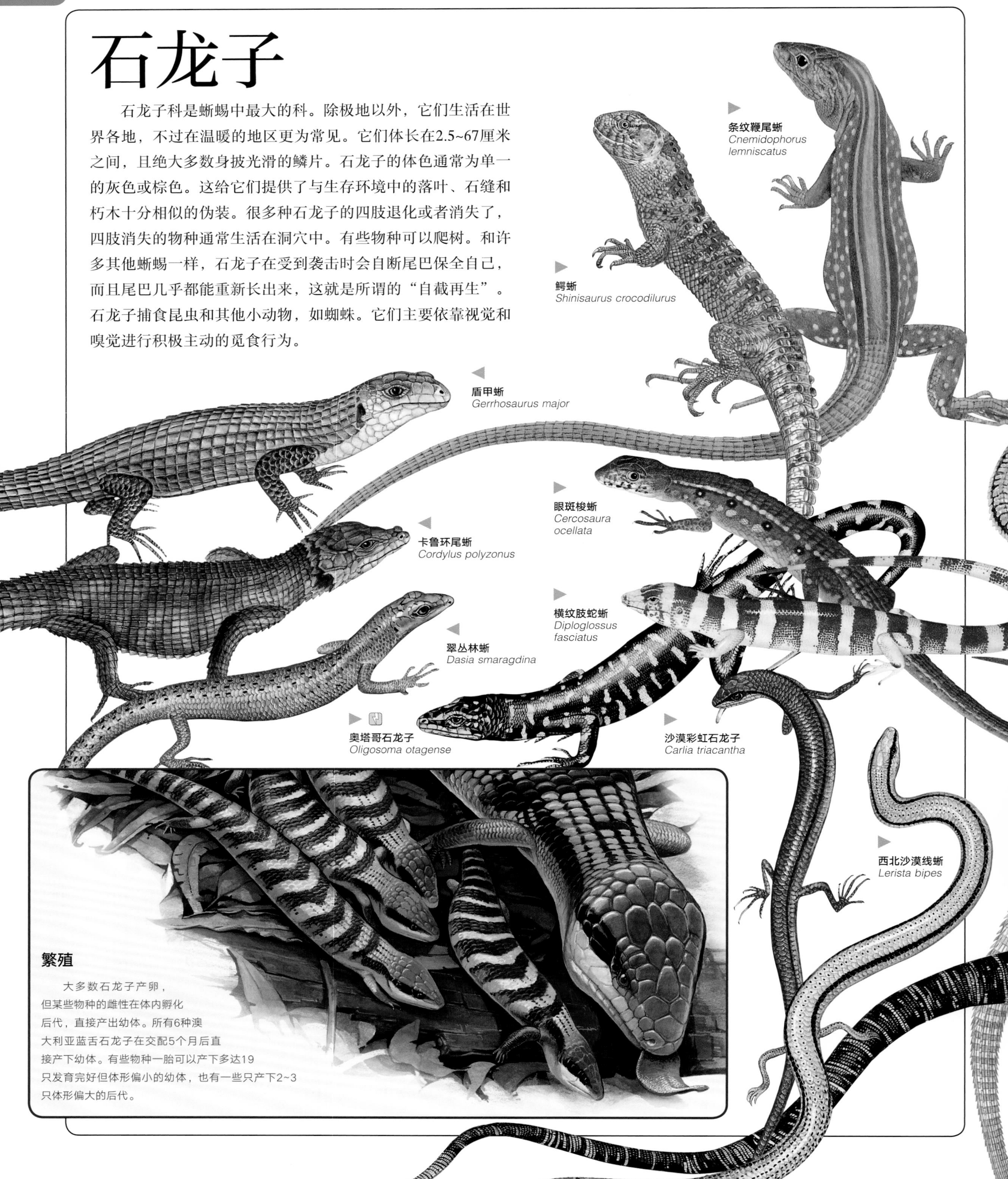

繁殖

大多数石龙子产卵，但某些物种的雌性在体内孵化后代，直接产出幼体。所有6种澳大利亚蓝舌石龙子在交配5个月后直接产下幼体。有些物种一胎可以产下多达19只发育完好但体形偏小的幼体，也有一些只产下2~3只体形偏大的后代。

巨蜥

巨蜥生活在非洲、亚洲、澳大利亚和太平洋的岛屿上。它们有的体形小，体长只有20厘米，体重只有14克；也有的体形大，如科莫多巨蜥，可达到3米长、166千克重。科莫多巨蜥是全世界最大的蜥蜴，它们是会袭击大型哺乳动物的捕食者。巨蜥颈长、皮厚，尾巴如同鞭子。它们叉状的舌头在嘴中不停地吞吐，“品尝”空气中的化学信号。这些信号能够告诉它们食物、潜在的配偶或者捕食者在哪里。真蜥是巨蜥的近亲，这一类蜥蜴包括缨尾蜥、壁蜥和纹斑平蜥。真蜥是一类体形较小的蜥蜴，尾长可达体长的2倍，主要分布在非洲、欧洲和亚洲，它们生活在地上或树上。

纹斑平蜥 *Nucras tessellata*

西加那利蜥蜴 *Gallotia galloti* 生活在加那利群岛上的众多蜥蜴之一。

梅卡诺壁蜥 *Podarcis perspicillata*

缨尾蜥 *Holaspis guentheri*

米洛斯壁蜥 *Podarcis milensis* 壁蜥是欧洲最常见的蜥蜴。

脸窗蜥 *Ophisops elegans*

拟毒蜥 *Lanthanotus borneensis*

刺尾巨蜥 *Varanus acanthurus*

黄点巨蜥 *Varanus salvadorii* 在夜间活动，大部分时间待在水中。

墨西哥毒蜥 *Heloderma horridum* 墨西哥毒蜥和吉拉毒蜥是仅有的两种长着毒牙的蜥蜴。

科莫多巨蜥 *Varanus komodoensis* 可以活到100岁。

1亚目 · 17科 · 438属 · 2955种

蛇

一种在哥斯达黎加雨林中的鹦鹉蛇张着大嘴以恐吓一个捕食者。它的牙长在嘴的后部，用来刺穿捕食到的猎物。

世界上有将近3000种蛇，从只有10厘米长的微型穴居盲蛇到超过9米长的巨型蟒。蛇从蜥蜴进化而来，它们的身体变得长而窄，体内器官也如此，所有物种中左肺要么消失要么极度缩小。蛇没有四肢，但有些物种还保留了其祖先中四肢的痕迹。因为没有四肢，蛇进化出了新的移动方式，它们使用特化的腹部鳞片和牵引肋骨的小块肌肉在地面上移动。在地面上，它们追随气味以寻找配偶和猎物。所有的蛇都是肉食者。它们依据自己的体形从而捕食不同的猎物。不像有些蜥蜴用牙齿把猎物撕碎，蛇会把猎物整个吞下。

生存现状

在2955种蛇中，有79种被列入了《国际自然及自然资源保护联盟（IUCN）红色物种名录》。濒危的魏氏蝰生活在伊朗北部和土耳其的乌尔米耶湖周围高山上的岩石和草丛间，其数量的剧减主要是因为过于狂热的爬行动物采集者的滥捕。

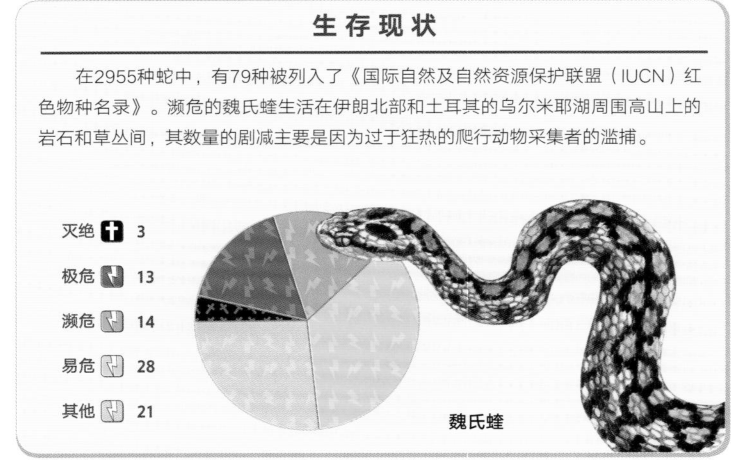

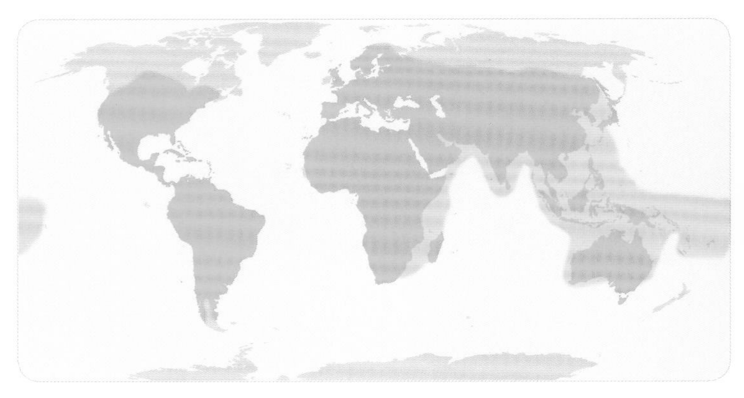

蛇生活在除南极洲和部分岛屿（如新西兰岛、爱尔兰岛和冰岛）以外的所有大陆。大多数蛇生活在热带或温带地区。

蟒和蚺

蟒和蚺中包含了很多体形小的物种，但体形最大的蛇也在其中。有记录的最长的蛇是亚洲的网纹蟒和南美洲的水蚺，这两个物种的个体可以生长到超过9米。蟒主要生活在亚洲、非洲和澳大利亚。所有的蟒都产卵，与大多数爬行动物不同，蟒会守护它们的卵：雌性营巢，然后盘曲在发育中的卵上。孵化之后，幼蛇就得自谋生路了。蟒和蚺是无毒蛇，它们用身体缠绕猎物，通过收缩、挤压使猎物窒息而死。蚺主要生活在美洲。它们不产卵而是以卵胎生的方式直接产下幼蛇。

翡翠树蚺
Corallus caninus
头上的感受器可以感应猎物所发出的热量。

红尾蚺
Boa constrictor
分布于阿根廷至墨西哥北部。

古巴森蚺
Tropidophis melanurus

森蚺
Eunectes murinus

闪鳞蛇
Xenopeltis unicolor

中美蚺
Ungaliophis continentalis

东方沙蟒
Eryx tataricus
在寒冷、干燥、多沙的戈壁环境中伪装得天衣无缝。

美洲闪鳞蛇
Loxocemus bicolor

血蟒
Python curtus

筒蛇
Anilius scytale

德氏锉尾蛇
Rhinophis drummondhayi

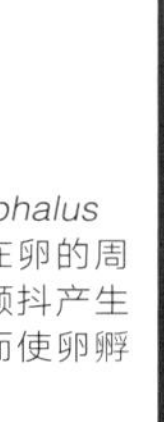

盾蟒
Aspidites melanocephalus
雌蟒盘绕在卵的周围，通过颤抖产生热量，从而使卵孵化得更快。

颜色的变化

澳大利亚北部和新几内亚的绿树蟒大部分时间在树上生活，但它在地上孵卵。幼蛇出生时是亮黄色或者砖红色的，两年之内会变成亮绿色。

游蛇

超过一半的蛇是游蛇，它们生活在除南极洲以外的所有大陆上。游蛇生活在几乎所有类型的栖息地中，在有蛇出没的区域，游蛇是最常见的一类蛇。游蛇中的一些物种大部分时间生活在水中，以鱼为食。其他物种大多数时间生活在树上，捕食小型哺乳动物和鸟。许多游蛇生活在地上的草丛或者落叶中，以蛙类、小型蜥蜴或者大型的昆虫和蜘蛛为食。大多数游蛇能产生毒液，但通常被视为无毒蛇，原因是游蛇的毒液不是被注入猎物的伤口（这种方式的威力比较大），而是从嘴后部的毒牙上的槽中流入伤口，所以每咬一次只有大约一半的毒液会进入伤口。然而，还是有一些游蛇用毒液将人杀死的记录。

黄环林蛇
Boiga dendrophila
生活在苏门答腊和马来西亚的红树林沼泽中，以蜥蜴和鸟类为食。

非洲树蛇
Dispholidus typus
对人来说很危险。即使是很少的剂量的毒液也可以致命。

斑纹丛林蛇
Oxyrhopus petola

过树蛇
Dendrelaphis pictus

环箍蛇
Diadophis punctatus

北美游蛇
Nerodia sipedon

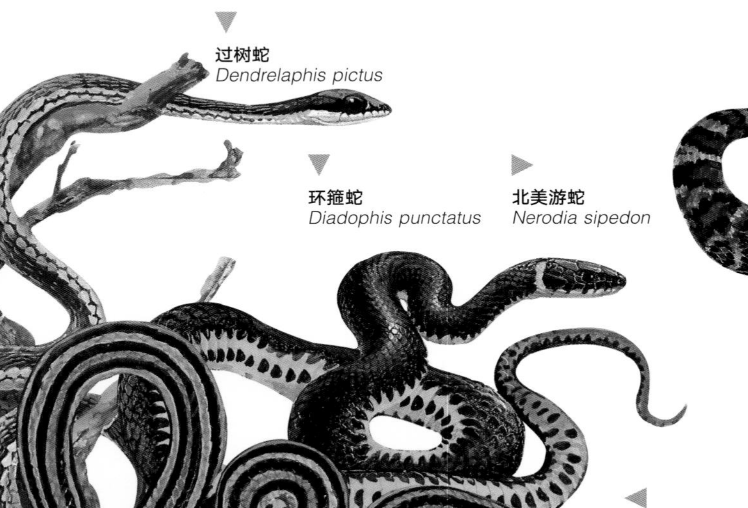

八线小头蛇
oligodon octolineatus
毒牙的形状就像尼泊尔的廓尔喀战士使用的弯刀一样。

水游蛇
Natrix natrix

宽吻水蛇
Homalopsis buccata

袜带蛇的舞会

北美洲的袜带蛇在春季交配。当从冰层深缝之下的冬眠中苏醒过来时，雄性先大群出现，它们产生一种激素，随后出现的雌性袜带蛇循之而来。每只雌性袜带蛇会被一团多达上百只的雄性群体包围。成功完成交配的雄性袜带蛇会在雌性袜带蛇体内留下一个凝胶状的塞子以阻止其他雄性袜带蛇的精子进入。

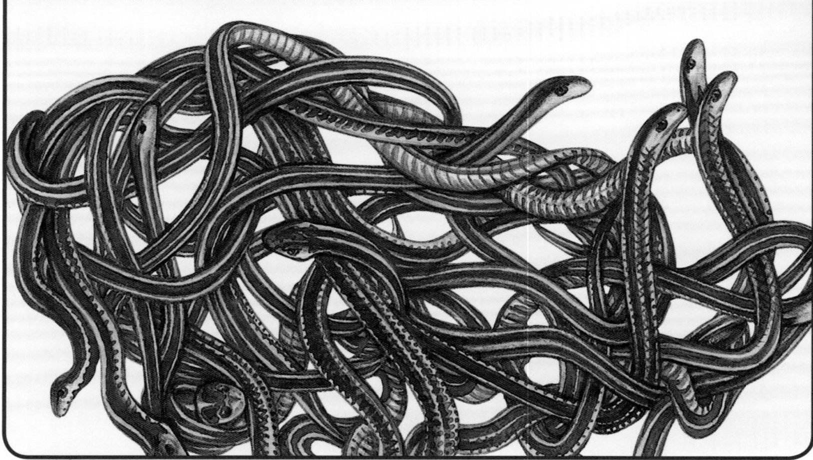

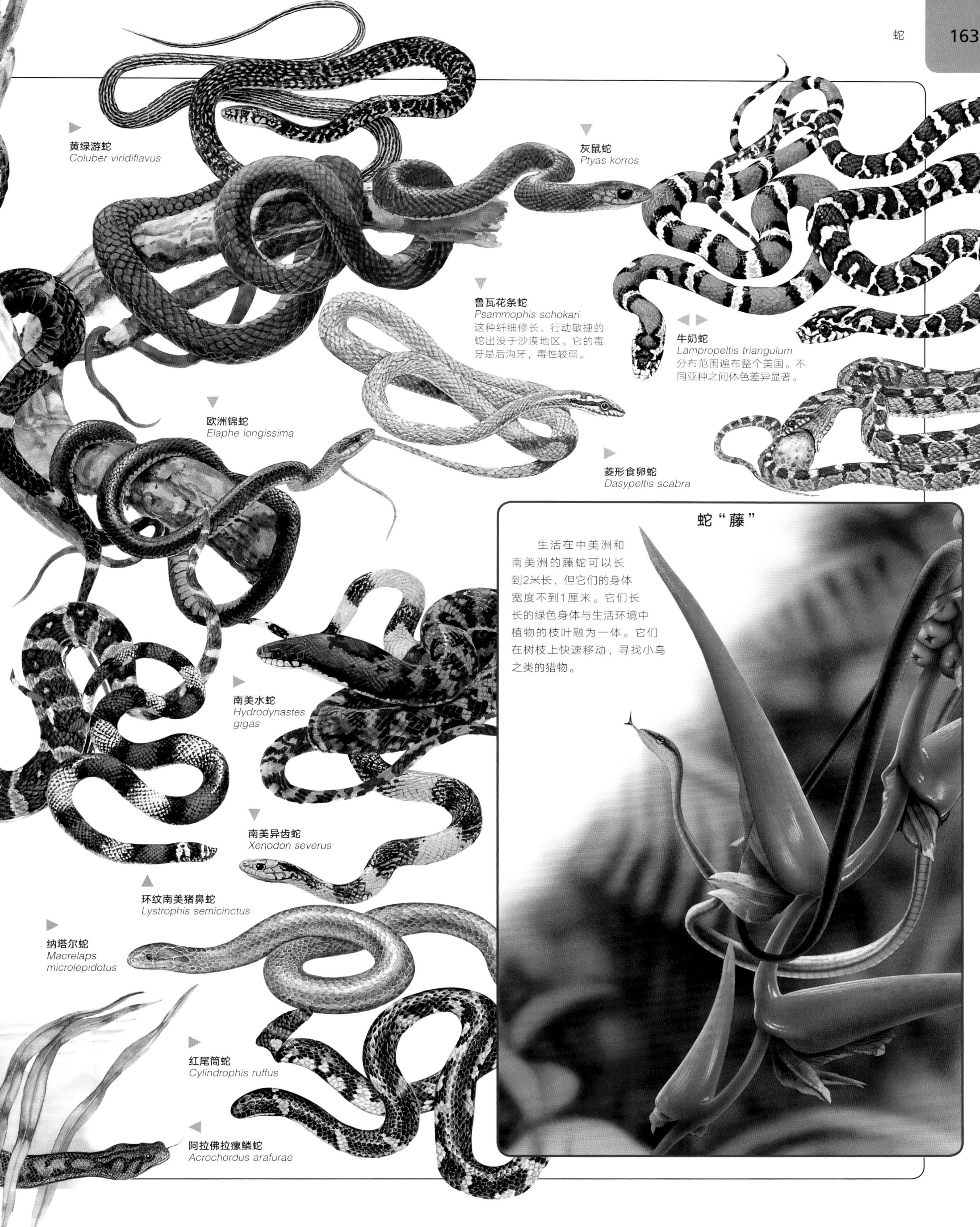

蛇“藤”

生活在中美洲和南美洲的藤蛇可以长到2米长，但它们的身体宽度不到1厘米。它们长长的绿色身体与生活环境中植物的枝叶融为一体。它们在树枝上快速移动，寻找小鸟之类的猎物。

进攻和防守

捕食者与被捕食者

许多蛇是长着毒牙的具有攻击性的捕食者。但是蛇也经常被其他动物捕食，尤其是哺乳动物和鸟类。出色的伪装可以帮助它们隐藏在环境之中，避开捕食者。许多树蛇有着修长纤细的头和脖子，并且与栖息地环境融为一体。眼镜蛇在受到威胁时会进行示威。为了显得自身体形更大，眼镜蛇将前半部身体抬离地面，并将脖子两旁的肋骨张开成头巾状。喷毒眼镜蛇（左图）可以通过向袭击者的眼睛喷射毒液的方式来避免可能使自己嘴部受伤的战斗。

有毒的佛罗里达食鱼蝮露出其吓人的白色大嘴，这是在警告潜在的捕食者远离它。

水游蛇毒性较弱的毒液可以使一条小鱼瘫痪，以便将其吞下。

眼镜蛇

眼镜蛇属于眼镜蛇科，这个科是一类有剧毒的蛇，眼镜蛇科还包括金环蛇、海蛇、曼巴蛇、珊瑚蛇和棘蛇。这类蛇在嘴的前部长有沟牙，沟牙就像普通牙齿一样长在上颌。它们得够小才能让眼镜蛇的嘴包住。眼镜蛇类的毒液作用于猎物的神经系统，阻止其心跳，损伤其肺部。这些蛇生活在亚洲、澳大利亚、非洲、南美洲和中美洲，以及北美洲的东南部。许多物种生活在地洞和落叶堆中，曼巴蛇和树眼镜蛇生活在树上，海蛇主要生活在太平洋和印度洋热带地区。海蛇有着侧扁的身体以适应水中的生活，它们几乎不能在陆地上移动。

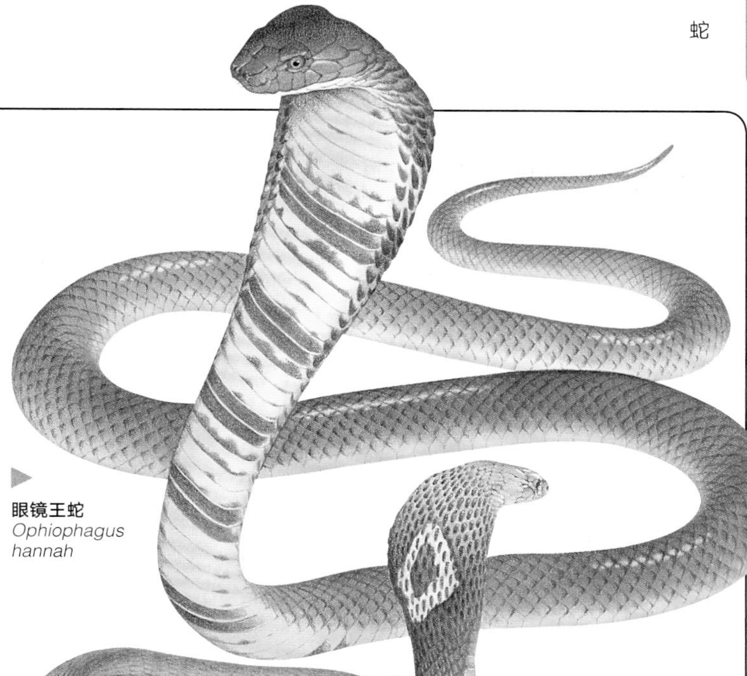

眼镜王蛇
Ophiophagus hannah

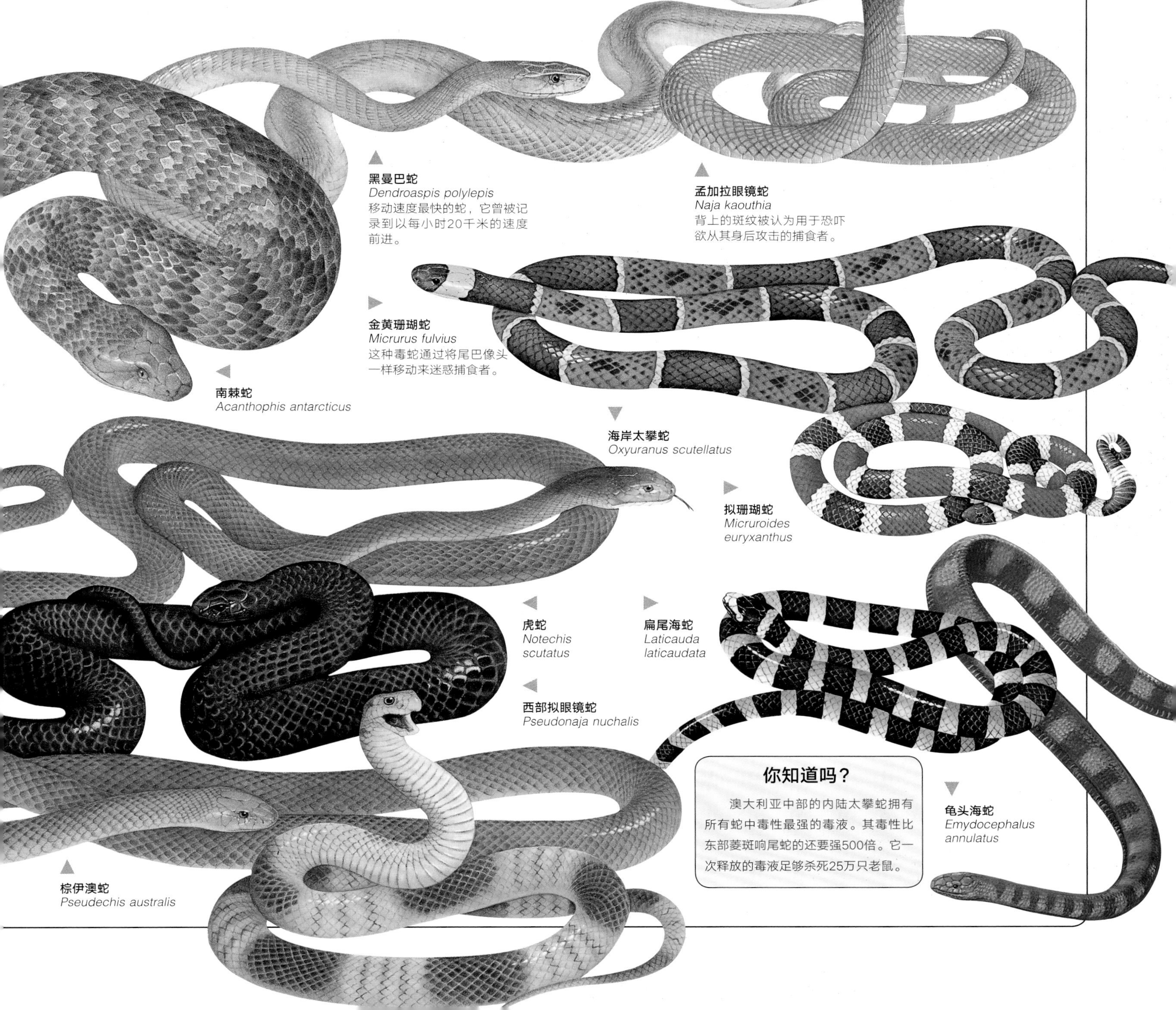

黑曼巴蛇
Dendroaspis polylepis
移动速度最快的蛇，它曾被记录到以每小时20千米的速度前进。

孟加拉眼镜蛇
Naja kaouthia
背上的斑纹被认为用于恐吓欲从其身后攻击的捕食者。

金黄珊瑚蛇
Micrurus fulvius
这种毒蛇通过将尾巴像头一样移动来迷惑捕食者。

南棘蛇
Acanthophis antarcticus

海岸太攀蛇
Oxyuranus scutellatus

拟珊瑚蛇
Micruroides euryxanthus

虎蛇
Notechis scutatus

扁尾海蛇
Laticauda laticaudata

西部拟眼镜蛇
Pseudonaja nuchalis

你知道吗？

澳大利亚中部的内陆太攀蛇拥有所有蛇中毒性最强的毒液。其毒性比东部菱斑响尾蛇的还要强500倍。它一次释放的毒液足够杀死25万只老鼠。

龟头海蛇
Emydocephalus annulatus

棕伊澳蛇
Pseudechis australis

蝮蛇和蝰蛇

蝰科包括蝰蛇和蝮蛇（响尾蛇），它们全都拥有长在嘴前部的大型管牙，在捕食时管牙会向前伸出给猎物注入毒液。而其他时候管牙则折叠收回。蝰蛇和蝮蛇出现在美洲、非洲、欧洲和亚洲的各个地方。除了追踪猎物，它们还会伏击。它们的身体通常装饰着棕色和绿色的斑块，使它们融入周围环境之中。这使得它们蜷曲在小型哺乳动物经过的兽道旁，或在鸟类聚集的果树树枝上时不被发现。它们静静等待着，当猎物进入攻击范围时会发出闪电般的一击。有些物种用抖动的尾巴模拟蠕虫来吸引猎物进入攻击范围。

加蓬咝蝰 *Bitis gabonica*

锯鳞蝰 *Echis carinatus*

铜头蝮 *Agkistrodon contortix*

墨西哥蝮 *Agkistrodon bilineatus*

西部菱斑响尾蛇 *Crotalus atrox*

拟角蝰 *Pseudocerastes persicus*

犀咝蝰 *Bitis nasicornis*

北美侏响尾蛇 *Sistrurus catenatus*

分心的猎物

响尾蛇尾部末端的尾环由相互嵌套的角质环组成，材质和爬行类的鳞片相同。当响尾蛇捕食时，晃动的尾环能分散猎物的注意力。

小盾响尾蛇 *Crotalus scutulatus* 可以通过粗壮尾巴上的黑白相间的环纹被识别。

响尾蛇 *Crotalus horridus* 响尾蛇在冬季通常会和其他蛇类聚集成群一起冬眠。

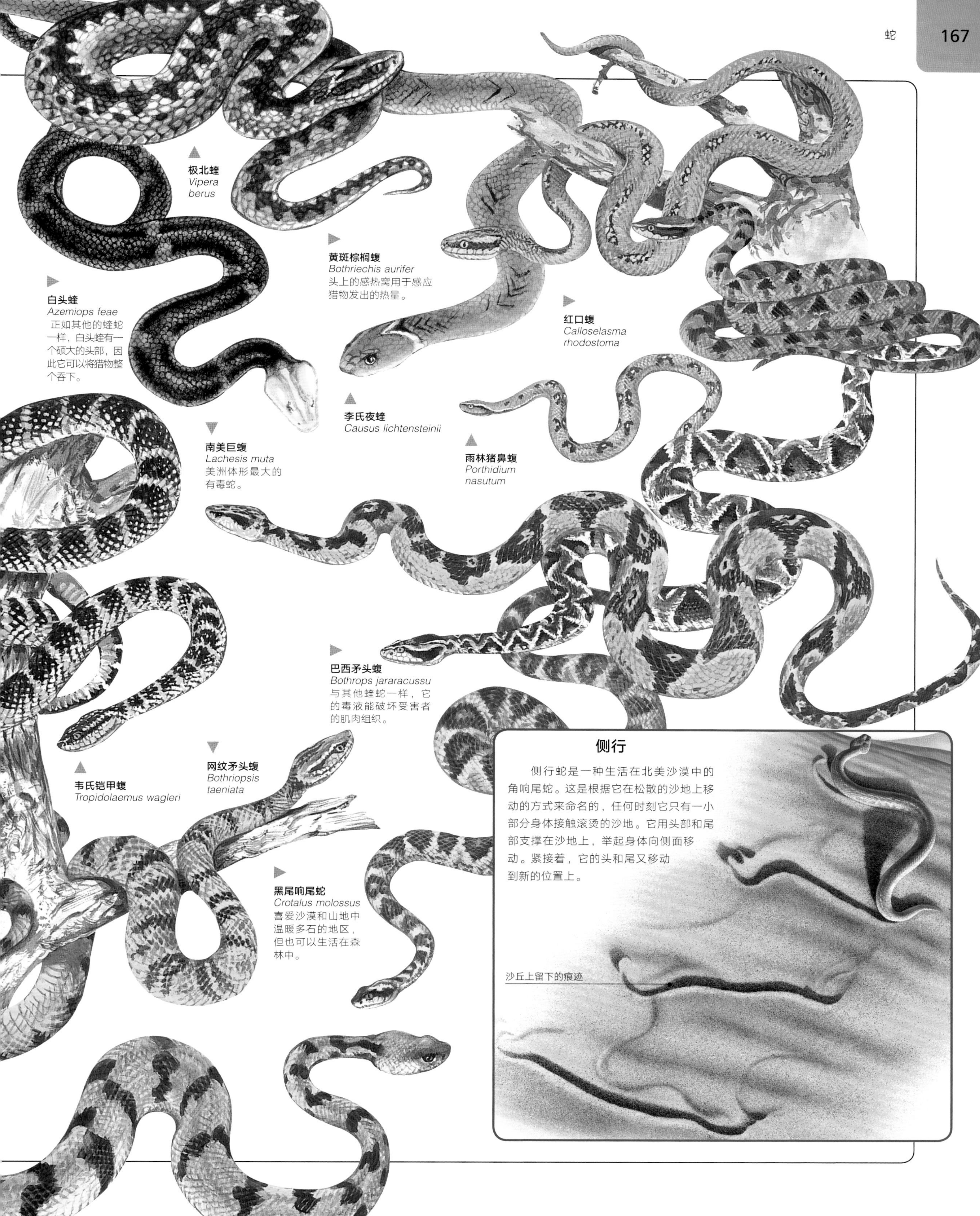

侧行

侧行蛇是一种生活在北美沙漠中的角响尾蛇。这是根据它在松散的沙地上移动的方式来命名的，任何时刻它只有一小部分身体接触滚烫的沙地。它用头部和尾部支撑在沙地上，举起身体向侧面移动。紧接着，它的头和尾又移动到新的位置上。

两栖动物

3目 · 44科 · 434属 · 5400种

两栖动物

在繁殖期，雄性黑绿箭毒蛙用高颤的叫声吸引雌性，并且雄性之间为了争夺领地而相互争斗。

两栖动物主要有三个类群：蚓螈、蝾螈以及蛙和蟾蜍。大多数两栖动物幼年期生活在水中，成年期生活在陆地上。两栖动物是变温动物，它们的体温很大程度上取决于周围的环境。它们也可以通过行为来调节体温。两栖类通常在夜间活动，但仅限于环境足够湿润的地方，以便保证它们的身体不会因为蒸发而失水过多。成年两栖动物捕食小型动物（如昆虫和蠕虫），它们捕捉猎物的方式主要是等待猎物进入攻击范围。它们的幼体通常吃不同的食物。例如蝌蚪通常是植食性的，但长成蛙时就变成肉食性的了。因为两栖动物体形相对小，所以经常被大型动物捕食。许多物种的皮肤上有能产生异味或者有毒物质的毒腺，以保护它们不被捕食。受到威胁时，蛙通常仰面躺着一动不动装死直到捕食者走开。为了吓走捕食者，蟾蜍会鼓气，使自己看起来更大。两栖动物的雄性和雌性通常独自生活。蝾螈通过留下的气味踪迹找到异性进行繁殖。在繁殖季节，雄蛙和雄蟾蜍通过高亢或低沉的鸣叫来吸引雌性。

两栖动物的皮肤

黏液腺能保持皮肤的湿润，使得两栖动物可以通过皮肤呼吸。而细菌和真菌在湿润环境中十分常见，许多两栖动物能产生杀灭它们的物质。两栖动物使用毒腺来防御捕食者。色素细胞可以产生明亮的颜色。

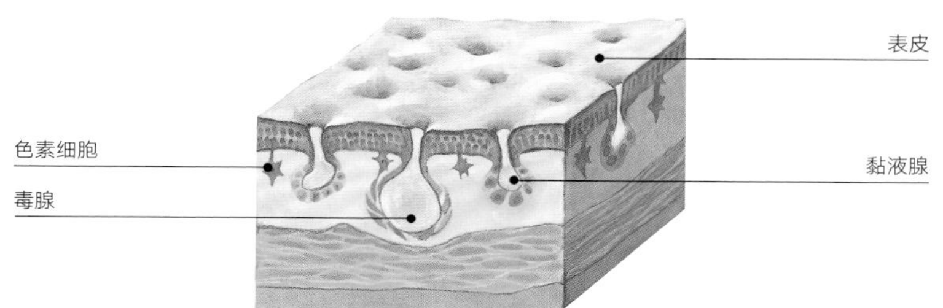

铃蟾用腹部鲜艳的颜色来警告潜在的捕食者。

两栖动物如何繁殖

大多数蛙产卵之后会任其自己孵化，但雄性囊蛙会将蝌蚪随身携带在臀部的育儿袋中。

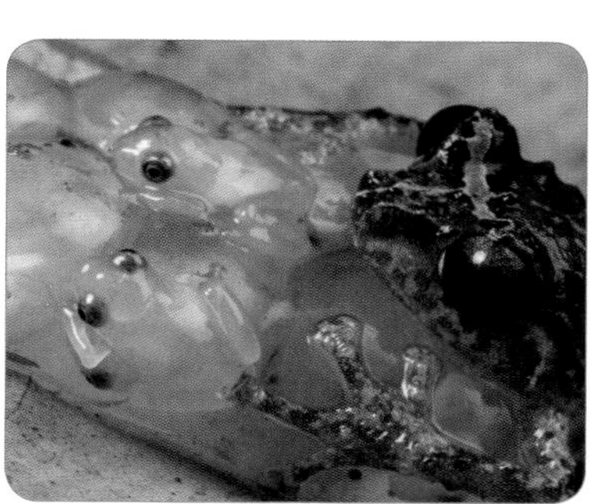
在巴布亚新几内亚的热带雨林中，一只雄蛙正在看护着孵化中的幼蛙。

两栖动物的卵缺乏防水的壳。为了保持湿润，卵通常被产在水中或者水边。胚胎由保护性的胶质外膜包裹。大多数蛙的卵含有的营养物质刚好够使胚胎可以长到自由游泳的幼体状态。但也有些蛙类的卵黄足够维持蝌蚪度过从胚胎到成体的整个发育阶段。

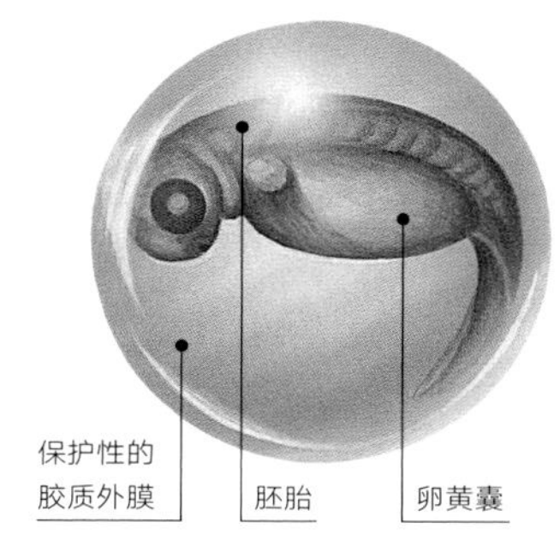

1目 · 6科 · 33属 · 149种

蚓螈

蚓螈目的物种都是看起来像蠕虫一样的两栖动物，也称无足目。它们没有四肢，几乎一直生活在地下。它们用强壮似子弹形状的头挖掘出地洞。成体长度从8厘米至1.6米不等。蚓螈通过体内受精繁殖，也就是说雄性蚓螈将精子排到雌性蚓螈体内。大多数物种直接生出幼体。成体捕食蚯蚓和昆虫为生。

蚓螈只在印度、中国南部、马来西亚、菲律宾、非洲、中美洲和南美洲的热带和亚热带地区有分布。

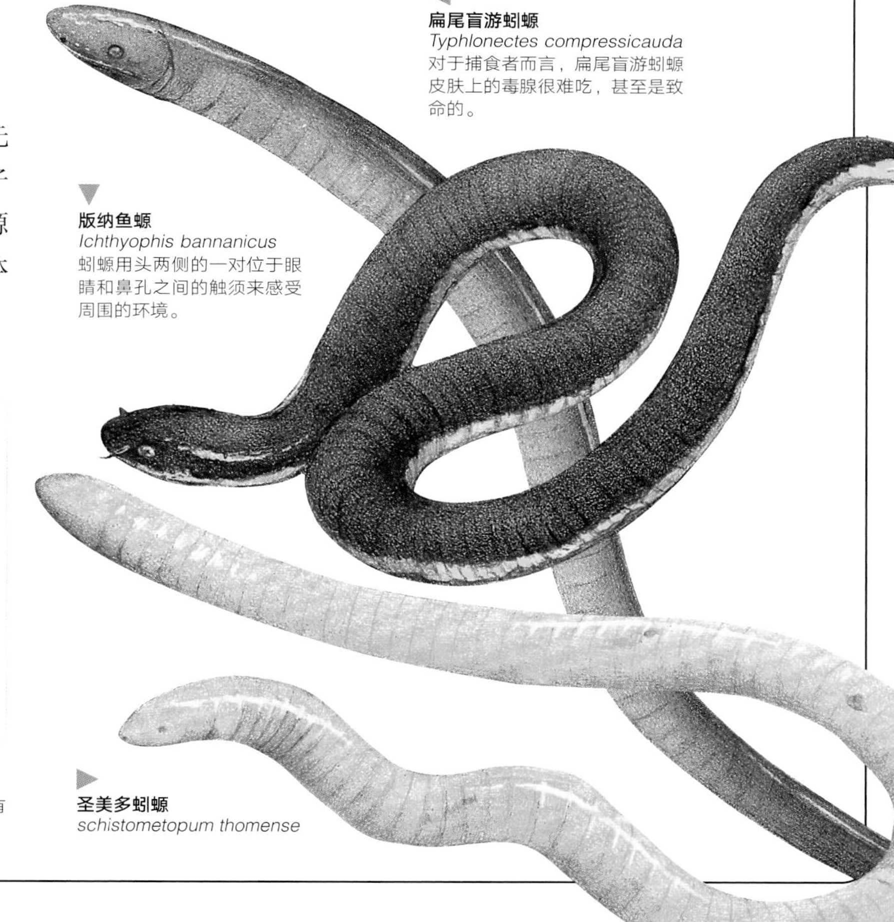

扁尾盲游蚓螈
Typhlonectes compressicauda
对于捕食者而言，扁尾盲游蚓螈皮肤上的毒腺很难吃，甚至是致命的。

版纳鱼螈
Ichthyophis bannanicus
蚓螈用头两侧的一对位于眼睛和鼻孔之间的触须来感受周围的环境。

圣美多蚓螈
schistometopum thomense

1目 · 10科 · 60属 · 472种

蝾螈

蝾螈、小鲵和隐鳃鲵同属于有尾目。有尾目的成体都有长长的尾巴，大多数物种有四肢，但有些物种只有两肢。它们看起来像蜥蜴，但它们很容易与爬行动物区分开来，因为它们没有鳞片。蝾螈是行动隐秘的动物，虽然它们很普遍，却很少被看见。所有蝾螈都是肉食性的。它们主要捕食昆虫、蠕虫和其他小动物。它们的皮肤含有不同类型的腺体，一些腺体产生黏液，以防止在岸上时皮肤脱水，其他的腺体产生毒液。蝾螈主要通过皮肤呼吸，但是有很多蝾螈也可以通过肺呼吸。许多蝾螈幼体时期在水中发育，成体时期生活在陆地上。而少数物种终生生活在水中。

大鲵
Andrias davidianus
最大的蝾螈。一些个体可长达1.8米。它们没有眼睑。

隐鳃鲵
Cryptobranchus alleganiensis

小鳗螈
Siren intermedia

二趾两栖鲵
Amphiuma means
成体生活在水中，以螯虾、螺蛳和鱼为食。

中国小鲵
Hynobius chinensis

爪鲵
Onychodactylus fischeri

斑泥螈
Necturus maculosus
头的两侧长着外鳃。

新疆北鲵
Ranodon sibiricus
这种珍稀动物从5岁开始繁殖，可以活到15至20岁。

剑陆巨螈
Dicamptodon ensatus

普通欧螈
Triturus vulgaris

条纹欧螈
Triturus vittatus

比利牛斯蝾螈
Euproctus asper

虎纹钝口螈
Ambystoma tigrinum
成年后大部分时间生活在地洞中。

红腹蝾螈
Cynops pyrrhogaster
腹部的警戒色由圆点、斑块和波浪纹组成。

蓝点钝口螈
Ambystoma laterale
身体两侧和尾部的蓝点起伪装的作用。

火蝾螈
Salamandra salamandra

红背无肺螈
Plethodon cinereus

德氏瘰螈
Paramesotriton deloustali
成体主要生活在水中，在繁殖季节它们会变得很有攻击性。

杰氏游舌螈
Bolitoglossa jacksoni

橡栖攀螈
Aneides lugubris
延长的脚趾和有抓握能力的尾巴使得橡栖攀螈擅长爬树。

黏滑无肺螈
Plethodon glutinosus

东部半趾蝾螈
Hemidactylium scutatum

生存现状

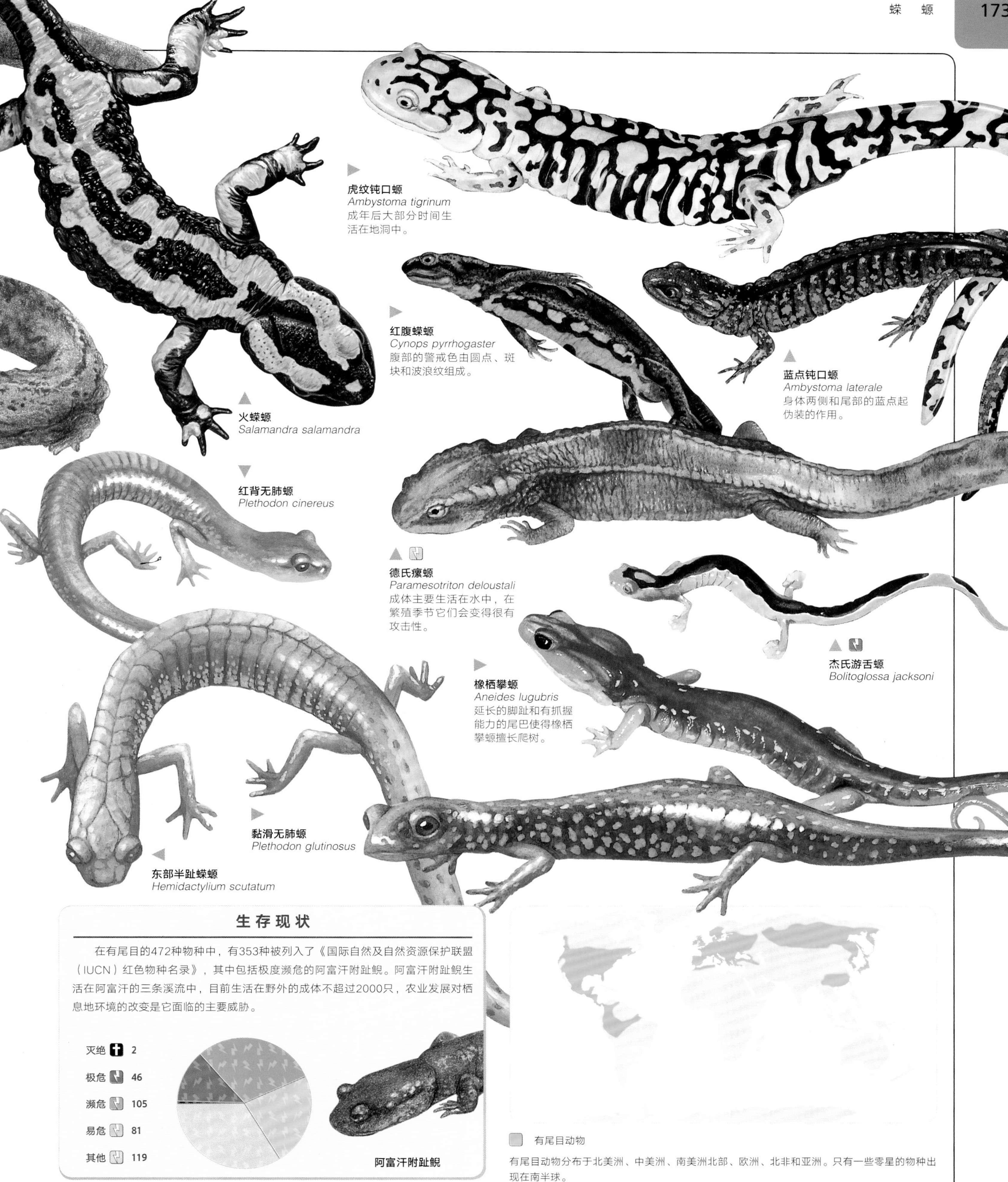

在有尾目的472种物种中，有353种被列入了《国际自然及自然资源保护联盟（IUCN）红色物种名录》，其中包括极度濒危的阿富汗附趾鲵。阿富汗附趾鲵生活在阿富汗的三条溪流中，目前生活在野外的成体不超过2000只，农业发展对栖息地环境的改变是它面临的主要威胁。

灭绝	2
极危	46
濒危	105
易危	81
其他	119

阿富汗附趾鲵

有尾目动物

有尾目动物分布于北美洲、中美洲、南美洲北部、欧洲、北非和亚洲。只有一些零星的物种出现在南半球。

1目 · 28科 · 338属 · 4937种

蛙和蟾蜍

无尾目（蛙和蟾蜍）组成了两栖动物中最大的一个目。它们拥有修长的后肢、短小的躯干和潮湿的皮肤，它们中的大多数没有尾。它们的骨骼适应于跳跃。世界上最小的无尾类是巴西金蛙，体长不足1厘米。而体形最大的无尾类是非洲巨蛙，体长30厘米，体重超过3千克。蛙和蟾蜍通过弹出它们又长又黏的舌头来捕捉昆虫和其他小动物。一旦食物进到嘴里，它们就会通过眨眼的动作将食物推送到喉咙里去。蛙类是环境污染的指示物种。自从20世纪70年代以来，全球有越来越多的证据表明蛙类的种群正在消失，即使在十分原始的地区，也有许多物种已经灭绝。

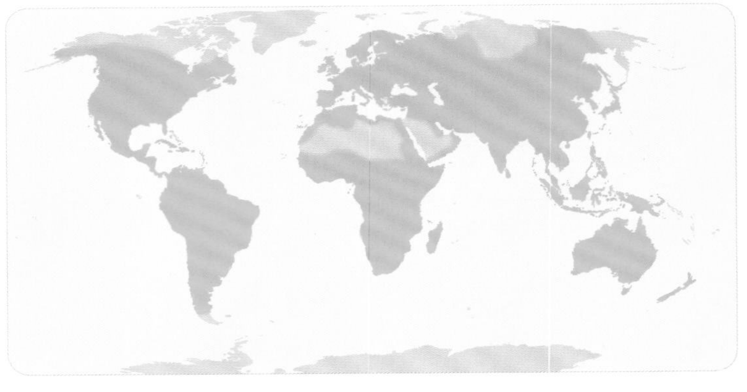

蛙和蟾蜍

蛙和蟾蜍生活在除了南极洲以外的所有大陆上。有超过80%的无尾类生活在热带。

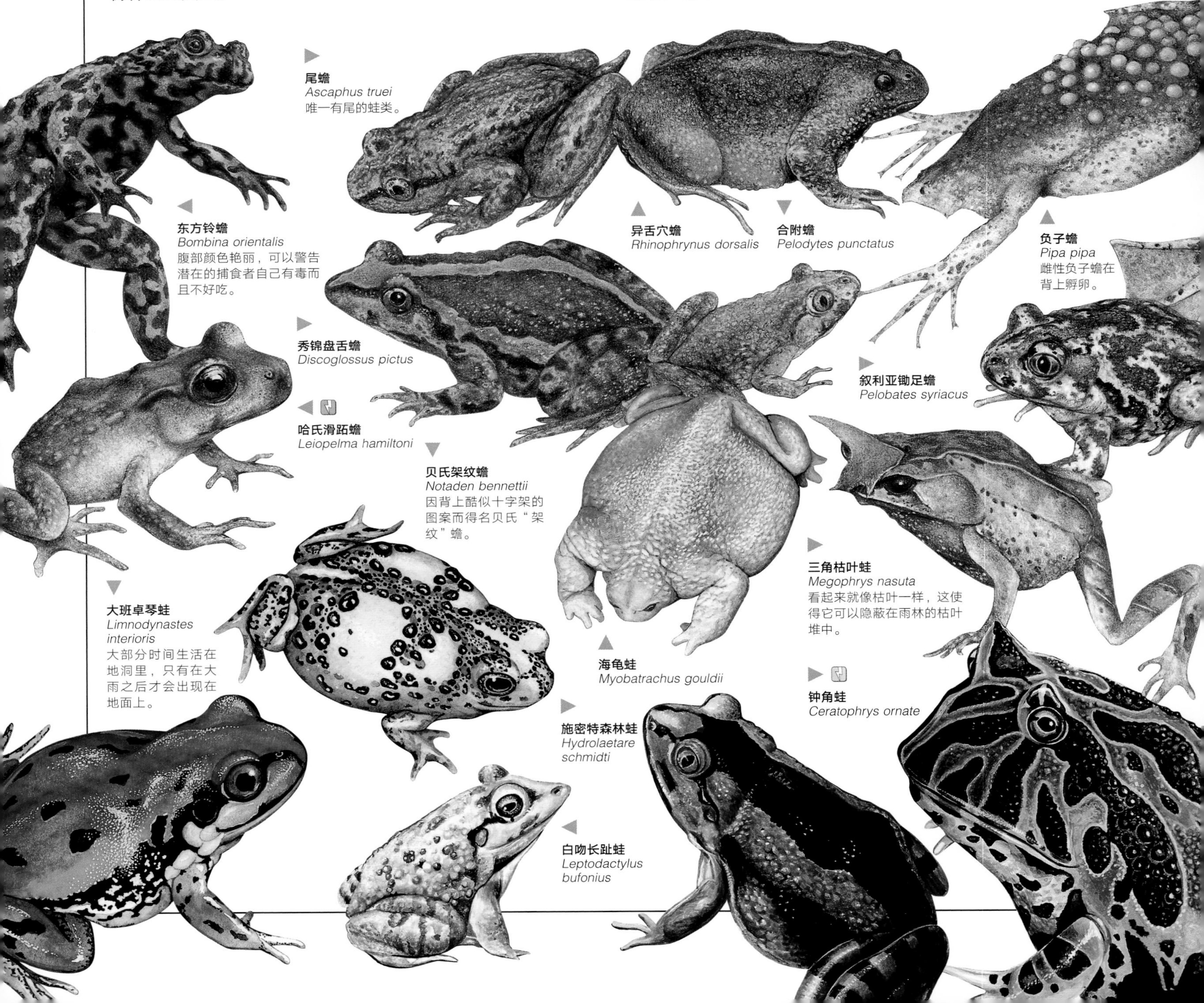

尾蟾
Ascaphus truei
唯一有尾的蛙类。

东方铃蟾
Bombina orientalis
腹部颜色艳丽，可以警告潜在的捕食者自己有毒而且不好吃。

异舌穴蟾
Rhinophrynus dorsalis

合附蟾
Pelodytes punctatus

负子蟾
Pipa pipa
雌性负子蟾在背上孵卵。

秀锦盘舌蟾
Discoglossus pictus

叙利亚锄足蟾
Pelobates syriacus

哈氏滑跖蟾
Leiopelma hamiltoni

贝氏架纹蟾
Notaden bennettii
因背上酷似十字架的图案而得名贝氏“架纹”蟾。

三角枯叶蛙
Megophrys nasuta
看起来就像枯叶一样，这使得它可以隐蔽在雨林的枯叶堆中。

大斑卓琴蛙
Limnodynastes interioris
大部分时间生活在地洞里，只有在大雨之后才会出现在地面上。

海龟蛙
Myobatrachus gouldii

钟角蛙
Ceratophrys ornate

施密特森林蛙
Hydrolaetare schmidti

白吻长趾蛙
Leptodactylus bufonius

生活史

与许多在水中产卵的两栖类一样，杰斐逊钝口螈产下卵后任其自行发育，不提供任何亲代照顾。

水中的幼体

大多数蛙、蟾蜍和蝾螈的生活史分为两个阶段。通常，幼体生活在水中，通过鳃呼吸。随后它们转变为直接呼吸空气的成体，生活在潮湿的陆地环境中。对于蝾螈的繁殖，一种叫作信息素的化学物质十分重要。雄性释放这种化学物质来吸引雌性。大多数雄性蝾螈将精子包裹在小小的精荚中，雌性将精荚吸收到身体里。几乎所有的蛙和蟾蜍都通过体外受精的方式繁殖。这意味着精子和卵子被释放到环境中，在雌性体外相遇。雄性蛙和蟾蜍通过叫声吸引雌性。

1. 交配中的蛙
雄蛙用前足抱紧雌蛙。雌蛙背着雄蛙移动一直到她准备好产卵的时候。雄蛙在卵产出的一刻也将精子排出体外。

5. 转变的完成
几周或几个月后，从蝌蚪到蛙的变态发育完成了，幼蛙开始捕食昆虫。

2. 卵的发育
卵呈一大片漂浮在一起，胚胎在其中发育。卵被一层遇水而膨胀的胶状物质包围。

3. 蝌蚪的孵化
通常几天之后，蝌蚪从卵中孵化。大多数蝌蚪以植物为食，但也有一些肉食性的蝌蚪。和鱼类相似，蝌蚪用鳃呼吸。

4. 蝌蚪的发育
蝌蚪以发育出后肢作为开始向成体转变的标志。接下来它们的尾巴会萎缩，肺逐渐形成并开始接替呼吸的职能。

蛙和蟾蜍

无尾目中最大的类群是新大陆蛙，例如美国亚利桑那州的吠蛙。许多物种完全在卵中发育，孵出来时就是一只微型的成体蛙。新大陆蛙中的一些物种适应了洞穴生活，四肢短，且后足形状如同锄头，用于挖洞。另一些物种体形小巧纤细，适应于树上的生活。雨蛙科（也被称为“树蟾科”）物种的体形都很相似：脚趾端部膨大，富有黏性以便攀爬。雨蛙科的大多数物种生活在美洲。蛙科（也被称为“真蛙”）的物种长着典型蛙的模样：皮肤光滑潮湿，眼睛又大又鼓，它们生活在池塘或者其他水体附近。蟾蜍属于蟾蜍科，它们通常四肢较短，身体粗壮，全身布满疣状腺体，没有牙齿。

生存现状

在4937种无尾类中，有3034种被列入《国际自然及自然资源保护联盟（IUCN）红色物种名录》，其中包括濒危的澳大利亚无睑树蛙。某种真菌或者病毒可能将导致其灭绝。

灭绝	33
极危	367
濒危	623
易危	544
其他	1,467

澳大利亚无睑树蛙

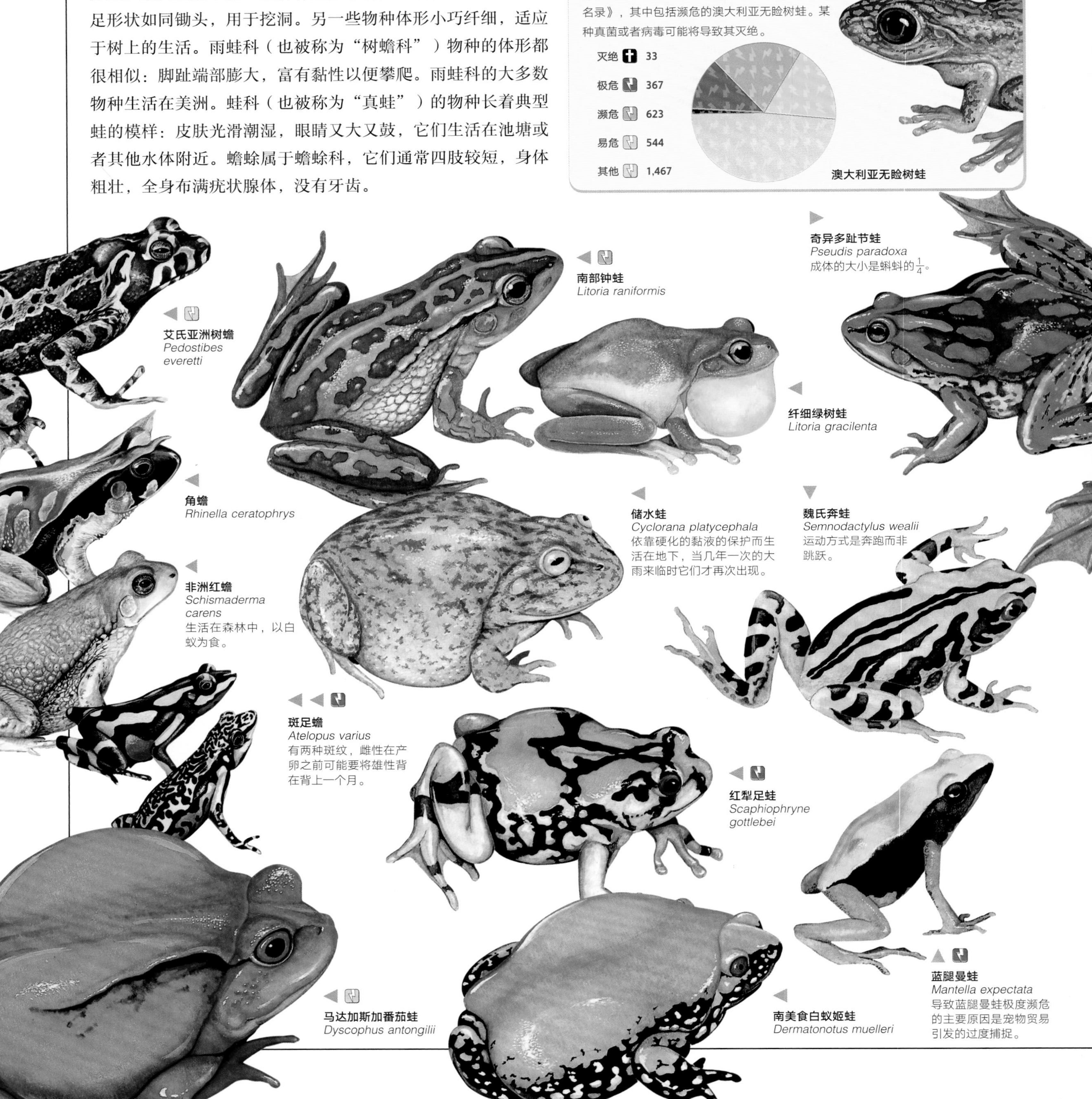

艾氏亚洲树蟾 *Pedostibes everetti*

南部钟蛙 *Litoria raniformis*

奇异多趾节蛙 *Pseudis paradoxa* 成体的大小是蝌蚪的$\frac{1}{4}$。

纤细绿树蛙 *Litoria gracilenta*

角蟾 *Rhinella ceratophrys*

储水蛙 *Cyclorana platycephala* 依靠硬化的黏液的保护而生活在地下，当几年一次的大雨来临时它们才再次出现。

魏氏奔蛙 *Semnodactylus wealii* 运动方式是奔跑而非跳跃。

非洲红蟾 *Schismaderma carens* 生活在森林中，以白蚁为食。

斑足蟾 *Atelopus varius* 有两种斑纹，雌性在产卵之前可能要将雄性背在背上一个月。

红犁足蛙 *Scaphiophryne gottlebei*

蓝腿曼蛙 *Mantella expectata* 导致蓝腿曼蛙极度濒危的主要原因是宠物贸易引发的过度捕捉。

马达加斯加番茄蛙 *Dyscophus antongilii*

南美食白蚁姬蛙 *Dermatonotus muelleri*

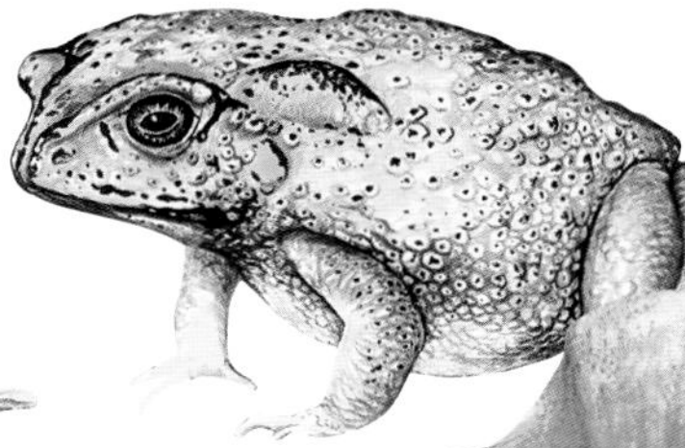

黑眶蟾蜍
Bufo melanostictus
当遇到危险时，它会鼓气使自己看起来比实际尺寸要大。

甘蔗蟾蜍
Bufo marinus
被引入澳大利亚控制昆虫，但有毒的甘蔗蟾蜍没有任何天敌，种群数量迅速壮大起来。

吠蛙
Eleutherodactylus augusti
雄吠蛙对雌性的呼唤声听起来很像狗叫声。

卡拉瓦亚强盗蛙
Eleutherodactylus ockendeni

睫眉蟾蜍
Bufo superciliaris

犬吠树蛙
Hyla gratiosa

囊蛙
Gastrotheca marsupiata

多明尼加树蛙
Eleutherodactylus coqui
雄蛙守护产在枯叶丛或废弃鸟巢中的卵，并使它们保持湿润。

尼加拉瓜翡翠树蛙
Centrolene prosoblepon
身体内部的器官可透过腹部透明的皮肤被看见。

蜡白猴树蛙
Phyllomedusa sauvagii

倒挂

在繁殖季节，雄性翡翠树蛙通常在树叶顶端呼唤雌性。卵被粘附在树叶的底端，树叶悬挂在溪流之上。蝌蚪在孵出时会落入水中。

鸭嘴三腭齿蛙
Triprion spatulatus

红眼树蛙
Agalychnis callidryas

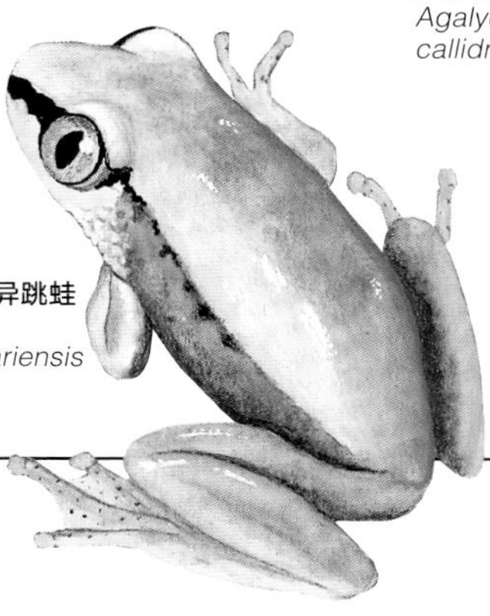

马达加斯加异跳蛙
Heterixalus madagascariensis

蛙和蟾蜍

在北美和欧洲最常见的蛙属于蛙科，其中包括生活在美国东部的牛蛙。生活在亚洲和非洲的树蛙科是它们的近亲，其中包括利用脚上大蹼滑翔的飞蛙。节蛙科，以其高频的叫声出名，是蛙科的另一个近亲，这个科的成员之一是壮发蛙。繁殖期雄性壮发蛙后腿上会长出毛发一样的凸起物。这些凸起物可以从水中吸收氧气，使得雄性壮发蛙能淹没在溪水中守护它们的卵团。生活在非洲干旱地区的铲鼻蛙构成一个小而独特的科。这些长相奇怪的蛙，例如黄点铲鼻蛙，有着色彩丰富的头部和用于挖掘的坚硬的吻部。

钴蓝箭毒蛙
Dendrobates azureus

草莓箭毒蛙
Dendrobates pumilio

小丑箭毒蛙
Dendrobates histrionicus
有一套复杂的求偶仪式：坐下、鞠躬、蹲下、触碰、转圈，整个过程长达3小时。

绿点湍蛙
Amolops viridimaculatus

马来西亚大头蛙
Limnonectes malesianus

黑蹼树蛙
Rhacophorus reinwardtii
很少离开印度尼西亚雨林中的上层树冠。

壮发蛙
Trichobatrachus robustus

谷耳泛树蛙
Polypedates otilophus
这种体形硕大的树蛙会发出一种独特而难闻的味道。

美洲狗鱼蛙
Rana palustris
这种北美的蛙在最冷的几个月中冬眠，雄蛙的叫声听起来像在打鼾。

黄点铲鼻蛙
Hemisus guttatus

非洲箱头牛蛙
Pyxicephalus adspersus
牛蛙吃鼠类、蜥蜴和其他蛙类。

牛蛙
Rana catesbeiana

你知道吗？

雌性非洲雨蛙挖掘地下洞穴，在其中产卵。蝌蚪在卵内发育成熟，直接孵出小蛙来。它们的母亲会看护洞穴，直到所有的卵孵化。

箭毒蛙

雨林的馈赠

雨林温暖而潮湿，是蛙类的理想栖息地。许多蛙类生活在树上，几乎从不下到地面。一些物种进化出长在足间的蹼，用于滑翔。其他一些物种拥有适应于抱握和攀爬的脚趾。甚至有些体形微小的蛙类，整个生命周期都在凤梨科植物中完成，它们的蝌蚪在这些植物贮存的雨水中发育。雨林中的生活有一些缺点：捕食者众多，还有由喜湿的真菌和细菌引发的疾病。一类南美洲的蛙类——箭毒蛙，进化出致命的皮肤毒素作为应对办法。许多箭毒蛙产生的毒素还可以使其他动物瘫痪甚至死亡。几百年来，南美洲的土著人一直将其毒液涂抹在他们狩猎使用的箭头和飞镖上。

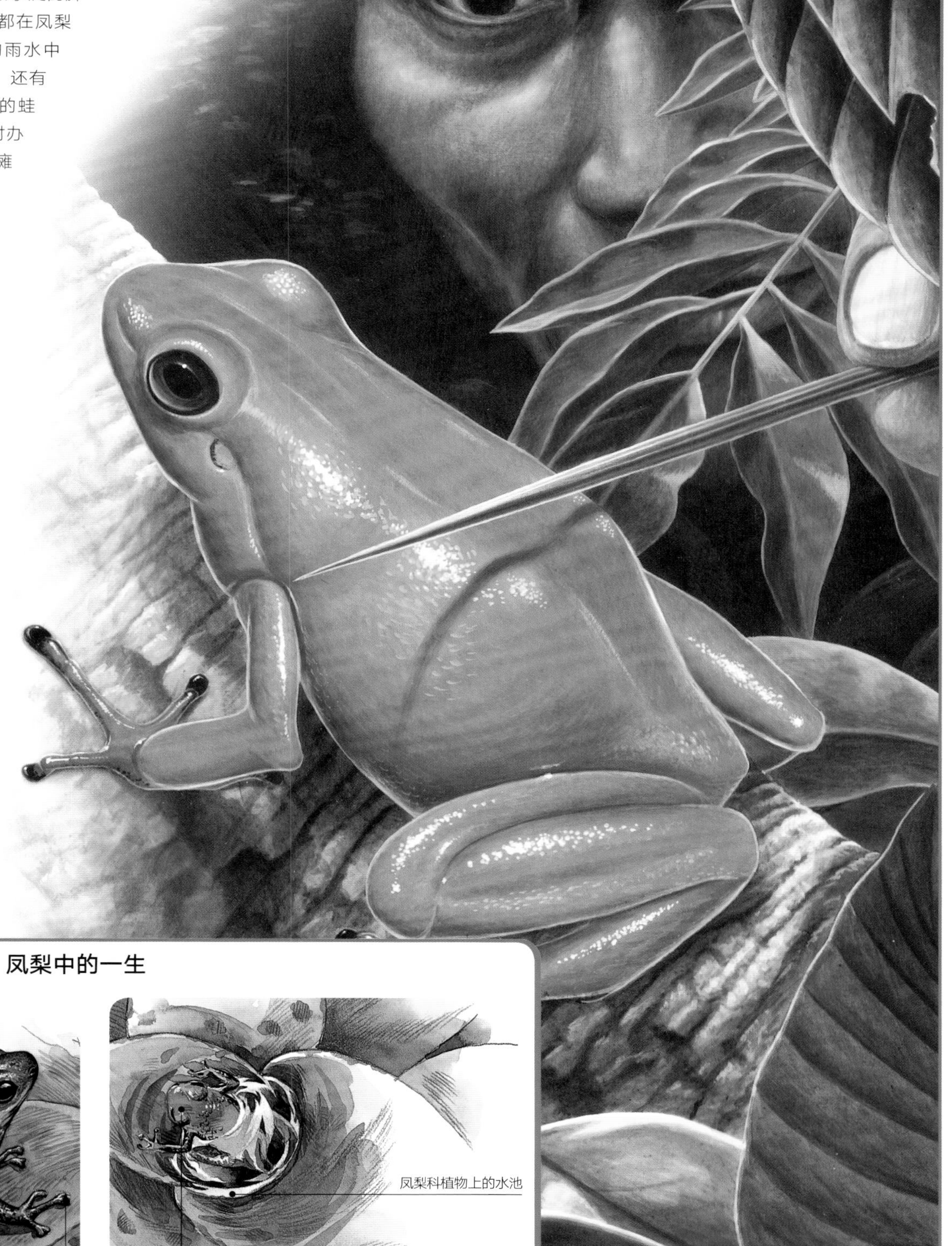

黄带箭毒蛙生活在南美热带雨林地面的落叶堆中，其蝌蚪在植物收集的雨水中发育。

凤梨中的一生

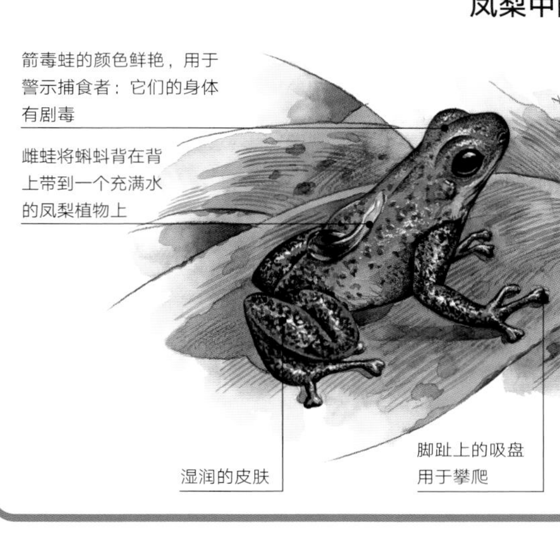

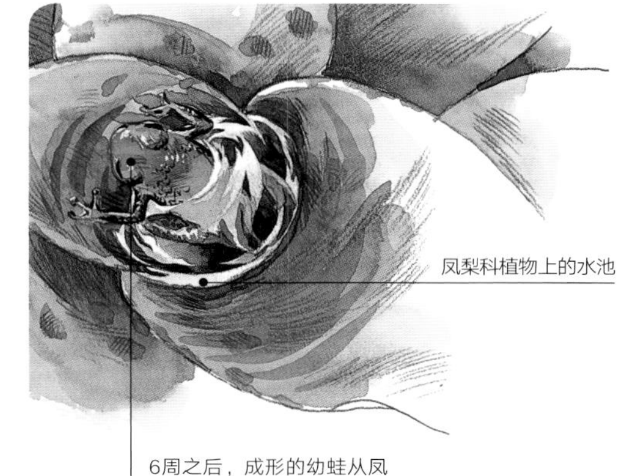

鱼类

5 纲 · 62 目 · 504 科 · 3245 属 · 25777 种

鱼类

蝴蝶鱼群居生活在太平洋边缘岛屿的珊瑚礁周围，以各种藻类和动物为食。

现存的脊椎动物中，有一半以上的物种属于鱼类。人类目前命名了至少25000种鱼类，但可能仍有几千种未知的鱼类等待命名。鱼类分为三大类群：无颌鱼（盲鳗和七鳃鳗）、软骨鱼（鲨鱼和鳐鱼）和硬骨鱼（肉鳍鱼和辐鳍鱼）。它们生活在几乎所有水体中，从极地的海洋到热带的水塘。鱼类可以小如鰕虎鱼，体长只有1厘米；也可以大如鲸鲨，体长长达18米。一些鱼类体色绚丽多彩。其他的也许是银灰色，斑驳的绿色，或者是与周围环境融为一体的颜色。许多鱼类以藻类或昆虫幼虫和其他小型动物为食。然而，也有些鱼类是以大型海洋动物为食的凶猛捕猎者。大多数鱼类只会游泳；一些鱼类有特殊的鳍，可以跃出海面滑翔；还有一些鱼类甚至能把鳍当作脚，用来行走。和其他脊椎动物一样，鱼类有各种基本的感觉：视觉、嗅觉、听觉、触觉和味觉。鱼类的感觉器官适应于水中的生活。许多鱼类还有一种额外的感觉器官叫作侧线，可以感知周围环境水流的细微运动和压力的变化，帮助鱼类寻找食物以及避开障碍物。

鱼类的解剖结构

许多鱼类的身体呈流线型，这使得它们在水中能够快速运动。它们的皮肤通常被骨质鳞片保护着。鱼鳞分为四大类。最常见的鱼鳞连接方式是覆瓦状连接。鱼鳞的表面可以粗糙（栉鳞），也可以比较光滑（圆鳞）。一些原始鱼拥有像铠甲一样的鳞片（硬鳞）。鲨鱼的鳞是中空的，像牙齿一样的鳞片（盾鳞），最外面有一层釉质。

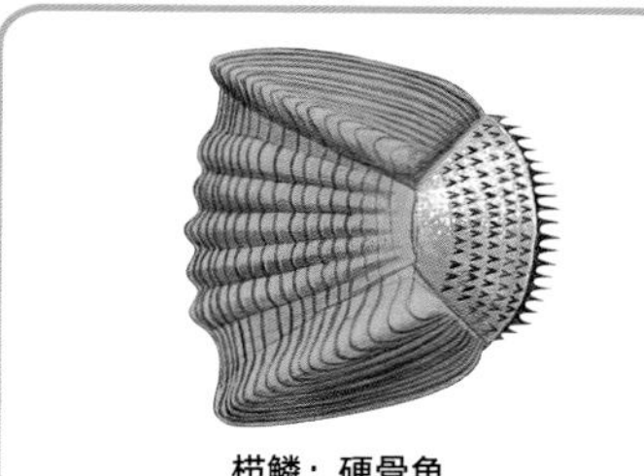
栉鳞：硬骨鱼

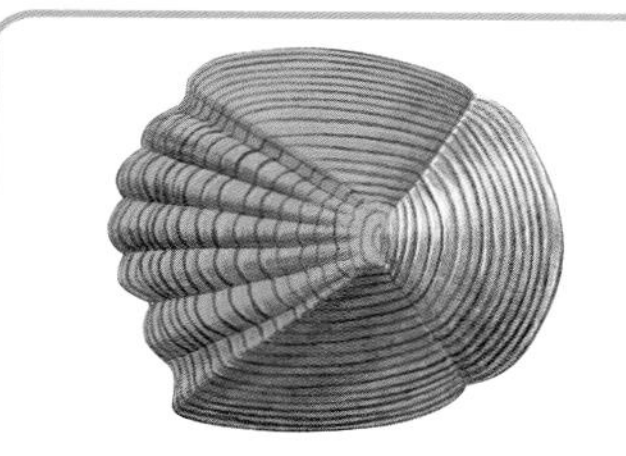
圆鳞：硬骨鱼

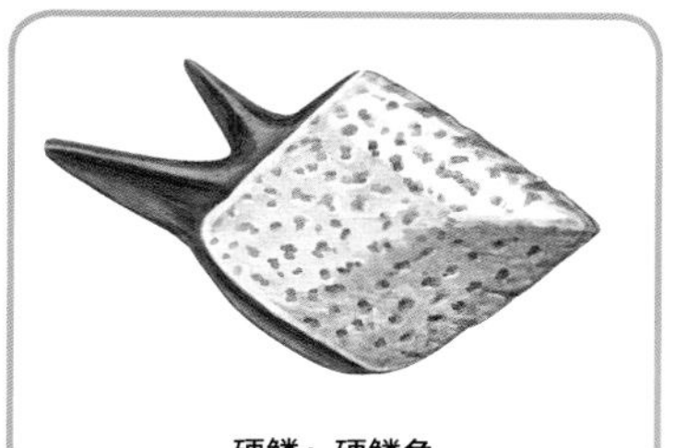
硬鳞：硬鳞鱼

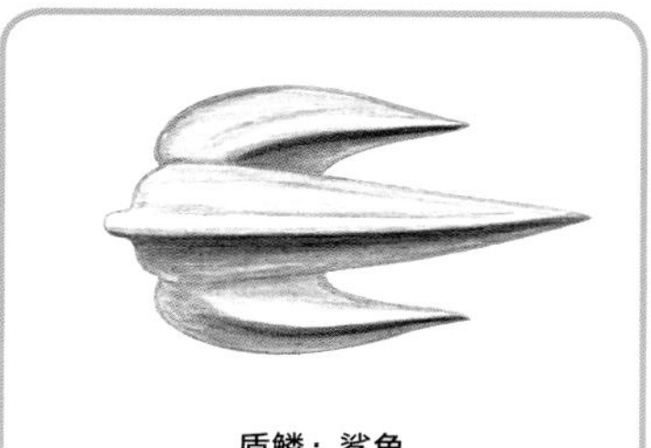
盾鳞：鲨鱼

鱼类的繁殖

大多数硬骨鱼产下大量的鱼卵。鱼卵在雌鱼体外附近水域与雄鱼的精子结合受精。从这些卵中孵化出的幼体通常与成体亲鱼形态差异显著。所有的雄性软骨鱼（如鲨鱼）都将精子注入雌鱼体内。软骨鱼中有些物种的幼体在雌鱼体内或者在硬质的卵壳中发育。软骨鱼幼体一孵出来就像是成体的缩小版。

雄性和雌性麒麟鱼一起游向水面，同时释放卵子和精子。

雄性黑帽后颌将卵含在嘴中孵化，以保护它们免受捕食者威胁。

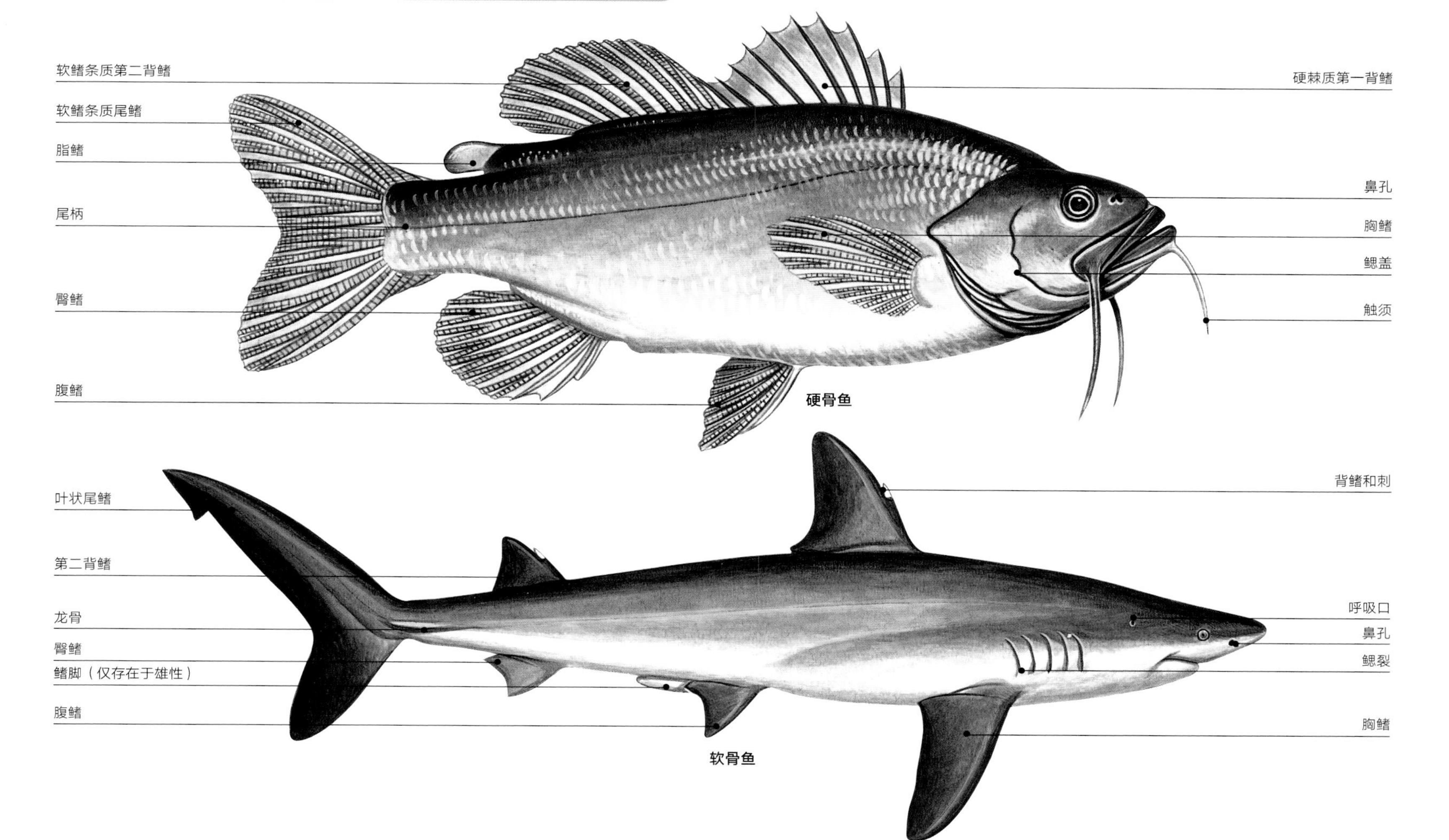

软鳍条质第二背鳍
软鳍条质尾鳍
脂鳍
尾柄
臀鳍
腹鳍
硬棘质第一背鳍
鼻孔
胸鳍
鳃盖
触须

硬骨鱼

叶状尾鳍
第二背鳍
龙骨
臀鳍
鳍脚（仅存在于雄性）
腹鳍
背鳍和刺
呼吸口
鼻孔
鳃裂
胸鳍

软骨鱼

2 纲 · 2 目 · 2 科 · 105 种

无颌鱼

无颌鱼包括盲鳗和七鳃鳗，是最早出现的鱼类之一。大多数早期鱼类在3.6亿万年前灭绝了，但这两个类群存活了下来。盲鳗和七鳃鳗没有颌骨和鳞片。它们的骨骼是由软骨而不是硬骨构成的，软骨是一种弹性材料，支撑人耳的也是软骨。它们的体形与鳗鱼相似，但它们没有偶鳍。盲鳗从皮肤的黏液腺中分泌大量的黏液。这可以使它们变得很滑，让捕食者难以咬住它们。它们吃死掉的或者濒死的鱼和无脊椎动物的肉。成熟的七鳃鳗寄生在体形更大的鱼类身上，吮吸它们的体液。幼年的七鳃鳗通过取食水中的食物颗粒度过几年的幼年期。

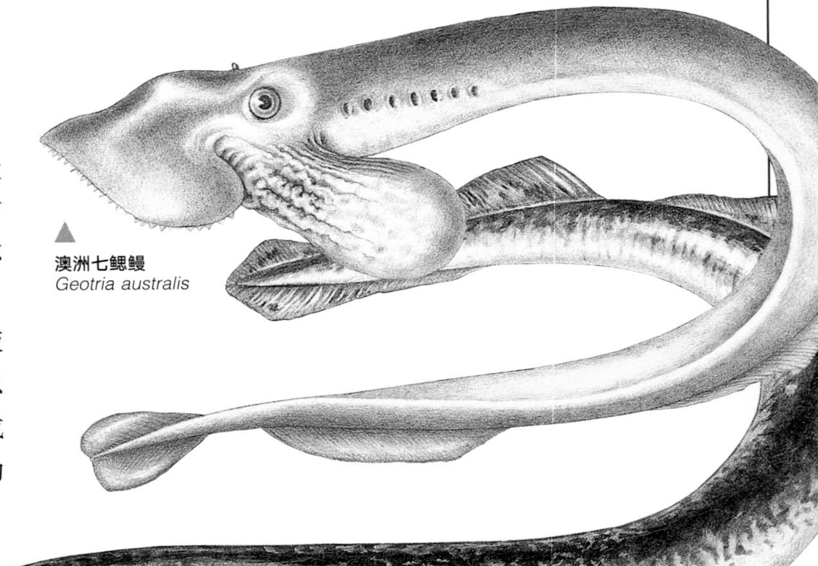

澳洲七鳃鳗
Geotria australis

太平洋七鳃鳗
Lampetra tridentate
贴附在鲸和大型鱼类身上，在太平洋中迁徙。

海七鳃鳗
Petromyzon marinus
幼年时期生活在淡水中，游到海洋中度过成年时期的生活。之后又回到河流中繁殖，最后死亡。

你知道吗？

为了进食，盲鳗用嘴将自己吸附在动物的尸体上，然后将自己打成一个结。它们通过拉动这个结沿着黏滑的身体向头部移动，从而获得足够的力量将肉撕下来。

盲鳗
Myxine glutinosa
七鳃鳗和盲鳗都有圆孔形的鳃裂。

淡水七鳃鳗
Lampetra fluviatilis
不像其他的七鳃鳗，淡水七鳃鳗有着锋利的牙齿。

生存现状

在105种无颌鱼中，有12种被列入《国际自然及自然资源保护联盟（IUCN）红色物种名录》。溪七鳃鳗生活在淡水中，只分布于希腊，现在它属于易危物种，因为它的生存受到了水污染和水坝建造的威胁。

灭绝	0
极危	0
濒危	1
易危	2
其他	9

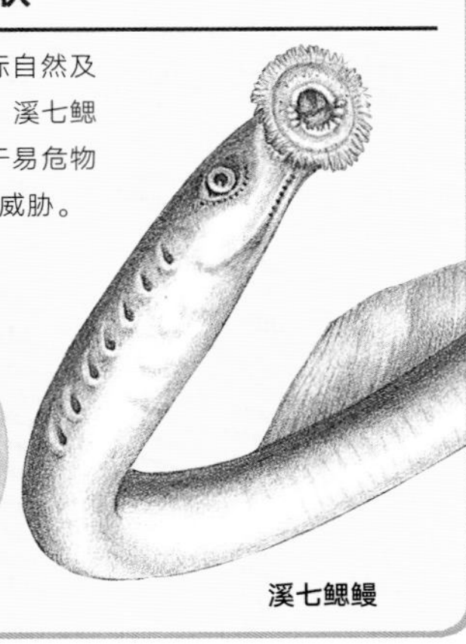

溪七鳃鳗

无颌鱼

无颌鱼生活在全球浅而温暖的水域和热带地区冷而深的水中。盲鳗只生活在海水中，七鳃鳗在淡水中也有分布。

2 亚纲 · 12 目 · 47 科 · 160属 · 999 种

软骨鱼

黑真尾鲨具有很好的保护色。对于下方的动物，它白色的腹部看起来与上方的光线融为了一体。而从上方看，它的背部又隐没在海洋的深邃中。

软骨鱼包括鲨鱼、鳐鱼和它们的近亲，它们的骨架是由软骨而非硬骨组成。鲨鱼已经存在了大约4亿年，而最早的鳐鱼出现在2亿年前。大多数软骨鱼生活在咸水环境中。它们有着强健的下颌，以其他动物为食。它们进行体内受精，雄性将精子释放在雌性体内。雄性有着名叫鳍脚的强壮有力的交配器，看起就像从腹鳍下伸出来的鳍。它们用这个器官将精子注入雌性体内。与大多数鱼类不同，软骨鱼只产下少量的卵。一些软骨鱼产下的卵细胞中含有大量的卵黄，这些卵黄为胚胎发育期的幼体提供充足的营养直至孵化。对于这个类群中的大多数物种，幼体会在雌性体内孕育很长一段时间，直到出生。

生存现状

在999种软骨鱼中，有277种被列入《国际自然及自然资源保护联盟（IUCN）红色物种名录》。蓝长吻鳐曾经在欧洲很常见，现在因被过度捕捞成为了濒危物种。

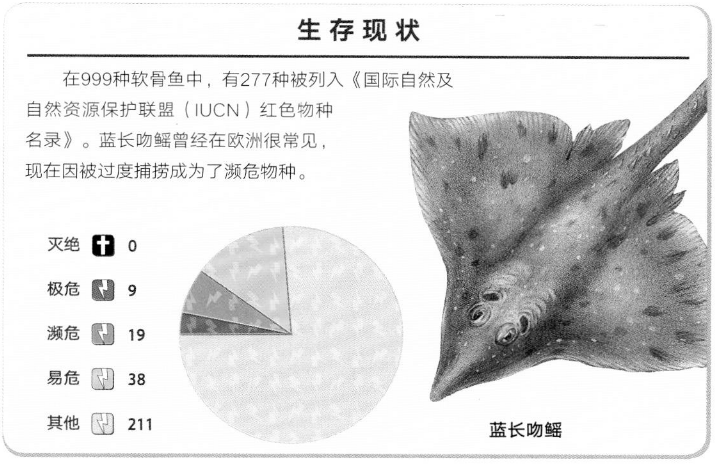

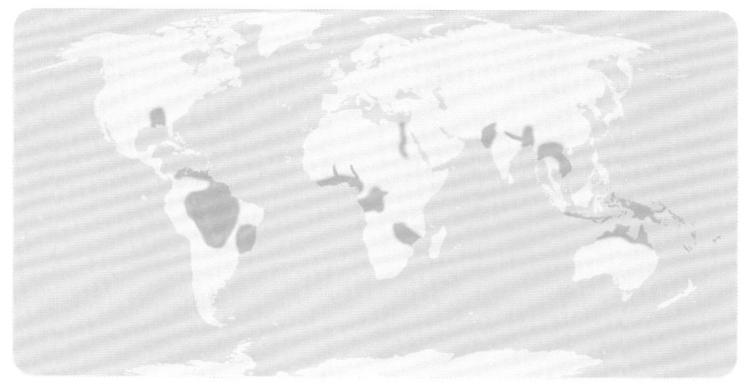

软骨鱼分布在海洋各处。一些物种分布于河流入海口以及淡水河湖。鳐鱼主要生活在海底。

鲨鱼

鲨鱼在所有现存鱼类中只占2%，但它们对全球的海洋至关重要。鲨鱼在海洋环境中扮演着重要角色，因为它们是顶级猎食者，这意味着它们处于或者接近食物链的顶层。如果被商业捕捞或者环境污染害死的鲨鱼太多，所有处于食物链下层的物种都会受到影响。如果没有鲨鱼，一些物种的种群数量会先迅速增加，直到没有它们的食物时，又迅速减小。相比于其他鱼类，鲨鱼出现时通常数量较少。虽然一些鲨鱼有时也会结集大群，但大多数鲨鱼独自生活。鲨鱼也比其他鱼类繁殖得慢，大多数雌性鲨鱼一次产出不到100条幼鱼。只有鲸鲨每次可产300条以上的幼鱼。它们通常到6岁才开始繁殖，而有一些物种直到18岁才准备好交配。

▲ **黑口锯尾鲨**
Galeus melastomus
通常生活在深海中，距离海面可达500米。

▲ **大青鲨**
Prionace glauca
雌性的皮肤是雄性的两倍厚，以应付交配时雄性对它的碰撞和撕咬。

▶ **星鲨**
Mustelus mustelus
有时这些鲨鱼会在海岸边的海底聚集成大群。

▼ **长吻翅鲨**
Galeorhinus galeus
雌性的怀孕时间长达12个月，一胎可产下多达50条幼鱼。

▲ **鼬鲨（虎鲨）**
Galeocerdo cuvier
又被称作“海中垃圾桶”，它会攻击并吃下几乎任何东西，包括漂浮的饮料罐。

◀ **锤头双髻鲨**
Sphyrna zygaena
头有时会被其食物（如黄貂鱼）的倒刺给卡住。它们的幼体有时会集结成大群。

▲ **牛鲨**
Carcharhinus leucas
少数会进入淡水的鲨鱼之一，在亚马孙河距离入海口4200千米远的地方被发现过。

你知道吗？

鲨鱼的牙齿以恒定速率更换，一只鲨鱼一生中可能拥有多达30000枚牙齿。它们的牙齿排成几排，当前排的牙齿磨损、破碎或者掉落时，就会被后面的牙齿替换。

头部捕猎

大白鲨

鲨鱼袭击

许多人认为鲨鱼是无情的猎杀机器，只是为了猎杀而猎杀。这并不是它们的真实行为。鲨鱼只在感到饥饿时才猎杀。大多数鲨鱼物种会回避人类。415种鲨鱼中，只有27种已知曾攻击过人类或者船只。大白鲨通常是昼行性捕食者，以鱼类、头足类、海龟和海洋哺乳动物为食。它也会攻击进入其领域的人类。牙齿能反映很多关于某种鲨鱼食物偏好的信息。角鲨较为扁平的磨牙专为压碎小型的有壳动物设计；大青鲨拥有用于捕杀鱼类和头足类的锯子一样的牙齿；灰鲭鲨的牙齿像针一样，它喜爱捕食体形大而且体表滑的猎物；大白鲨的牙齿硕大、锋利的顶端呈三角形，它一口咬下去就可以从海豚或者海豹的身上扯下一大块肉。

大白鲨生活在南非的海岸，人们可以看到它们跃出水面捕食的情景。

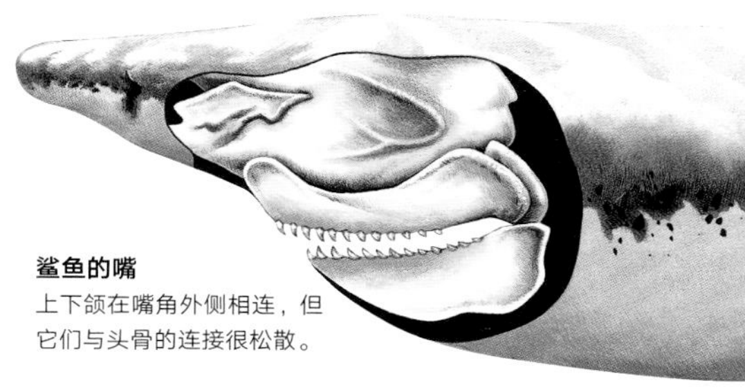
鲨鱼的嘴
上下颌在嘴角外侧相连，但它们与头骨的连接很松散。

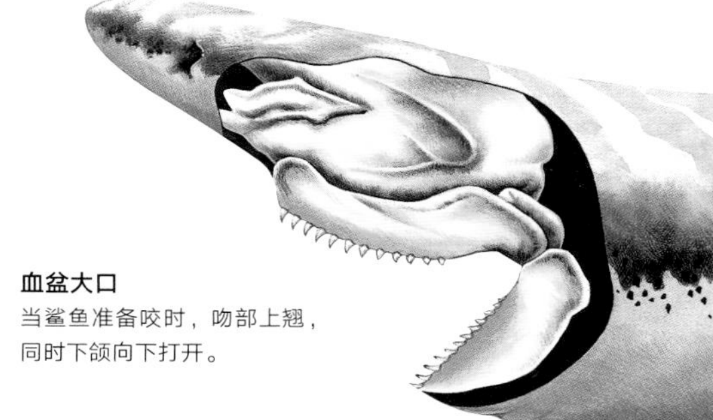
血盆大口
当鲨鱼准备咬时，吻部上翘，同时下颌向下打开。

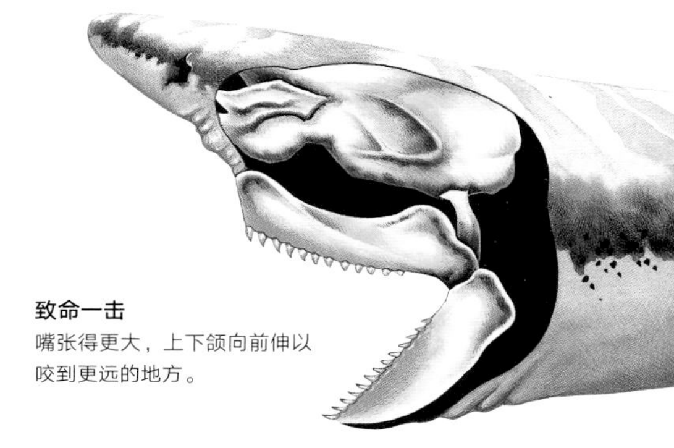
致命一击
嘴张得更大，上下颌向前伸以咬到更远的地方。

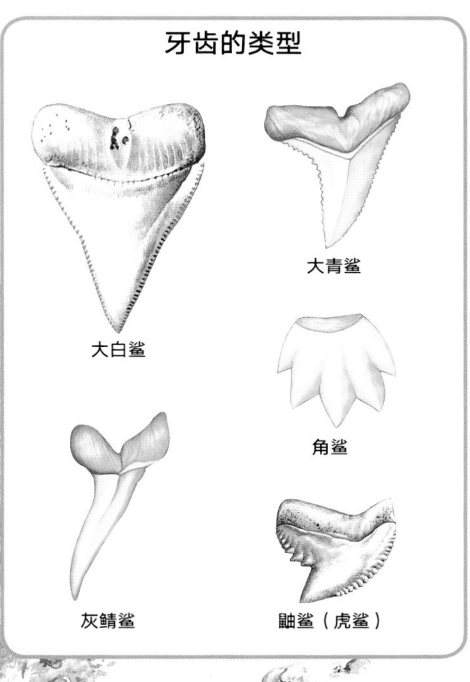

鲨鱼

大多数鲨鱼是强壮而灵巧的游泳健将，擅长捕杀水中的猎物。一些物种还会进行长距离迁徙，在数百千米的范围内搜寻食物。鲨鱼不用像其他鱼类那样频繁地进食，两餐之间可以间隔几个月。它们通常吃鱼和其他小型动物，但最大的鲨鱼可以捕食海龟和海洋哺乳动物，如海豹等。大多数鲨鱼有很好的视觉和异常灵敏的嗅觉。许多物种可以探测到海洋中少量的血液。它们对在水中传播的声波也十分敏感。大多数物种有发育良好的侧线系统，用于检测水中的震动。有些鲨鱼有一种特殊的器官——洛仑兹壶腹，位于头部附近，可以感受到猎物产生的微弱电场。

铰口鲨
Ginglymostoma cirratum
在夜间捕食鳐鱼和其他鱼类，也捕食头足类。

杰克逊港虎鲨
Heterodontus portusjacksoni
在夏季，杰克逊港虎鲨从澳大利亚南部的繁殖地向北迁徙远达800千米。

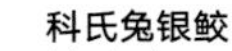

科氏兔银鲛
Hydrolagus colliei
银鲛是一类几乎全部生活在深海海底的鱼类，与鲨鱼和鳐鱼是近亲。

鲸鲨
Rhincodon typus
通过张开大嘴来滤食海水上层的小型动物。

扁鲨
Squatina squatina
通常隐藏在海底，将全身盖上一层沙，只露出两个眼睛。

长吻锯鲨
Pristiophorus cirratus
吻部长着触须，用于寻找海底沉积物中的猎物。

灰六鳃鲨
Hexanchus griseus
白天大部分时间，灰六鳃鲨会待在深达1980米的海水中；晚上，它们会来到海面捕食。

神奇的尾巴

尾鳍的上叶长达3米。鲨鱼依靠尾巴来驱赶、击打，甚至杀死它的猎物

一群游鳍叶鲹

狐形长尾鲨

尾鳍上叶

胸鳍帮助鲨鱼操控方向

豹纹鲨

尾鳍分为一个下叶和一个长长的上叶

鲨鱼的腹鳍起着稳定的作用，因此它不会在水中打起滚来

下叶

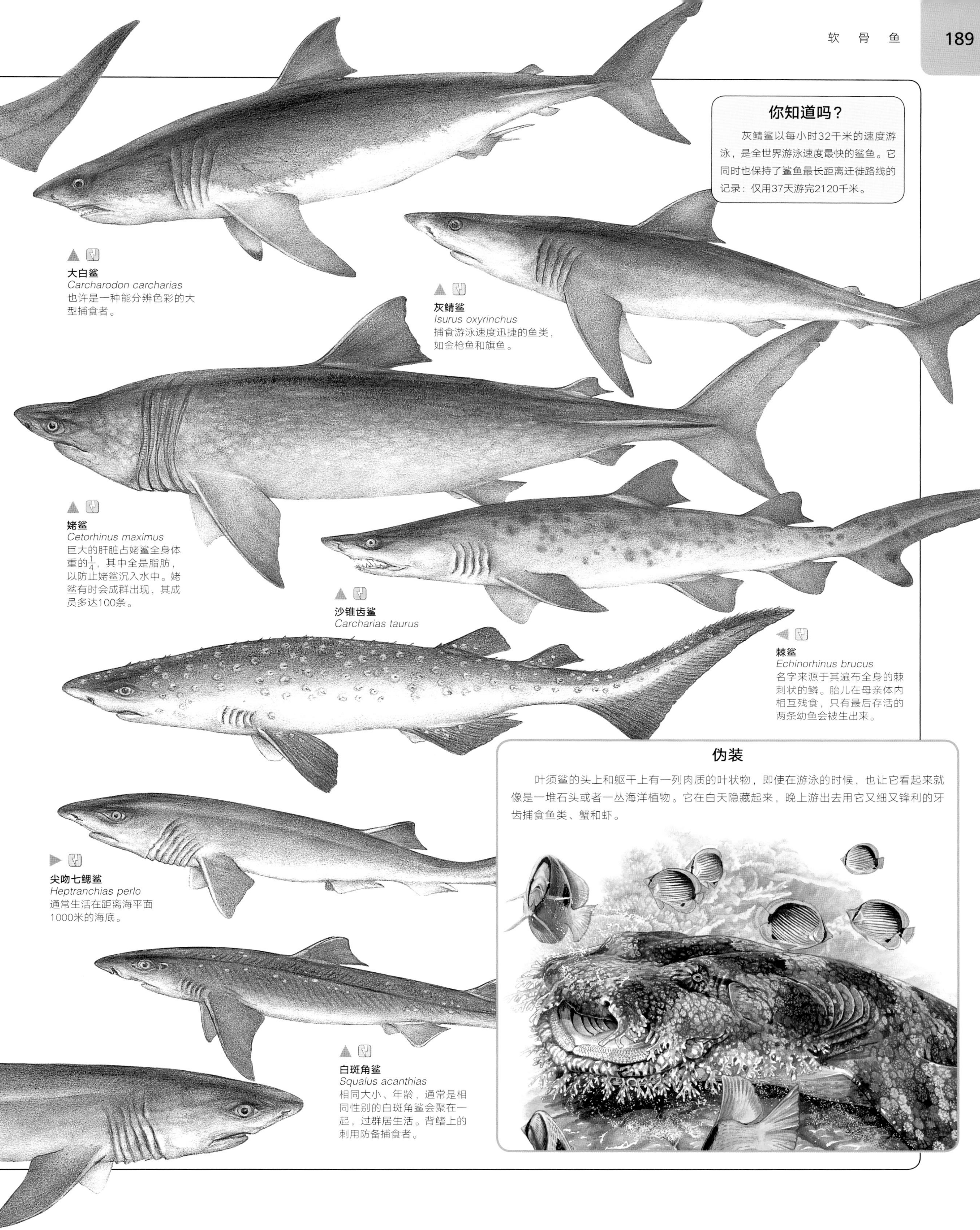

你知道吗？

灰鲭鲨以每小时32千米的速度游泳，是全世界游泳速度最快的鲨鱼。它同时也保持了鲨鱼最长距离迁徙路线的记录：仅用37天游完2120千米。

大白鲨
Carcharodon carcharias
也许是一种能分辨色彩的大型捕食者。

灰鲭鲨
Isurus oxyrinchus
捕食游泳速度迅捷的鱼类，如金枪鱼和旗鱼。

姥鲨
Cetorhinus maximus
巨大的肝脏占姥鲨全身体重的$\frac{1}{4}$，其中全是脂肪，以防止姥鲨沉入水中。姥鲨有时会成群出现，其成员多达100条。

沙锥齿鲨
Carcharias taurus

棘鲨
Echinorhinus brucus
名字来源于其遍布全身的棘刺状的鳞。胎儿在母亲体内相互残食，只有最后存活的两条幼鱼会被生出来。

尖吻七鳃鲨
Heptranchias perlo
通常生活在距离海平面1000米的海底。

白斑角鲨
Squalus acanthias
相同大小、年龄，通常是相同性别的白斑角鲨会聚在一起，过群居生活。背鳍上的刺用防备捕食者。

伪装

叶须鲨的头上和躯干上有一列肉质的叶状物，即使在游泳的时候，也让它看起来就像是一堆石头或者一丛海洋植物。它在白天隐藏起来，晚上游出去用它又细又锋利的牙齿捕食鱼类、蟹和虾。

鳐鱼

鳐鱼是鲨鱼的近亲，它们扁平的体形适合海洋底栖型生活，大部分鳐鱼都分布在海底。它们长着巨大的腹鳍，从吻部延伸到尾基。这对鳍与身体和头部融为一体，形成一个三角形、圆形或者宝石形的体盘。它们的嘴在体盘的下面，而眼睛在上面。鳐鱼的头部前方有两个叫作“呼吸孔”的开口，经常会被误认为是眼睛，实际上鳐鱼用它们来呼吸。水从呼吸孔被吸入再经过鳃流出，这个过程使得鳐鱼即使将口埋入海底沉积物中，也能呼吸自如。它们的牙齿用来咬碎猎物。

双吻前口蝠鲼
Manta birostris
经常去“清洁站”，那儿的小鱼会为它们剔除身上的寄生虫。它们展开的鳍两端之间距离可以达到8.8米长。

石纹电鳐
Torpedo marmorata
用其眼睛附近的发电器官产生电流击晕或者杀死猎物。

真锯鳐
Pristis pristis
狭长平直的吻部整整齐齐地排列着多达20对针状牙齿。真锯鳐在捕食时会挥动长吻，击晕、杀死鱼类和头足类动物。

大西洋犁头鳐
Rhinobatos lentiginosus
犁头鳐看起来就像鲨鱼和鳐鱼的过渡阶段。它们通常将自己埋在海滩沿岸泥沙的最顶层。

蝠鲼的取食

一些蝠鲼，生活在开阔水域。蝠鲼取食浮游动物这类的小型动物。它们用头两侧特化的一对鳍将浮游动物吸入口中，然后从水中过滤并吞下浮游动物。人们观察到，蝠鲼群在取食时，会在浮游动物丰富的水域的水面排列成环形游动。

背棘鳐
Raja clavata

你知道吗？

蝠鲼是地球上体形最大的鱼类之一。蝠鲼体宽可达7米，体重可达1000千克。尽管它们体形庞大，但有些蝠鲼仍然可以跃出水面。

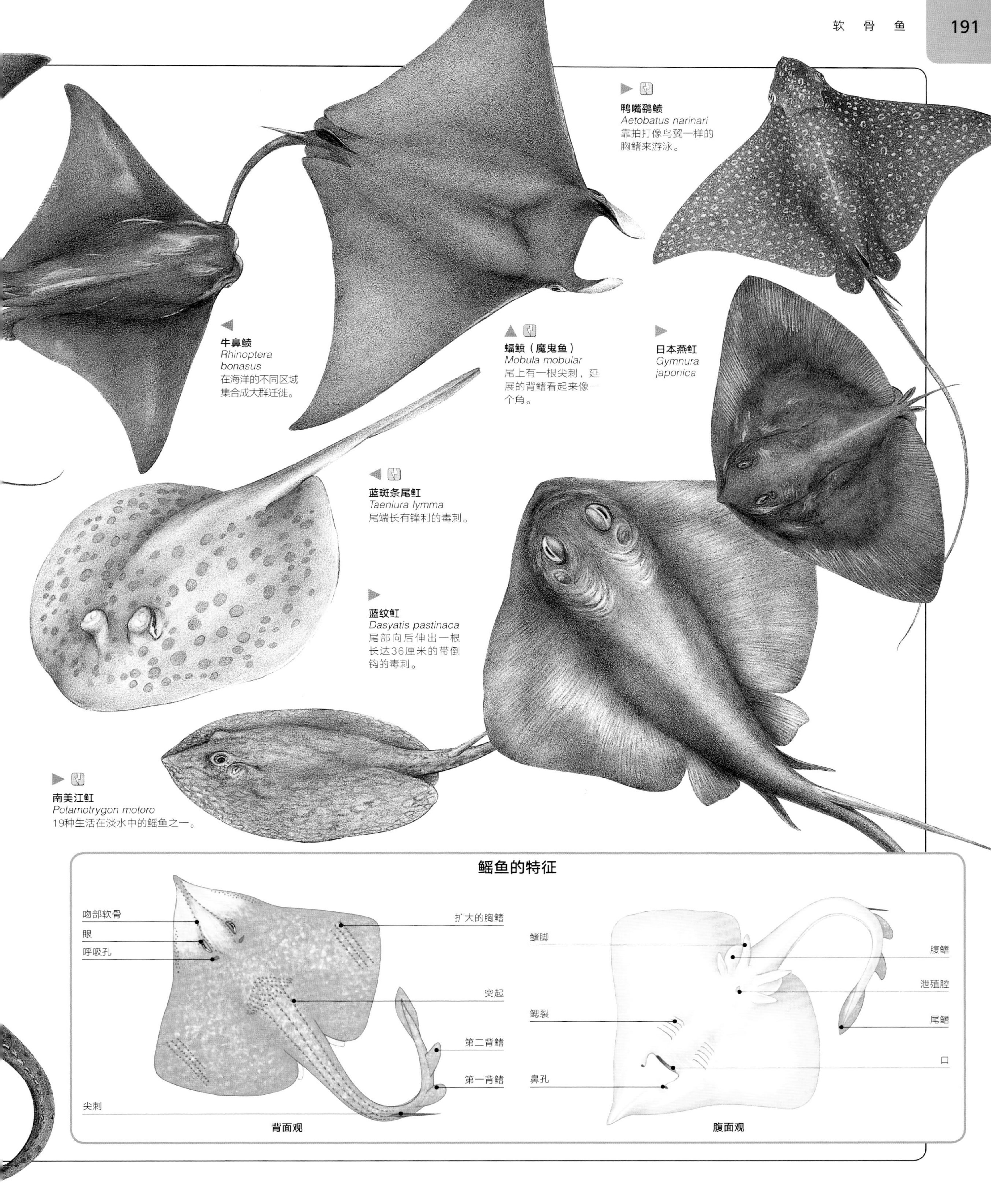

鸭嘴鹞鲼
Aetobatus narinari
靠拍打像鸟翼一样的胸鳍来游泳。

牛鼻鲼
Rhinoptera bonasus
在海洋的不同区域集合成大群迁徙。

蝠鲼（魔鬼鱼）
Mobula mobular
尾上有一根尖刺，延展的背鳍看起来像一个角。

日本燕魟
Gymnura japonica

蓝斑条尾魟
Taeniura lymma
尾端长有锋利的毒刺。

蓝纹魟
Dasyatis pastinaca
尾部向后伸出一根长达36厘米的带倒钩的毒刺。

南美江魟
Potamotrygon motoro
19种生活在淡水中的鳐鱼之一。

2 纲 · 48 目 · 455 科 · 3080属 · 24673 种

硬骨鱼

翱翔蓑鲉是极具攻击性的捕食者，它们白天隐藏起来，晚上外出捕食。它们偷偷接近小鱼和小虾并用扇子一样的胸鳍将它们驱赶到一个角落。

硬骨鱼主要分为肉鳍鱼和辐鳍鱼两个大类。它们的鳍由复杂的肌肉和骨骼组成，相较于其他鱼类，它们在游泳时能更好地控制鳍的运动。许多硬骨鱼既能前进又能后退，一些物种甚至能在水中悬停。通过增加或减少鱼鳔（鱼体内的一个储气的囊）中的空气的量来改变它们的浮力，辐鳍鱼可以更好地控制运动。

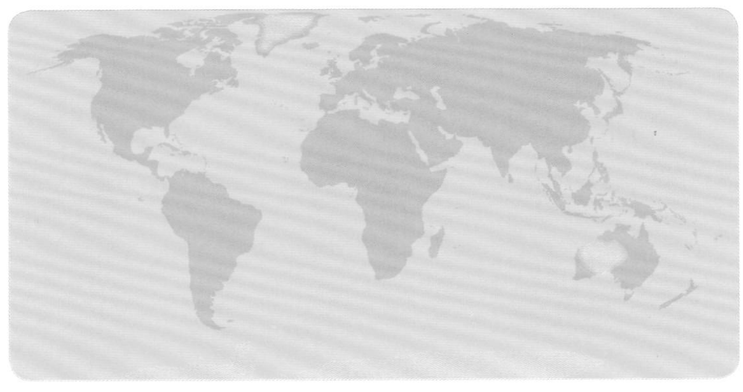

硬骨鱼

硬骨鱼几乎生活在世界各地它们可能进入的水体环境中。它们中的一些物种甚至可以在干涸的河道中生存。在近岸水域，硬骨鱼的数量最多，多样性也最高。

硬骨鱼的特征

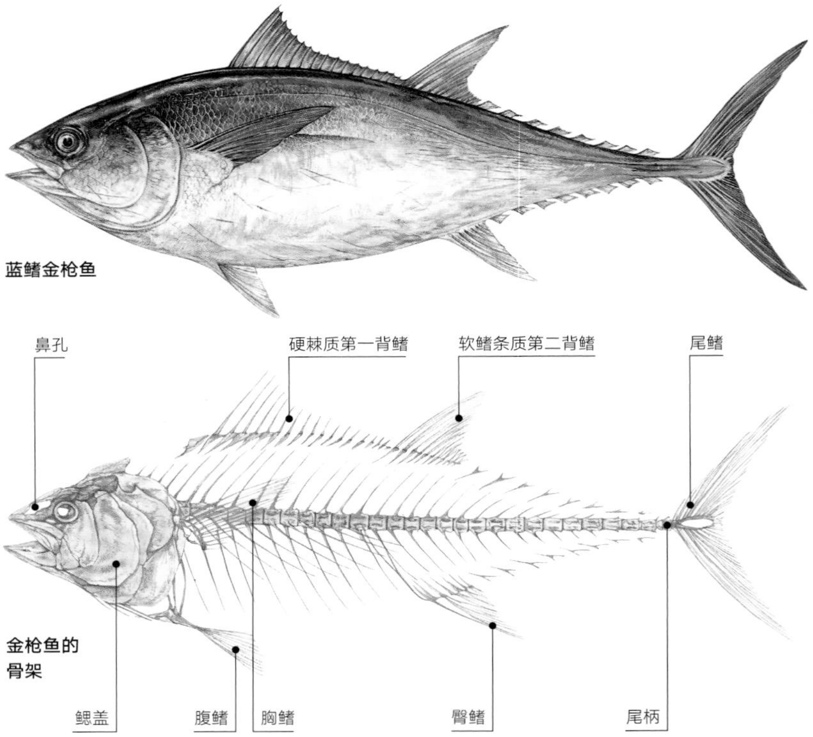

蓝鳍金枪鱼

金枪鱼的骨架

鼻孔

硬棘质第一背鳍

软鳍条质第二背鳍

尾鳍

鳃盖

腹鳍

胸鳍

臀鳍

尾柄

肉鳍鱼

肉鳍鱼属于一个古老的类群，早在4亿年前，最早的鲨鱼出现时它们就生活在地球上。最早的陆生脊椎动物很可能就是从这个类群进化而来的。现在，这个类群仅有的幸存者是九种肺鱼和两种矛尾鱼。它们都有肉质的鳍，这些鳍由肌肉和骨骼组成，比起大多数其他现生鱼类的扇状鳍，它们与四足脊椎动物的四肢更为相似。曾经有人甚至认为肺鱼是两栖动物或爬行动物。肺鱼的幼体用鳃呼吸，但成年之后，除了一种肺鱼之外，其他肺鱼都通过肺进行呼吸。肺鱼生活在热带地区的淡水中。大部分肺鱼在地洞里度过干旱的季节，它们会用黏液把自己包裹起来，黏液干了以后就会变成茧。腔棘鱼生活在海洋中，用鳃呼吸。

肺鱼是如何呼吸的？

澳洲肺鱼有一个肺。当它们的鳃被淤泥堵塞时，它们会用口将空气吸入肺中。澳洲肺鱼不像有两个肺的非洲肺鱼和美洲肺鱼，所以当环境完全干燥时，它们是无法生存的。

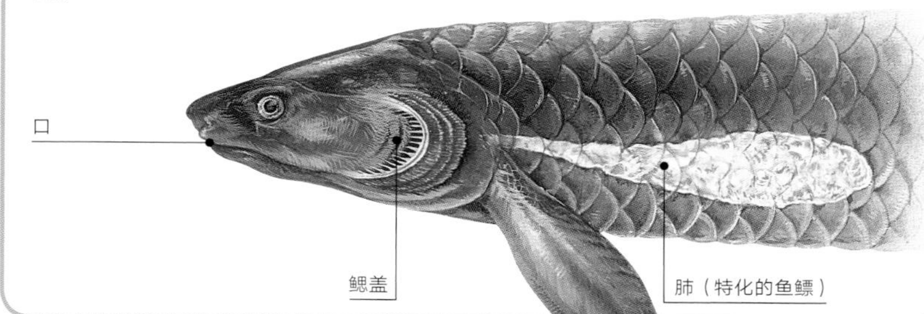

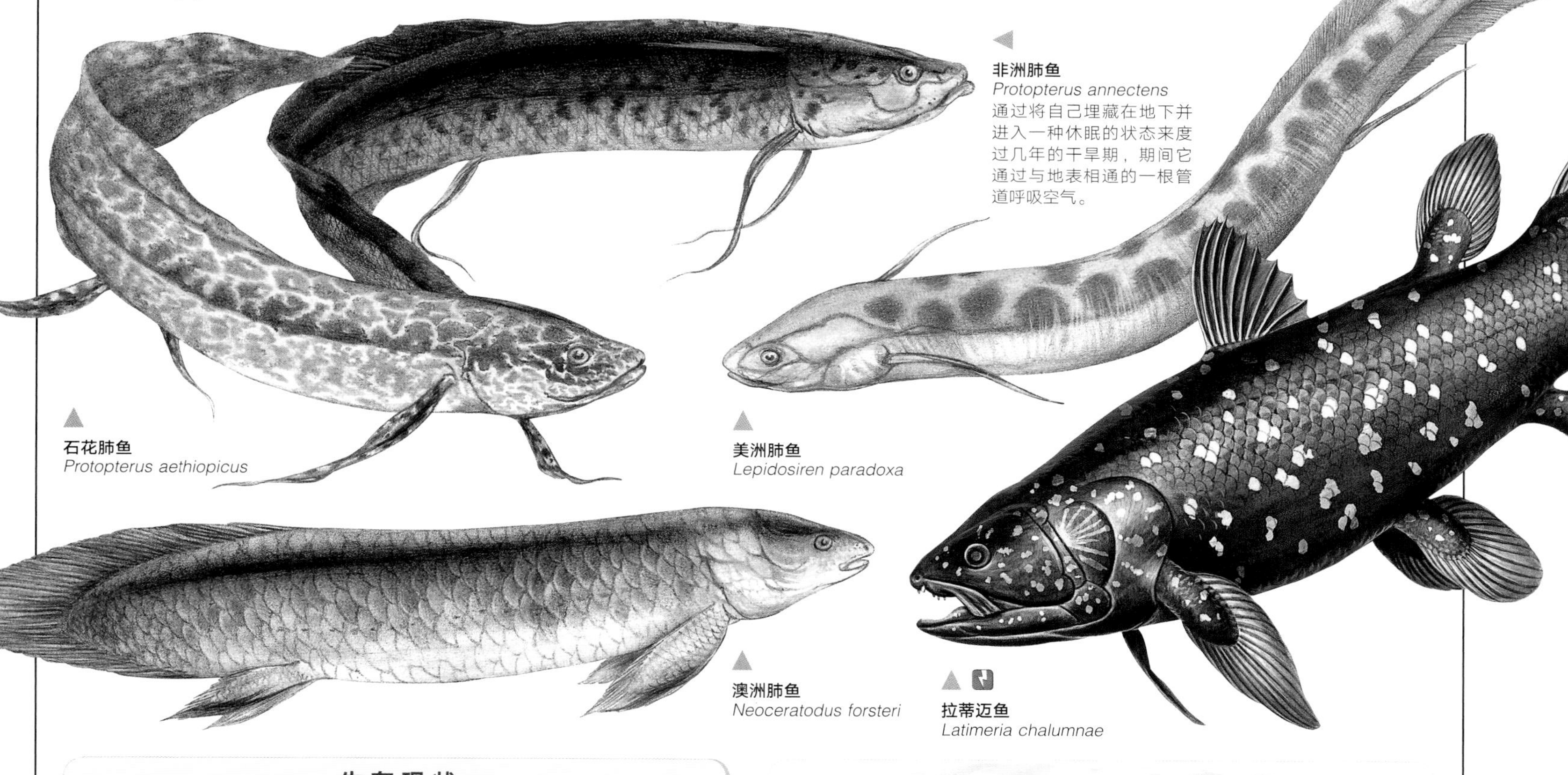

非洲肺鱼
Protopterus annectens
通过将自己埋藏在地下并进入一种休眠的状态来度过几年的干旱期，期间它通过与地表相通的一根管道呼吸空气。

石花肺鱼
Protopterus aethiopicus

美洲肺鱼
Lepidosiren paradoxa

澳洲肺鱼
Neoceratodus forsteri

拉蒂迈鱼
Latimeria chalumnae

生存现状

在11种肉鳍鱼中，有一种被列入了《国际自然及自然资源保护联盟（IUCN）红色物种名录》。极度濒危的拉蒂迈鱼生活在印度洋的科摩罗群岛海域。它一度被认为已于大约6500万年前与恐龙一起灭绝，但在1938年被重新发现。

灭绝 0
极危 1
濒危 0
易危 0
其他 0

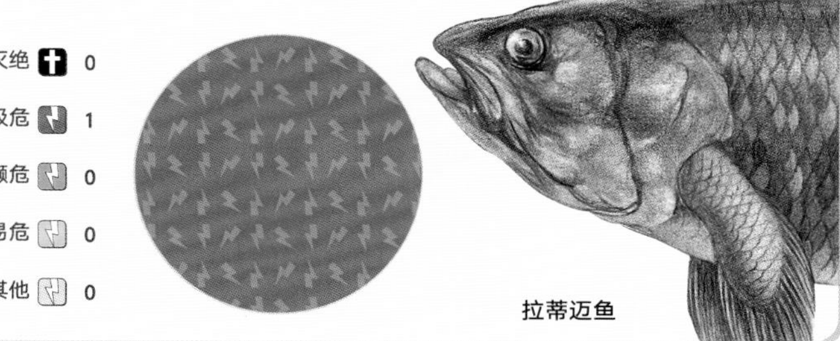
拉蒂迈鱼

肺鱼和腔棘鱼

肺鱼生活在非洲、南美洲和澳大利亚的淡水中。一种腔棘鱼生活在印度尼西亚苏拉威西岛附近的水域，另外一种，也就是拉蒂迈鱼，则生活在印度洋。

原始辐鳍鱼

大多数硬骨鱼类是辐鳍鱼类，鲟鱼和匙吻鲟是其中最原始的辐鳍鱼类，它们有着铠甲一样的鳞片。它们的一些特征通常只是出现在软骨鱼（例如鲨鱼）中的，比如呼吸孔和鳃盖。与鲟鱼和匙吻鲟一样，雀鳝可能也与早期的硬骨鱼外形相似，它们长着原始的、互相嵌套的鳞片。它们是极具攻击性的捕食者，长着长长一排锋利的牙齿。雀鳝通常居住在含氧量较低的沼泽水域，它们通过可像肺一样呼吸空气的鱼鳔来维持生存。其他的原始辐鳍鱼包括骨舌鱼、弓背鱼和长颌鱼。这些鱼类只生活在淡水水域。它们舌头上不同寻常的齿状骨，可以与长在上颌的牙齿相互咬合。

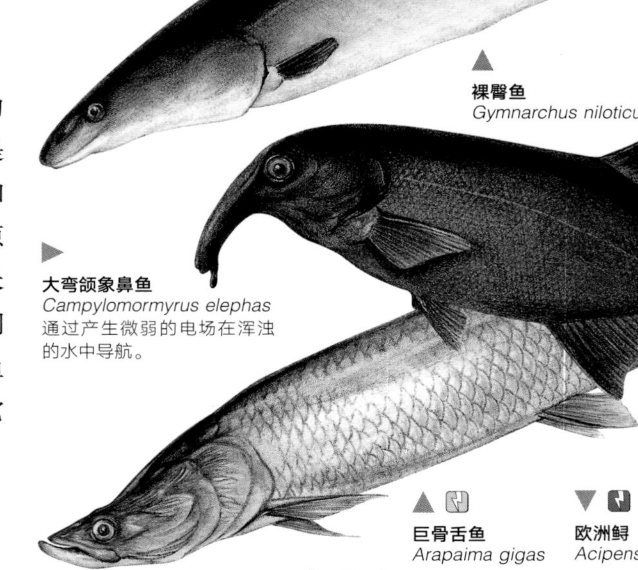

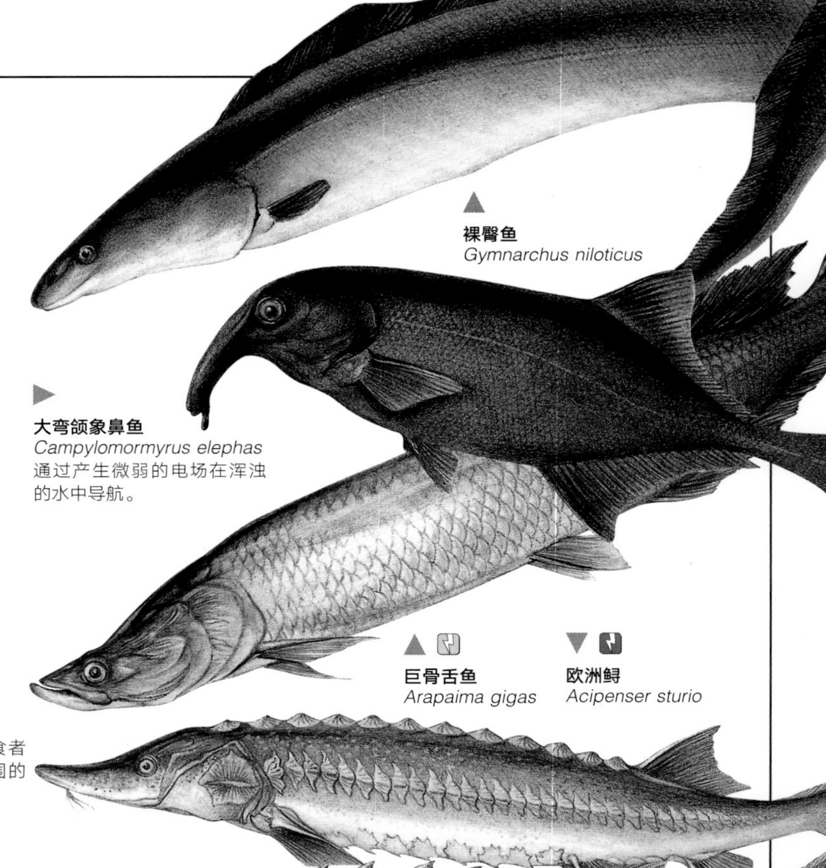

裸臀鱼
Gymnarchus niloticus

大弯颌象鼻鱼
Campylomormyrus elephas
通过产生微弱的电场在浑浊的水中导航。

巨骨舌鱼
Arapaima gigas

欧洲鲟
Acipenser sturio

齿蝶鱼
Pantodon buchholzi
将自己伪装成漂浮的植物，张开大嘴捕捉昆虫。

铠甲弓背鱼
Chitala chitala
雄性负责保卫卵不受捕食者侵袭，并用尾鳍扇动周围的水流来增加含氧量。

欧洲鳇
Huso huso
因是世界上最昂贵的鱼而知名，取材于它的鱼子酱是鲟鱼中最富赞誉的。

尖吻鲟
Acipenser oxyrinchus

魏氏多鳍鱼
Polypterus weeksii

长吻雀鳝
Lepisosteus osseus
一种以极快速度伏击猎物的捕食者。

弓鳍鱼
Amia calva
可以直接呼吸空气，生活在北美洲高温低氧的沼泽地带的湖泊和河流中。

白鲟
Psephurus gladius

生存现状

在276种原始辐鳍鱼中，有29种被列入《国际自然及自然资源保护联盟（IUCN）红色物种名录》。鲟鱼的种群数量（如欧洲的濒危物种和闪光鲟）在20世纪后期急剧减少。太多鲟鱼因为它们的肉和未受精的卵（用来做鱼子酱）而被捕杀。

类别	数量
灭绝	0
极危	6
濒危	12
易危	7
其他	4

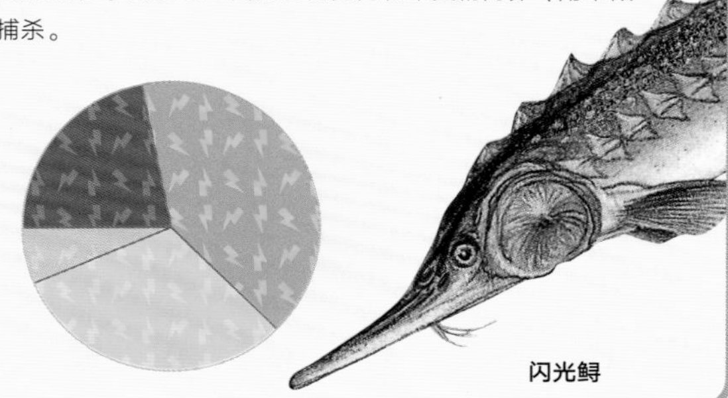

闪光鲟

雀鳝、鲟和骨舌鱼

雀鳝生活在北美洲和中美洲，鲟鱼生活在北半球的温带地区。骨舌鱼生活在美洲、非洲、亚洲和澳大利亚的热带地区。

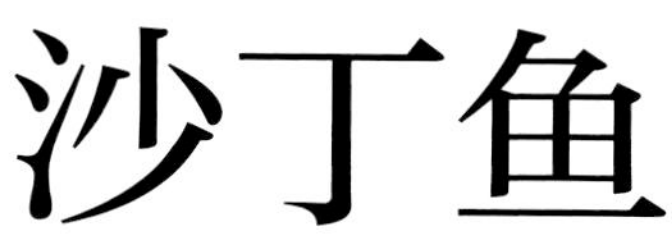

沙丁鱼

沙丁鱼和它们的近亲组成了鲱形目，这个目包含一些最重要的经济鱼类，如鲱鱼、沙丁鱼、鳀鱼和西鲱。它们拥有流线型的身体、大块的银色鳞片和叉形尾。大多数物种在海洋中的近岸水域集结成大群生活。一些物种可能花费几年的时间进行长达几千千米的大规模迁徙。大多数沙丁鱼以从水中滤食浮游动物等小型动物为生。由于食物条件的变化，这个类群经历着“大爆发-大灭亡”的周期性种群数量变化。它们的种群数量可能快速减少，大量个体集体死亡。但这些鱼类从幼年期开始就可以快速繁殖，因此当环境好转时它们的数量也会快速恢复。

泰鲱
Sprattus sprattus
经常作为罐装沙丁鱼的小鱼。

欧洲沙丁鱼
Sardina pilchardus

宝刀鱼
Chirocentrus dorab
贪婪的捕食者，结集成大群捕食小鱼；它的嘴里长满了许多锋利的牙齿。

大西洋鲱鱼
Clupea harengus

秘鲁鳀鱼
Engraulis ringens

脂眼鲱
Etrumeus teres

美洲真鰶
Dorosoma cepedianum
生活在淡水或者咸水中；幼鱼集结成大群，但成鱼通常单独行动。

金色小沙丁鱼
Sardinella aurita

美洲西鲱
Alosa sapidissima
每一条成年的雌鱼可以产下多达60万枚卵。

生存现状

在378种沙丁鱼和它们的近亲中，有14种被列入《国际自然及自然资源保护联盟（IUCN）红色物种名录》。西鲱虽然还不是保护动物，但其种群动态一直被监测着。成鱼从海洋迁徙到欧洲的溪流中。现在这些河流中许多已经被污染了，而且水流也被堤坝阻隔起来了。

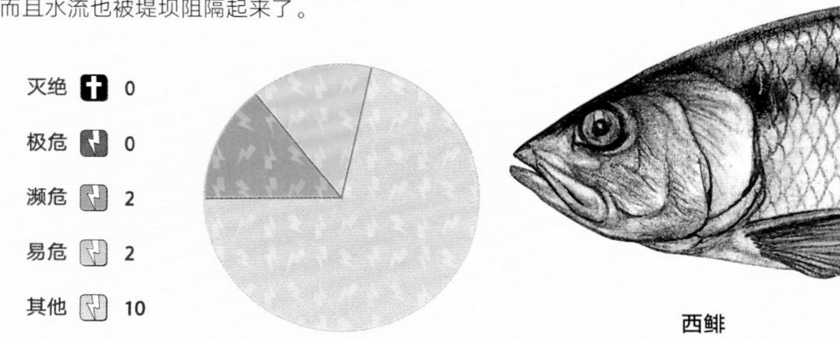

西鲱

捕捞沙丁鱼

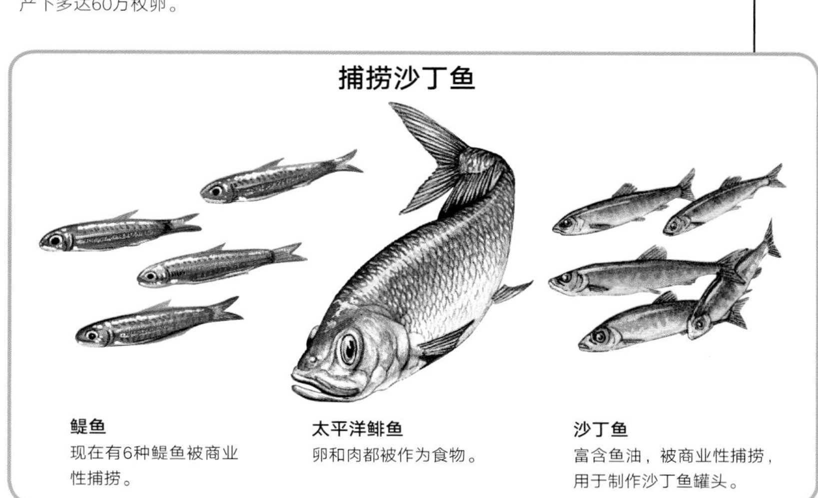

鳀鱼
现在有6种鳀鱼被商业性捕捞。

太平洋鲱鱼
卵和肉都被作为食物。

沙丁鱼
富含鱼油，被商业性捕捞，用于制作沙丁鱼罐头。

鳗鱼

鳗鱼加上其近亲——类鳗鱼，共有900种。它们都以柳叶状小鱼形态开始一生。这些小鱼完全透明，形状像一条丝带，可在海洋中漂流长达3年之久。之后它们变成成体形态的缩小版。大多数物种生活在海洋中或者河口附近的河流里。最大的类群是真鳗鱼类，包括海鳗、康吉鳗和鳗鲡。它们有着长长的身体，大多数物种没有腹鳍和胸鳍。成体时期，许多类鳗鱼与真鳗鱼形态差异明显。大海鲢和北梭鱼有着叉状的尾鳍和大片的泛着金属光泽的鳞片。深海鱼囊咽鱼没有鳞片。它们有着巨大的嘴和伸缩性极强的胃，以保证它们能吞下难得的丰盛大餐。

豆点裸胸鳝
Gymnothorax favagineus

欧洲鳗鲡
Anguilla anguilla

双犁裸胸鳝
Gymnothorax griseus

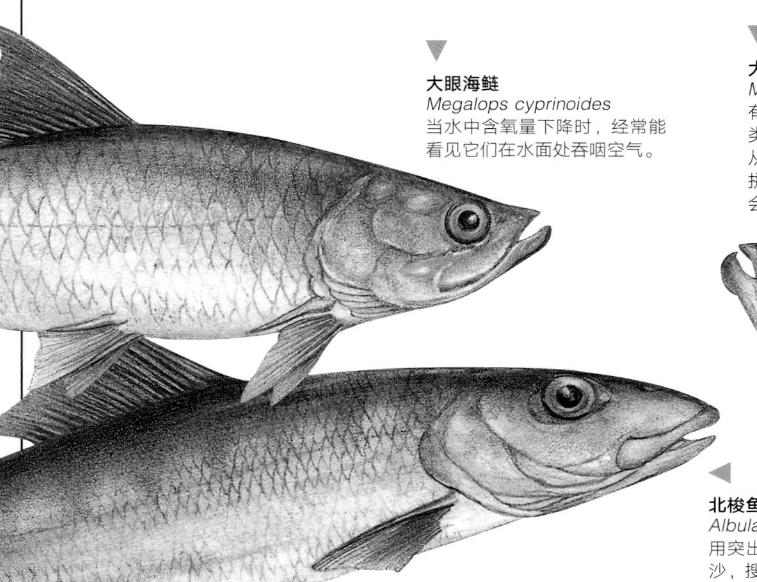

大眼海鲢
Megalops cyprinoides
当水中含氧量下降时，经常能看见它们在水面处吞咽空气。

大西洋大海鲢
Megalops atlanticus
有时被称作全球最大的垂钓鱼类。它们非常难被捕捉，而且从水中拉上岸的过程中它们会拼命地挣扎，激烈的搏斗过程会持续几个小时。

北梭鱼
Albula vulpes
用突出的吻部刨开海底的泥沙，搜寻小型动物为食。

康吉鳗
Conger conger

囊咽鱼
Saccopharynx ampullaceus
与其他囊鳃鳗一样，囊咽鱼可以生活在深达3000米的深海中。

鳗鱼花园

至少有20种康吉鳗或者花园鳗终生生活在聚落当中，它们从海洋底部的沙地或者泥地中“生长”出来，尾部和至少一半的身体通过黏液永久性地固定在洞穴之中。头部通常随着水流摆动，而当捕食者出现的时候就会缩回洞穴中，康吉鳗通过它短短的朝天打开的嘴巴捕食水中的浮游动物。即使是在交配的时候，它们也从不离开洞穴，它们与最邻近的异性将头和躯干缠绕在一起，释放卵细胞和精子。花园鳗的一个聚落可以包括几千个成员。在距离海平面300米深的地方可以找到它们。

斑点花园鳗
Heteroconger hassi
在大型的聚落中生活，聚落隐藏在珊瑚礁附近的沙质海底中。

神秘的迁徙

淡水鳗鱼的生活

欧洲鳗鲡和近亲美洲鳗鲡有着复杂的生活史，其迁徙的距离超过11250千米。两个物种都在西大西洋马尾藻海的咸水水域释放卵细胞和精子。这个地点的具体位置至今仍是一个未解之谜。在成年后的大部分时间里，欧洲鳗鲡生活在整个欧洲和北非的淡水流域，美洲鳗鲡则会向西进入北美洲的淡水流域生活，直到重返马尾藻海去繁殖下一代。

暖流
寒流
马尾藻海

欧洲鳗鲡的分布范围
产卵场
暖流
寒流

欧洲鳗鲡搭乘暖流从马尾藻海旅行到欧洲西北部的沿海地带。它们成年后搭乘寒流返回。

幼鱼在洋流中漂浮，度过它们一生中的前几年。当到达欧洲西北部的沿海地带时，它们是只有5~10厘米长的微型鳗鱼。

成年的欧洲鳗鲡会在与北大西洋、波罗的海和地中海相通的淡水江河、溪流和湖泊中度过6~20年。

1. 旅程的开始
欧洲鳗鲡在百慕大三角附近的马尾藻海的咸水中繁殖。形如柳叶的幼体搭乘洋流向东北方向漂流长达3年。

2.脱胎换骨的变态
当它们到达欧洲西北部的沿海地带时，幼体变态为青年期，成为几乎全透明的鳗鱼，被称作玻璃鳗鱼。当身体颜色变得更深时，它们被称作白仔鳗。当成为成熟的黄色鳗鱼时，它们游进淡水湖泊和河流。

3. 漫长的一生
雄性成年黄色鳗鱼可以长到长达70厘米。雌性长达130厘米。它们的生长速度取决于所处的水温和所能获得食物的数量。它们的眼睛越长越大而且腹部变得闪闪发光。现在，它们被称作银色鳗鱼。

4. 成年礼迁徙
银色鳗鱼最终游到下游进入大西洋，回到它们出生的马尾藻海。它们的生殖细胞在迁徙过程中生长成熟，而它们在这个过程中却不吃不喝。

鲶鱼和鲤鱼

鲶鱼、鲤鱼和它们的近亲是全球淡水水域中最为常见的鱼类。这一类群拥有超过7000个物种。当它们面对危险时，大多数物种能从特化的皮肤细胞中分泌化学物质，提醒身边的其他鱼警惕危险。它们也有一系列增强听力的骨头。这一类群中最大的目是鲤形目，包括金鱼、鲦鱼和其他许多风靡全球的饲养在水族箱中的观赏鱼。另一个目，脂鲤目，包含食人鱼，它们生活在南美洲的河流，因噬食跌落入河流中的动物而出名。对人无害的脂鲤也属于这个目。鲶鱼最显眼的特征是嘴周边的触须，它们用这些触须寻找食物。

生存现状

在7023种鲶鱼、鲤鱼和它们的近亲中，有70种被列入《国际自然及自然资源保护联盟（IUCN）红色物种名录》。与其他地区的淡水鱼一样，农业开垦和城市扩张对其栖息地的破坏，致使亚洲黑鳍袋唇鱼的生存受到了威胁，导致濒危。

灭绝	1
极危	10
濒危	8
易危	22
其他	29

黑鳍袋唇鱼

鲤鱼
Cyprinus carpio
虽然鲤鱼原产于亚洲，但目前已经被大部分其他大洲引入。

虱目鱼
Chanos chanos
在整个东南亚被作为重要的食物来源，在池塘里养殖。

电鲶
Malapterurus electricus

花鳍歧须鮠
Synodontis angelicus

三角灯鱼
Rasbora heteromorpha

黑龙江鳑鲏
Rhodeus sericeus
雌性曾经被用于怀孕检测：在被注射了怀孕妇女的尿液后，它们会长出产卵管。

胭脂鱼
Myxocyprinus asiaticus

北方须鳅
Barbatula barbatula

侧条无须鲃
Puntius lateristriga

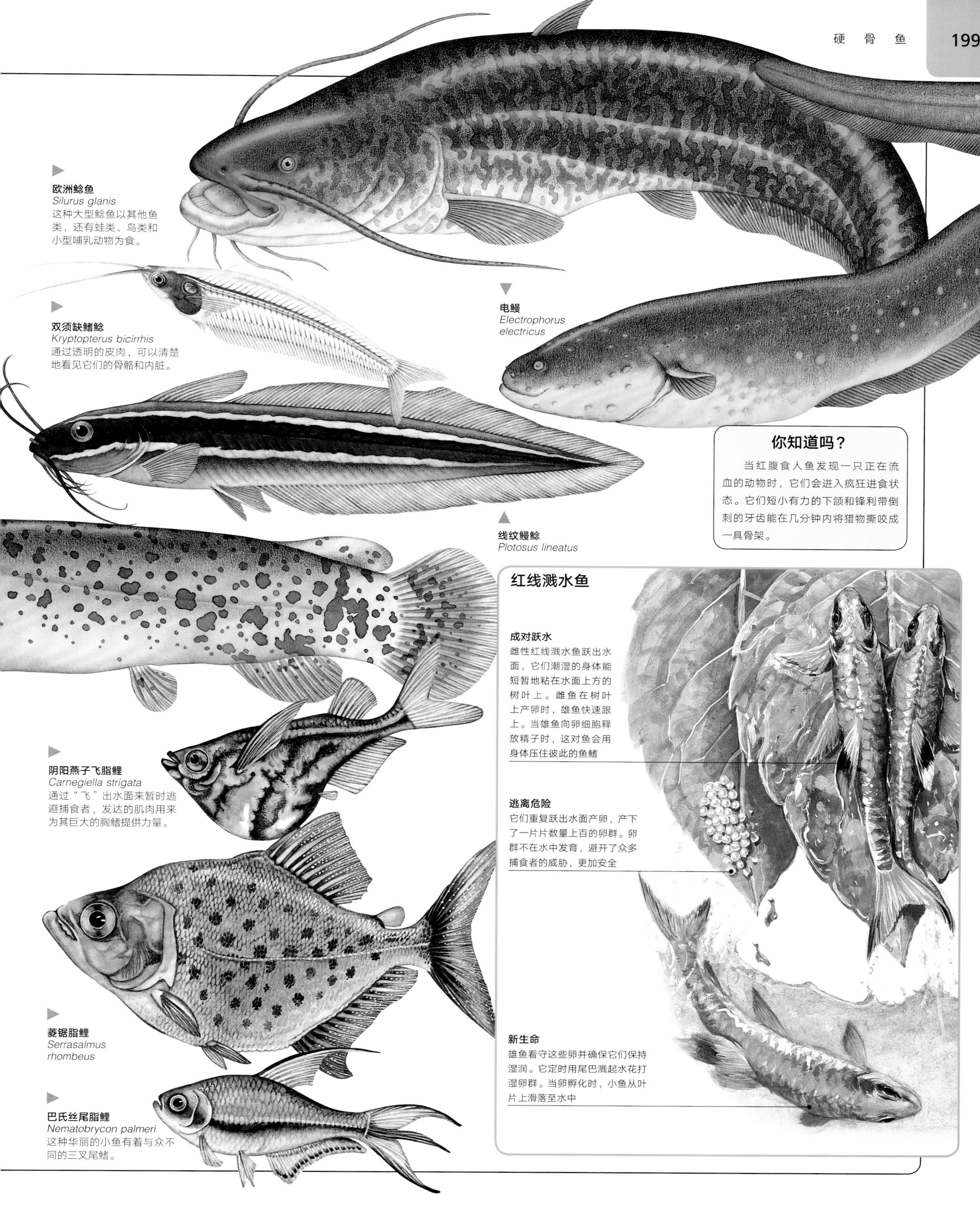

欧洲鲶鱼
Silurus glanis
这种大型鲶鱼以其他鱼类，还有蛙类、鸟类和小型哺乳动物为食。

双须缺鳍鲶
Kryptopterus bicirrhis
通过透明的皮肉，可以清楚地看见它们的骨骼和内脏。

电鳗
Electrophorus electricus

线纹鳗鲶
Plotosus lineatus

你知道吗？

当红腹食人鱼发现一只正在流血的动物时，它们会进入疯狂进食状态。它们短小有力的下颌和锋利带倒刺的牙齿能在几分钟内将猎物撕咬成一具骨架。

阴阳燕子飞脂鲤
Carnegiella strigata
通过“飞”出水面来暂时逃避捕食者，发达的肌肉用来为其巨大的胸鳍提供力量。

菱锯脂鲤
Serrasalmus rhombeus

巴氏丝尾脂鲤
Nematobrycon palmeri
这种华丽的小鱼有着与众不同的三叉尾鳍。

红线溅水鱼

成对跃水
雌性红线溅水鱼跃出水面，它们潮湿的身体能短暂地粘在水面上方的树叶上。雌鱼在树叶上产卵时，雄鱼快速跟上。当雄鱼向卵细胞释放精子时，这对鱼会用身体压住彼此的鱼鳍

逃离危险
它们重复跃出水面产卵，产下了一片片数量上百的卵群。卵群不在水中发育，避开了众多捕食者的威胁，更加安全

新生命
雄鱼看守这些卵并确保它们保持湿润。它定时用尾巴溅起水花打湿卵群。当卵孵化时，小鱼从叶片上滑落至水中

鲑鱼

鲑鱼和它们的近亲几乎都是肉食动物，它们的大嘴和尖牙非常适合于捕捉食物，流线型的身体和强健的尾部使它们成为迅猛的游泳健将。它们被划分为三个目，一个目包括狗鱼，是靠伏击猎物为生的凶残捕食者；另一个目包括胡瓜鱼，它们在北半球的海洋沿岸数量丰富；鳟鱼和鲑鱼属于第三个目，这个目还包括白鲑、茴鱼和红点鲑。鲑鱼是强壮的游泳健将，许多物种有着长距离且十分艰难的洄游路线。虽然鲑鱼和鳟鱼都是北半球的原生物种，但许多物种已经被引入到世界各地，因为它们的捕捉过程激动人心，而且吃起来味道很棒。

生存现状

在502种鲑鱼和它们的近亲中，有67种被列入《国际自然及自然资源保护联盟（IUCN）红色物种名录》。极度濒危的亚利桑那大马哈鱼生活在美国西南部的河流和溪水中，它们因人类过度捕捞而受到威胁，与引入物种的竞争也加剧了其数量的减少。

状况	数量
灭绝	5
极危	8
濒危	6
易危	22
其他	26

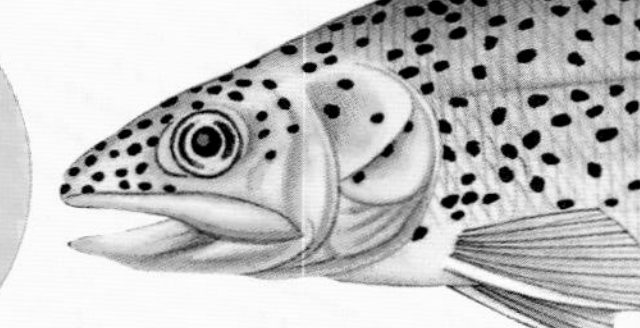

亚利桑那大马哈鱼

大西洋鲑
Salmo salar

胡瓜鱼
Osmerus eperlanus

毛鳞鱼
Mallotus villosus
大部分毛鳞鱼只产一次卵或精子，然后就会死去。

克拉克大马哈鱼
Oncorhynchus clarki
成体从海里洄游到溪流中产卵繁殖，幼鱼2年之后返回海洋。

褐鳟
Salmo trutta trutta

暗色狗鱼
Esox niger

荫鱼
Umbra krameri

阿拉斯加黑鱼
Dallia pectoralis
可以直接呼吸空气，因此它们可以在北极圈夏季浑浊的水塘中生存。

香鱼
Plecoglossus altivelis

加利福尼亚平头鱼
Alepocephalus tenebrosus

白斑狗鱼
Esox lucius

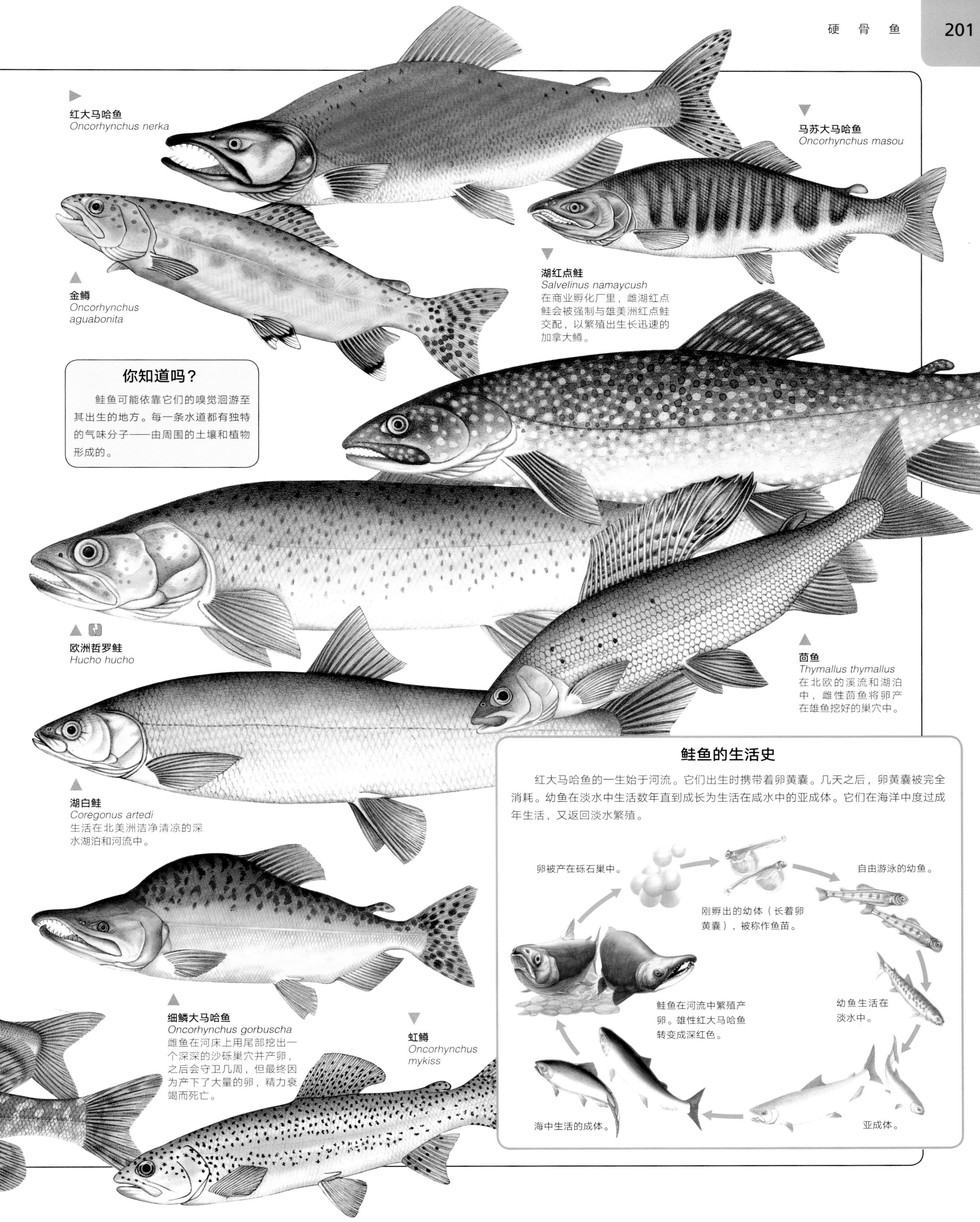

红大马哈鱼
Oncorhynchus nerka
马苏大马哈鱼
Oncorhynchus masou
金鳟
Oncorhynchus aguabonita
湖红点鲑
Salvelinus namaycush
在商业孵化厂里，雌湖红点鲑会被强制与雄美洲红点鲑交配，以繁殖出生长迅速的加拿大鳟。
欧洲哲罗鲑
Hucho hucho
茴鱼
Thymallus thymallus
在北欧的溪流和湖泊中，雌性茴鱼将卵产在雄鱼挖好的巢穴中。
湖白鲑
Coregonus artedi
生活在北美洲洁净清凉的深水湖泊和河流中。
细鳞大马哈鱼
Oncorhynchus gorbuscha
雌鱼在河床上用尾部挖出一个深深的沙砾巢穴并产卵，之后会守卫几周，但最终因为产下了大量的卵，精力衰竭而死亡。
虹鳟
Oncorhynchus mykiss
卵被产在砾石巢中。
刚孵出的幼体（长着卵黄囊），被称作鱼苗。
自由游泳的幼鱼。
幼鱼生活在淡水中。
亚成体。
海中生活的成体。
鲑鱼在河流中繁殖产卵。雄性红大马哈鱼转变成深红色。

你知道吗？

鲑鱼可能依靠它们的嗅觉洄游至其出生的地方。每一条水道都有独特的气味分子——由周围的土壤和植物形成的。

鲑鱼的生活史

红大马哈鱼的一生始于河流。它们出生时携带着卵黄囊。几天之后，卵黄囊被完全消耗。幼鱼在淡水中生活数年直到成长为生活在咸水中的亚成体。它们在海洋中度过成年生活，又返回淡水繁殖。

鳕鱼和鮟鱇

大多数鳕鱼和鮟鱇生活在海洋底部或者附近区域。它们在夜间最为活跃，或者生活在黑暗的生境中，例如水下洞穴或者深海。也有一些例外，比如一些重要的经济物种（例如黑线鳕、阿根廷无须鳕和鳕鱼），它们在开阔海域集结大群游动。一些物种可以通过鱼鳔上的肌肉发出声音。它们利用这种声音来求偶或者向其他鱼发出警告。许多鳕鱼游起来强健迅猛，是活跃的捕食者。鮟鱇行动缓慢，偏爱等待猎物送上门来。其他生活在深海的鱼类有巨口鱼、合齿鱼、灯笼鱼和须鳂。它们适应了黑暗深海中的各种生活方式。

银斧鱼
Argyropelecus olfersi
嘴巴和眼睛朝向上方，因为它总是从下方向上袭击猎物。

马康氏蝰鱼
Chauliodus macouni

皇带鱼
Regalecus glesne

长须须鳂
Polymixia nobilis
所有须鳂的下颌上都长有感受触觉的触须。

金光灯笼鱼
Myctophum affine
头和腹面长满了闪光的发光细胞。

后鳍深海珠目鱼
Benthalbella dentate
同时具有雄性和雌性生殖器官。

美洲鮟鱇
Lophius americanus
美洲鮟鱇头顶前方有一根棘刺，作为一根用于诱捕其他鱼的“鱼竿”。

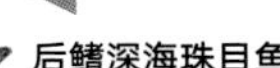

棘茄鱼
Halieutaea stellate

鲑鲈
Percopsis omiscomaycus

大西洋鳕鱼
Gadus morhua

黑线鳕
Melanogrammus aeglefinus

欧洲无须鳕
Merluccius merluccius

喜荫鼠尾鳕
Macrourus berglax
这种鱼被商业性捕捞，它们的鳞片十分粗糙，能使加工厂里的刀变钝。

江鳕
Lota lota

聪明的伪装

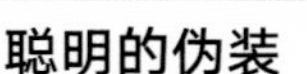

因为大多数鮟鱇是伏击型的捕食者，它们不需要光滑的、流线型的身形。取而代之，它们的颜色和形状与周围环境相似。裸躄鱼将自己融入马尾藻丛中。粗颌福氏躄鱼看起来就像一块石头。

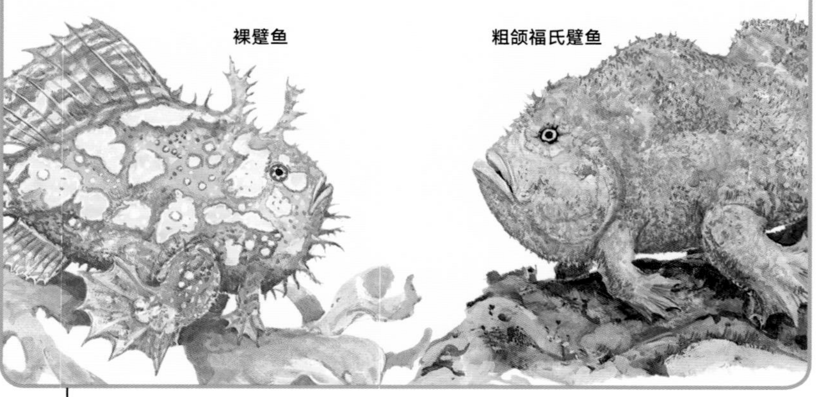

裸躄鱼

粗颌福氏躄鱼

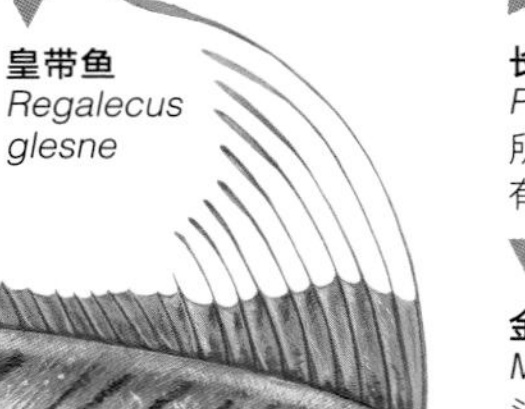

深海鱼类

探索深海

深海鱼类生活在没有光的环境中，周围的水压压迫着它们的身体。在黑暗中，许多物种会利用生物荧光来发光。因为在黑暗中寻找到异性尤为困难，深海鱼类通常是雌雄同体——既有雄性生殖器官也有雌性生殖器官。也就是说它们在遇见难得的交配机会时可以充当交配双方中的任何一种性别。如果有必要，它们甚至可以给自己的卵细胞授精。在深海中，猎物也十分短缺。大多数深海鱼类拥有长牙、大嘴和一个足以装下最大号猎物的胃。

深海中的巨口鱼白天完全隐藏在深海的黑暗之中，但夜幕降临时它将游向上方，寻找更好的捕食机会。

灯笼鱼身体上发光器官产生的闪光模式可能有助于其在深海中保持自己在鱼群里的位置。

水下热泉

1977年，科学家乘坐“阿尔文”深水潜艇探索了太平洋的底层。在加拉帕戈斯群岛不远处距离海平面2440米的地方，他们发现一个新的生境：深海热泉口。这些热泉口附近生活着不同寻常的深海生物，例如一种叫作绵鳚的鱼类，以巨大的管虫为食。

15 目 · 269科 · 2289属 · 13262 种

棘鳍鱼

叶形海龙生活在澳大利亚海岸沿线，它们的身上长着平展的叶子形状的鳍，这使它们看起来与周围的海草没什么区别。

棘鳍鱼都有鱼类的基本身体结构，但外形千奇百怪。一些物种为了适应海底的生活而身材扁平；另外一些物种凭借鱼雷形状的身体名列游泳速度最快的海洋生物；一些物种运用特化的鳍在水面上滑翔；一些物种拥有由轻巧的相互重叠的鳞片形成的硬质外壳。棘鳍鱼通常有一张灵活的向外突出的嘴，这使得它们的食谱范围很大。

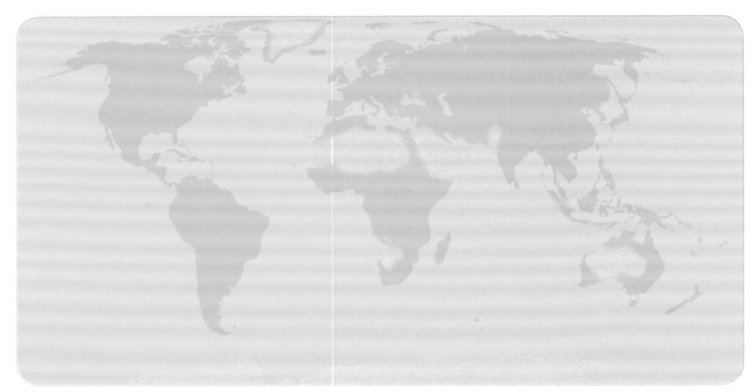

棘鳍鱼几乎遍布全球。它们在淡水和咸水中都有出现。

棘鳍鱼的特征

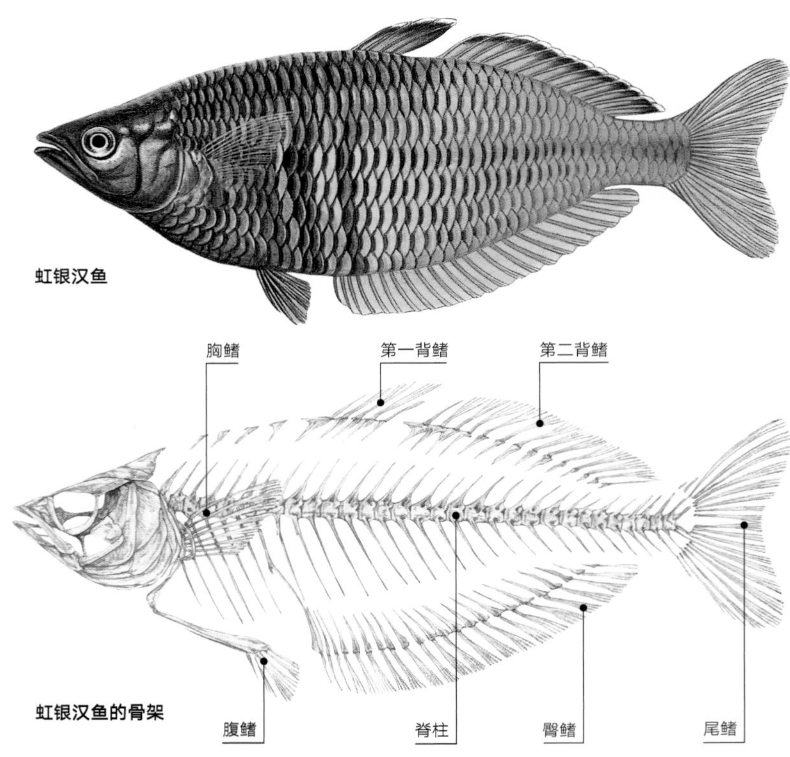

棘鳍鱼

鳉鱼是全世界最受欢迎的观赏鱼类之一，它们也因此成为最广为人知的棘鳍鱼之一。鳉鱼包括孔雀鱼、花鳉和剑尾鱼。大多数鳉鱼生活在淡水或者微咸的河流和河口。鳉鱼的近亲包括银汉鱼。大多数银汉鱼生活在全球的海岸水域中，可能会在珊瑚礁附近海面形成密集的大群。也有许多银汉鱼生活在淡水中。银汉鱼是澳大利亚和新几内亚的溪流、湖泊和沼泽中的常见物种。相反，金眼鲷及其近亲只生活在咸水中。几乎所有这个类群的鱼都会躲避强烈的阳光。它们白天生活在深海，藏身于洞穴或者其他黑暗的环境中，只在夜晚变得活跃。

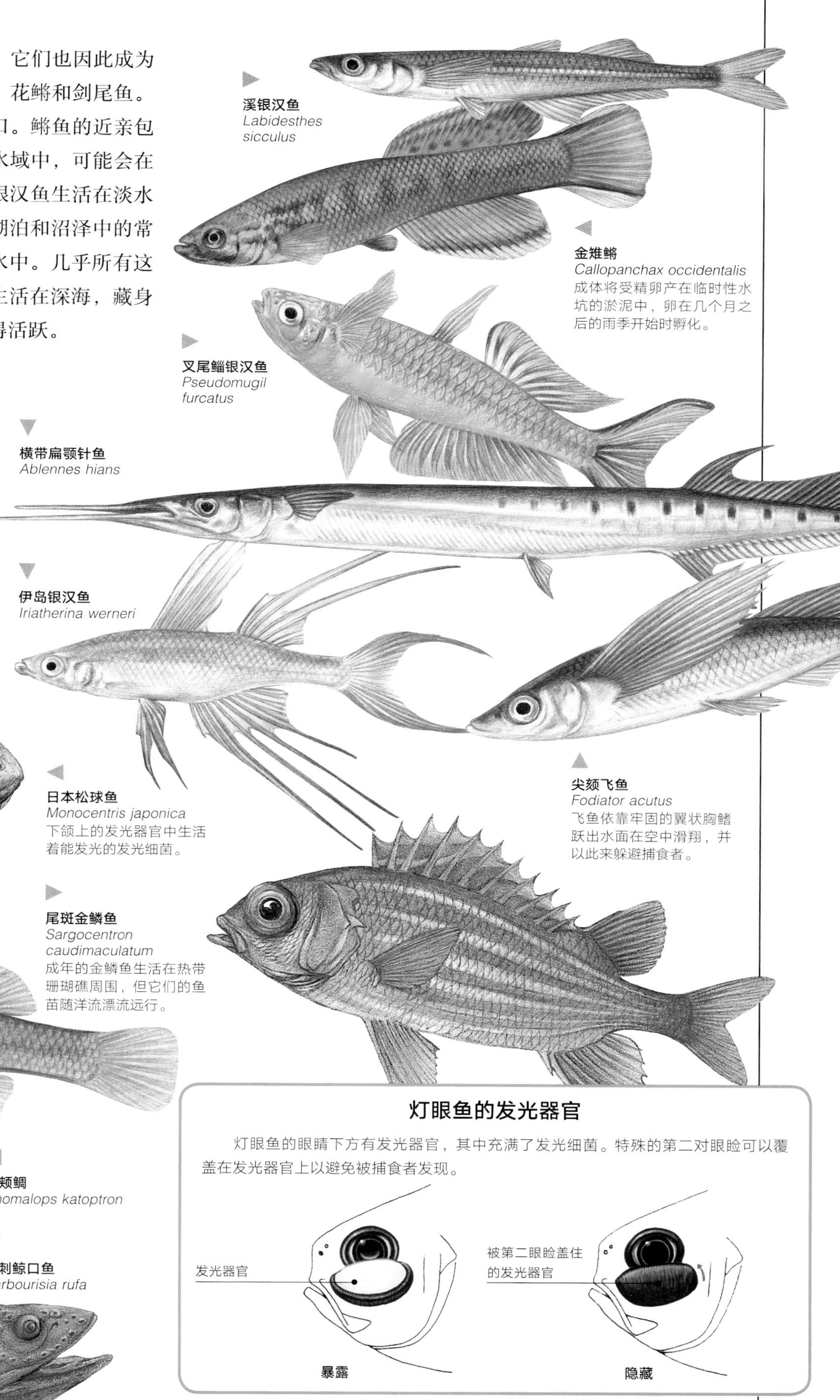

溪银汉鱼
Labidesthes sicculus

金雉鳉
Callopanchax occidentalis
成体将受精卵产在临时性水坑的淤泥中，卵在几个月之后的雨季开始时孵化。

叉尾鲻银汉鱼
Pseudomugil furcatus

燕子鳉
Terranatos dolichopterus

横带扁颚针鱼
Ablennes hians

伊岛银汉鱼
Iriatherina werneri

日本松球鱼
Monocentris japonica
下颌上的发光器官中生活着能发光的发光细菌。

尖颏飞鱼
Fodiator acutus
飞鱼依靠牢固的翼状胸鳍跃出水面在空中滑翔，并以此来躲避捕食者。

尾斑金鳞鱼
Sargocentron caudimaculatum
成年的金鳞鱼生活在热带珊瑚礁周围，但它们的鱼苗随洋流漂流远行。

♂ ♀

孔雀鱼
Poecilia reticulate
少数几种直接生出小鱼的棘鳍鱼之一。

灯颊鲷
Anomalops katoptron

红刺鲸口鱼
Barbourisia rufa

灯眼鱼的发光器官

灯眼鱼的眼睛下方有发光器官，其中充满了发光细菌。特殊的第二对眼睑可以覆盖在发光器官上以避免被捕食者发现。

棘鳍鱼

海龙和海马是最不寻常的棘鳍鱼之一，这些鱼和它们的近亲（玻甲鱼、沟口鱼、鹬嘴鱼、管口鱼和海蛾鱼）都有着长长的吻部。它们中的许多物种外形奇特，而且不像其他大多数鱼那样移动。海鲂是如此的侧扁，以至于在从正前方看过去时，它们几乎不会被发现。鲉鱼和它们的近亲长相更加奇怪，这个类群包括前鳍鲉、角鱼和杜父鱼。这个类群的许多物种生活在海底。它们的形状和颜色能与周围环境融为一体，这可以避免它们被猎物发现。一些物种，例如有毒的毒鲉，看起来就像一块石头或者一丛海草。

叶形海龙
Phycodurus eques
叶形海龙的鳍看起来很像海草，它们借此躲避捕食者，同时身上的尖刺也起着抵御捕食者的作用。

鳝鱼
Monopterus albus
鳝鱼是在淡水中生活的捕食性鱼类，它们可以呼吸空气，在陆地上滑行移动，而且能在离开水后存活很长时间。

斑节海龙
Doryrhamphus dactyliophorus

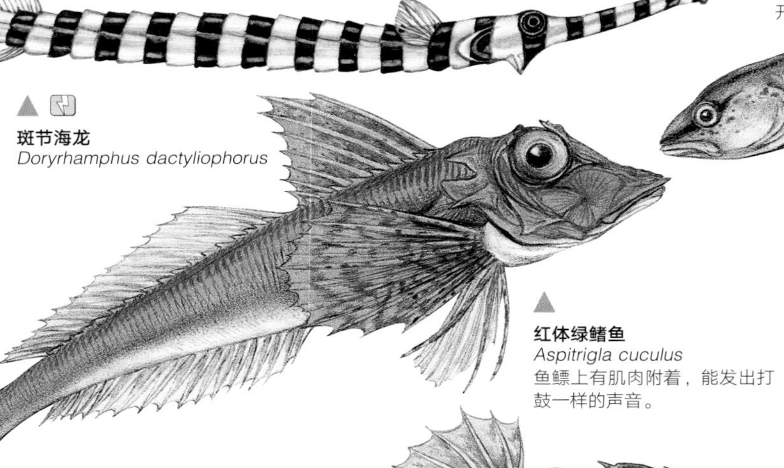

红体绿鳍鱼
Aspitrigla cuculus
鱼鳔上有肌肉附着，能发出打鼓一样的声音。

海鲂
Zeus faber

短角床杜父鱼
Myoxocephalus scorpius

毒鲉（石头鱼）
Synanceia verrucosa

条纹虾鱼
Aeoliscus strigatus

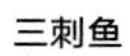

三刺鱼
Gasterosteus aculeatus
雄性会用肾脏分泌的黏液把植物材料粘在一起，建造成精美的巢穴。

怀孕的爸爸

海马的繁殖方式很神奇。雌性将卵产在雄性腹部的育儿袋里。雄性在育儿袋中孵化受精卵，在幼鱼孵出成长的过程中，它的肚子会鼓胀起来，使它看上去像是怀孕了一样。当小鱼足够成熟时，海马爸爸会一下子将它们全部从育儿袋中释放出去。

裸盖鱼
Anoplopoma fimbria

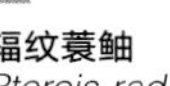

辐纹蓑鲉
Pterois radiate

鱼类的防御

多角三棱角箱鲀有一层由又大又厚的鳞片构成的保护性外壳，这让它看起来就像躲进了一层箱子似的铠甲里。

有些鱼类通过数量优势来防卫：遇到捕食者时，一群线纹鳗鲶紧紧聚拢在一起形成一个球形。

狮子鱼的刺

毒鲉和它的近亲们是最为致命的海洋动物之一。毒液从鳍刺基部的毒液腺向上运输到刺的顶端，毒液通过注射进入捕食者（比如一条咬了它一口的鳐鱼）体内。人类会因为误踩到珊瑚礁上的毒鲉而中毒。狮子鱼（右图）与毒鲉亲缘关系很近，但它们不依靠伪装来隐藏自己。反而，它们颜色艳丽，易于被发现，但醒目的颜色警示着对方它们很危险。长长的缀满花边且颜色亮丽的鱼鳍中，藏匿着18根像针一样尖锐的充满致命毒液的刺。

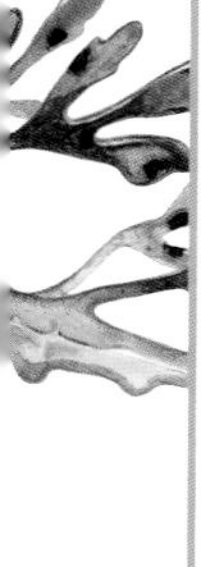

棘鳍鱼

棘鳍鱼中最大的类群是鲈形目。鲈形目包括笛鲷、石斑鱼和石首鱼，它们“喂饱”了全球各地数百万人。大多数鲈形目的鱼生活在海洋中，成鱼结群生活在海岸或者珊瑚礁附近，幼鱼则随着洋流四处漂流，以浮游生物为食。生活在非洲和南美洲的慈鲷大多数是对后代照顾有加的父母，有的慈鲷会通过身体和鱼鳍的运动进行复杂的求偶仪式，很多慈鲷的性别可以通过不同的颜色和斑纹区分。雀鲷类也有复杂的行为，其大多数物种在珊瑚礁附近生活，拥有明确的领域，而一些物种的行为就像是鱼类中的“农夫”，将海藻铺在自己的领域内种植并以它们为食。

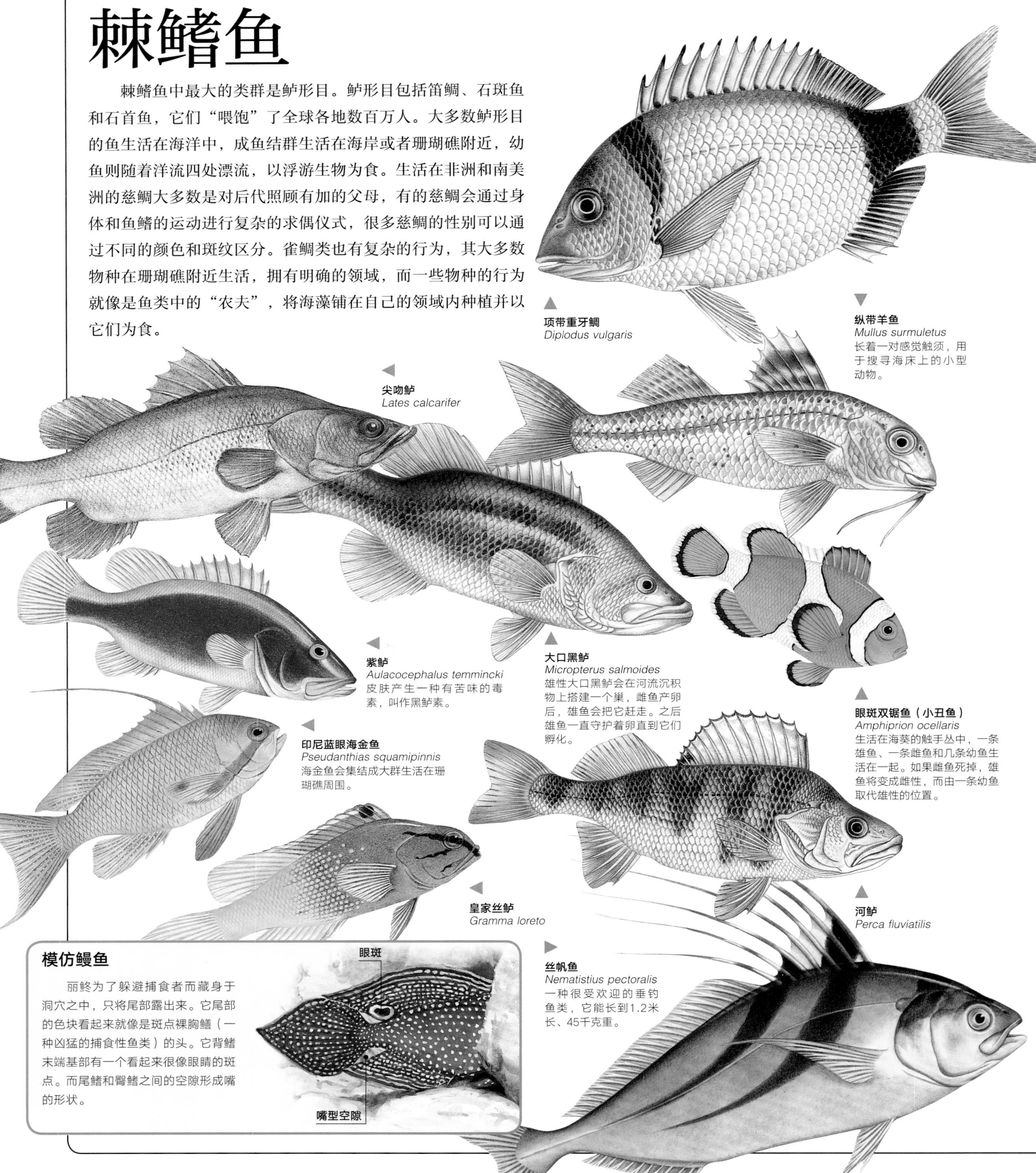

▲ **项带重牙鲷** *Diplodus vulgaris*

▼ **纵带羊鱼** *Mullus surmuletus* 长着一对感觉触须，用于搜寻海床上的小型动物。

◀ **尖吻鲈** *Lates calcarifer*

◀ **紫鲈** *Aulacocephalus temmincki* 皮肤产生一种有苦味的毒素，叫作黑鲈素。

▲ **大口黑鲈** *Micropterus salmoides* 雄性大口黑鲈会在河流沉积物上搭建一个巢，雌鱼产卵后，雄鱼会把它赶走。之后雄鱼一直守护着卵直到它们孵化。

▲ **眼斑双锯鱼（小丑鱼）** *Amphiprion ocellaris* 生活在海葵的触手丛中，一条雄鱼、一条雌鱼和几条幼鱼生活在一起。如果雌鱼死掉，雄鱼将变成雌性，而由一条幼鱼取代雄性的位置。

◀ **印尼蓝眼海金鱼** *Pseudanthias squamipinnis* 海金鱼会集结成大群生活在珊瑚礁周围。

◀ **皇家丝鲈** *Gramma loreto*

▲ **河鲈** *Perca fluviatilis*

▶ **丝帆鱼** *Nematistius pectoralis* 一种很受欢迎的垂钓鱼类，它能长到1.2米长、45千克重。

模仿鳗鱼

丽鮗为了躲避捕食者而藏身于洞穴之中，只将尾部露出来。它尾部的色块看起来就像是斑点裸胸鳝（一种凶猛的捕食性鱼类）的头。它背鳍末端基部有一个看起来很像眼睛的斑点。而尾鳍和臀鳍之间的空隙形成嘴的形状。

瞄准

昆虫占了射水鱼食谱的一大部分。射水鱼通过将水从口中射向水面上方的树枝来捕捉昆虫。射出的水将昆虫击落掉入水中。有些射水鱼也会将水射向在水面上方飞来飞去的成群的昆虫。这股水流工作起来如同高压水枪。有种射水鱼的射程可达约1.5米高。

棘鳍鱼

棘鳍鱼已经适应了许多不同的生境和生活方式。金枪鱼和它们的近亲（如鲭鱼和旗鱼）都是生活在开阔水域的敏捷的捕食性鱼类。它们的流线型身体是适应于高速游泳的完美设计，它们中的许多物种是海洋中游泳速度最快的动物之一。鲽形目（例如比目鱼和舌鳎）身体极度侧扁，使得它们就像是消失在了海底一样。比目鱼是鱼类中的变色龙，一些物种可以改变皮肤的颜色以完美地匹配周围环境。鰕虎鱼（如弹涂鱼）形状像一只蜥蜴，生活在海底沉积物上。大多数鰕虎鱼体形较小，许多鰕虎鱼与其他动物（如珊瑚、软体动物和甲壳动物）建立了合作关系。

生存现状

在13262种棘鳍鱼中，有683种被列入《国际自然及自然资源保护联盟（IUCN）红色物种名录》。由于人类的过量垂钓或捕捞，石斑鱼已经成为一个极度濒危的物种。它面临的另一个威胁是幼鱼生活的红树林遭到了破坏。

灭绝	69
极危	90
濒危	71
易危	234
其他	219

石斑鱼

蓝枪鱼
Makaira nigricans
上颌形成一个细长的喙。

鲣鱼
Katsuwonus pelamis
可以与鲨鱼、鲸，甚至是浮木或其他垃圾一起混群生活。

剑鱼
Xiphias gladius

心斑刺尾鱼
Acanthurus achilles
臀鳍和尾鳍之间有1~2根用于防御的利刺。

平鳍旗鱼
Istiophorus platypterus
用尖利的喙将猎物劈开，再用没有牙齿的上下颌挖猎物的肉吃。

镰鱼
Zanclus cornutus
向前伸的吻部上长着小小的嘴巴和牙齿，看起来就像小胡子。

银线弹涂鱼
Periophthalmus barbarous
弹涂鱼又称"跳跳鱼"，用它们富有肌肉的尾部和鳍在低潮时的滩涂上"跳跃"。一些物种甚至可以用胸鳍形成的腹吸盘爬树。

三带盾齿鳚
Aspidontus taeniatus

绵鳚
Zoarces viviparus

你知道吗？

鲀体内有一种叫作河豚毒素的化合物，其毒性比氰化物还要强。当受到捕食者的威胁时，它们就会向水里释放这种毒素。

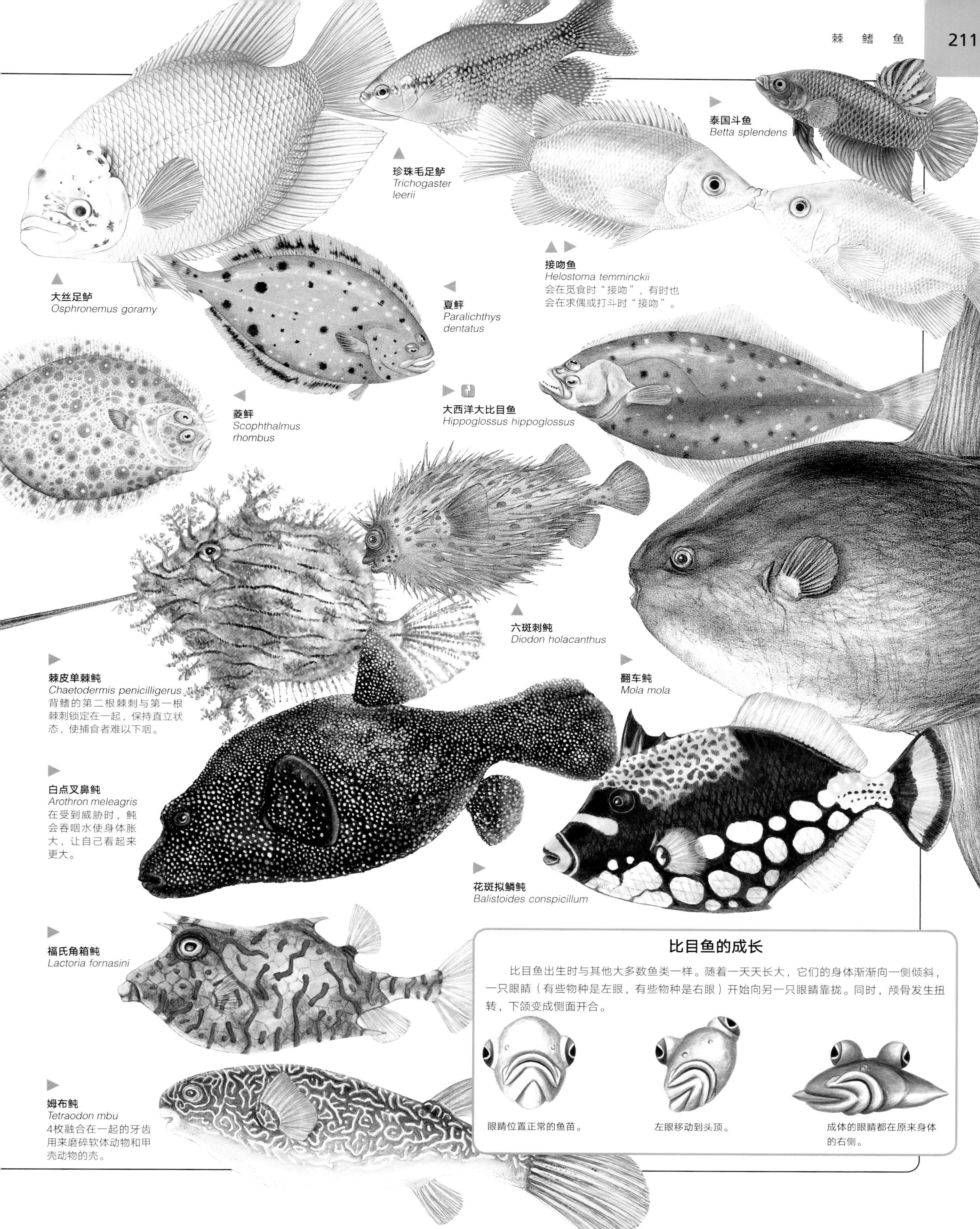

比目鱼的成长

比目鱼出生时与其他大多数鱼类一样。随着一天天长大，它们的身体渐渐向一侧倾斜，一只眼睛（有些物种是左眼，有些物种是右眼）开始向另一只眼睛靠拢。同时，颅骨发生扭转，下颌变成侧面开合。

眼睛位置正常的鱼苗。

左眼移动到头顶。

成体的眼睛都在原来身体的右侧。

无脊椎动物

超过30门 · 90纲 · 370目 · 130万种

无脊椎动物

这种紫水母可以长到45厘米宽。在洋流中，它们为鱼类和幼年的蟹类提供临时住所。

在已知的所有物种中，只有一小部分（不超过5万种）属于脊椎动物，比如哺乳动物、爬行动物、两栖动物和鱼类。剩下的动物则都属于无脊椎动物，包括海绵、蠕虫、蜗牛、蜘蛛和昆虫等。最早的无脊椎动物出现在6.5亿年前的大洋中，比最早的脊椎动物还要早出现数百万年。现在，大多数无脊椎动物仍然生活在海洋中，但是几乎在世界上的任何地方都可以找到无脊椎动物。与脊椎动物不同，无脊椎动物没有脊椎，事实上，它们根本就没有像脊椎动物一样的骨头。无脊椎动物的身体通常是被其他类型的骨架系统支撑起来的：一些物种在身体的最外层拥有坚硬的外表皮（这部分结构通常被称作外骨骼），而软组织长在外骨骼的内部；其他无脊椎动物身体中坚硬的部分分散在身体各处，为身体提供支撑。无脊椎动物有两种基本的身体结构：水母和海葵，有圆形的身体结构，口在身体的中央，这种身体结构是辐射对称式的；其他动物（如蠕虫和昆虫）拥有两侧对称的身体结构。年幼的无脊椎动物和它们的双亲的外形通常不一样，它们必须经过一个身体形态变化的过程才能变为成熟形态。这种变化过程可能是简单、渐变式的改变，也可能是突然、彻底的形态转变。

无脊椎动物的种类

迄今为止，人类至少发现了130万种无脊椎动物。大多数无脊椎动物很小，但有少数无脊椎动物身躯庞大。巨型乌贼可以长得和鲸一样大。无脊椎动物可以划分出超过30个门。无脊椎动物都没有脊椎，但它们共有的东西也很少。无脊椎动物的30个门中，最大的门是节肢动物门，包括昆虫、蜘蛛和甲壳纲动物。很多节肢动物（如对虾、龙虾和蜜蜂）能为人类提供食物，一些节肢动物是制药的原料，还有一些则是害虫或者寄生虫。

蝽：昆虫

蝴蝶：昆虫

甲虫：昆虫

蜜蜂：昆虫

蟋蟀：昆虫

海胆：棘皮动物

蚯蚓：环节动物

蝎子：蛛形动物

蜘蛛：蛛形动物

蜗牛：软体动物

虾：甲壳动物

巨型鱿鱼：软体动物

海葵：刺胞动物

海绵：多孔动物

无脊椎动物的繁殖

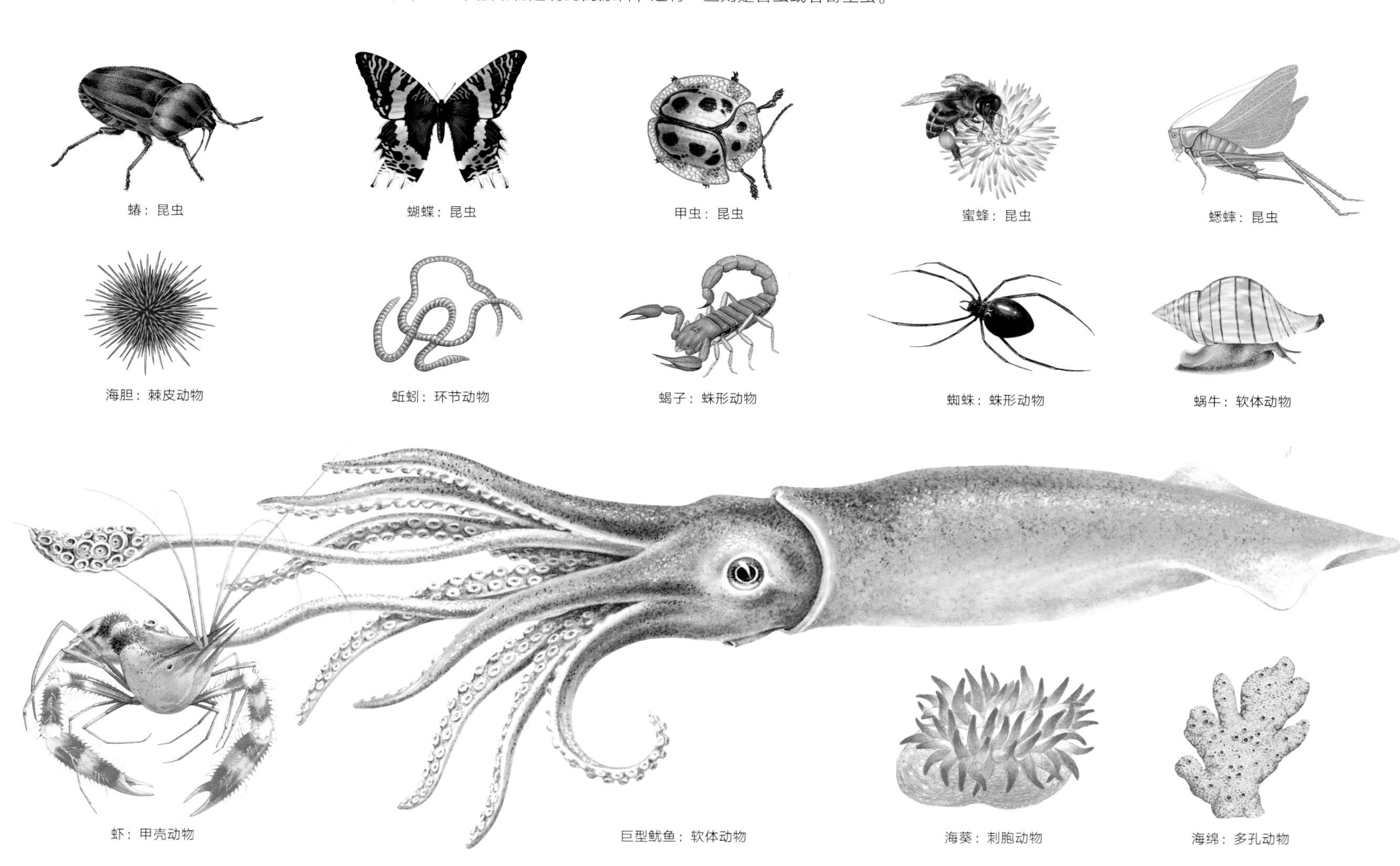

大多数无脊椎动物采用有性生殖的繁殖方式：卵细胞在雌性动物体内与来自雄性的精子结合成受精卵，然后雌性动物产下大量的受精卵。这些受精卵以及即将从中孵化出的幼体一般不会得到父母的照料。有些无脊椎动物是从雌性的未受精的卵细胞发育而来。还有一些无脊椎动物通过“出芽”的方式进行繁殖，从身体上脱落下一小块组织，形成一个新个体。

蛾蝶类像大多数无脊椎动物一样，使用两性交配的繁殖方法。

雄性加勒比海暗礁鱿鱼通过和同类竞争来获取雌性的注意力。

无脊椎动物几乎都不照顾它们的后代，但是雌性狼蛛会保护她的卵。

7纲 · 27目 · 127科 · 超过11000种

海绵和海鞘

人们曾经认为海绵是植物，而不是动物。海绵的结构很简单，没有组织和器官（如胃和心脏），因而分化出不同的细胞来执行特定的功能，比如收集或者消化食物。海绵在大多数海洋里都有分布。不同种类的海绵形状不同，有灌木丛状、花瓶状、桶状、球状或者无确定形状的团块。海鞘属于被囊动物。成年海鞘把自己的柄固定在海底，身体的另一部分像是一个袋子，通过过滤海水，从中得到食物颗粒。虽然海鞘长得像海绵，但和脊椎动物的亲缘关系更近，这一点可以从海鞘幼体中看出。海鞘幼体形状像蝌蚪，背部有一根柔韧的棒状结构叫作脊索。脊椎动物的胚胎也有这一特征，但是随着胚胎的生长，脊椎动物的脊索会被脊柱替代。

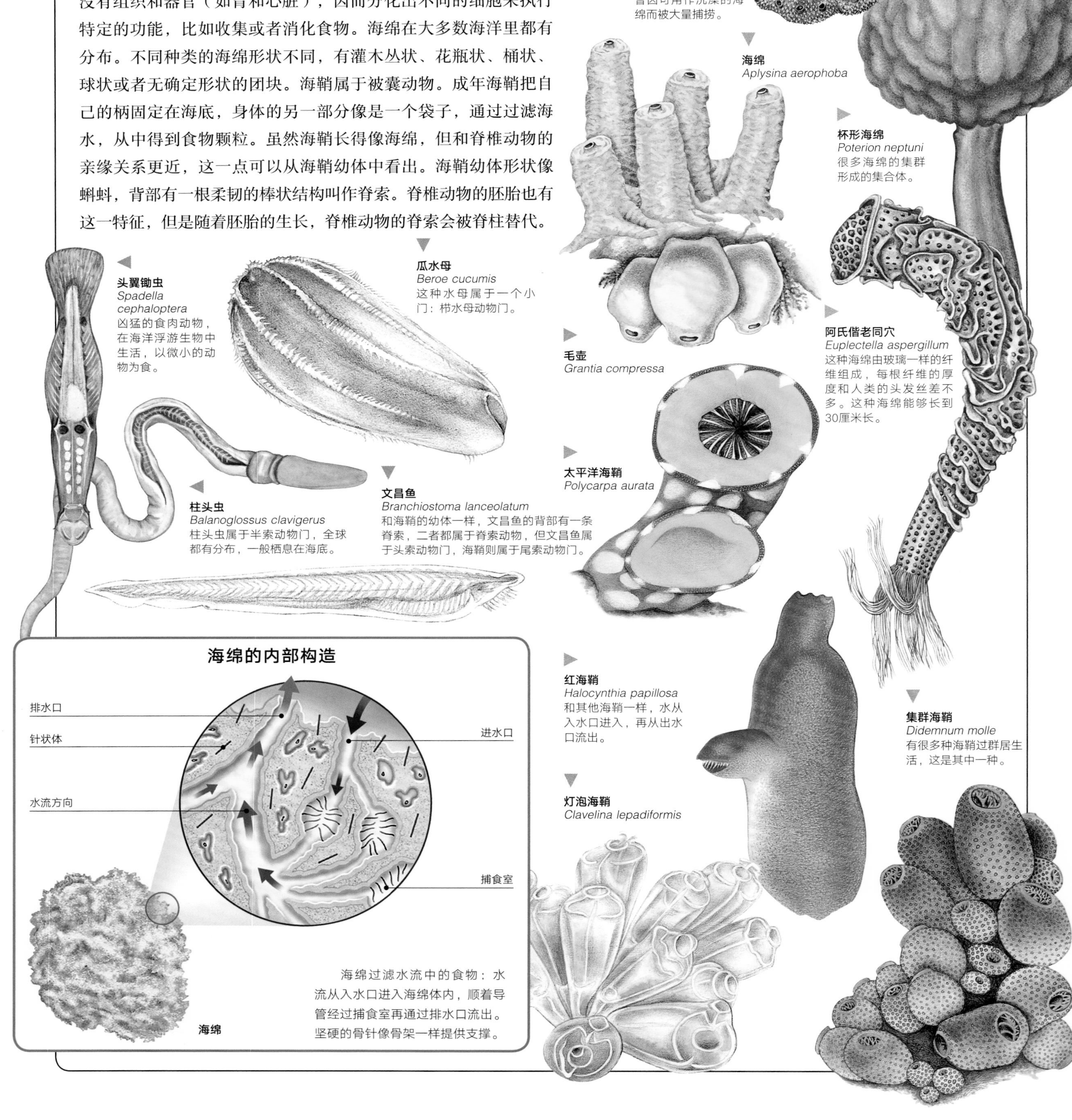

沐浴角骨海绵
Spongia officinalis
曾因可用作洗澡的海绵而被大量捕捞。

海绵
Aplysina aerophoba

杯形海绵
Poterion neptuni
很多海绵的集群形成的集合体。

头翼锄虫
Spadella cephaloptera
凶猛的食肉动物，在海洋浮游生物中生活，以微小的动物为食。

瓜水母
Beroe cucumis
这种水母属于一个小门：栉水母动物门。

毛壶
Grantia compressa

阿氏偕老同穴
Euplectella aspergillum
这种海绵由玻璃一样的纤维组成，每根纤维的厚度和人类的头发丝差不多。这种海绵能够长到30厘米长。

太平洋海鞘
Polycarpa aurata

柱头虫
Balanoglossus clavigerus
柱头虫属于半索动物门，全球都有分布，一般栖息在海底。

文昌鱼
Branchiostoma lanceolatum
和海鞘的幼体一样，文昌鱼的背部有一条脊索，二者都属于脊索动物，但文昌鱼属于头索动物门，海鞘则属于尾索动物门。

红海鞘
Halocynthia papillosa
和其他海鞘一样，水从入水口进入，再从出水口流出。

集群海鞘
Didemnum molle
有很多种海鞘过群居生活，这是其中一种。

灯泡海鞘
Clavelina lepadiformis

海绵过滤水流中的食物：水流从入水口进入海绵体内，顺着导管经过捕食室再通过排水口流出。坚硬的骨针像骨架一样提供支撑。

10纲 · 76目 · 675科 · 超过45000种

蠕虫

世界上有三大类蠕虫：扁形动物、线虫动物和环节动物。最小的扁形动物用显微镜才能看见，最大的是可以长达30米的绦虫，是一种人体寄生虫。因为它们的身体非常扁瘦，气体分子如二氧化碳和氧气可以穿过其皮肤，所以它们不需要专门用来呼吸的器官。线虫动物有着细长的身体。大多数需要借助显微镜才能观察到，所以很难想象其庞大数量。线虫动物很多居住在水中或土壤中，另外一些则是植物或动物的寄生虫。环节动物的外形和其他蠕虫不同，长长的身体像是由一个个的环组成，这个环叫作体节。每个体节都有自己的呼吸系统、运动系统和排泄系统。另一些比如神经和消化系统是所有体节共享的。

生存现状

在这45000种扁形动物、线虫动物和环节动物当中，只有11种被列入了《国际自然及自然资源保护联盟（IUCN）红色物种名录》。欧洲医蛭在其栖息地的生存状态属于近危，这是因为在过去几个世纪中，人们因医学需要而捕捉了太多的水蛭。

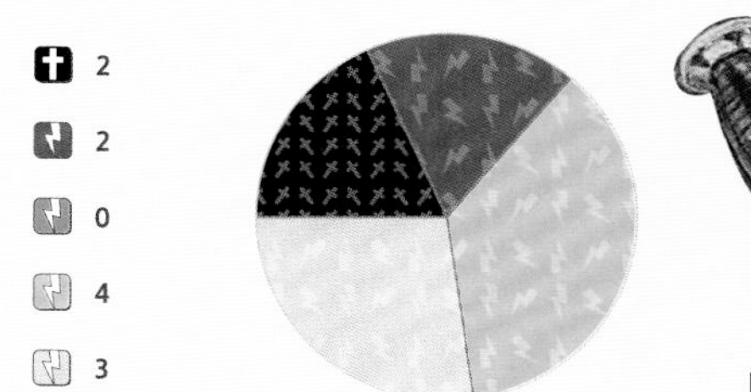

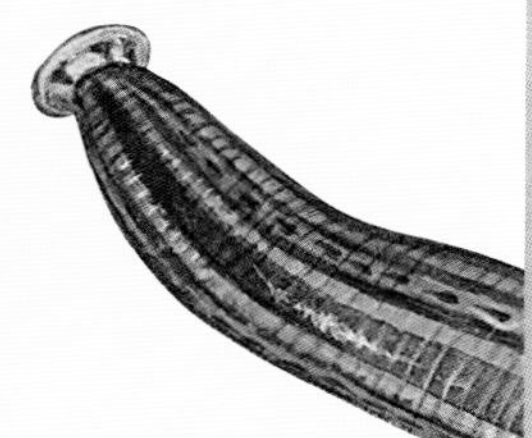

欧洲医蛭

人蛔虫
Ascaris lumbricoides

笄蛭
Bipalium kewense
笄蛭在世界各地的土壤中或植物上都可以找到。它们的原始分布地是东南亚的热带雨林。

沙蚕
Nereis diversicolor

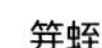

人鞭虫
Trichuris trichiura
这种鞭虫在全球4亿人的肠道中都可以找到，它们的卵随着粪便传播。

秀丽隐杆线虫
Caenorhabditis elegans
正常情况下生活在土壤中，它的身体长度只有1毫米。

多盘吸虫
Polystoma integerrimum

欧洲医蛭
Hirudo medicinalis
这种环节动物可以从暖血动物身体上吸取血液。它曾经被大量运用在医学上。

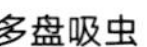

矶沙蚕
Eunice viridis
在珊瑚礁的洞内居住。每年尾巴部分都会断裂一次，断裂的部分会升到水面，然后散布其精细胞和卵细胞。

正蚓
Lumbricus terrestris
这些蠕虫可以给它们所在的土壤松土和施肥。

水熊虫
Macrobiotus hufelandi

内肛动物
Loxosoma harmeri
这种固定不动的物种用它布满黏液的触手来抓取食物。

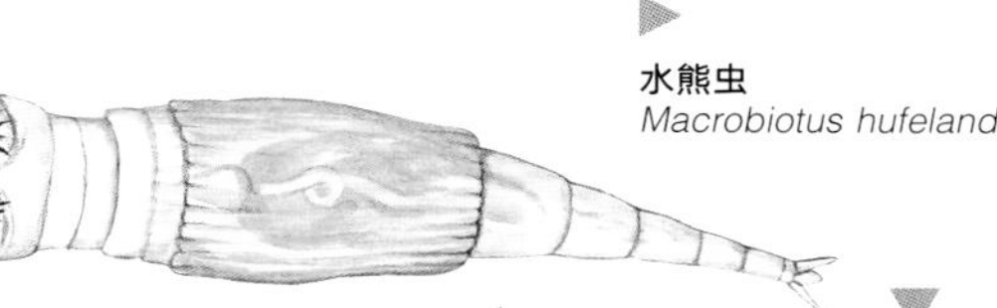

玫瑰旋轮虫
Philodina roseola

动吻虫
Echinoderes sp.

较小的动物类群

无脊椎动物中一些较小的门中只包含少数几个物种，或者只能在不寻常的栖息地发现它们。比如内肛动物门、有爪动物门（栉蚕）、腹毛动物门、轮虫动物门和缓步动物门（水熊虫）等。

栉蚕
Peripatopsis capensis
栉蚕生活在枯枝落叶、土壤和岩石下面。它们通过射出储存在黏液囊中的黏液，捕获昆虫和其他猎物。

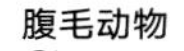

腹毛动物
Chaetonotus maximus
世界上一共有430种腹毛动物，体形都很小，需要借助显微镜才能观察到它们。腹毛动物生活在湖水、池塘和海岸边的沙地里。

4纲 · 27目 · 236科 · 超过9000种

珊瑚和水母

珊瑚和水母又称作“刺胞动物”，这个门还包括海葵类和水螅类。它们大多数生活在海洋中，以其他动物为食，还会用刺状细胞威慑天敌。刺胞动物有两种形式。一种是海葵和珊瑚所采用的水螅型，拥有圆柱体一样的身躯，口在其中一端，有很多触手环绕；另一端用来抓住某个物体的表面。另一种是水母型，如水母就采用这种方式。它们拥有伞状的身体，能在水中游动或者自由漂浮。在移动过程中，触手和口在身体后方。一些刺胞动物一生只能以其中一种形式存在，而另一些刺胞动物在其生命周期中会在两种形式间切换。

生存现状

周围水环境的任何一点点变化，都会对珊瑚的生存状况产生巨大的影响。如全球变暖会使珊瑚礁变得疏松——这使得珊瑚可以被捕食者所捕食，如长棘海星。

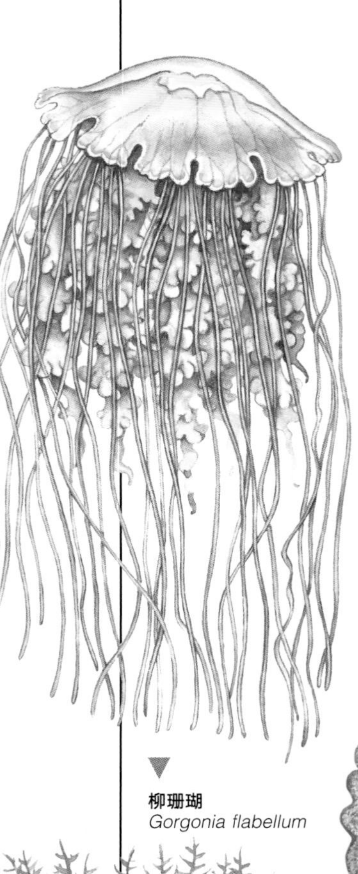

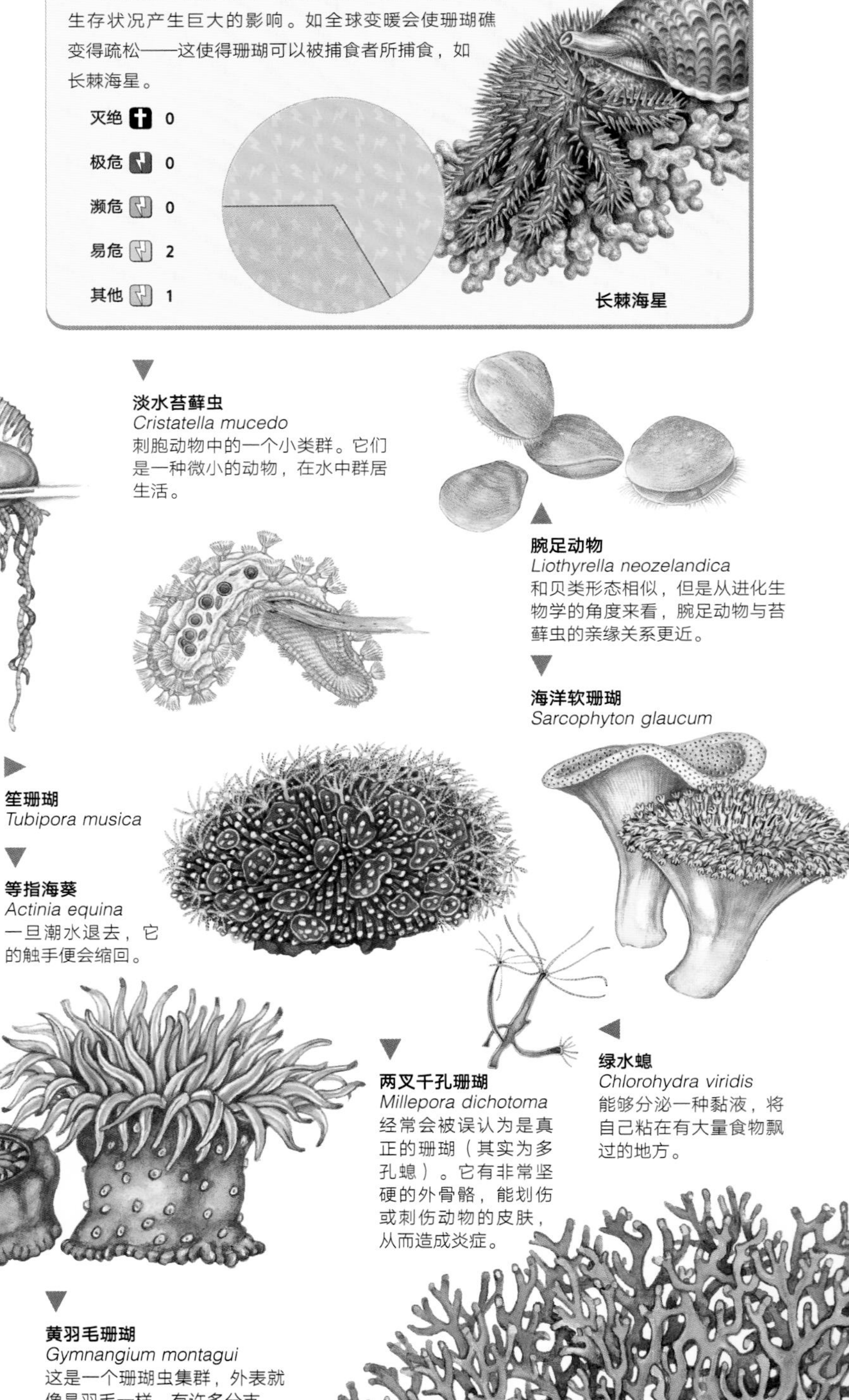

北极霞水母
Cyanea arctica

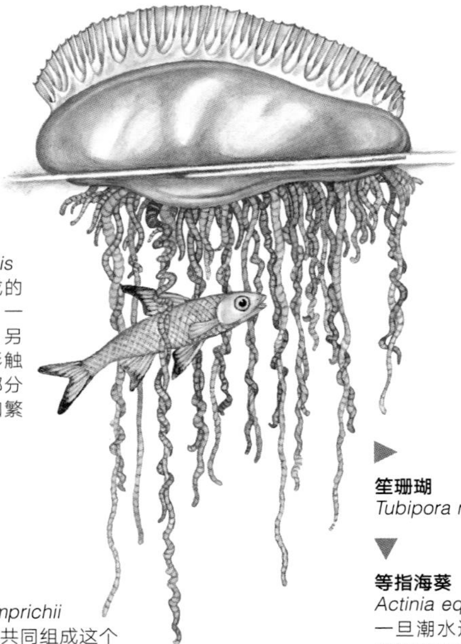

僧帽水母
Physalia physalis
由四个部分组成的一个复杂整体。一部分用来漂浮，另一部分形成刺形触手，剩下的两部分负责消化吸收和繁殖后代。

淡水苔藓虫
Cristatella mucedo
刺胞动物中的一个小类群。它们是一种微小的动物，在水中群居生活。

腕足动物
Liothyrella neozelandica
和贝类形态相似，但是从进化生物学的角度来看，腕足动物与苔藓虫的亲缘关系更近。

海洋软珊瑚
Sarcophyton glaucum

笙珊瑚
Tubipora musica

等指海葵
Actinia equina
一旦潮水退去，它的触手便会缩回。

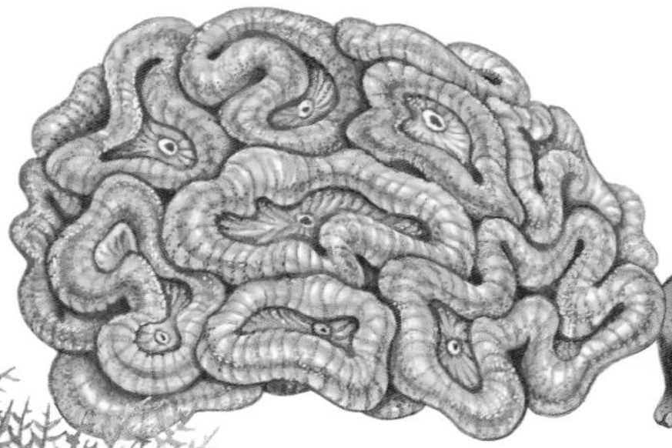

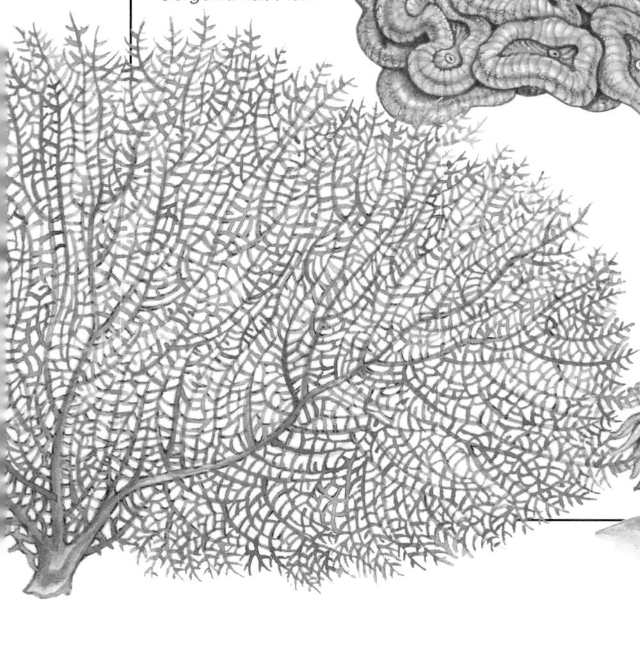

脑珊瑚
Lobophyllia hemprichii
许多珊瑚虫个体共同组成这个皱巴巴的、团块状的聚合体。

柳珊瑚
Gorgonia flabellum

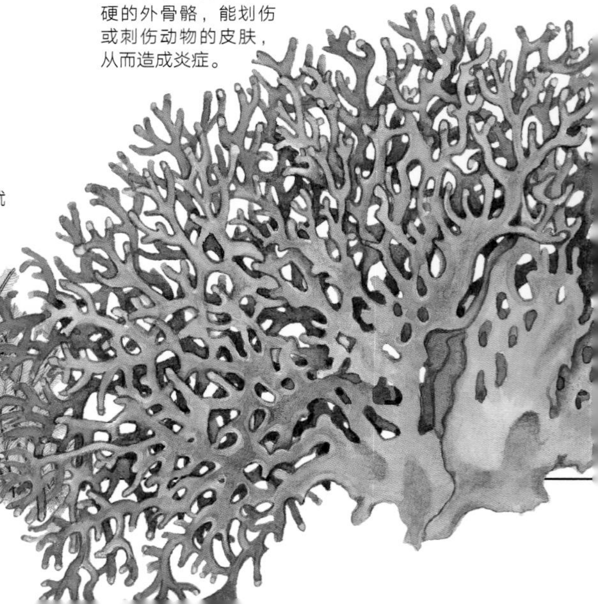

两叉千孔珊瑚
Millepora dichotoma
经常会被误认为是真正的珊瑚（其实为多孔螅）。它有非常坚硬的外骨骼，能划伤或刺伤动物的皮肤，从而造成炎症。

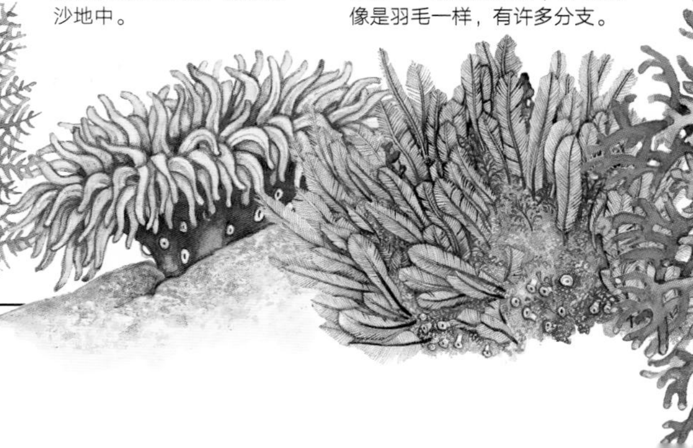

绿水螅
Chlorohydra viridis
能够分泌一种黏液，将自己粘在有大量食物飘过的地方。

花梗仙影海葵
Cereus pedunculatus
扎根在礁石裂缝、泥浆或沙地中。

黄羽毛珊瑚
Gymnangium montagui
这是一个珊瑚虫集群，外表就像是羽毛一样，有许多分支。

大堡礁

珊瑚礁由珊瑚虫坚硬的外骨骼组成，但同时也是一种相互交连的群居体系。藻类生活在珊瑚礁之中，帮助珊瑚虫在它周围产生碳酸钙，也叫石灰石。当这些珊瑚虫死亡之后，它们的外骨骼被遗留下来。接下来的珊瑚虫会在这些遗留物上面继续以这种方式再次形成石灰石。在大堡礁这个地方，这种过程已经持续了数百万年。大堡礁位于澳大利亚东北海岸线以外，是一个绵延2250千米的珊瑚礁生态系统。大堡礁是世界上最大的自然景观，其中大约有400种珊瑚礁、1500种鱼类、4000种软体动物。热带雨林是世界上仅有的另一种能支撑如此多样物种的生态景观。因为生活在珊瑚中的藻类像其他植物一样需要阳光来保证生存，所以珊瑚礁只能在清澈的浅水中生活。突然的海平面上升或者下降会对珊瑚礁造成不可估量的损失。

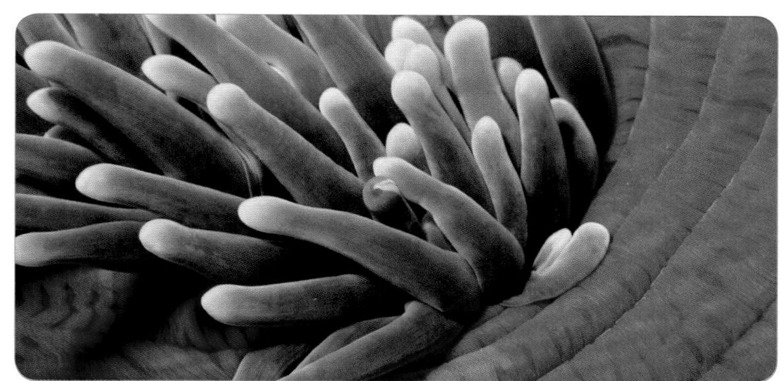

海葵，比如这个卡克辐花海葵，经常能在珊瑚礁中被找到。它们的一生中绝大多数时间都是固定在一个表面上，但是它们也可以缓慢地移动。

致命的荆棘

长棘海星以珊瑚为食。长棘海星的胃可以贴在珊瑚的表面上消化珊瑚的软组织并最终将它们吸收掉

珊瑚避难所

珊瑚礁为千千万万的植物和动物提供藏身之处、食物和交配场所，这些动物包括鱼类、海龟和海绵等

特殊分工

在一些珊瑚群落，一些珊瑚虫产生了分工并有了不同角色：一些负责捕食，一些负责防御整个群落，另一些负责传宗接代

7纲 · 20目 · 185科 · 75000个物种

软体动物

大多数软体动物生活在海洋里，但也有一些生活在淡水区域，或者是气候潮湿的陆地。它们的身体分几个部分：清晰可分辨的头部、健壮的腹足（经常分泌黏液）和内脏团（如胃）。大多数软体动物有一个坚硬的壳，主要成分是碳酸钙，这是由被称作外套膜的特殊皮肤层产生的，外套膜覆盖全身。另一些物种的壳非常小，或者已经退化消失。软体动物有七个纲：双壳纲和腹足纲是人们最熟悉的，双壳纲包括蛤蜊、牡蛎和蚌类，都有两壳和连接两部分的身体，以及小小的头。腹足纲动物是软体动物中最大的一支，包括蜗牛、蛞蝓和帽贝。“腹足”的意思是“肚子当作脚来用”。大多数腹足纲动物有着螺旋状的壳，也有一些没有壳。

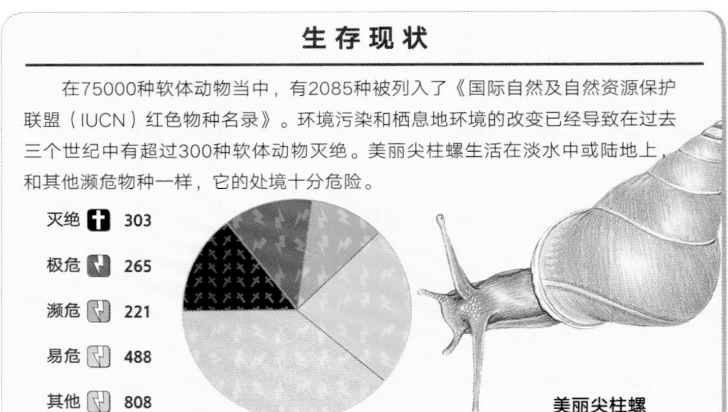

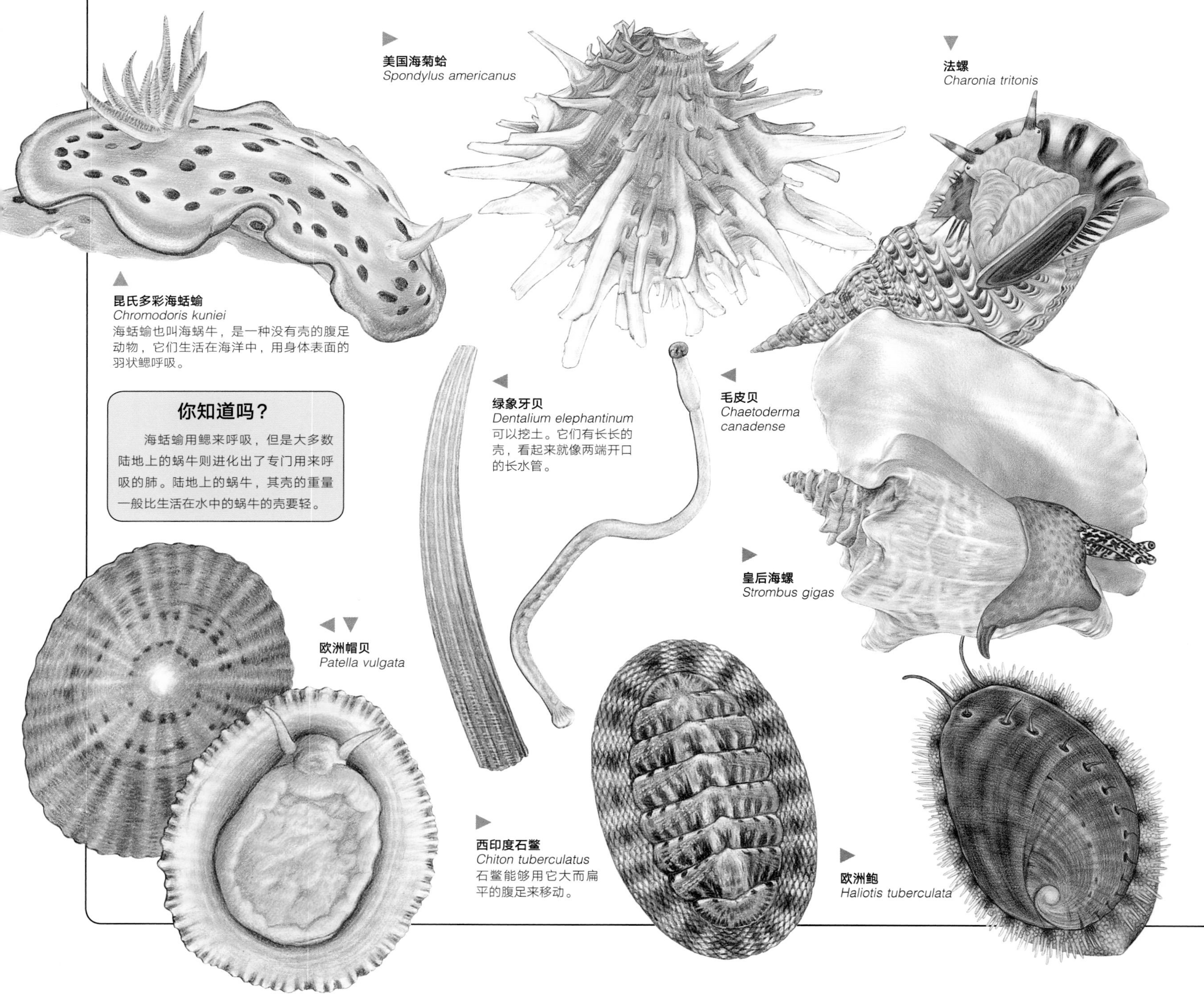

生存现状
在75000种软体动物当中，有2085种被列入了《国际自然及自然资源保护联盟（IUCN）红色物种名录》。环境污染和栖息地环境的改变已经导致在过去三个世纪中有超过300种软体动物灭绝。美丽尖柱螺生活在淡水中或陆地上，和其他濒危物种一样，它的处境十分危险。
灭绝 303
极危 265
濒危 221
易危 488
其他 808
美丽尖柱螺

美国海菊蛤
Spondylus americanus

法螺
Charonia tritonis

昆氏多彩海蛞蝓
Chromodoris kuniei
海蛞蝓也叫海蜗牛，是一种没有壳的腹足动物，它们生活在海洋中，用身体表面的羽状鳃呼吸。

你知道吗？

海蛞蝓用鳃来呼吸，但是大多数陆地上的蜗牛则进化出了专门用来呼吸的肺。陆地上的蜗牛，其壳的重量一般比生活在水中的蜗牛的壳要轻。

绿象牙贝
Dentalium elephantinum
可以挖土。它们有长长的壳，看起来就像两端开口的长水管。

毛皮贝
Chaetoderma canadense

皇后海螺
Strombus gigas

欧洲帽贝
Patella vulgata

西印度石鳖
Chiton tuberculatus
石鳖能够用它大而扁平的腹足来移动。

欧洲鲍
Haliotis tuberculata

珍珠蚌
Margaritana margaritifera
多刺鸟蛤
Acanthocardia aculeata
和大部分双壳纲动物一样，多刺鸟蛤把自己埋在浅的沙子和泥浆里。
胡桃蛤
Nucula nucleus
江瑶
Pinna nobilis
欧洲平牡蛎（食用牡蛎）
Ostrea edulis
非洲大蜗牛（褐云玛瑙螺）
Achatina achatina
这种陆生蜗牛能够长到31厘米长，是世界上最大的蜗牛之一。
巨型红蛞蝓
Arion rufus
法国大蜗牛
Helix pomatia
从史前时代开始，法国蜗牛就被人类当作食物了。
网纹野蛞蝓
Deroceras reticulatum
大西洋海神海蛞蝓
Glaucus atlanticus
大西洋海神海蛞蝓以僧帽水母为食，而且可以利用僧帽水母的毒刺细胞来保护自己。
海兔
Ovula ovum

大砗磲

大砗磲是世界上最大的双壳纲动物，体重能达到318千克。它们栖息在有热带珊瑚礁的印度洋和太平洋海底。大砗磲以过滤浮游生物为食，但是它们的主要营养来源是生活在它们软组织中的藻类。这些藻类通过生活在大砗磲身体中来获得保护。成年的大砗磲一旦定居就再也无法移动。大砗磲通过排出大量的精子和卵子来繁殖，这些精子和卵子同周围的大砗磲排出的精子和卵子混合并受精。之后受精卵发育成幼体，在流动的海水中漂浮，直到它们找到地方安顿下来，并成长为成熟的个体。

鱿鱼和章鱼

鱿鱼、章鱼、鹦鹉螺、乌贼，这些软体动物都属于头足纲，它们的足离头非常近，并已特化成了触手。鹦鹉螺有一个巨大的壳；鱿鱼和乌贼有相对较小的壳，位于身体内部；章鱼则完全地失去了壳。大多数头足纲动物靠喷射水流作为推进力来移动，能够自由地向前或者向后运动。头足纲动物是最聪明的一类无脊椎动物，能够表现出复杂的行为。雄性在繁殖期有求偶炫耀行为，并以此来吸引雌性。雄性头足动物会把精子收集在精囊内，然后用特殊的触手送入雌性动内。大多数雌性个体会把受精卵粘在石头或海草上。这些受精卵孵化之后，你会发现它们的外形类似成体，像是微缩版的成体。

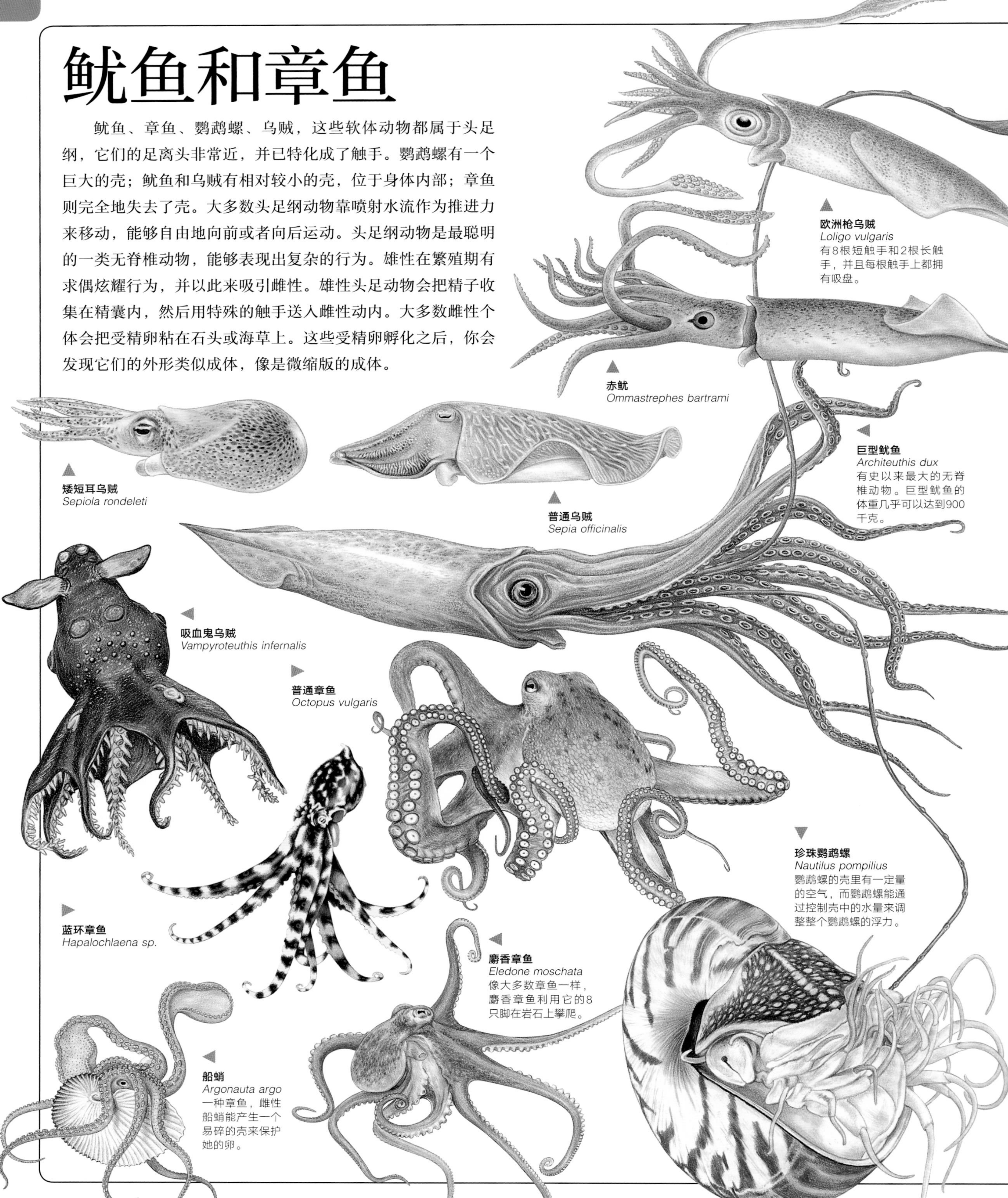

欧洲枪乌贼
Loligo vulgaris
有8根短触手和2根长触手，并且每根触手上都拥有吸盘。

赤鱿
Ommastrephes bartrami

巨型鱿鱼
Architeuthis dux
有史以来最大的无脊椎动物。巨型鱿鱼的体重几乎可以达到900千克。

矮短耳乌贼
Sepiola rondeleti

普通乌贼
Sepia officinalis

吸血鬼乌贼
Vampyroteuthis infernalis

普通章鱼
Octopus vulgaris

珍珠鹦鹉螺
Nautilus pompilius
鹦鹉螺的壳里有一定量的空气，而鹦鹉螺能通过控制壳中的水量来调整整个鹦鹉螺的浮力。

蓝环章鱼
Hapalochlaena sp.

麝香章鱼
Eledone moschata
像大多数章鱼一样，麝香章鱼利用它的8只脚在岩石上攀爬。

船蛸
Argonauta argo
一种章鱼，雌性船蛸能产生一个易碎的壳来保护她的卵。

深海巨无霸

巨无霸对巨无霸

在2005年9月，日本科学家进行了第一次世界公认的对巨型乌贼的观察，并第一次拍摄到这种无脊椎动物游泳的场景。这发生在约915米深的海里，地点位于北太平洋的日本海域。对于巨型乌贼的研究表明，巨型乌贼主要以深海鱼类为食，它们甚至可以吃抹香鲸；但是抹香鲸也反过来可以以巨型乌贼为食。水手、灯塔管理员、捕鲸者们经常报告说看见鲸和巨型乌贼缠斗在一起。它们也报告过巨型乌贼攻击船只，可能是因为船只的外形和鲸很像。巨型乌贼的吸盘造成的大型伤疤，可以在死亡的抹香鲸身上找到。而在鲸的肚子里也可以找到巨型乌贼的残骸。

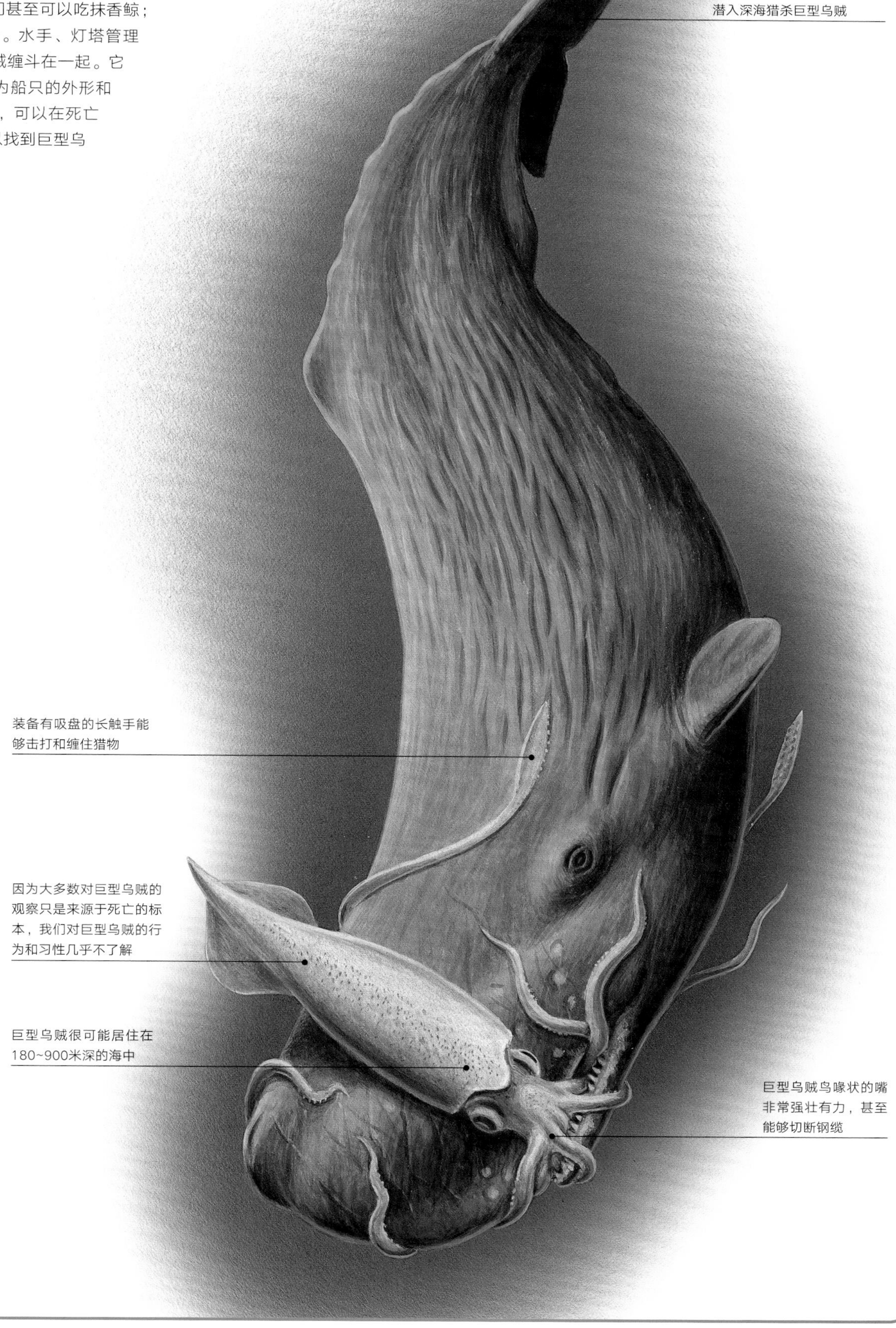

强劲有力的尾鳍能帮助抹香鲸潜入深海猎杀巨型乌贼

装备有吸盘的长触手能够击打和缠住猎物

因为大多数对巨型乌贼的观察只是来源于死亡的标本，我们对巨型乌贼的行为和习性几乎不了解

巨型乌贼很可能居住在180~900米深的海中

巨型乌贼鸟喙状的嘴非常强壮有力，甚至能够切断钢缆

从前我们了解巨型乌贼只能通过冲到岸边的死亡的或者濒死的样本，而最近我们找到了更多其他的方法。

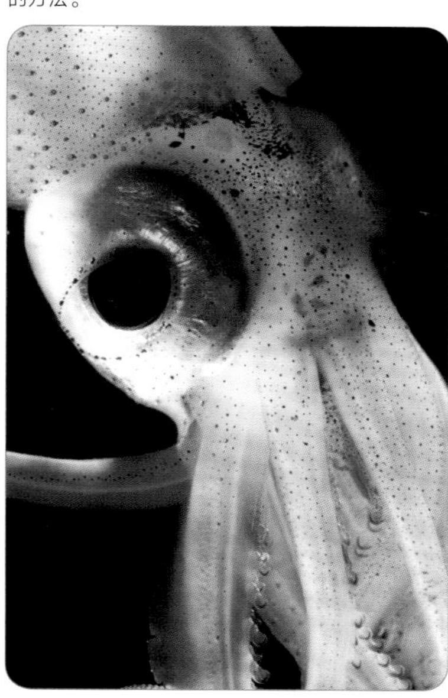

巨型乌贼有着所有动物中最大的眼睛，直径可以达到25厘米。

22纲 · 110目 · 2120科 · 超过110万种

节肢动物

一些蜘蛛，比如照片中的圭亚那粉趾蛛，使用书肺来呼吸。书肺的工作原理类似鱼鳃，是由像一层层叠起来的叶子一样的组织组成。

动物界中约有$\frac{3}{4}$的物种属于节肢动物，“节肢”的意思是“分节的足”。节肢动物身体的每一节都有分节的附肢，比如足或触须。节肢动物拥有外骨骼，这是一层坚硬而且柔韧的外皮，覆盖住整个身体，以保护身体软组织。节肢动物的身体由很多体节组成，机能和结构相同的体节常组合在一起，形成体部。对于很多类群来说，体部包括头部、胸部和腹部。最早的节肢动物出现在海洋之中，现在的节肢动物则分布在地球上的任何生境中。

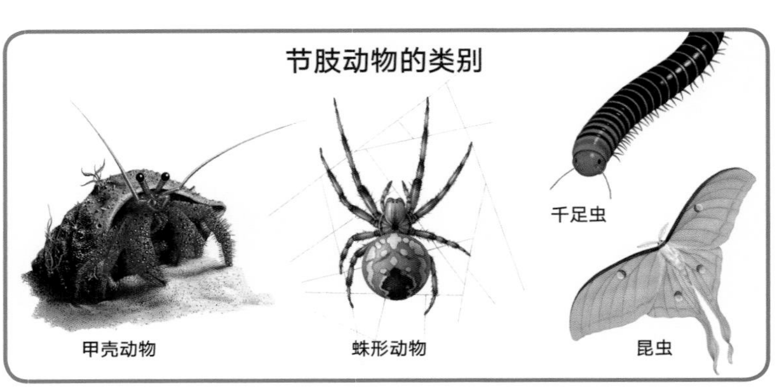

昆虫的解剖结构

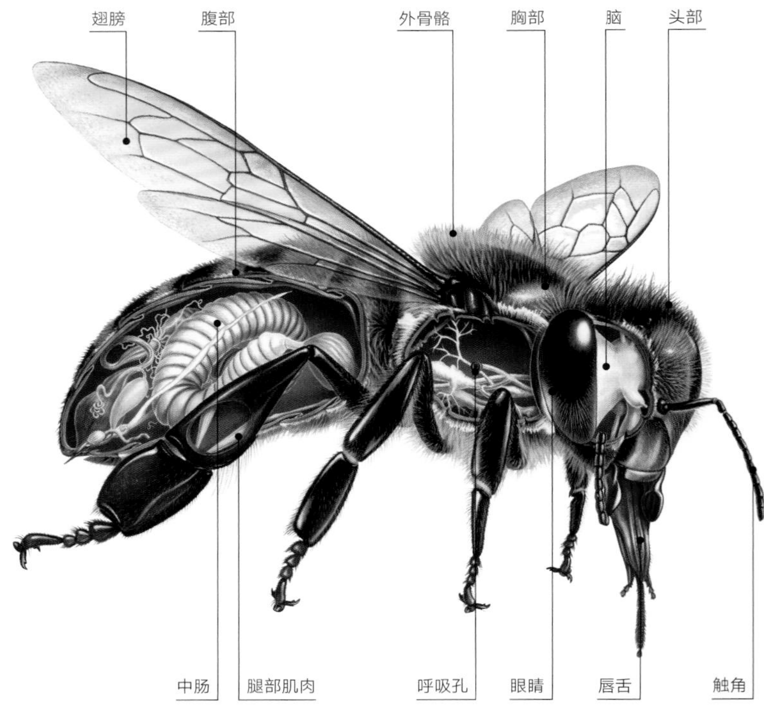

蛛形动物

蜘蛛、蝎子、长脚蛛、螨、蜱都属于蛛形动物。除少数物种外，蛛形动物全部生活在陆地上，种类较少，且大多数都是食肉动物，主要以其他无脊椎动物为食（也有蜘蛛会捕鱼或小鸟）。蛛形动物无法吞咽固体食物，因此通过向猎物喷射消化性黏液，让猎物融化成液体，然后进行吸食。蛛形动物身体有两个部分：头胸部和腹部。蛛形动物具有4对有关节的足和一定数量的单眼，这些单眼只能感受光强。蜘蛛是最著名的蛛形动物，有丝腺，可以用丝来织网和包裹蜘蛛卵。大多数蜘蛛有毒，能够通过尖牙一样的口器部件（一对螯肢）把毒液注射到猎物或敌人体内。在40000种蜘蛛中，只有30种蜘蛛的毒液能使人类中毒。

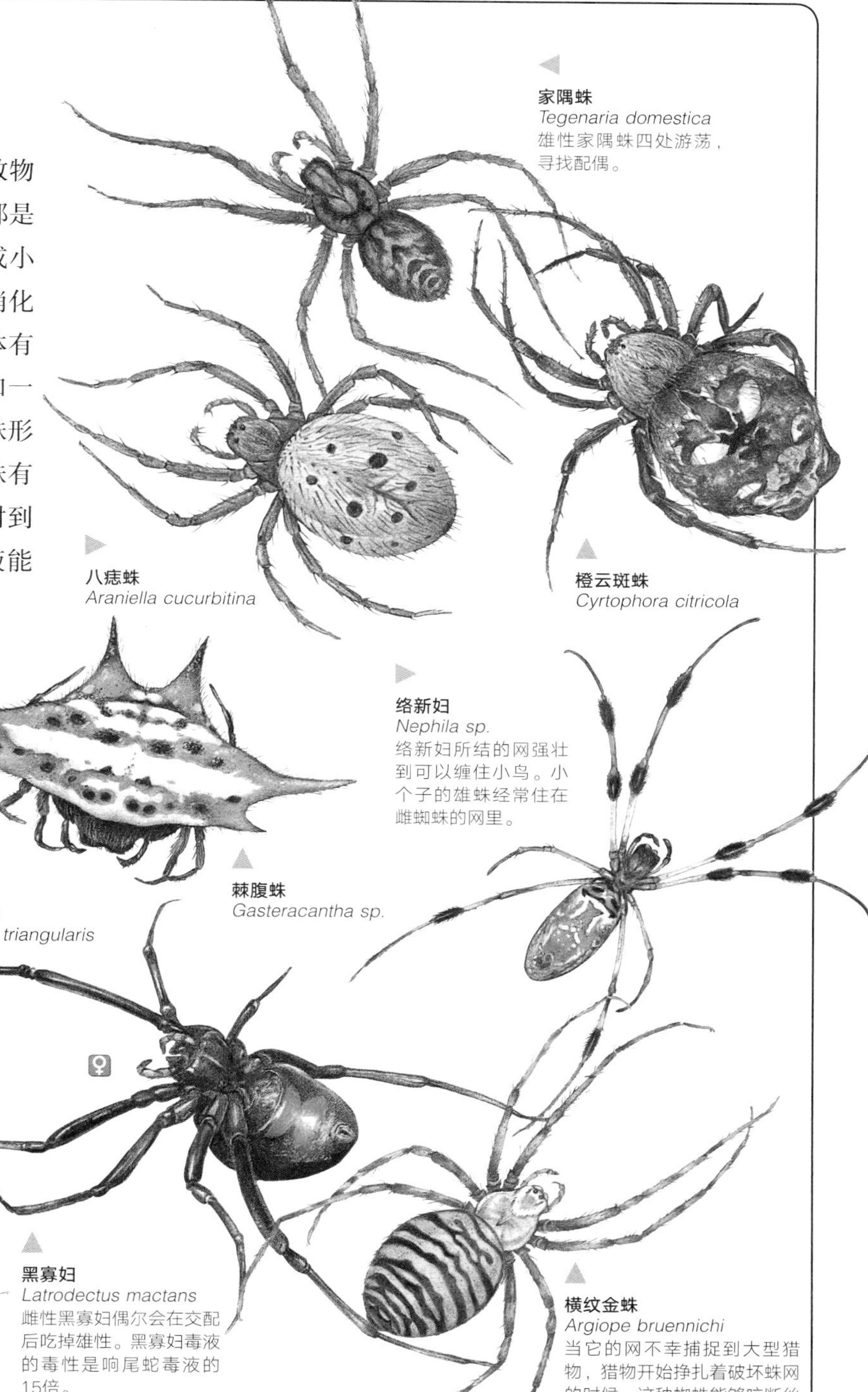

家隅蛛
Tegenaria domestica
雄性家隅蛛四处游荡，寻找配偶。

八痣蛛
Araniella cucurbitina

橙云斑蛛
Cyrtophora citricola

北美巨人蜈蚣
Scolopendra heros
蜈蚣是多足动物，不是蛛形动物，它们在枯枝落叶中寻找无脊椎动物作为猎物，能够用毒牙攻击对手并使之瘫痪。

络新妇
Nephila sp.
络新妇所结的网强壮到可以缠住小鸟。小个子的雄蛛经常住在雌蜘蛛的网里。

三角皿蛛
Linyphia triangularis

棘腹蛛
Gasteracantha sp.

十字园蛛
Araneus diadematus

黑寡妇
Latrodectus mactans
雌性黑寡妇偶尔会在交配后吃掉雄性。黑寡妇毒液的毒性是响尾蛇毒液的15倍。

横纹金蛛
Argiope bruennichi
当它的网不幸捕捉到大型猎物，猎物开始挣扎着破坏蛛网的时候，这种蜘蛛能够咬断丝线来让大型猎物逃脱，这样可以保护其辛苦织出来的网。

刺毛千足虫
Polyxenus lagurus
千足虫以植物为食，它们有长长的身体和很多对足。

生存现状

在这80000种蛛形动物当中，只有18种被列入了《国际自然及自然资源保护联盟（IUCN）红色物种名录》，包括墨西哥红膝蜘蛛。人们逐渐注意到这一情况，越来越多的威胁因素被逐一发现，如污染和杀虫剂的使用等。

- 灭绝 0
- 极危 0
- 濒危 1
- 易危 8
- 其他 8

墨西哥红膝蜘蛛

蜕皮

为了生长，节肢动物必须脱去它的外骨骼，也就是蜕皮。大多数节肢动物一生要经历多次蜕皮。蜕皮的时候，身体软组织扩展并生成新的外骨骼。新的外骨骼非常软，节肢动物此时非常脆弱。但是新的外骨骼也会随着时间推移渐渐变硬。

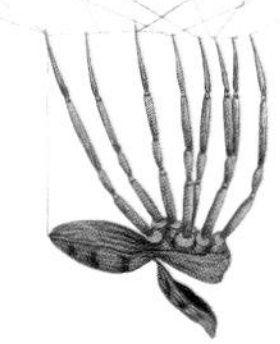

外骨骼从头部开始裂开。

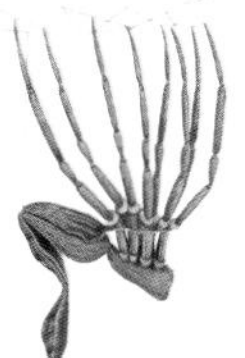

外骨骼被撕成几部分。

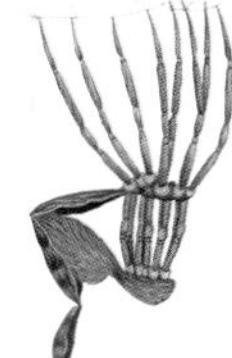

抽出易碎的肢体。

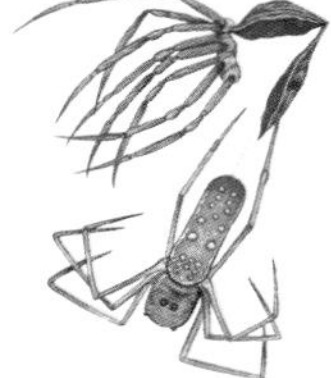

新的外骨骼需要一定时间变干和变硬。

蛛形动物

蛛形动物在口附近有两对头肢。第一对是螯肢，作用类似于尖牙，用来捕食昆虫等；另一对叫作脚须，作用类似于触角，用来感知周围的环境。蝎子和另外一些蛛形动物的脚须已经演化成了大型的钳。蝎子的尾部尖端还有一个毒刺。大多数蛛形动物白天生活在岩石裂缝或洞穴中，晚上则出来猎食。虽然蛛形动物中最有名的是蜘蛛和蝎子，但是数量最多、种类最丰富的还是螨和蜱。它们出现在地球上几乎所有的生态环境中，无论是赤道、热泉、深海还是沙漠。有些是寄生虫，以其他动物和植物的体液为食。很多蜱和螨能够传染对其他生物有害的致病菌。

♀ ♂

斑马跳蛛
Salticus scenicus
会跟踪猎物，然后瞬间跳出可达自身体长50倍的距离来捕获昆虫。

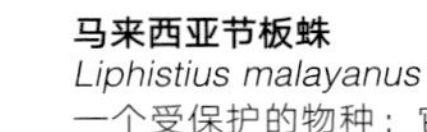

马来西亚节板蛛
Liphistius malayanus
一个受保护的物种；它们在过去的400万年中没有发生多少变化。

节腹蛛
Ricinoides sjoestedti
头盖下垂时能保护口器。

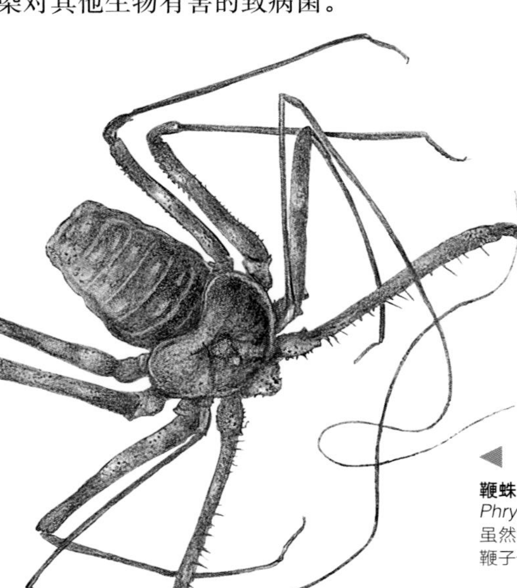

鞭蛛
Phrynichus sp.
虽然没有毒牙，但是它能够用鞭子一样的附肢捕获猎物。

黄肥尾蝎
Androctonus australis
肥尾蝎生活在亚洲和非洲，是最危险的蝎子之一，每年它的毒刺都会杀死一些人。

短尾鞭蝎
Schizomus crassicaudatus

蟹形拟蝎
Chelifer cancroides
它们没有蝎子那样的尾端毒刺，它们的毒液腺长在附肢里面。

鞭蝎
Thelyphonus caudatus
雌性鞭蝎会在身上的袋子里产卵，并一直带着它们，直到卵孵化出新个体。

蝎子的求偶

一些蝎子的雄性和雌性个体互相抓住对方，然后它们会在彼此周围“跳舞”，这样做的目的是在周围找一块可以交配的平地。

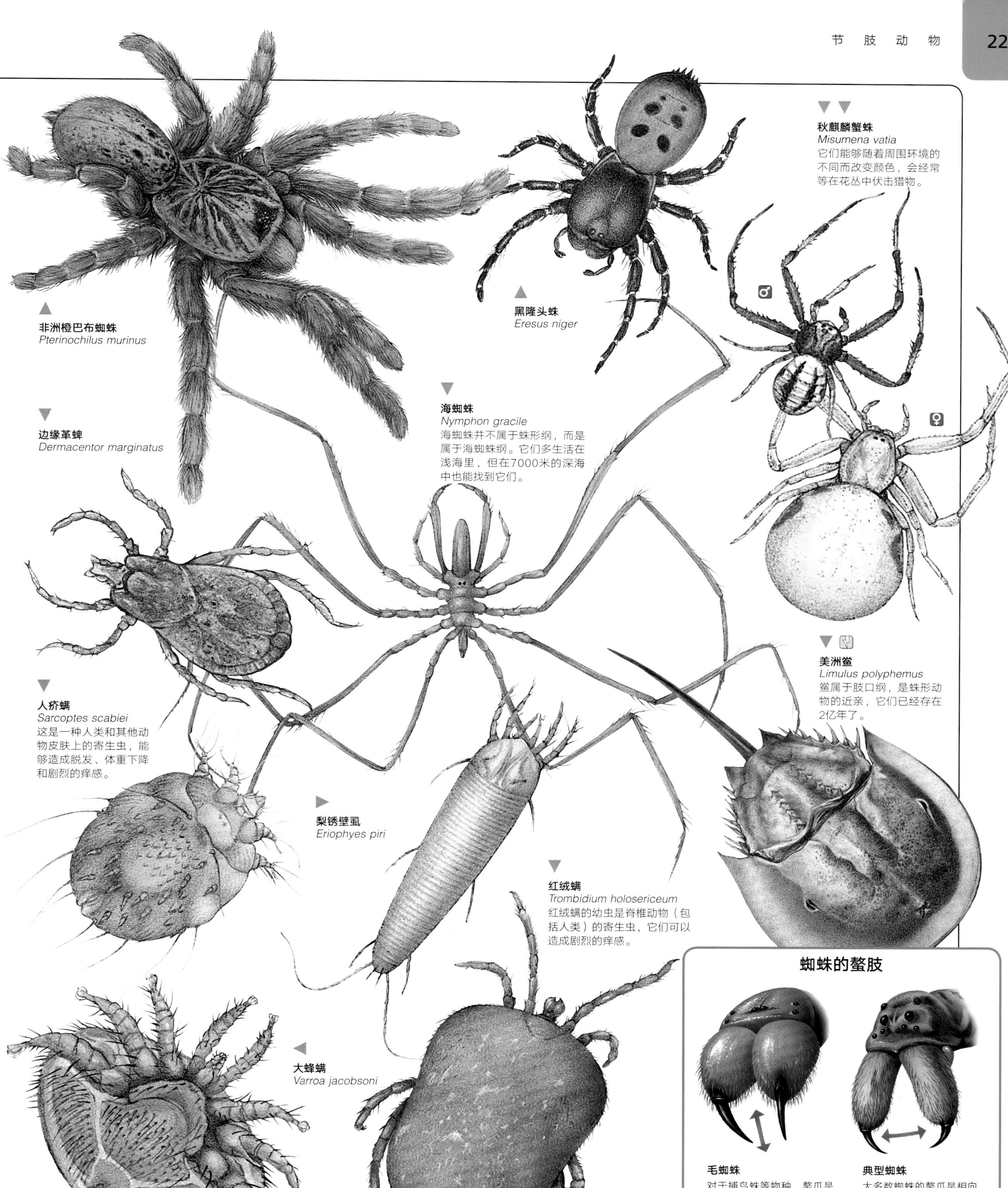

非洲橙巴布蜘蛛
Pterinochilus murinus
黑隆头蛛
Eresus niger
秋麒麟蟹蛛
Misumena vatia
它们能够随着周围环境的不同而改变颜色，会经常等在花丛中伏击猎物。
边缘革蜱
Dermacentor marginatus
海蜘蛛
Nymphon gracile
海蜘蛛并不属于蛛形纲，而是属于海蜘蛛纲。它们多生活在浅海里，但在7000米的深海中也能找到它们。
人疥螨
Sarcoptes scabiei
这是一种人类和其他动物皮肤上的寄生虫，能够造成脱发、体重下降和剧烈的痒感。
美洲鲎
Limulus polyphemus
鲎属于肢口纲，是蛛形动物的近亲，它们已经存在2亿年了。
梨锈壁虱
Eriophyes piri
红绒螨
Trombidium holosericeum
红绒螨的幼虫是脊椎动物（包括人类）的寄生虫，它们可以造成剧烈的痒感。
大蜂螨
Varroa jacobsoni

蜘蛛的螯肢

毛蜘蛛
对于捕鸟蛛等物种，螯爪是上下运动的，称为直螯类。

典型蜘蛛
大多数蜘蛛的螯爪是相向运动的，称为横螯类。

蟹和虾

蟹和虾是甲壳纲动物。这类动物大小不一，水蚤小于0.25毫米，巨型蜘蛛蟹则长着长达3.7米的附肢。一些甲壳动物适应陆地生活，但是大多数甲壳动物仍生活在咸水或者淡水中。它们的身体和其他节肢动物十分相似，有着分开的体节、有关节的附肢、为了生长而可以蜕去的坚硬的外骨骼。头部一般有2对长鞭状的触角；发达的眼睛，一般长在眼柄上；还有3对可以用来撕咬猎物的口器。很多种这类动物的前肢进化成了钳子，可以用来收集食物和与捕食者战斗或者是作为交流用的工具。有些物种的雌性会把卵产在水中，任其孵化生长。但是也有一些会带在身上直到孵化出幼体。

刺藤壶
Balanus tintinnabulum
成熟的藤壶不能移动，它们通过在水里挥舞它们多毛的附肢来捕获浮游生物。

螳螂虾
Odontodactylus scyllarus
螳螂虾可以用它们巨大而发达的前肢来捕捉和杀死鱼类、蟹类和软体动物。

塔斯马尼亚山虾
Anaspides tasmaniae
这种生物经常被称作“活化石”，因为它的外形非常像2.5亿年前的甲壳类动物的化石。

麦杆虫
Caprella anatifera
一种居住在水中的小型甲壳动物，它们的身体常常是扁的。

钩虾
Gammarus fossarum
生活在清凉的淡水河流或溪流中。

普通卷甲虫（西瓜虫）
Armadilidium vulgare
这一类卷甲虫已经适应了陆地生活。它们会在遇到危险时卷成一个致密的球。

刺颊螯虾
Orconectes limosus

中华绒螯蟹
Eriocheir sinensis
一种掘土蟹，因蟹爪上长着大量的绒毛而得名。

普通滨蟹
Carcinus maenas
钳子能够轻易打开软体动物的壳，如贻贝的壳。

角眼沙蟹
Ocypode ceratophthalma

可移动的家

寄居蟹生活在软体动物废弃的壳中，如海螺的壳。它们不像其他蟹一样要脱去自己的外壳，而是在长大后再去寻找一个更新、更大的壳来居住。两只寄居蟹经常为了争夺一个理想的空壳而大打出手。

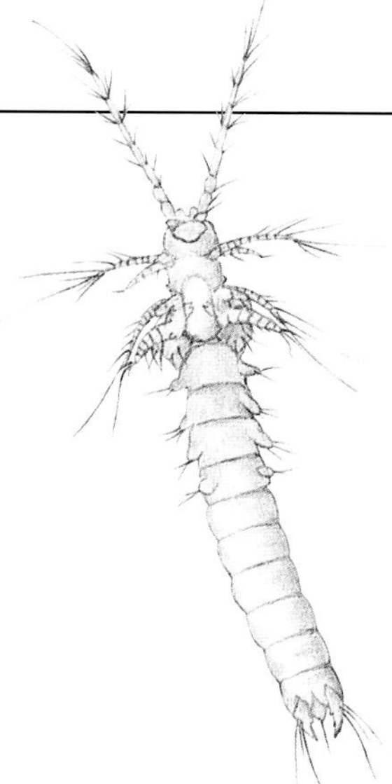

英勇剑水蚤
Cyclops strenuus
属于甲壳纲的桡足类动物，这类动物生活在海洋里，是很多海洋食物链中重要的一环。

勒氏长唇虾
Derocheilocaris remanei
生活在潮间带的砂砾中，潮间带是海洋和陆地的连接处。

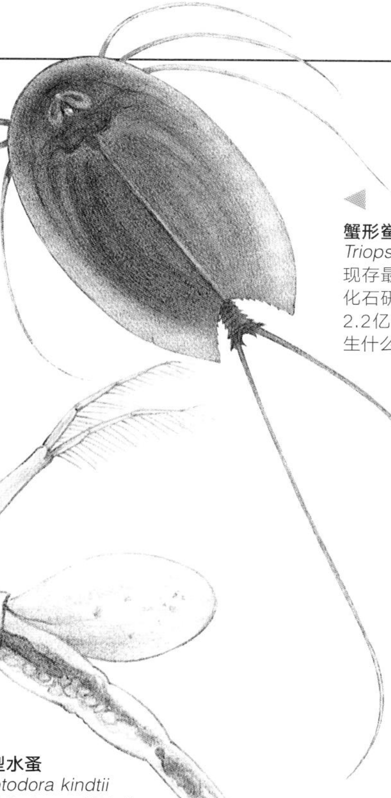

蟹形鲎虫
Triops cancriformis
现存最古老的生物之一。化石研究显示，在过去的2.2亿年中，它们没有发生什么变化。

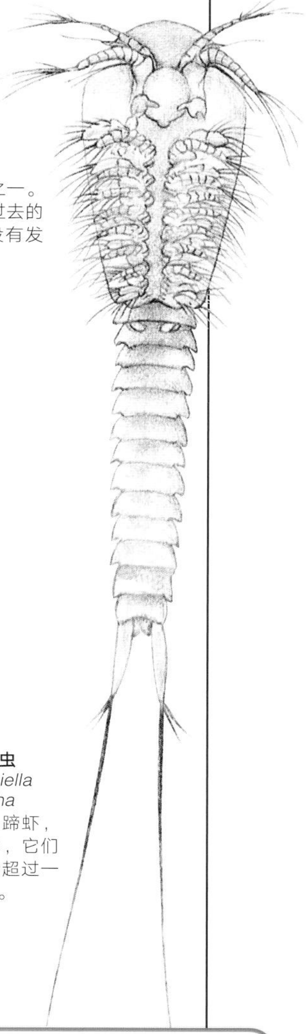

鱼虱
Argulus foliaceus
寄生在鱼类的皮肤或者腮中，经常造成鱼类组织损伤。

巨型水蚤
Leptodora kindtii
用它们叶子一样的附肢来收集食物、游泳和呼吸。

马蹄虾木棉虫
Hutchinsoniella macracantha
大多数的马蹄虾，比如这一种，它们的大小不会超过一颗芝麻种子。

玻璃介
Candona suburbana

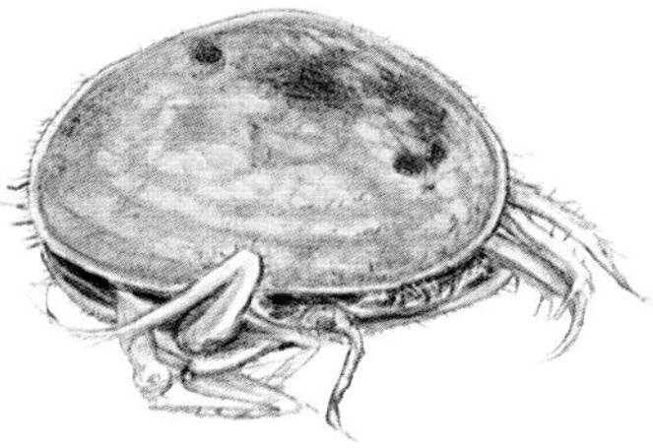

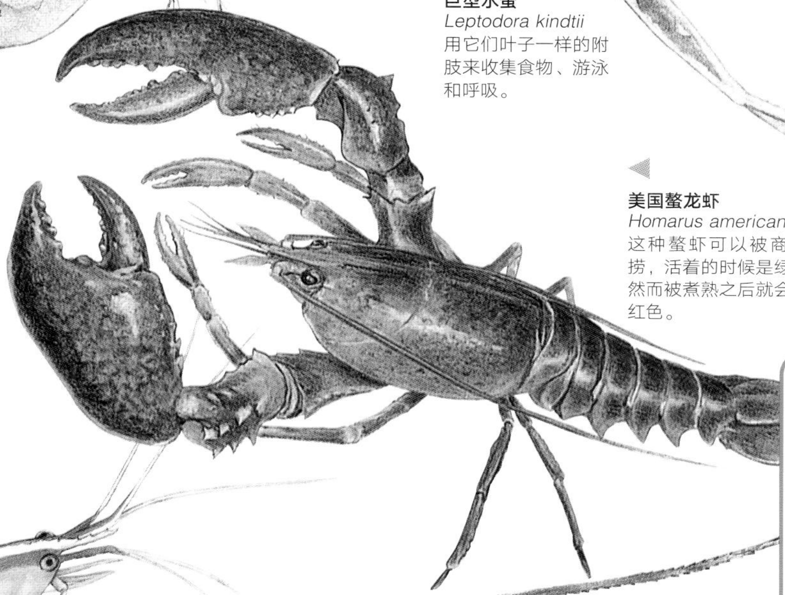

美国螯龙虾
Homarus americanus
这种螯虾可以被商业捕捞，活着的时候是绿色，然而被煮熟之后就会变成红色。

清洁虾
Lysmata amboinensis
以寄生在鱼组织中的寄生虫为食。

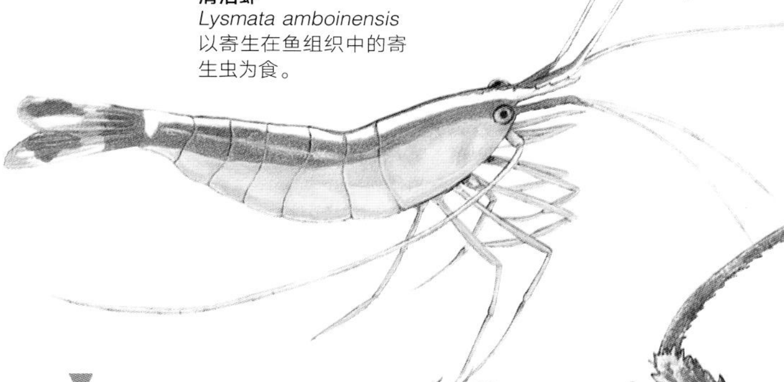

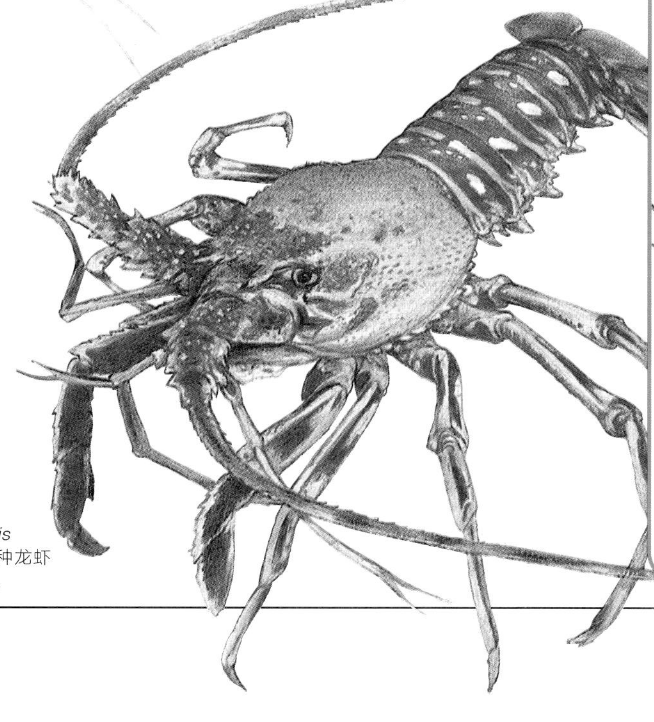

斑节对虾
Penaeus monodon

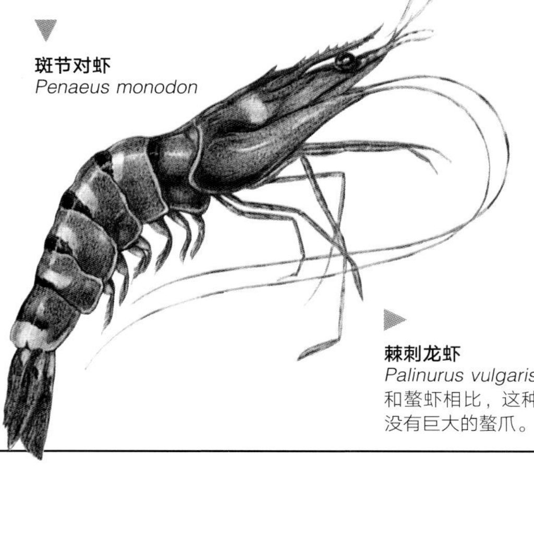

棘刺龙虾
Palinurus vulgaris
和螯虾相比，这种龙虾没有巨大的螯爪。

棘刺龙虾的迁徙

某些种类的棘刺龙虾会季节性地进行大规模迁徙。它们以长而单一的队列在海底进行迁徙，有时不分白天黑夜地连续移动，没有丝毫停歇。

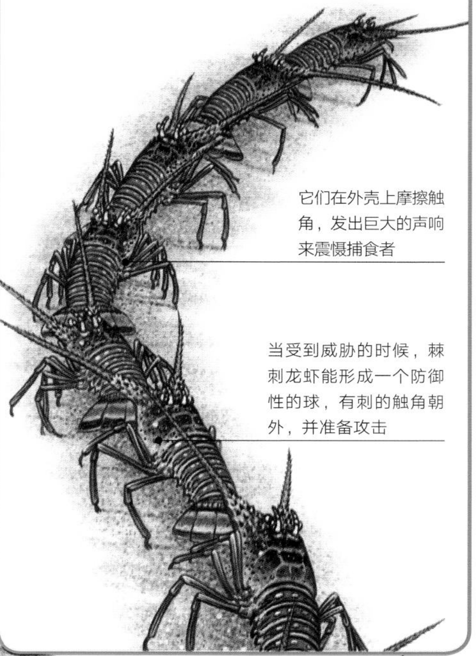

它们在外壳上摩擦触角，发出巨大的声响来震慑捕食者

当受到威胁的时候，棘刺龙虾能形成一个防御性的球，有刺的触角朝外，并准备攻击

29目 · 949科 · 超过100万种

昆虫

大多数昆虫，比如这种二星瓢虫，它们的身体长度小于5厘米。这样的身体大小允许它们在多种多样的生活环境中生存，并且允许它们演化出多种不同的结构。

从各种意义上来说，昆虫都是地球上生存最成功的生物。已知的物种之中超过一半都是昆虫。至今为止已经发现了超过100万个昆虫物种，总物种的数量可能在3000万种左右。昆虫的成功，一部分是因为它们坚硬却有弹性的外骨骼——这样的外骨骼能使得它们更加容易移动，能保护它们的软组织，还能防止水分蒸发。尽管有一些昆虫会传播疾病、摧毁庄稼，但是大多数是无害的，并且在生态环境中扮演着重要角色。大约$\frac{3}{4}$的开花植物是由昆虫来传粉的，很多动物也以昆虫为食。

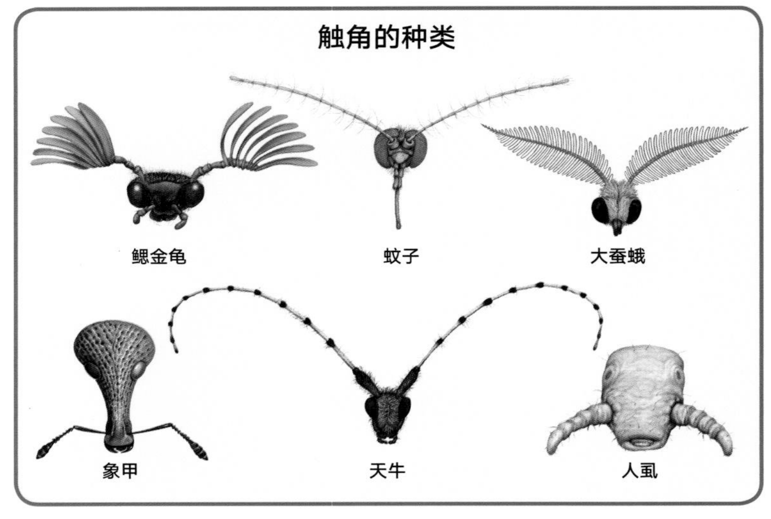

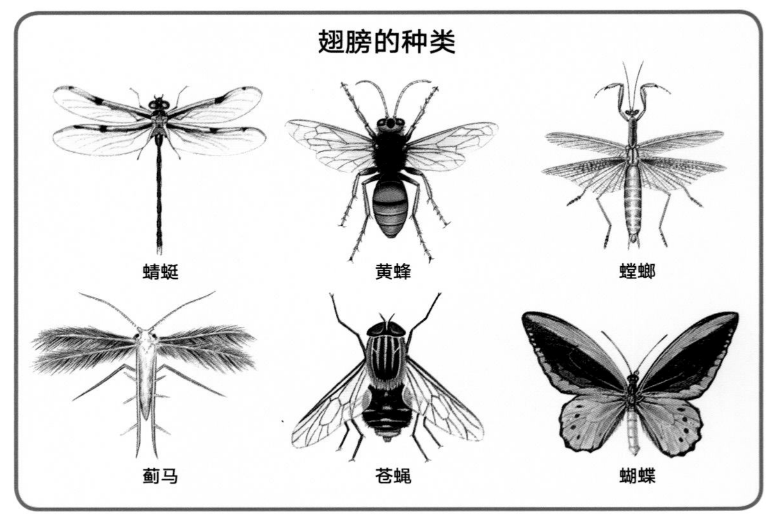

昆虫

蜻蜓和豆娘都属于蜻蜓目，是现存昆虫纲动物中最古老的目，出现在距今3亿年前。它们的翼展可以达到19厘米，常常居住在水体附近。它们是会飞的捕食者，以其他昆虫为猎物。螳螂也能够捕食一些昆虫。一些体形较大的螳螂，长度可以达到25厘米，能够抓捕一些小型鸟类和爬行动物。它们伏在地上一动不动，等待猎物出现。它们的反应像闪电一样快，突袭并用强壮的前足抓住猎物。白蚁和蟑螂并不捕猎。蟑螂一般吃腐败的植物、鸟类和兽类的粪便。白蚁是社会性动物，以死亡的木头为食，这能使它们所在栖息地的营养成分循环流动，但是这种行为会破坏城市中的建筑物。蝗虫和蟋蟀是杂食动物。它们的社会性不强，但是有时会聚集在一起形成巨大的虫群。

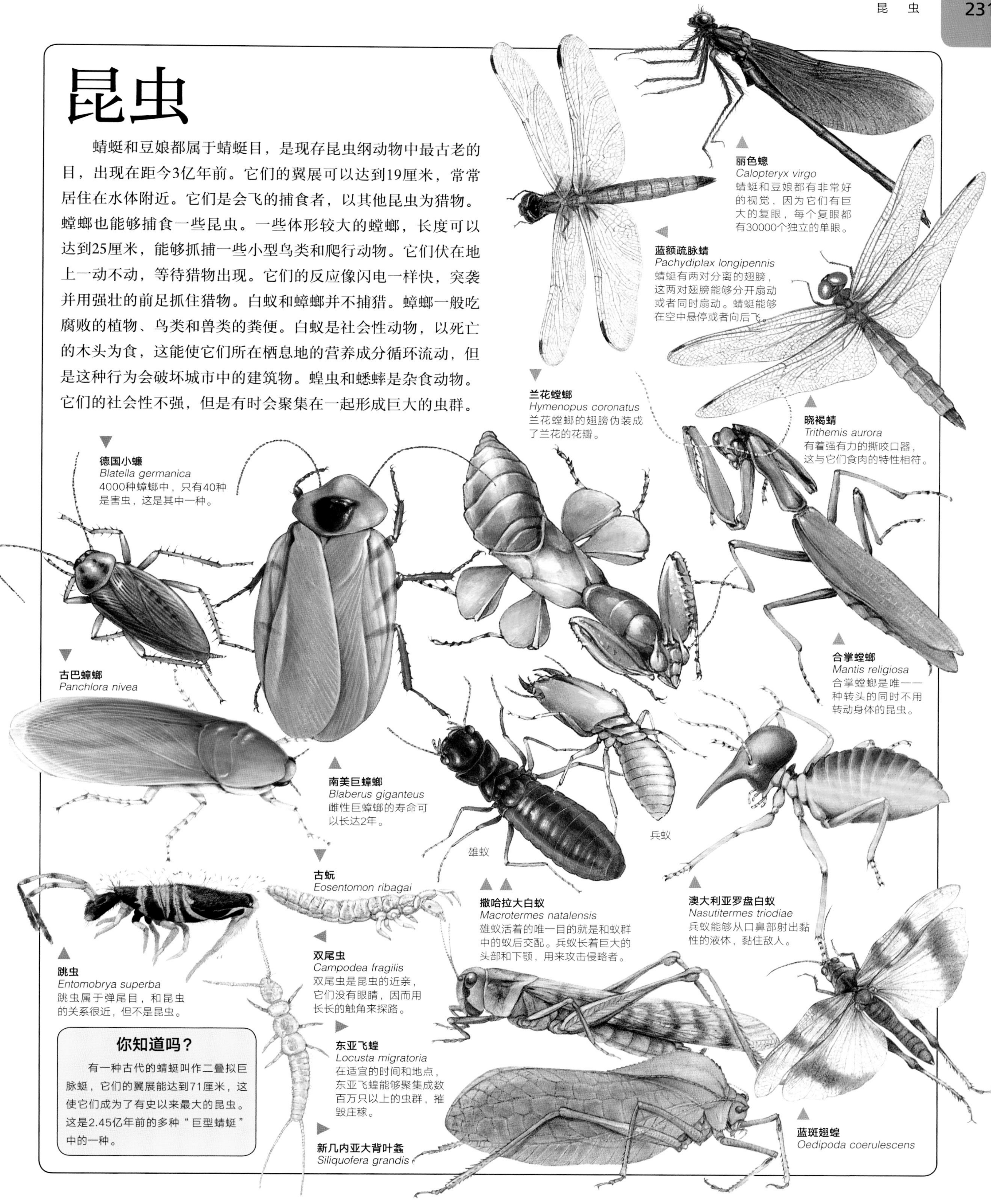

丽色蟌
Calopteryx virgo
蜻蜓和豆娘都有非常好的视觉，因为它们有巨大的复眼，每个复眼都有30000个独立的单眼。

蓝额疏脉蜻
Pachydiplax longipennis
蜻蜓有两对分离的翅膀，这两对翅膀能够分开扇动或者同时扇动。蜻蜓能够在空中悬停或者向后飞。

兰花螳螂
Hymenopus coronatus
兰花螳螂的翅膀伪装成了兰花的花瓣。

晓褐蜻
Trithemis aurora
有着强有力的撕咬口器，这与它们食肉的特性相符。

德国小蠊
Blatella germanica
4000种蟑螂中，只有40种是害虫，这是其中一种。

古巴蟑螂
Panchlora nivea

合掌螳螂
Mantis religiosa
合掌螳螂是唯一一种转头的同时不用转动身体的昆虫。

南美巨蟑螂
Blaberus giganteus
雌性巨蟑螂的寿命可以长达2年。

古蚖
Eosentomon ribagai

撒哈拉大白蚁
Macrotermes natalensis
雄蚁活着的唯一目的就是和蚁群中的蚁后交配。兵蚁长着巨大的头部和下颚，用来攻击侵略者。

澳大利亚罗盘白蚁
Nasutitermes triodiae
兵蚁能够从口鼻部射出黏性的液体，黏住敌人。

跳虫
Entomobrya superba
跳虫属于弹尾目，和昆虫的关系很近，但不是昆虫。

双尾虫
Campodea fragilis
双尾虫是昆虫的近亲，它们没有眼睛，因而用长长的触角来探路。

东亚飞蝗
Locusta migratoria
在适宜的时间和地点，东亚飞蝗能够聚集成数百万只以上的虫群，摧毁庄稼。

新几内亚大背叶螽
Siliquofera grandis

蓝斑翅蝗
Oedipoda coerulescens

你知道吗？

有一种古代的蜻蜓叫作二叠拟巨脉蜓，它们的翼展能达到71厘米，这使它们成为了有史以来最大的昆虫。这是2.45亿年前的多种“巨型蜻蜓”中的一种。

蝉和蝽

蝉和蝽属于半翅目，这个目中有约80000个物种，其中包括蝉、蚜虫、介壳虫、盾蝽等。很多种盾蝽（也被称作“椿象”）的身上长着特殊的腺体，可以在受到威胁的时候发出气味。所有半翅目昆虫都长着刺吸式口器，这种口器可以先刺穿植物的表面或动物的皮肤，然后向里面注射消化液，溶解里面的组织，从而便于吸食。大部分半翅目昆虫以植物汁液为食，有些则以脊椎动物的血液为食，或者捕食其他昆虫。半翅目昆虫分布于世界上大多数陆地栖息地中，有些半翅目昆虫甚至已经适应了水中或水面上的生活，比如海黾，它是唯一一种生活在海洋中的昆虫。

生存现状

国际自然及自然资源保护联盟（IUCN）只评估了不到800种昆虫的生存现状，其中大多数都被列入了《国际自然及自然资源保护联盟（IUCN）红色物种》。在超过80000种半翅目昆虫当中，有5种出现在了《国际自然及自然资源保护联盟（IUCN）红色物种名录》中。十七年蝉的生活周期非常独特，所有成虫会同时出现在地上，此时它们很容易受到危害。

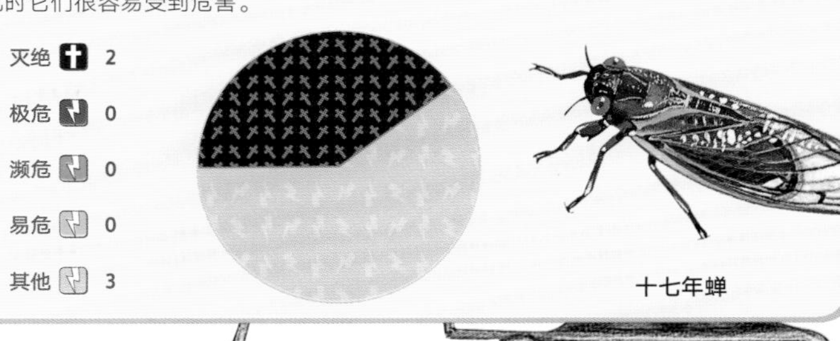

十七年蝉

味潜蝽
Naucoris cimicoides

叉带棉红蝽
Dysdercus decussatus

欧梨网蝽
Stephanitis pyri
是欧洲南部的苹果树和梨树上的一种害虫。

牧草盲蝽
Lygus pratensis

缘蝽
Anisoscelis flavolineatus
扁平的后腿部像是叶子的一部分；它们吸取植物的汁液。

尺蝽
Hydrometra stagnorum
能够用它细长的附肢在静止的水面上大步滑行。

苹果绵蚜
Eriosoma lanigerum
雌性蚜虫能够通过产卵来繁殖，这些卵不需要雄性蚜虫来受精。

昆虫解剖

头部
眼部
口部
口针（能穿透食物）
依附于胸部的附肢
腹部

殃叶蝉
Euscelis plebejus

红黑沫蝉
Cercopis sanguinolenta
这种昆虫的幼虫通过肛门排出全是泡沫的黏液来保护自己。

成虫

若虫

苹木虱
Psylla mali

长尾粉蚧
Pseudococcus longispinus

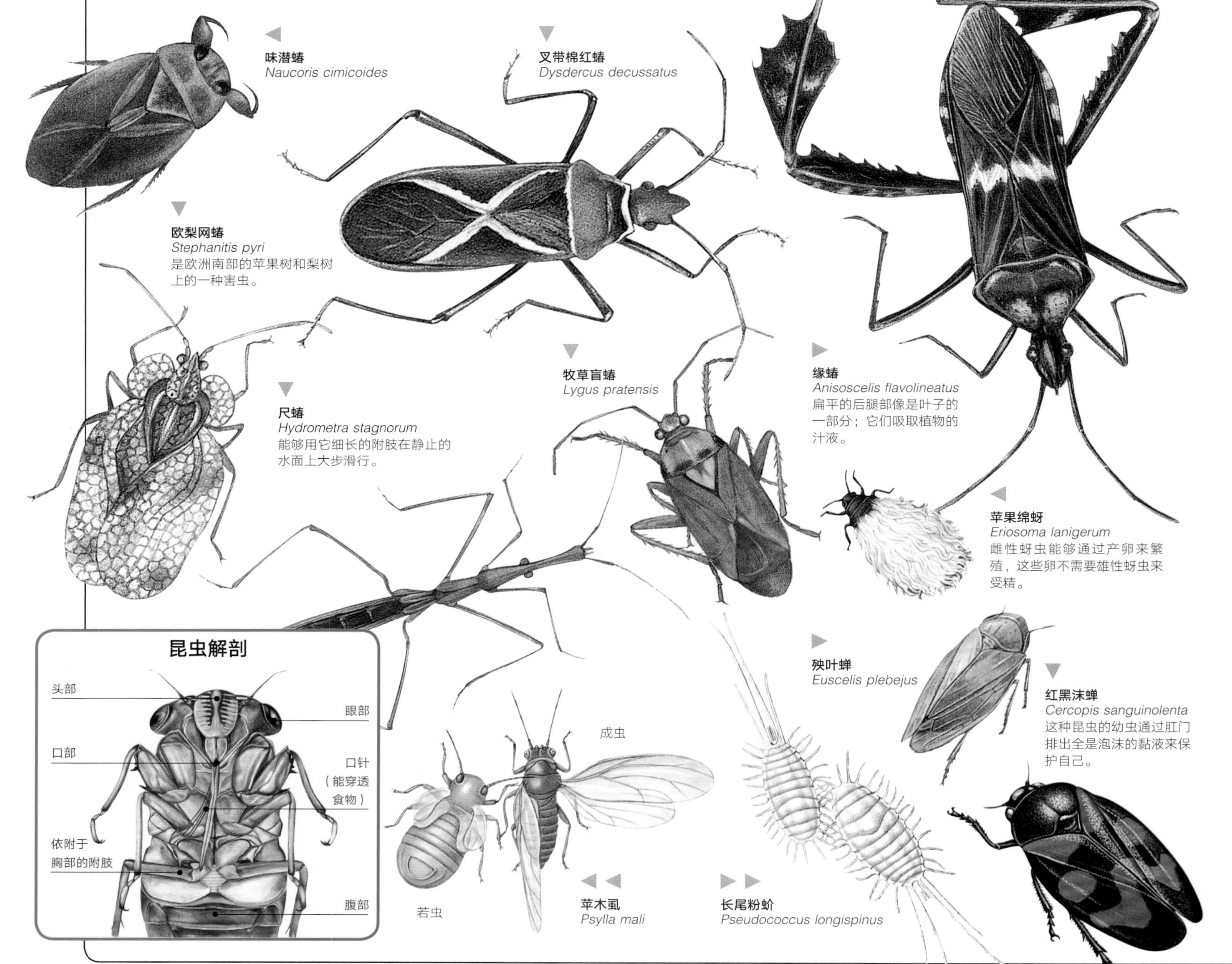

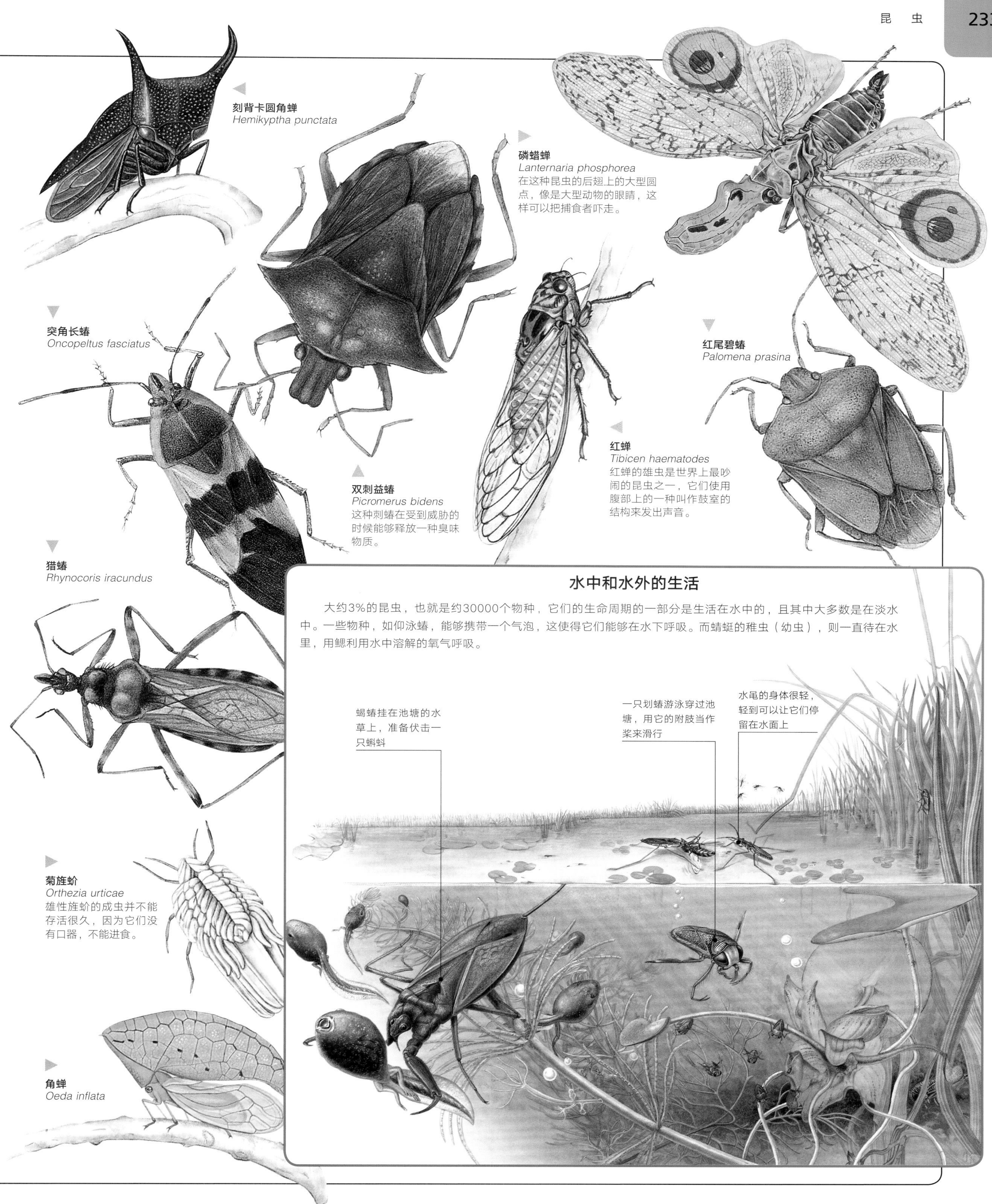

水中和水外的生活

大约3%的昆虫，也就是约30000个物种，它们的生命周期的一部分是生活在水中的，且其中大多数是在淡水中。一些物种，如仰泳蝽，能够携带一个气泡，这使得它们能够在水下呼吸。而蜻蜓的稚虫（幼虫），则一直待在水里，用鳃利用水中溶解的氧气呼吸。

甲虫

在地球上所有动物当中，大概$\frac{1}{3}$是甲虫，它们属于多样性很高的一个目——鞘翅目，发光虫和萤火虫就是其中的代表。事实上，从北冰洋的荒原，到茂密的丛林，再到湖水表层，世界上的任何一种生境中都能找到甲虫的踪影。大部分甲虫生活在腐殖质丰富的热带森林中。它们中的大部分在地面上生活，但也有很多种类生活在树上、水中或地底下。最小的甲虫是一种缨甲，大概只有0.25毫米长。而最大的甲虫则是美国天牛，体长可达17厘米。甲虫的口器主要适应于咀嚼，但也有多种不同的功能分化。植食性甲虫会吃植物的根、种子、茎、叶、花、果实或朽木，而猎食性甲虫则以其他无脊椎动物为食。

生存现状

在超过37万种甲虫当中，有72种被列入了《国际自然及自然资源保护联盟（IUCN）红色物种名录》。其中，欧洲的栎黑天牛处于易危状态，因为它们的幼虫赖以生存的老橡树林生境在逐渐消失。

烟草甲虫（锯角毛食骸甲）
Lasioderma serricorne
烟草甲虫是一种以人工储存的植物（如烟草或者博物馆的标本）为食的害虫。

光叩甲
Pyrophorus noctilucus
身体上有3个发光点（上边2个，底下1个），可以发出明亮的光，用来互相交流。

西班牙芫菁
Lytta vesicatoria
这种甲虫会释放一种有毒物质，抵御来自天敌的威胁。这种有毒物质对人来说也是致命的。

巨大花潜金龟
Goliathus meleagris
巨大花潜金龟是最重的昆虫，可以达到115克。

粪金龟（屎壳郎）

腐食性甲虫在各种各样的生境中都扮演不可或缺的角色。它们会吃掉动植物的尸体或腐殖质，让其中的元素重新转化为无机物继续参与生态系统的物质循环。粪金龟以脊椎动物的粪便为食。成年粪金龟吸食粪便中的汁液，并一起合作，团出一个个粪球，然后在其中产卵。粪球里的幼虫以里面的汁液和纤维为食逐渐成长发育。

长戟大兜虫
Dynastes hercules
雄性会用比自己身体还长的角与其他雄性战斗，来赢得雌性的青睐。

马铃薯甲虫
Leptinotarsa decemlineata
原产于美国，严重危害马铃薯等作物生长。

国王象鼻虫
Gymnopholus weiskei

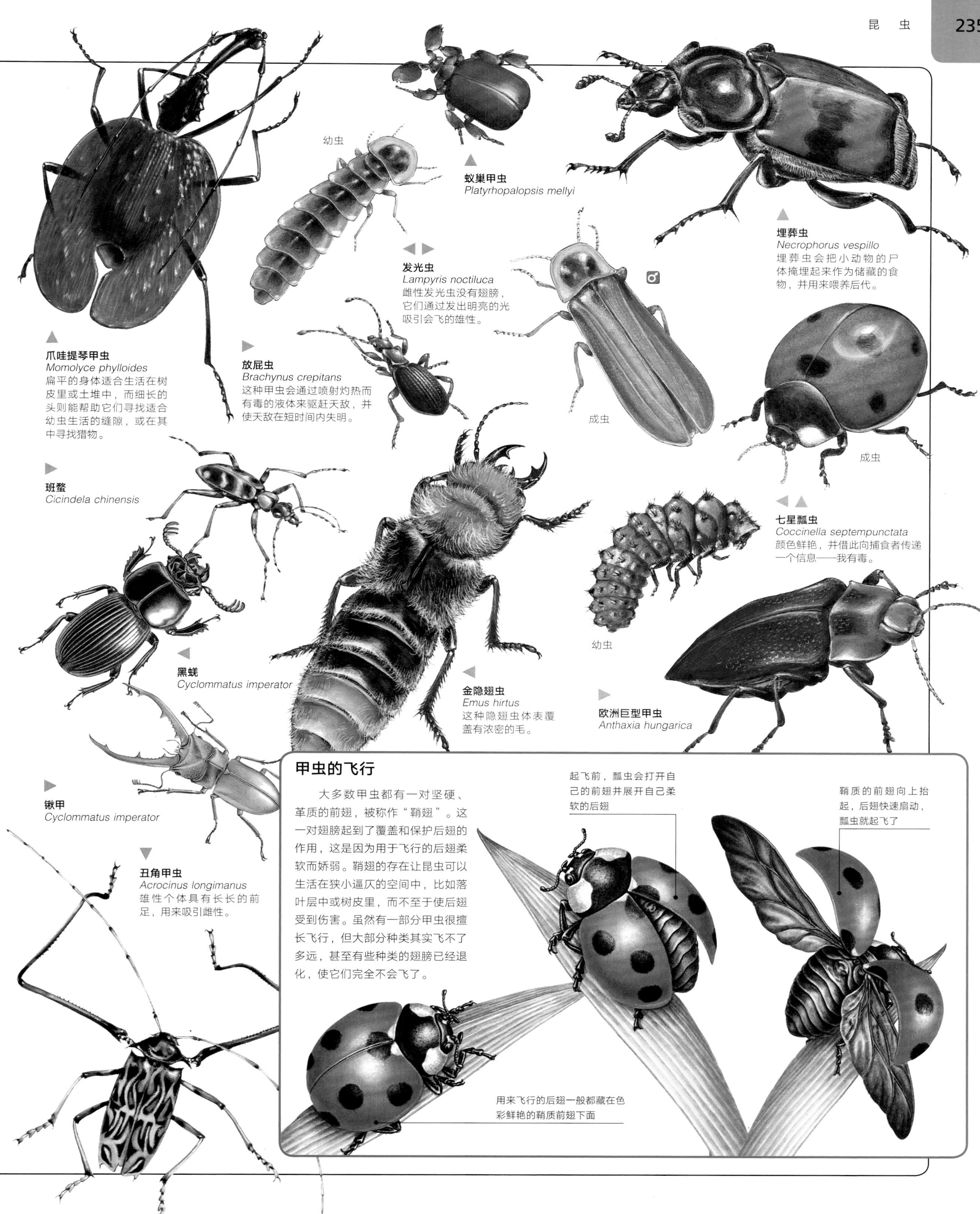

幼虫
蚁巢甲虫
Platyrhopalopsis mellyi
埋葬虫
Necrophorus vespillo
埋葬虫会把小动物的尸体掩埋起来作为储藏的食物，并用来喂养后代。
发光虫
Lampyris noctiluca
雌性发光虫没有翅膀，它们通过发出明亮的光吸引会飞的雄性。
♂
爪哇提琴甲虫
Momolyce phylloides
扁平的身体适合生活在树皮里或土堆中，而细长的头则能帮助它们寻找适合幼虫生活的缝隙，或在其中寻找猎物。
放屁虫
Brachynus crepitans
这种甲虫会通过喷射灼热而有毒的液体来驱赶天敌，并使天敌在短时间内失明。
成虫
成虫
班蝥
Cicindela chinensis
七星瓢虫
Coccinella septempunctata
颜色鲜艳，并借此向捕食者传递一个信息——我有毒。
幼虫
黑蜣
Cyclommatus imperator
金隐翅虫
Emus hirtus
这种隐翅虫体表覆盖有浓密的毛。
欧洲巨型甲虫
Anthaxia hungarica
锹甲
Cyclommatus imperator
丑角甲虫
Acrocinus longimanus
雄性个体具有长长的前足，用来吸引雌性。

甲虫的飞行

大多数甲虫都有一对坚硬、革质的前翅，被称作“鞘翅”。这一对翅膀起到了覆盖和保护后翅的作用，这是因为用于飞行的后翅柔软而娇弱。鞘翅的存在让昆虫可以生活在狭小逼仄的空间中，比如落叶层中或树皮里，而不至于使后翅受到伤害。虽然有一部分甲虫很擅长飞行，但大部分种类其实飞不了多远，甚至有些种类的翅膀已经退化，使它们完全不会飞了。

起飞前，瓢虫会打开自己的前翅并展开自己柔软的后翅
鞘质的前翅向上抬起，后翅快速扇动，瓢虫就起飞了
用来飞行的后翅一般都藏在色彩鲜艳的鞘质前翅下面

变态发育

蜻蜓的生活史

有一小部分昆虫一出生就像小号的成虫，但其他大部分昆虫都要经历一个完全变态发育的过程。对于一些昆虫，比如蜻蜓，这个发育过程是逐渐变化的，我们称之为“不完全变态”。刚从卵中孵化的蜻蜓的幼体叫作“稚虫”。它们生活在水中，没有翅膀。在发育成成虫的过程中，它们需要经历几次蜕皮，每次都要蜕去曾经的外骨骼，然后体形逐渐变大，并且发生一定的形态变化。这是一个漫长的过程，稚虫要经历5年的时间才能等到变为成虫的一天。当这一天到来时，它们会顺着植物的茎干爬出水面，然后完成最后一次蜕皮——这一次，它们就变成了拥有翅膀可以自由飞行的成年蜻蜓了。

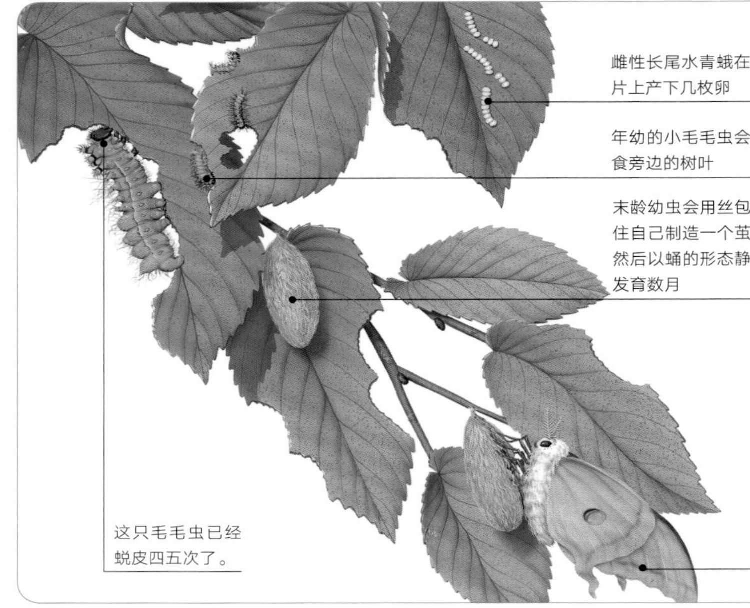

蝴蝶和蛾子的生活史

蝴蝶和蛾子从卵一直发育为成虫需要经历完全变态。它们从卵中孵化成软软的幼虫，然后不停地进食直到准备化蛹。在这段时间，幼虫会一次次地完成蜕皮，幼虫的器官逐渐退化，而成虫的器官逐渐发育，最后破蛹羽化，成为成虫。

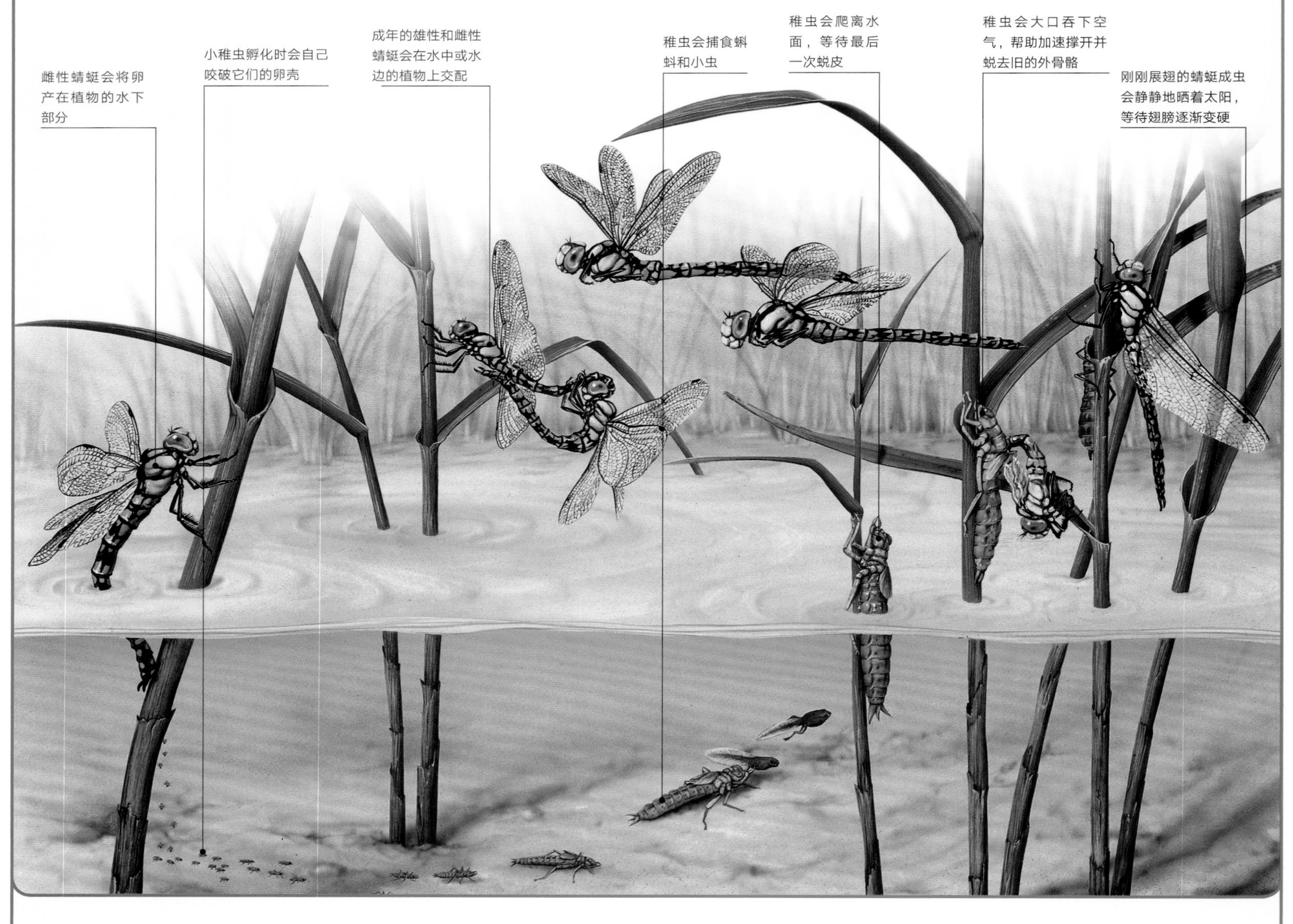

雌性蜻蜓会将卵产在植物的水下部分

小稚虫孵化时会自己咬破它们的卵壳

成年的雄性和雌性蜻蜓会在水中或水边的植物上交配

稚虫会捕食蝌蚪和小虫

稚虫会爬离水面，等待最后一次蜕皮

稚虫会大口吞下空气，帮助加速撑开并蜕去旧的外骨骼

刚刚展翅的蜻蜓成虫会静静地晒着太阳，等待翅膀逐渐变硬

蚊和蝇

苍蝇和蚊子都是属于双翅目的昆虫。双翅目中还包括蠓、蚋、丽蝇、果蝇、大蚊、食蚜蝇、虻等。大多数会飞的昆虫都用两对翅膀来飞行，而双翅目的昆虫一般只依靠前翅来飞；它们的后翅退化成了两个细棒状的平衡棒。在飞行过程中，平衡棒会配合前翅上下振动，以帮助昆虫保持平衡。当然，还有一些双翅目昆虫完全丧失了飞行能力。苍蝇的口器是舔吸式口器，以吸吮液体为主要进食方式。它们的足上有黏性的平面和微小的钩爪，以帮助它们在光滑的表面上行走，甚至还可以上下颠倒地走动。大多数蝇类有着一个很大的头和一对复眼，每只复眼里有多达4000只单眼，这使得它们的视野开阔而清晰。

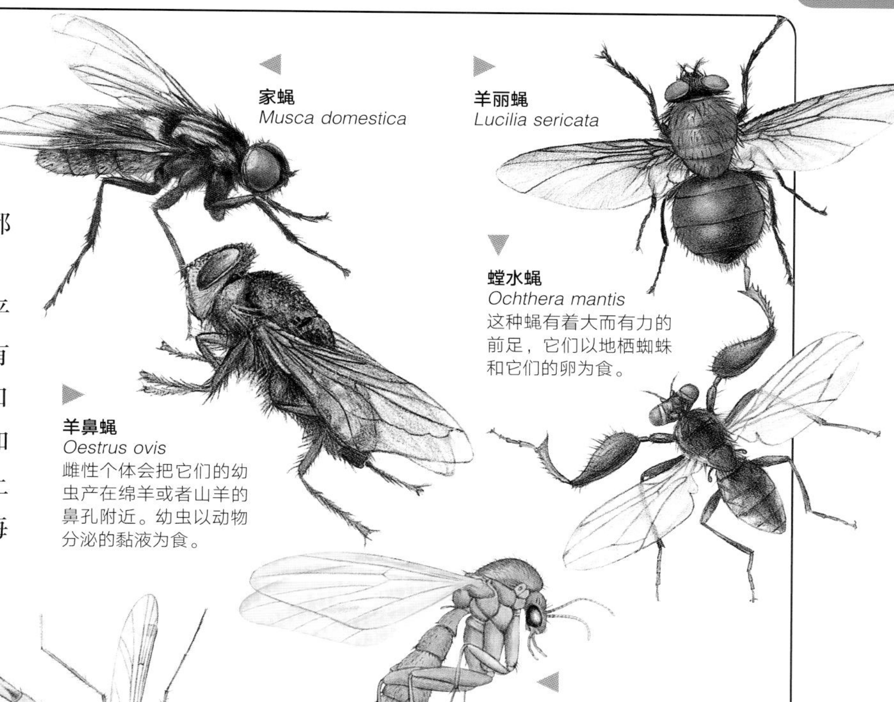

家蝇
Musca domestica

羊丽蝇
Lucilia sericata

螳水蝇
Ochthera mantis
这种蝇有着大而有力的前足，它们以地栖蜘蛛和它们的卵为食。

羊鼻蝇
Oestrus ovis
雌性个体会把它们的幼虫产在绵羊或者山羊的鼻孔附近。幼虫以动物分泌的黏液为食。

羽摇蚊
Chironomus plumosus
一种集大群发出嗡嗡噪声的虫子。

沙蝇
Phlebotomus papatasi
这种沙蝇在叮咬动物时会传播寄生性的利什曼原虫，这是一种甚至能致人亡的危险致病原。

家蚊（尖音库蚊）
Culex pipiens
雄性的蚊子吃植物汁液，而雌性则需要哺乳动物血液里的蛋白质来使自己的卵正常发育成长。

成虫

水生幼虫（孑孓）

食虫虻
Laphria flava
以捕猎其他昆虫为食；它们会向猎物体内注射一种令其麻痹的唾液，然后吸食猎物的体液。

食蚜蝇
Syrphus ribesii

大蜂虻
Bombylius major
成虫很像蜜蜂，幼虫寄生在一些蜂类的体内。

突眼蝇
Diopsis tenuipes
它们的眼睛和短小的触角都长在长长的眼柄上，这或许可以扩大其视野范围。

马蝇
Tabanus bovinus
雌性马蝇吸食动物的血液，通过追踪哺乳动物呼吸排出的二氧化碳找到目标。

起飞

鹿虻在飞行时会倾斜并拍动翅膀，让空气向下运动，从而给自己的起飞提供抬升力。鹿虻通过调整翅膀前角的角度来改变推力的方向。前角的角度越低，虫体获得的推力就越大，它们就可以更快地飞行。

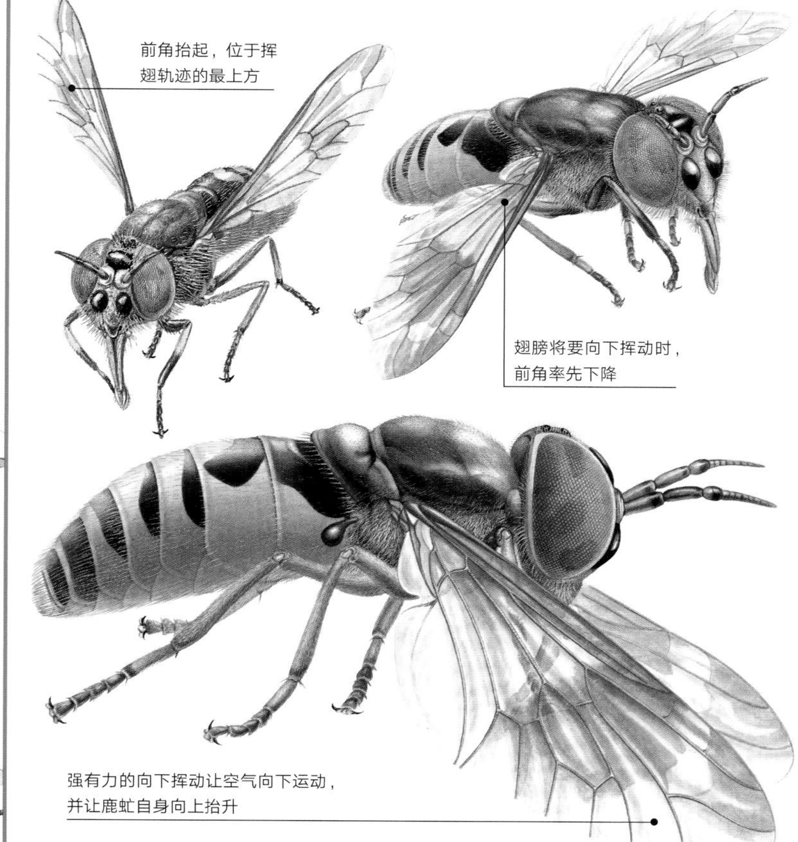

蝴蝶和蛾子

蝴蝶和蛾子属于鳞翅目昆虫，翅膀和身体上覆盖着微小而色泽鲜艳的鳞片。这些“鳞片”其实是扁平而中空的毛发。超过85%的鳞翅目物种都是蛾子，但蝴蝶更容易被识别。蝴蝶大都属于日行性，往往具有颜色鲜艳的翅膀；蛾子则更多是夜行性的，颜色往往比较暗淡。它们都有两对翅膀，同一侧的上下两枚翅膀之间由微小的弯钩相连，从而在飞行时可以同步挥动。它们绝大多数属于植食性。蝴蝶具有虹吸式口器，是一根卷着的长长的管，在取食花蜜的时候会伸直进入花朵中。有一些蝴蝶索性连口器都退化了，成年之后就不再进食。鳞翅目昆虫的幼虫被叫作“毛毛虫”，主要以植物组织为食。

生存现状

在16.5万多种鳞翅目昆虫当中，有284种被列入了《国际自然及自然资源保护联盟（IUCN）红色物种名录》。栖息地破坏对易危的阿波罗绢蝶来说是最大的威胁因素，但这个物种同时也面临着被人类过度采集抓捕的严峻形势。

灭绝	27
极危	8
濒危	39
易危	130
其他	80

阿波罗绢蝶

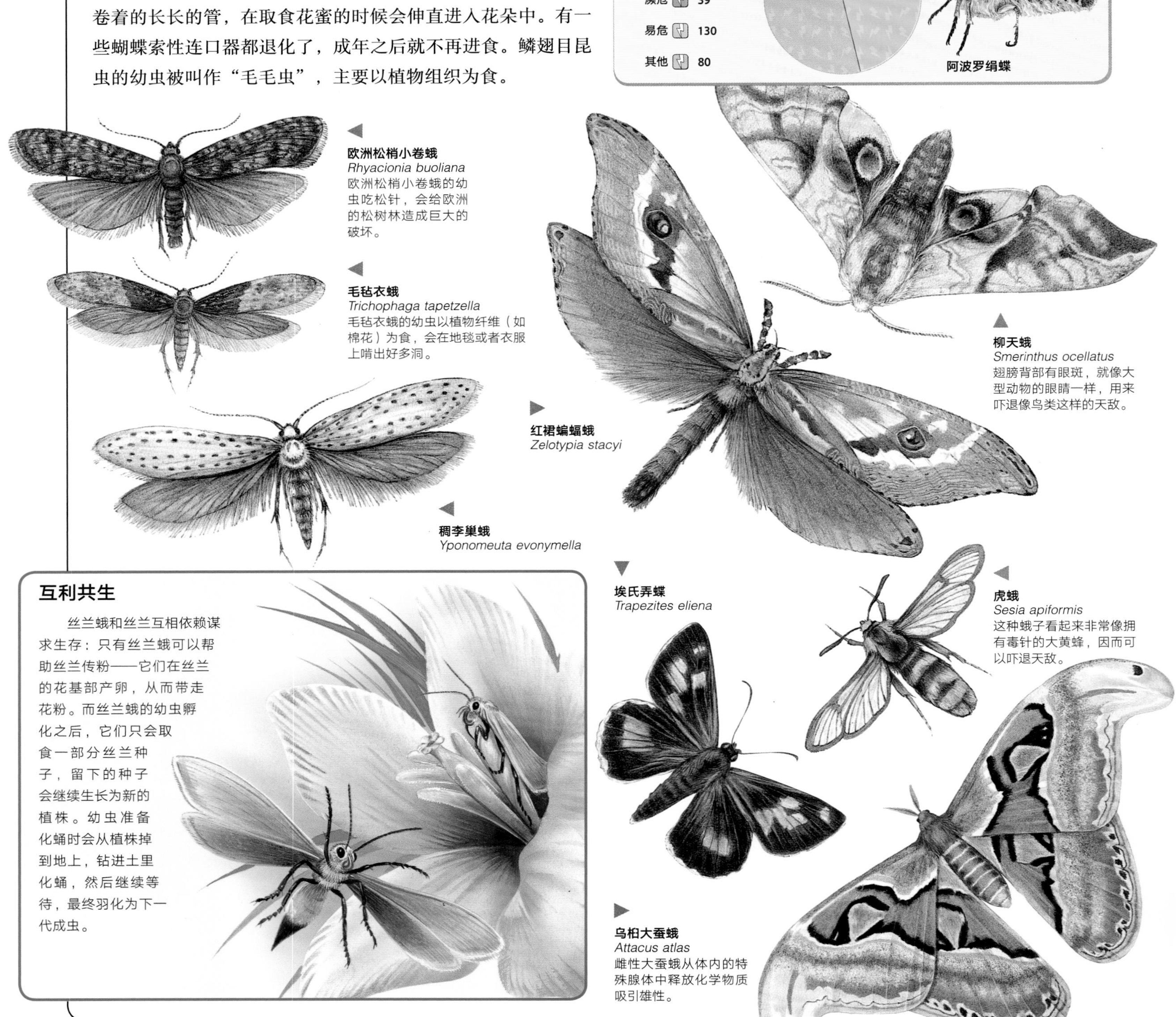

欧洲松梢小卷蛾
Rhyacionia buoliana
欧洲松梢小卷蛾的幼虫吃松针，会给欧洲的松树林造成巨大的破坏。

毛毡衣蛾
Trichophaga tapetzella
毛毡衣蛾的幼虫以植物纤维（如棉花）为食，会在地毯或者衣服上啃出好多洞。

稠李巢蛾
Yponomeuta evonymella

红裙蝙蝠蛾
Zelotypia stacyi

柳天蛾
Smerinthus ocellatus
翅膀背部有眼斑，就像大型动物的眼睛一样，用来吓退像鸟类这样的天敌。

埃氏弄蝶
Trapezites eliena

虎蛾
Sesia apiformis
这种蛾子看起来非常像拥有毒针的大黄蜂，因而可以吓退天敌。

乌桕大蚕蛾
Attacus atlas
雌性大蚕蛾从体内的特殊腺体中释放化学物质吸引雄性。

互利共生

丝兰蛾和丝兰互相依赖谋求生存：只有丝兰蛾可以帮助丝兰传粉——它们在丝兰的花基部产卵，从而带走花粉。而丝兰蛾的幼虫孵化之后，它们只会取食一部分丝兰种子，留下的种子会继续生长为新的植株。幼虫准备化蛹时会从植株掉到地上，钻进土里化蛹，然后继续等待，最终羽化为下一代成虫。

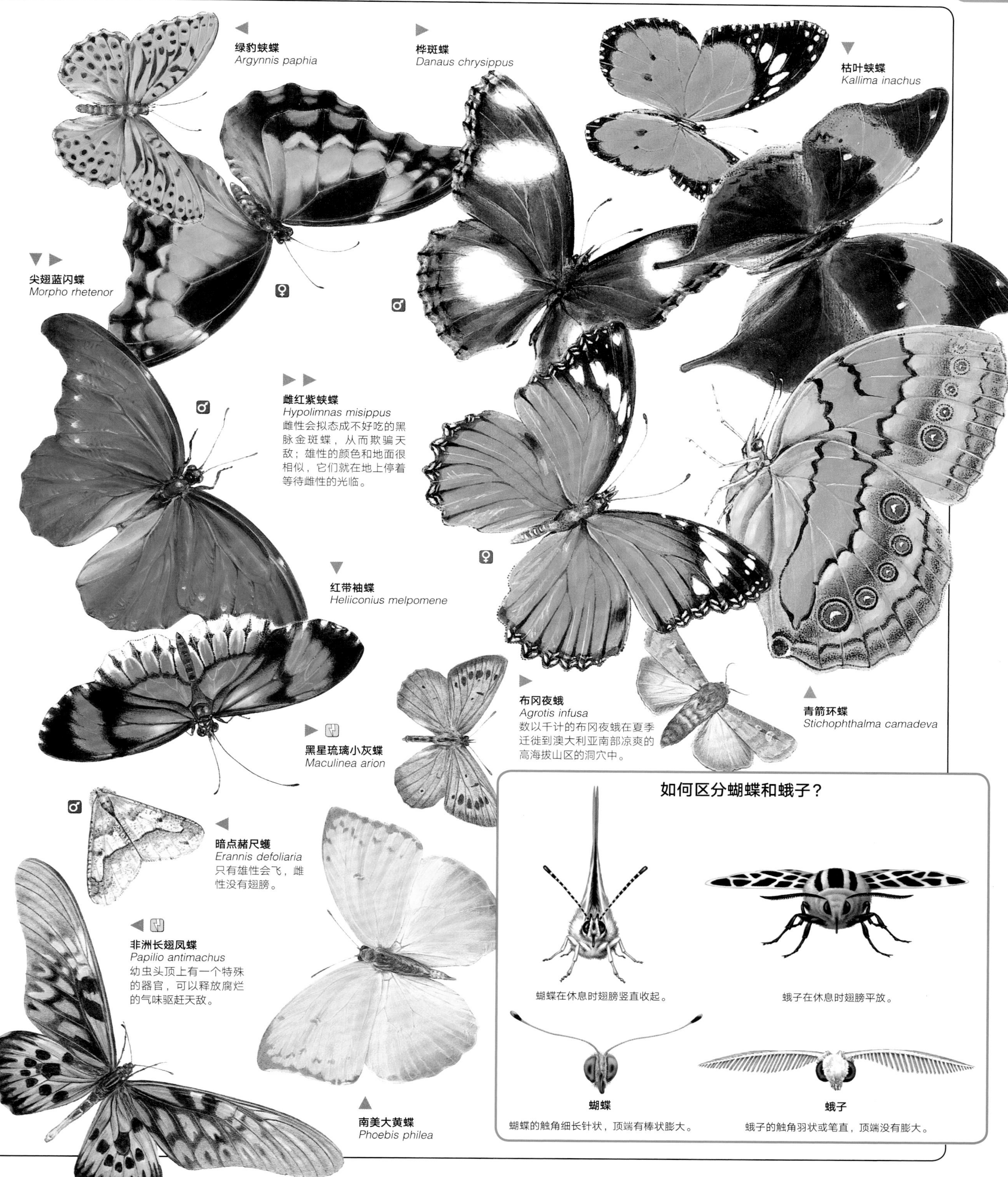

如何区分蝴蝶和蛾子？

蝴蝶在休息时翅膀竖直收起。

蛾子在休息时翅膀平放。

蝴蝶

蝴蝶的触角细长针状，顶端有棒状膨大。

蛾子

蛾子的触角羽状或笔直，顶端没有膨大。

蜜蜂、黄蜂和蚂蚁

蜜蜂、黄蜂、蚂蚁和叶蜂等都属于膜翅目，它们的两对翅膀都是透明膜质的。它们的后翅与更大的前翅之间有小钩相连接，因此在飞行时同一侧的翅膀可以同时挥动。膜翅目昆虫的口器主要是嚼吸式的，同时具备咀嚼和吮吸两种功能。膜翅目昆虫大多以植物或其他昆虫为食，也有营寄生性的种类。除了叶蜂类，其他所有膜翅目类群都有一个纤细的"腰"，位于胸部和腹部之间。最小的膜翅目昆虫当属柄翅卵蜂，它们小到可以从针的穿线眼中飞过去。而最大的则是蛛蜂，大约有7厘米长。虽然很多种类独来独往，但也有不少种类具有复杂的社会结构，集大群共同生活。

生存现状

在19.8万多种膜翅目昆虫当中，有150种被列入了《国际自然及自然资源保护联盟（IUCN）红色物种名录》。红褐林蚁在部分地区已经灭绝了，而在其他分布地区，它们赖以生存的树林生境也遭到了严重的砍伐和人为干扰。

灭绝 0
极危 3
濒危 0
易危 139
其他 8

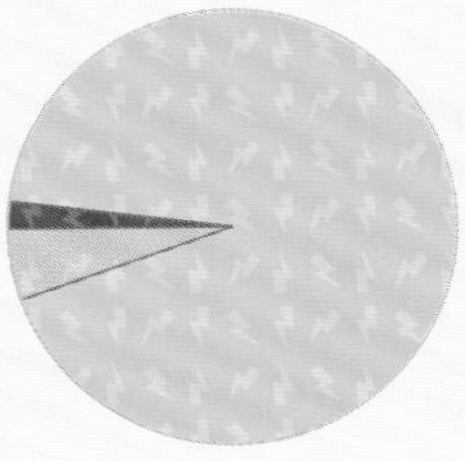

红褐林蚁

幼虫

玫瑰叶蜂
Arge ochropus

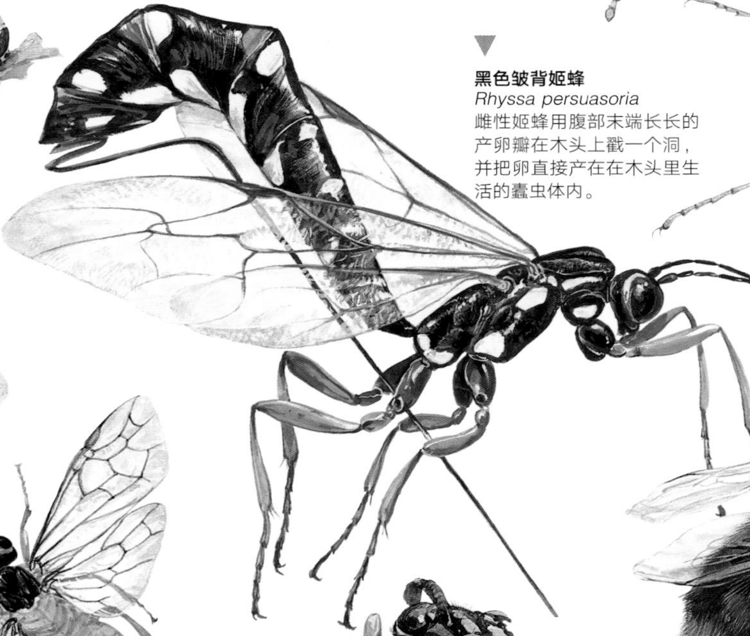

成虫

黑色皱背姬蜂
Rhyssa persuasoria
雌性姬蜂用腹部末端长长的产卵瓣在木头上戳一个洞，并把卵直接产在在木头里生活的蠹虫体内。

织叶蚁（黄猄蚁）
Oecophylla smaragdina

茶藨黄叶峰
Nematus ribesii
它们的幼虫可以迅速地把茶藨灌丛的叶子全都吃光，是种可怕的害虫。

红尾熊蜂
Bombus lapidarius
熊蜂和蜜蜂的亲缘关系比较近，但前者的蜂群个体数则少得多，一窝大概只有100只左右。

普通黄胡蜂
Vespula vulgaris

蜾蠃的洞

成年蜾蠃会用刺攻击毛虫使其麻痹，然后把它们带到一个小扣碗状的泥土做成的巢穴中。雌性蜾蠃会把卵产在每个巢中，等幼虫孵化后就以毛虫为食。

蜾蠃
Eumenes pomiformis

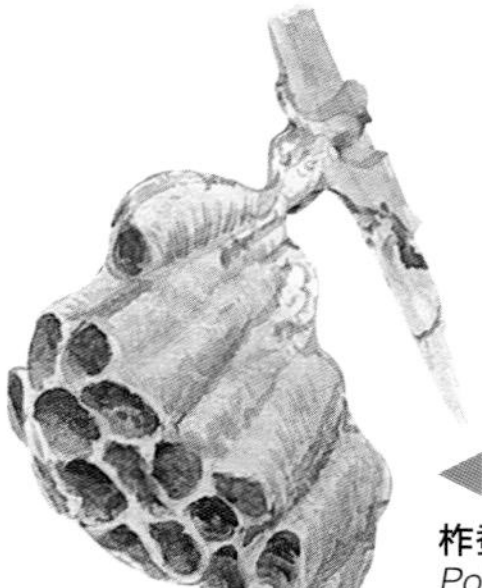

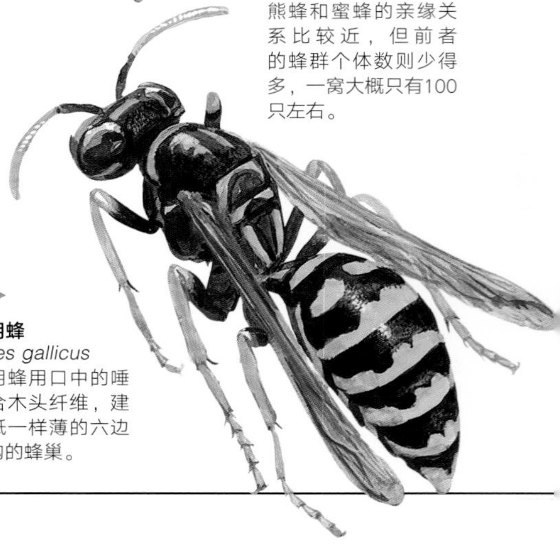

柞蚕胡蜂
Polistes gallicus
柞蚕胡蜂用口中的唾液混合木头纤维，建造出纸一样薄的六边形结构的蜂巢。

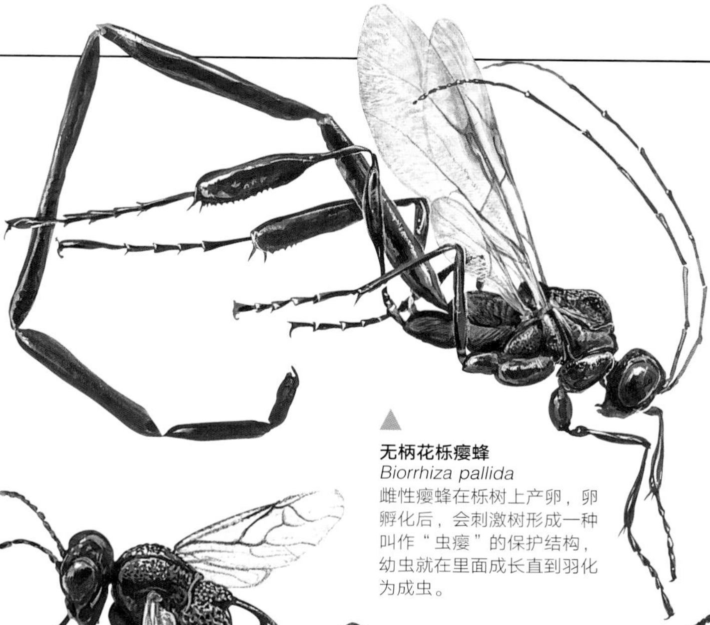

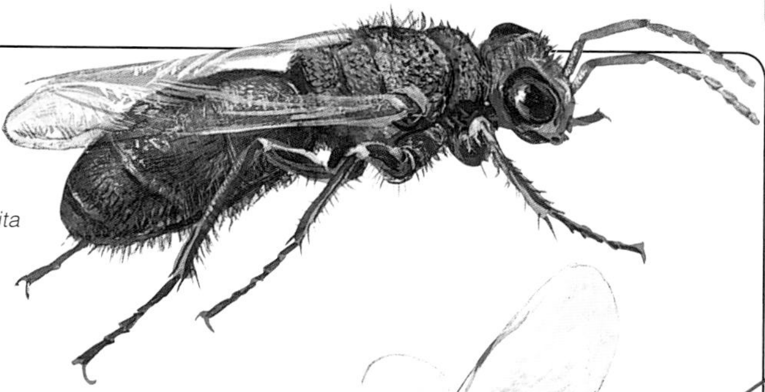

红尾蜂
Chrysis ignita

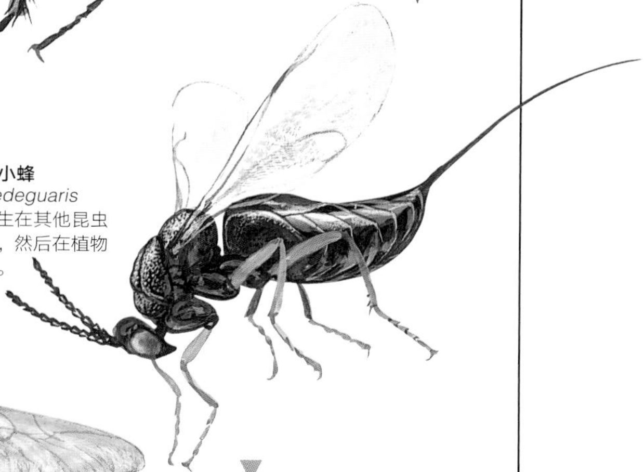

无柄花栎瘿蜂
Biorrhiza pallida
雌性瘿蜂在栎树上产卵，卵孵化后，会刺激树形成一种叫作“虫瘿”的保护结构，幼虫就在里面成长直到羽化为成虫。

丝绒蜂
Megascolia maculata

玫瑰瘿长尾小蜂
Torymus bedeguaris
小蜂幼虫寄生在其他昆虫的幼虫体内，然后在植物上形成虫瘿。

旗腹姬蜂
Evania appendigaster

蜜蚁
Myrmecocystus hortideorum
工蚁又称“贮蜜蚁”，会在气球一样的腹部储存花蜜，然后当蚁群需要食物时，它们就会把花蜜吐出来。

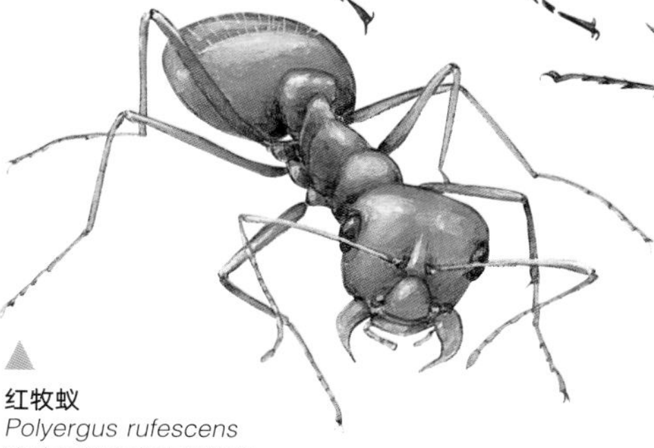

红牧蚁
Polyergus rufescens
这种蚂蚁会袭击近缘种的巢穴并偷走它们的蛹，让它们羽化后做自己的工蚁。

巨型猛蚁
Dinoponera grandis

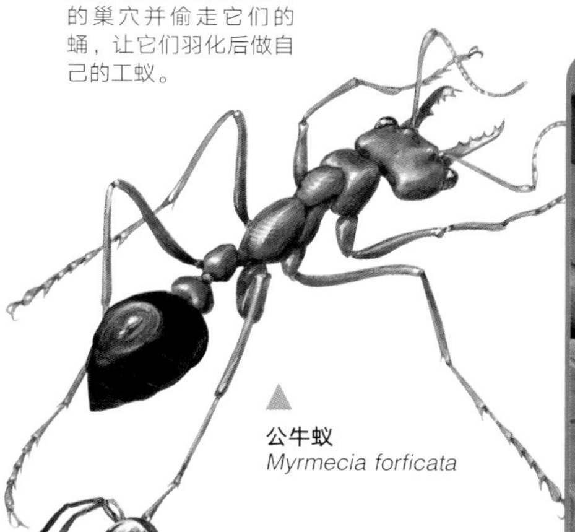

公牛蚁
Myrmecia forficata

掘土蜂
Ammophila sabulosa
会抓捕并麻痹毛虫，然后把它们拖进挖好的土洞中作为幼虫的食物。

切叶蚁

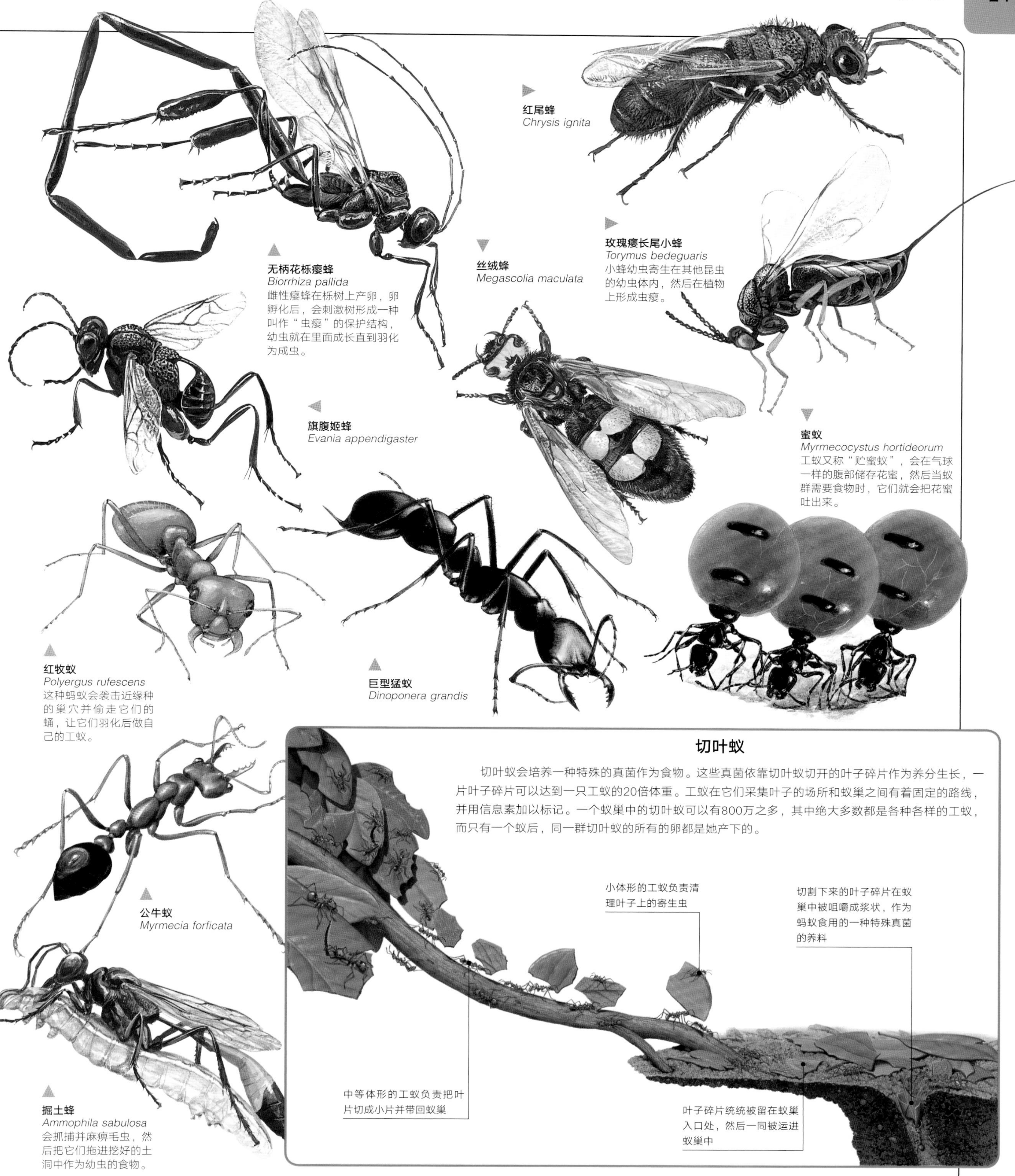

切叶蚁会培养一种特殊的真菌作为食物。这些真菌依靠切叶蚁切开的叶子碎片作为养分生长，一片叶子碎片可以达到一只工蚁的20倍体重。工蚁在它们采集叶子的场所和蚁巢之间有着固定的路线，并用信息素加以标记。一个蚁巢中的切叶蚁可以有800万之多，其中绝大多数都是各种各样的工蚁，而只有一个蚁后，同一群切叶蚁的所有的卵都是她产下的。

精密的蜂巢

蜜蜂的产蜜量远远高于它们自身的需求。数千年前人类就开始养殖蜜蜂并取走其中的蜂蜜来食用。

蜂群

蜜蜂拥有着社会关系异常精密复杂的群体构成，一个蜂群中可以有数千只的个体。每群蜜蜂都只有一个蜂王作为领导者，她也是蜂巢中最大的一只。蜂王负责产下所有的卵，有时一天能产1500枚。大多数受精卵会孵化出雌性的工蜂，但其中一些会成长为新的蜂王。没有受精的卵则会发育成雄蜂。雄蜂的寿命很短，它们唯一的使命就是和这个蜂群的蜂王交配。整个蜂群都生活在工蜂制造的蜂巢中：蜂巢是由一个个六边形的蜂室组成的，材质是防水的蜂蜡。有些蜂室被用来养育幼虫，而其他的则用来储存蜂蜜，当花粉和花蜜不够吃时，这些存货就可以作为“救济粮”。工蜂头上的腺体会制造一种叫作“蜂王浆”的物质，提供给幼虫吃；但大多数幼虫只被蜂王浆喂养几天时间，并最终发育为工蜂和雄蜂，只有蜂王的一生只吃蜂王浆。当一个蜂群饱和时，老蜂王就会带领数千只工蜂离开，去建造一个新的蜂巢；而新晋的蜂王则成为原来蜂巢的领导者。

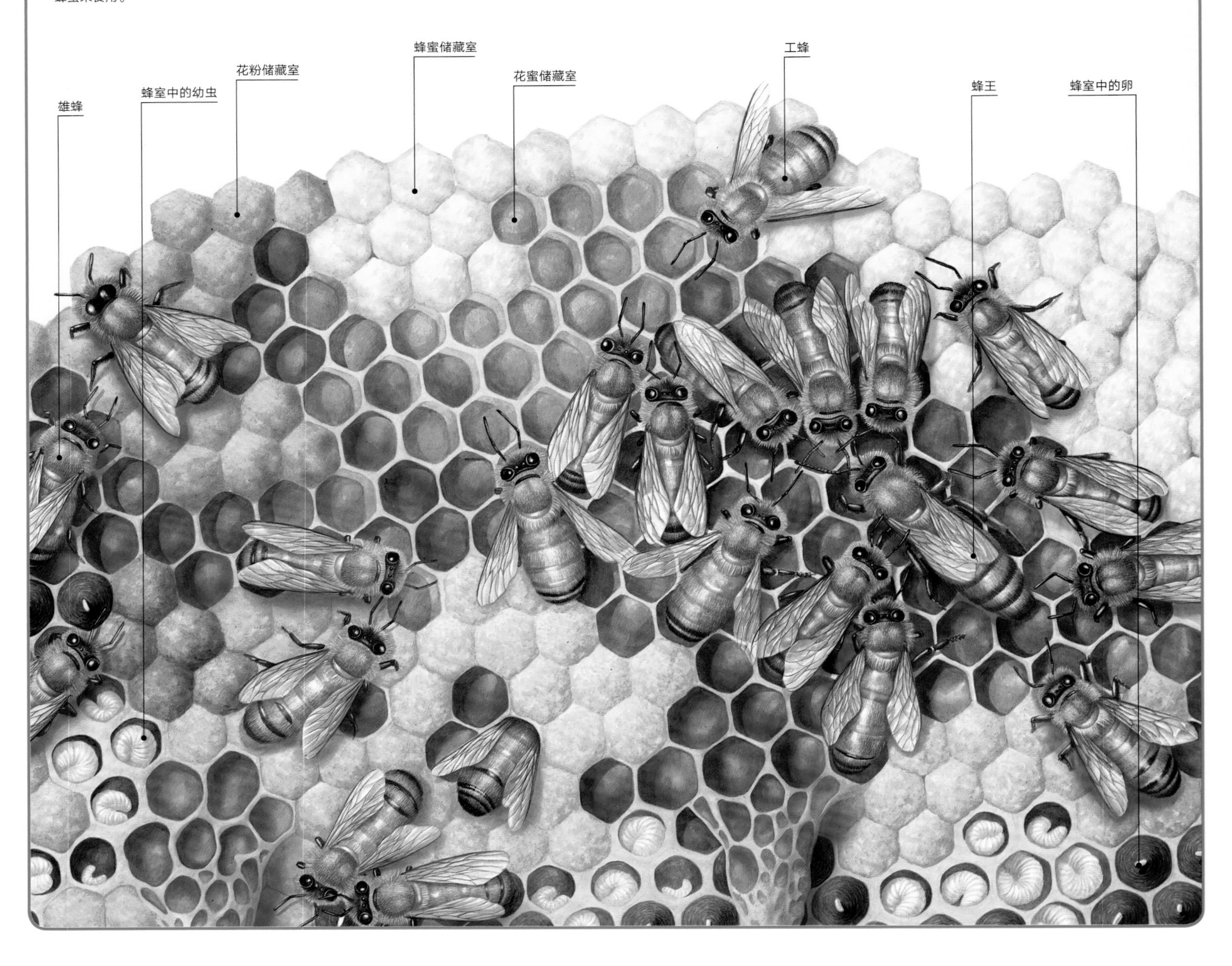

雄蜂
蜂室中的幼虫
花粉储藏室
蜂蜜储藏室
花蜜储藏室
工蜂
蜂王
蜂室中的卵

5纲 · 36目 · 145科 · 6000种

海星

海星又称海盘车，属于棘皮动物门，这个门中还包括海胆、蛇尾、海百合、海参等类别。这些动物与大多数动物不同，身体不是由两个相似的部分组成（两侧对称），而是多由五个相似的部分组成（辐射对称），身体的大部分器官也遵循这一模式。海星及其近亲的体内长着一副由钙质骨板组成的骨架，这些骨板上经常长有棘刺或小突起。所有的棘皮动物都生活在海洋中，其中大部分在海底沉积物上移动，然而，海百合却用长柄把自己固定在海底，一些海参在海洋中漂浮。许多棘皮动物的幼体一点也不像它们的父母，直到它们在海底定居，变成成体的样子。

生存现状

在已知的6000种棘皮动物中，只有一种海胆被列入了《国际自然及自然资源保护联盟（IUCN）红色物种名录》，它就是食用海胆。它面临的主要威胁是人类对它的卵的过度采集，因为这是一种公认的美食。

灭绝	0
极危	0
濒危	0
易危	0
其他	1

食用海胆

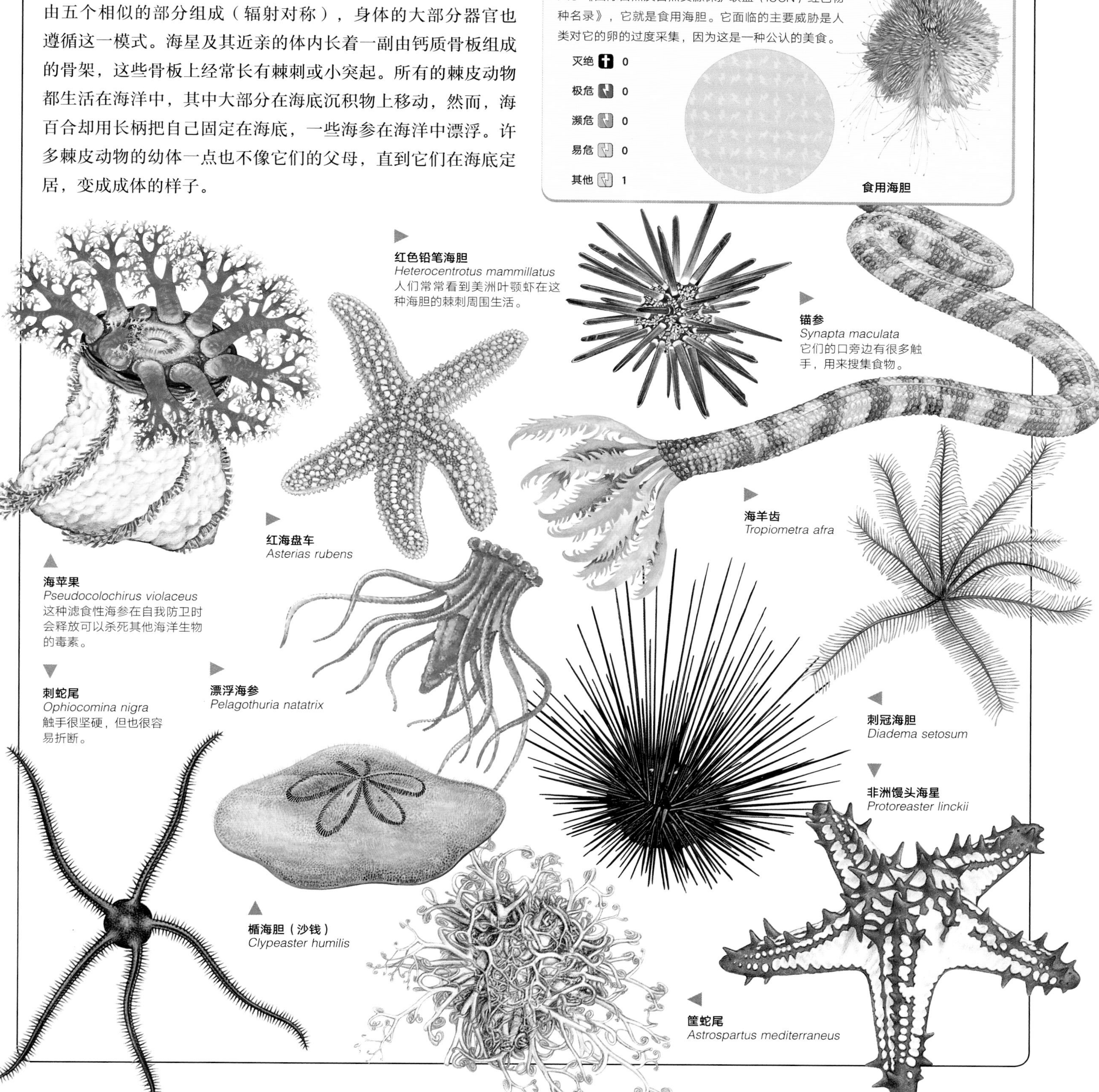

红色铅笔海胆
Heterocentrotus mammillatus
人们常常看到美洲叶颚虾在这种海胆的棘刺周围生活。

锚参
Synapta maculata
它们的口旁边有很多触手，用来搜集食物。

海苹果
Pseudocolochirus violaceus
这种滤食性海参在自我防卫时会释放可以杀死其他海洋生物的毒素。

红海盘车
Asterias rubens

海羊齿
Tropiometra afra

刺蛇尾
Ophiocomina nigra
触手很坚硬，但也很容易折断。

漂浮海参
Pelagothuria natatrix

刺冠海胆
Diadema setosum

非洲馒头海星
Protoreaster linckii

楯海胆（沙钱）
Clypeaster humilis

筐蛇尾
Astrospartus mediterraneus

术语表

腹部 通常是身体中消化食物的地方，也是昆虫和其他节肢动物身体中最靠近尾端的一部分。

蛋清 在蛋中位于蛋壳和卵黄之间的透明的凝胶状液体，为发育中的胚胎提供水和养分，并起到保护作用。

祖先 生活在过去的近缘类群。

触角 位于昆虫头部的用来感知周围环境的器官。

鹿角 鹿头上的骨质角。

水生 在水中生活。

大洋洲 由澳大利亚、新西兰、新几内亚岛以及美拉尼西亚、密克罗尼西亚、波利尼西亚三大岛群组成的一片区域。

细菌 一类通常是单细胞的微生物。它们属于细菌界，它们的结构与同为单细胞生物的原生生物（属于原生生物界）有很大的不同。

触须 长在动物嘴边的细长肉质物，用来寻找食物，常见于某些鱼类。

双眼视觉 同时使用两只眼睛看东西，有助于判断距离。

生物荧光 生物体发出的光。

鲸脂 鲸类皮肤下的厚脂肪层，可以使它们保持体温。其他海生哺乳动物（如海豹）也有类似的脂肪层。

伪装 动物体表可以与周围环境融为一体的颜色或图案。

犬齿 哺乳动物嘴里长的一种锋利的牙齿，用于把食物撕裂。

背甲 海龟等动物身上的一层坚硬的外壳，为身体提供保护。

裂齿 食肉哺乳动物所特有的一种特化的前臼齿，齿冠呈剪刀状，用于切开食物。

食肉动物 主要靠捕食其他动物为生的动物，特指哺乳纲里的食肉目。

软骨 一种强韧的身体组织，比硬骨更软更轻，更具有弹性。鲨鱼和鳐鱼等鱼类的骨架由软骨构成。

纲 生物分类的高级阶元之一。每个门里包括一个或多个纲，每个纲里包括一个或多个目。纲可以再分为亚纲。

泄殖腔 大多数脊椎动物用来排泄身体废物的通道，也是雌性动物排卵或产崽、雄性动物排精的通道。

冷血 见“变温”。

群体 生活在一起的同种生物。群居的目的可能是为了繁殖，也可能是为了免受捕食者的攻击。

复眼 很多昆虫和某些甲壳类动物的视觉器官，由许多单眼组成。每只单眼都有晶状体和感光细胞，可以形成局部的影像。

求偶 同种生物的雌雄个体之间选择或吸引配偶的行为。

嗉囊 许多鸟类和某些昆虫的消化器官的一部分，用于储存食物。

真皮 动物身体表皮下面的结缔组织，含有神经、汗腺和血管。

消化 发生在动物体内，食物被分解成养料的过程，产生的养料可以为动物提供运动所需的能量或生长所需的物质。

昼行动物 在白天活动的动物。

驯化 人类为了利用动物而驯服并繁育动物的过程。驯化后的动物被称为家养动物，包括宠物以及用于运动、食用或工作的动物。

统治地位 动物在群体中的一种地位，这种地位会使动物得到其他成员的敬重，也常常意味着拥有交配权。

休眠 某些生物为了适应环境变化，进入的一种生命活动极度降低的睡眠状态。

粪便 动物的食物残渣排遗物。

回声定位 某些动物使用的感觉系统，可以用来感知周围的物体，从而找到食物。它主要依靠听觉而不是视觉或触觉。

变温 体温随环境温度的变化而变化。鱼类、爬行动物、两栖动物和无脊椎动物是变温动物，也被称作“冷血”。

卵子 雌性动物的生殖细胞。

胚胎 动物体发育的早期阶段，由受精卵发育而成。

恒温 体温不随环境温度的变化而变化，通过出汗降温或发抖取暖等方式使体温保持稳定。鸟类和哺乳动物是恒温动物，也被称作“温血”。

表皮 动物皮肤的最外面一层，里面没有血管，是身体抵抗疾病的屏障。

赤道 一条假想的环绕地球中央的线，把地球分成两个相等的部分：北半球和南半球。

入海口 河流与海洋的交汇处，淡水和咸水在这里混合，形成半咸水。河流在这里会受到潮汐的影响。

欧亚大陆 由欧洲和亚洲组成的大陆。

进化 物种随时间推移发展变化的过程，常常表现为对环境变化的响应。

外骨骼 某些动物体表的坚硬结构，用于给体内的柔软组织提供支撑。可见于蛛形纲动物、昆虫、甲壳纲动物和很多其他的无脊椎动物。

体外受精 精子和卵子在体外结合的过程。

灭绝 一个物种的消失。

科 分类学术语，每个目里包括一个或多个科，每个科里包括一个或多个属。

野化 家养动物进入野外环境并适应野外环境的情况。

受精 精子进入卵子的过程。

胎儿 在哺乳动物中，已经发育出基本结构和主要器官的胚胎被称作胎儿。

食物链 由一连串捕食者和被捕食者组成的结构，食物中的能量从上一级流向下一级。

取食/觅食 寻找并吃下食物。

真菌 包括蘑菇、霉菌等生物，组成真菌界，与动物界和植物界的生物都有较大差异。

属 生物分类中第二低的分类阶元，同属的物种亲缘关系很近，并且拥有很多共同特征。每个科中有至少一个属，每个属中有一个或多个物种。

妊娠期 即怀孕期，从受精到分娩的整个过程。

鳃 鱼类和甲壳纲动物等水生动物的呼吸器官，让水中的氧气进入血液，并将二氧化碳排放到水中。

腺体 动物体内能分泌激素、泪水或黏液等身体所需物质的特殊组织。

栖息地 动物生活的自然环境，包括其中的植被、气候和地质条件。

食草动物 主要以植物组织为食的动物。

雌雄同体 兼有雄性生殖器官和雌性生殖器官的动物，它可能同时拥有两性的生殖器官，也可能在生命中的不同阶段分别拥有不同的生殖器官。

冬眠 以睡眠的方式度过冬天，在这种状态下，动物停止运动，呼吸速率和体温都大大降低，靠体内储存的脂肪维持生命。冬眠可见于昆虫、爬行动物和某些哺乳动物。

激素（荷尔蒙） 一种化学物质，在体内的一个地方产生，被输送到另一个地方，并引发身体的某种反应。

门齿 哺乳动物口腔最前端的牙齿，着生在上下颌的齿槽中。

孵化 将卵或胚胎置于最有利于其发育的环境中：鸟类通常坐在卵上孵卵，鳄鱼则会将卵埋在一个安全的地方。

土著居民 一个地区或国家最初的居住者。

食虫动物 主要以昆虫为食的动物。

体内受精 精子和卵子在雌性动物体内结合的过程。

外来物种 非某个地区所固有的，而是被

人类有意或无意引入该地区的物种。

无脊椎动物 没有脊椎的动物，如蠕虫、软体动物和昆虫。地球上的大部分动物都是无脊椎动物。

犁鼻器 蛇、蜥蜴和哺乳动物口腔顶端的小窝，作用是分析舌头采集到的气味。

角蛋白 一种密度不高但很坚韧的无色蛋白质，是哺乳动物的毛发、指甲和角，鸟类的喙和羽毛，以及须鲸的滤食板的主要成分。

界 生物分类的最高阶元，地球上的生物可分为五个界，其中动物界包含了所有动物。界由门组成。

幼虫 一些昆虫或其他无脊椎动物的幼体，外形与成虫不同。昆虫的幼虫包括蛴螬（金龟子的幼虫）、毛毛虫（蝴蝶或蛾子的幼虫）和蛆（蝇类的幼虫）等。

侧线 鱼类体侧长着的有感觉功能的管道。

膜 动物体内的一层又软又薄的组织或细胞层。

变态发育 动物幼体经过巨大的形态变化变为成体的过程。在无脊椎动物中常见于昆虫等类群（幼虫或稚虫变态为成虫），在脊椎动物中常见于两栖动物和鱼。

微生物 细菌之类的微小生物，只有借助显微镜才能看见。

迁徙 动物从一个栖息地到另一个栖息地的定期旅行，通常是出于觅食、交配或繁殖的目的，通常与季节变化有关。

臼齿 位于哺乳动物口腔后侧的牙齿，用于磨碎食物。

褪毛 哺乳动物的毛发或鸟类的羽毛脱落的现象。

蜕皮 爬行动物的鳞片或节肢动物的外骨骼脱落的现象。

季风 一种季节性的风，可以给世界部分地区带来丰沛的降雨，常见于南亚和东南亚的热带地区。

黏液 动物体内某些部位排出的黏稠物质，有保护身体和保持湿润的作用。

新大陆 北美洲、中美洲、南美洲和附近的岛屿的统称。

瞬膜 眼睛表面的一层透明的保护性的薄膜，移动方式：左右移动而不是上下移动，也被称作“第三眼睑”。可见于爬行动物、鸟类和某些哺乳动物。

夜行动物 夜晚活动的动物。

北半球 地球的北半部，包括北美洲和中美洲、南美洲的最北端、整个欧洲、大部分非洲和绝大部分亚洲。

脊索 某些动物背部的棒状结构。脊椎动物在胚胎阶段也有脊索，但成年后脊索被脊椎替代。

营养 动物生存与生长需要的物质，通常来自于食物。

若虫 一些昆虫或其他无脊椎动物的幼体，外形与成虫相似，但没有翅膀，也不能繁殖。

旧大陆 欧洲、亚洲和非洲的统称。

杂食动物 植物和动物都吃的动物。

可对握的拇指 可以与其他四指对握的拇指，用来抓握物体。

目 生物分类的阶元之一。每个纲里包括一个或多个目，每个目里包括一个或多个科。目可以再分为亚目。

器官 身体内由不同组织组成的执行特定生理功能的结构，比如大脑、皮肤和心脏。

翼膜 蝙蝠和松鼠等哺乳动物身上的用于飞行或滑翔的翼状结构。

毛皮 哺乳动物的皮肤和毛发。

骨盆 连接脊柱和后腿的盆状骨。

信息素 动物分泌的一种化学物质，可为同种动物的其他成员发送信号并影响其行为。

门 生物分类中第二高的阶元，仅次于界。每个门里包括一个或多个纲。

色素 存在于细胞中，使动物的皮肤、眼睛、毛发、羽毛有颜色的化学物质。

浮游生物 漂浮在海洋和湖泊中的微小的动植物，是大型动物滤食以及小型动物捕食的对象。

偷猎 非法捕猎动物。

捕食者 捕捉、杀死并食用其他动物的动物。

猎物 被其他动物捕捉、杀死并食用的动物。

原始的 一种动物的早期形式，一种古老的身体特征。

蛹 昆虫从幼虫到成虫的过渡阶段，表现为不吃也不动。

刚毛 针鼹、豪猪或食蚁兽身上又长又锋利的硬毛，用来抵御捕食者的攻击。

繁殖 生物产生后代的过程。有性繁殖需要雄性的精子和雌性的卵子结合，无性繁殖则不涉及精子或卵子。

反刍动物 牛等胃有四个腔的有蹄类动物，其中一个叫作瘤胃的腔中含有微生物，可以帮助分解坚韧的植物细胞壁。

稀树草原 长着一些树木的开阔草原。

沉积物 覆盖在水体（河流、池塘、海洋、湖泊）底部的沙土碎石。

单眼 可感知明暗但不能成像的眼睛。可见于很多种无脊椎动物，如蠕虫和蜗牛。

社会性动物 与其他同种动物生活在一起的动物。它们可能和配偶生活在一起，也可能以家庭为单位群居，也可能是和几千只同类居住在一起。

口鼻部 动物头部前端突出的部分，包括鼻子。

声呐 海豚和鲸具有的一种能力，可通过在水下发射并接收声波来判断物体的方位。

南半球 地球的南半部，包括整个大洋洲和南极洲，非洲部分地区和亚洲一小部分地区。

物种 一群拥有同样的体征和行为，可以相互交配并产生可育后代的动物。

精子 雄性动物的生殖细胞。

脊柱 成年脊椎动物的身体支柱，由一系列脊椎骨组成。

棘刺 动物身上长着的用于抵御捕食者的坚硬刺状突起。

对称 各部分都有相同的外形和结构，其中，两侧对称是指左右两边是相同的。

鸣管 鸣禽喉部的特殊器官，可以发出婉转动听的声音用于交流。

领地 一个个体占有并保卫的一片区域，这个个体会阻止同种或异种动物的入侵。领地可以是永久性的，目的是占有食物或其他资源；也可以是暂时性的，作为繁殖的场所。

组织 一群聚在一起、拥有相似结构的细胞，共同执行特定的功能。

蛰伏 一些动物，尤其是小型哺乳动物和鸟类，为了应对恶劣的环境（比如天气寒冷或食物匮乏）进入的一种类似睡眠的状态，在这种状态中身体的各项机能会变得十分缓慢。

脐带 在怀孕期间，连接胚胎和母体的带状物，将来自母体的氧气和养料输入胚胎，将胚胎产生的废物输入母体。

尿 动物体新陈代谢后产生的液体排泄物。

毒液 动物通过毒牙、毒刺或类似器官注入猎物体内的有毒液体。

脊椎动物 有脊椎骨的动物，包括哺乳动物、鸟类、爬行动物、两栖动物和鱼类。

触须 触觉灵敏的特殊毛发，常见于哺乳动物的面部。

温血 见“恒温”。

浮游动物 漂浮在水面附近的微小动物，它们是某些鲸类、鱼类和海鸟的重要食物来源。

动物的大小

动物的大小和形状十分多样，下表罗列了本书中出现过的所有物种，每个物种的名称后面是它的大小，大小的测量方式（身高、体长、翼展或宽度）由图标表示，图标位于每个类群的最上边，或者每种动物名称的旁边。图标的含义可参见第252页。

哺乳动物

单孔类		
长吻针鼹	80厘米	5厘米
鸭嘴兽	41厘米	15厘米
短吻针鼹	36厘米	10厘米

有袋类		
兔耳袋狸	55厘米	29厘米
刷尾负鼠	58厘米	40厘米
黑耳负鼠	43厘米	45厘米
普通环尾袋貂	38厘米	27厘米
塔斯马尼亚袋熊	1.2米	3厘米
烟色鼩负鼠	5厘米	4毫米
脂尾袋鼩	9厘米	7厘米
树顶袋貂	6.5厘米	7.5厘米
古氏树袋鼠	63厘米	76厘米
赫伯特河环尾袋貂	40厘米	48厘米
考拉	82厘米	
利氏袋鼯	16厘米	18厘米
粗尾负鼠	40厘米	31厘米
南猊（蒙特）	13厘米	13厘米
山袋貂	12厘米	15厘米
脊尾袋鼬	20厘米	11厘米
麝袋鼠	28厘米	17厘米
袋食蚁兽	27.5厘米	21厘米
草原负鼠	14厘米	10厘米
红袋鼠	1.4米	99厘米
罗氏鼠负鼠	16.5厘米	21厘米
赤褐袋鼠	52厘米	40厘米
鳞尾袋貂	39厘米	30厘米
短鼻袋狸	36厘米	14厘米
南袋鼹	16厘米	2.5厘米
黄侧短尾负鼠	15厘米	8厘米
斑袋貂	58厘米	45厘米
斑尾袋鼬	75厘米	56厘米
纹袋狸	30厘米	26厘米
纹袋貂	28厘米	39厘米
蜜袋鼯	32厘米	48厘米
袋獾	65厘米	26厘米
袋狼（塔斯马尼亚虎）	1.4米	65厘米
西部灰袋鼠	1.2米	1米
蹼足负鼠	40厘米	43厘米
黄袋鼩	16厘米	14厘米
黄脚岩沙袋鼠	65厘米	70厘米

食蚁兽和穿山甲		
环颈食蚁兽（小食蚁兽）	88厘米	59厘米
大食蚁兽	2米	90厘米
大穿山甲	1米	70厘米
披毛犰狳	40厘米	17厘米
鬃毛三趾树懒	50厘米	5厘米
白喉三趾树懒	76厘米	7厘米
拉河三带犰狳	27厘米	8厘米

食虫类		
沟齿鼩	39厘米	24厘米
蹼麝鼩	13厘米	11厘米
鼩鼱	8厘米	4.5厘米
欧洲鼹鼠	16厘米	2厘米
大獭鼩	35厘米	29厘米
喜马拉雅水鼩	13厘米	12厘米
金鼹	14厘米	
裸足猬	15厘米	7厘米
刺猬	26厘米	3厘米

鼯猴和树鼩		
普通树鼩	19.5厘米	16.5厘米
大树鼩	32厘米	25厘米
马来鼯猴	42厘米	27厘米
笔尾树鼩	14厘米	19厘米

蝙蝠		
假吸血蝠	15厘米	
伏翼	4.5厘米	3.5厘米
普通吸血蝙蝠	9厘米	
冕蹄蝠	10厘米	6厘米
昆士兰管鼻果蝠	11厘米	2厘米
埃及果蝠	14厘米	2厘米
冈比亚颈囊果蝠	25厘米	
兔唇蝠	13厘米	4厘米
大鼠尾蝠	8厘米	6厘米
锤头果蝠	30厘米	2厘米
印度狐蝠	28厘米	
小长舌果蝠	7厘米	1厘米
南非墓蝠	5厘米	3厘米
新西兰短尾蝠	7厘米	1厘米
褐山蝠	8厘米	5.5厘米
普通蝙蝠	6.5厘米	4.5厘米
兜犬吻蝠	11厘米	5厘米
大棕蝠	8厘米	6厘米
黄毛果蝠	22厘米	2厘米
吸足蝠	6厘米	5厘米
欧洲宽耳蝠	6厘米	4厘米
皱面蝠	7厘米	
黄翼蝠	8厘米	

灵长类		
短肢猴	50厘米	55厘米
金熊猴	26厘米	1厘米
指猴	40厘米	40厘米
地中海猕猴	70厘米	
红面猴（短尾猴）	65厘米	8厘米
黑长臂猿	65厘米	
黑吼猴	67厘米	67厘米
黑脸秃猴	50厘米	21厘米
倭黑猩猩	83厘米	
卷尾猴	48厘米	48厘米
褐美狐猴	40厘米	55厘米
黑猩猩	93厘米	
川金丝猴	71厘米	76厘米
狨	15厘米	35厘米
松鼠猴	32厘米	43厘米
绒毛猴	58厘米	80厘米
科氏倭狐猴	25厘米	32厘米
倭丛猴	15厘米	21厘米
冕狐猴	55厘米	56厘米
白臀叶猴	76厘米	76厘米
暗黑伶猴	36厘米	46厘米
东方尖爪丛猴	20厘米	26厘米
叉斑鼠狐猴	28厘米	37厘米
狮尾狒	90厘米	50厘米
斑狨	30厘米	42厘米
狮狨	28厘米	40厘米
阿拉伯狒狒	90厘米	70厘米
长尾叶猴	78厘米	1厘米
白眉长臂猿	65厘米	
大狐猴	90厘米	40厘米
黑白疣猴	72厘米	1米
克氏长臂猿	65厘米	
白掌长臂猿	65厘米	
婴猴	20厘米	30厘米
长毛蜘蛛猴	58厘米	90厘米
山魈	80厘米	10厘米
长毛吼猴	58厘米	67厘米
山地大猩猩	1.9米	
夜猴	47厘米	41厘米
猩猩（红毛猩猩）	1.5米	
树熊猴	45厘米	10厘米
长鼻猴	76厘米	76厘米
侏狨	15厘米	21厘米
西非红疣猴	67厘米	80厘米
红尾长尾猴	60厘米	90厘米
领狐猴	55厘米	65厘米
合趾猿	90厘米	
懒猴	26厘米	
蜂猴	38厘米	2厘米
眼镜猴	15厘米	27厘米
青长尾猴	67厘米	85厘米
绿猴	62厘米	72厘米
鼬狐猴	36厘米	30厘米
西部大猩猩	1.8米	
邦加跗猴	15厘米	27厘米
灰颊冠白脸猴	72厘米	1米
白脸狐尾猴	48厘米	45厘米
绒毛蜘蛛猴	63厘米	80厘米

食肉类		
土狼	67厘米	24厘米
非洲金猫	1米	46厘米
白颈鼬	35厘米	23厘米
美洲獾	72厘米	15厘米
美洲黑熊	2.1米	18厘米
北美水貂	50厘米	20厘米
安第斯山猫	85厘米	49厘米
智利獾臭鼬	33厘米	20厘米
安哥拉獛	50厘米	53厘米
北极狐	70厘米	40厘米
亚洲黑熊	1.9米	10厘米
亚洲金猫	1米	56厘米
贝加尔海豹	1.4米	
条纹林狸	45厘米	40厘米
缟獴	45厘米	30厘米
缟狸	62厘米	38厘米
大耳狐	66厘米	34厘米
孟加拉狐	60厘米	35厘米
黑背胡狼	90厘米	40厘米
短尾猫	1米	20厘米
薮犬	75厘米	13厘米
加州海狮	2.4米	
加拿大猞猁	1米	14厘米
非洲小爪水獭	95厘米	67厘米
非洲野犬	90厘米	40厘米
狞猫	92厘米	31厘米
猎豹	1.4米	80厘米
鼬獾	24厘米	19厘米
棕榈狸	71厘米	66厘米
郊狼	97厘米	38厘米
食蟹狐	76厘米	33厘米
山狐	1.2米	45厘米
澳洲野犬	1米	36厘米
埃塞俄比亚狼（西门豺）	1米	30厘米
狗獾	90厘米	20厘米
欧亚猞猁	1.3米	24厘米
欧洲棕熊	2.8米	21厘米
欧洲水貂	43厘米	19厘米
水獭	70厘米	40厘米
尖吻灵猫	65厘米	25厘米
马岛缟狸	45厘米	21厘米
渔貂	79厘米	41厘米
渔猫	86厘米	33厘米
水獛	45厘米	34厘米
隐肛狸	76厘米	70厘米
巨獭	1.2米	70厘米
大熊猫	1.5米	10厘米
灰狐	81厘米	44厘米
灰狼（阿拉斯加型）	1.5米	51厘米
灰狼（斯堪的纳维亚型）	1.5米	51厘米
南美巢鼬	55厘米	20厘米
琴海豹	2米	
喜马拉雅棕熊	2.8米	21厘米
猪獾	70厘米	17厘米
冠海豹	2.7米	
霍氏缟狸	54厘米	34厘米
伊比利亚猞猁	1.1米	13厘米
美洲豹	1.9米	60厘米
细腰猫	65厘米	61厘米
日本貂	55厘米	22厘米
丛林猫	94厘米	31厘米
蜜熊	55厘米	57厘米
敏狐	52厘米	32厘米
科迪亚克棕熊	2.8米	21厘米
南美林猫	51厘米	25厘米
豹	2.1米	1.1米
豹猫	60厘米	30厘米
豹形海豹	3.2米	
狮	2.3米	1米
长尾鼬	26厘米	15厘米

鬣狼	1米	40厘米
云猫	53厘米	55厘米
虎鼬	35厘米	22厘米
长尾虎猫	79厘米	51厘米
花面狸	76厘米	64厘米
地中海僧海豹	2.8米	
新西兰海狗	1.6米	
北海狗	2.1米	
虎猫	47厘米	41厘米
印支缟狸	72厘米	47厘米
苍狐	46厘米	29厘米
河狐	72厘米	13厘米
北极熊	2.4米	13厘米
林鼬	51厘米	19厘米
美洲狮（山狮）	1.5米	96厘米
浣熊	55厘米	40厘米
貉	60厘米	18厘米
蜜獾	77厘米	30厘米
赤狐（北美型）	50厘米	33厘米
小熊猫	65厘米	48厘米
红狼	1.2米	35厘米
环海豹	1.6米	
环斑海豹	1.5米	
蓬尾浣熊	42厘米	44厘米
海獭	1.2米	36厘米
薮猫	1米	45厘米
黄鼬	66厘米	25厘米
懒熊	1.8米	12厘米
小耳犬	1米	35厘米
雪豹	1.3米	1米
南象海豹	6米	
眼镜熊	2米	12厘米
斑鬣狗	1.3米	25厘米
斑臭鼬	33厘米	28厘米
北海狮	3.3米	
白鼬	32厘米	13厘米
墨西哥獾臭鼬	50厘米	32厘米
缟鬣狗	1.1米	20厘米
非洲艾鼬（非洲臭鼬）	38厘米	30厘米
条纹臭鼬	80厘米	39厘米
马来熊	1.4米	7厘米
狐獴	31厘米	24厘米
草原狐	53厘米	26厘米
狐鼬	70厘米	45厘米
小齿椰子狸	53厘米	66厘米
藏狐	70厘米	48厘米
虎	3.6米	1米
海象	3.5米	
韦德尔氏海豹	2.9米	
白鼻浣熊	69厘米	62厘米
野猫	75厘米	35厘米
笔尾獴	35厘米	25厘米
黄喉貂	70厘米	45厘米
土豚	1.2米	55厘米
艾氏小羚羊	72厘米	12厘米
非洲象	7.5米	1.5米
非洲海牛	4米	
羊驼	2米	20厘米
南美海牛	2.8米	
蛮羊（巴巴里蛮羊）	1.7米	25厘米
阿拉伯塔尔羊	1.4米	12厘米
亚洲象	6.4米	1.5米
非洲野驴	2米	45厘米
鹿豚	1.1米	32厘米
双峰驼	3.5米	53厘米
贝氏喙鲸	13米	
沼鹿	1.8米	20厘米
白鲸	5米	
北美野牛	3.5米	60厘米
黑犀	3.8米	60厘米
黑羚	1.2米	18厘米
白纹牛羚	1.6米	45厘米
蓝鲸	33.5米	
紫羚	2.5米	65厘米
宽吻海豚	4米	
弓头鲸	18米	
南美貘	2米	1米
非洲灌丛野猪	1.3米	38厘米
北美海牛	4.5米	
驯鹿	2.2米	25厘米
草原西猯	1.1米	10厘米
臆羚	1.3米	4厘米
獐（河麂）	1米	8厘米
藏羚	1.4米	10厘米
领西猯	1米	5.5厘米
普通海豚	2.4米	
灰小羚羊	1.1米	19厘米
狷羚	1.9米	70厘米
鼠海豚	1.9米	
白大角羊	1.8米	12厘米
单峰驼	3.5米	50厘米
儒艮	4米	
扁角鹿	1.8米	25厘米
伪虎鲸	6米	
长须鲸	25米	
江豚	2米	
恒河江豚	3米	
南非剑羚	1.6米	90厘米
德氏大羚羊	3.5米	90厘米
大林猪	2.1米	45厘米
越南大麂	1米	17厘米
扭角林羚	1.5米	48厘米
灰鲸	15米	
原驼	2米	27厘米
加湾鼠海豚	1.5米	
河马	4.2米	56厘米
野马	2.8米	60厘米
座头鲸	15米	
黑斑羚	1.5米	40厘米
赤麂	1.1米	19厘米
印度犀	3.8米	80厘米
伊豚	2.8米	
爪哇犀	3.2米	70厘米
肯尼亚长颈鹿	8米	1.5米
西藏野驴	2.5米	50厘米
山羚	90厘米	13厘米
小鼷鹿	48厘米	5厘米
小红短角鹿	1米	10厘米
美洲驼	2.2米	25厘米
长肢领航鲸	8.5米	
马来貘	1.2米	10厘米
捻角山羊	1.8米	14厘米
小须鲸	11米	
蒙古野驴	2.5米	49厘米
驼鹿	3.5米	10厘米
山地水牛	1.5米	24厘米

有蹄类

雪羊	1.6米	20厘米
山苇羚	1.3米	20厘米
山斑马	2.6米	40厘米
麝牛	2.3米	10厘米
独角鲸	6米	
露脊鲸	18米	
努比亚长颈鹿	4.7米	1米
霍加狓	2米	42厘米
波斯野驴	1.4米	50厘米
虎鲸	9.8米	
草原鹿	1.3米	15厘米
秘鲁马驼鹿	1.7米	13厘米
叉角羚	1.5米	18厘米
倭河马	2米	15厘米
倭猪	71厘米	3厘米
小抹香鲸	3米	
非洲野猪	1.5米	43厘米
索马里长颈鹿	4.7米	1米
灰海豚	3.8米	
蹄兔	58厘米	31厘米
罗斯福马鹿	2.4米	17厘米
鬣鹿（黑鹿）	1.1米	25厘米
高鼻羚羊	1.4米	12厘米
中南大羚	2米	13厘米
鬣羚	1.8米	16厘米
南非长颈鹿	4.7米	1米
南普度鹿	83厘米	5厘米
南非树蹄兔	70厘米	3厘米
西班牙山羊	1.4米	15厘米
眼斑海豚	2.1米	
抹香鲸	18.5米	
跳羚	1.4米	30厘米
石羚	85厘米	8厘米
苏门答腊犀	3.2米	65厘米
汤姆森瞪羚	1.1米	20厘米
毛冠鹿	1.6米	16厘米
骆马	1.9米	25厘米
疣猪	1.5米	50厘米
水鼷鹿	95厘米	14厘米
水羚	2.4米	45厘米
白犀	4.2米	70厘米
白喙斑纹海豚	2.8米	
白嘴西猯	1米	6厘米
白尾鹿	2.4米	30厘米
野猪	1.8米	30厘米
黑斑牛羚	2.3米	56厘米
牦牛	3.3米	60厘米
黄斑蹄兔	38厘米	无
平原斑马	2.5米	56厘米

啮齿类

非洲帚尾豪猪	57厘米	23厘米
黑家鼠（屋顶鼠）	24厘米	26厘米
黑尾草原犬鼠	34厘米	9厘米
博塔囊土鼠	30厘米	9.5厘米
巴西树豪猪	52厘米	52厘米
水豚	1.4米	2厘米
南美栗鼠	23厘米	15厘米
骆鼠	19厘米	7厘米
海狸鼠	64厘米	42厘米
非洲冕豪猪	70厘米	12厘米
非洲岩鼠	21厘米	15厘米
拉布拉多白足鼠	10厘米	12厘米
长尾牛鼠	60厘米	30厘米
沙漠更格卢鼠	15厘米	20厘米
东部花栗鼠	17厘米	12厘米
河狸	80厘米	45厘米
欧亚红松鼠	28厘米	24厘米
欧洲仓鼠（普通仓鼠）	32厘米	6厘米
地黄鼠	22厘米	7厘米
黄跳鼠	12厘米	16厘米
花园睡鼠	7厘米	8厘米
灰刺豚鼠	76厘米	4厘米
黑背攀鼠	17厘米	13厘米
大沙鼠	20厘米	16厘米
板齿鼠	36厘米	28厘米
刺巢鼠	26厘米	18厘米
梳趾鼠	20厘米	2.5厘米
巢鼠	7.5厘米	7.5厘米
刚毛棉鼠	20厘米	16厘米
花白旱獭	57厘米	25厘米
大竹鼠	48厘米	20厘米
长爪鼩	16厘米	7厘米
长尾囊鼠	10厘米	12厘米
马来豪猪	73厘米	11厘米
草原林跳鼠	10厘米	13厘米
山河狸	42厘米	5厘米
麝鼠	33厘米	30厘米
北美豪猪	1.1米	25厘米
三趾跳鼠	16厘米	19厘米
无尾刺豚鼠	78厘米	3厘米
长尾豚鼠	79厘米	19厘米
平原兔鼠	66厘米	20厘米
赤喉美松鼠	28厘米	26厘米
西伯利亚环颈旅鼠（北极旅鼠）	15厘米	1厘米
滑尾鼠	37厘米	41厘米
美洲飞鼠	14厘米	12厘米
跳兔	43厘米	47厘米
条纹草鼠	14厘米	15厘米
条纹地松鼠	40厘米	30厘米
露沼	22厘米	11厘米
考崩栉鼠	17厘米	8厘米

兔子和象鼩

北美鼠兔	22厘米	
雪兔	60厘米	8厘米
蒙古兔	68厘米	10厘米
黑尾长耳大野兔	63厘米	11厘米
欧洲野兔	68厘米	10厘米
中非兔	45厘米	5厘米
东非象鼩	32厘米	26厘米
达乌尔鼠兔	20厘米	
东部棉尾兔	50厘米	6厘米
穴兔	46厘米	8厘米
林棉尾兔	40厘米	4厘米
四趾岩象鼩	23厘米	17厘米
金臀象鼩	28厘米	24厘米
阿萨密兔	50厘米	4厘米
高山鼠兔	20厘米	
侏兔	28厘米	2厘米
灰鼠兔	20厘米	
赤褐象鼩	15厘米	16厘米
白靴兔	47厘米	5厘米
苏门答腊兔	40厘米	1.5厘米
火山兔	32厘米	3厘米

鸟类

平胸鸟和䳍鸟

凤头䳍	41厘米	

鸸鹋 2米
大鸨 46厘米
大美洲鸵 1.6米
小斑几维 45厘米
鸵鸟 2.9米
双垂鹤鸵 2米
杂色穴鸨 33厘米

雉禽

珠颈翎鹑 28厘米
灰纹鹧鸪 33厘米
大眼斑雉 2米
大凤冠雉 92厘米
蓝孔雀 2.1米
勺鸡 64厘米
黑长尾雉 86厘米
眼斑火鸡 1.2米
原鸡 75厘米
赤鸡鹑 36厘米
红腿石鸡 38厘米
白冠长尾雉 2.1米
岩雷鸟 38厘米
鹫珠鸡 60厘米
彩冠雉 83厘米

游禽

豆雁 88厘米
黑颈天鹅 1.1米
加拿大雁 1.1米
瘤鸭 76厘米
欧绒鸭 69厘米
红头潜鸭 45厘米
翘鼻麻鸭 65厘米
扁嘴天鹅 1.1米
澳洲斑鸭 59厘米
鹊雁 90厘米
绿头鸭 65厘米
疣鼻栖鸭 84厘米
疣鼻天鹅 1.5米
琵嘴鸭 48厘米
长尾鸭 42厘米
绿翅雁 66厘米
红胸黑雁 55厘米
赤嘴潜鸭 58厘米
雪雁 80厘米
冠叫鸭 95厘米
湍鸭 46厘米
白脸树鸭 50厘米
大天鹅 1.5米
林鸳鸯 51厘米

企鹅

阿德利企鹅 61厘米
帝企鹅 1.2米
南非企鹅 1米
王企鹅 1米
小鳍脚企鹅 45厘米
皇家企鹅（白颊黄眉企鹅）70厘米
斯岛黄眉企鹅 60厘米
黄眼企鹅 60厘米

信天翁和鹱鹏

黑喉潜鸟 68厘米
斑腰叉尾海燕 23厘米
花斑鹱 39厘米
普通鹈燕 25厘米
普通潜鸟 90厘米
黑颈鹱鹏 33厘米
灰风鹱 50厘米
凤头鹱鹏 64厘米
大鹱鹏 78厘米
阿根廷鹱鹏 34厘米
厚嘴燕鹱 32厘米
小鹱鹏 28厘米
新西兰鹱鹏 30厘米
暴雪鹱 50厘米
红喉潜鸟 70厘米
皇家信天翁 1.2米
曳尾鹱 46厘米
北美鹱鹏 76厘米
黄蹼洋海燕 19厘米
白嘴潜鸟 90厘米
黄鼻信天翁 76厘米

鹭和红鹳

安第斯红鹳 1.1米
船嘴鹭 51厘米
牛背鹭 51厘米
大蓝鹭 1.4米
大红鹳 1.45米
锤头鹳 56厘米
埃及圣鹮 90厘米
啸鹭 61厘米
白冠虎鹭 80厘米
黑头鹮鹳 1米

鹈鹕

美洲蛇鹈 90厘米
卷羽鹈鹕 1.7米
黑腹蛇鹈 97厘米
双冠鸬鹚 91厘米
欧鸬鹚 79厘米
普通鸬鹚 1米
白鹈鹕 1.75米
白斑军舰鸟 81厘米
北鲣鸟 92厘米
海鸬鹚 74厘米
秘鲁鲣鸟 1米
红尾鹲 50厘米

猛禽

非洲鹃隼 40厘米
白背兀鹫 94厘米
安第斯神鹫 1.3米
白头海雕 1.1米
黑冠鹃隼 35厘米
黑鹞 50厘米
黑鸢 55厘米
秃鹫 1米
红腿小隼 18厘米
红隼 37厘米
蛇雕 76厘米
冕雕 85厘米
暗色歌鹰 54厘米
白兀鹫 70厘米
西域兀鹫 1.1米
雀鹰 38厘米
凤头蜂鹰 58厘米
栗翅鹰 58厘米
冠兀鹫 69厘米
爪哇鹰雕 61厘米
王鹫 81厘米
猛雕 83厘米
密西西比灰鸢 35厘米
鹗 58厘米
棕榈鹫 50厘米
红脚隼 31厘米
剪尾鸢 35厘米
蛇鹫 1.5米
短趾雕 69厘米
食螺鸢 43厘米
红头美洲鹫 81厘米
灰鹰 55厘米
黄头叫隼 43厘米

鹤

非洲鳍脚䴘 59厘米
棕三趾鹑 17厘米
黑冕鹤 1米
长脚秧鸡 30厘米
蓑羽鹤 90厘米
黑冠鸨 1米
麝雉 70厘米
角骨顶 53厘米
凤头鸨 51厘米
秧鹤 70厘米
日鳽 48厘米
白胸拟鹑 1.2米

鸻鹬、鸥和海雀

北极海鹦 36厘米
大石鸻 56厘米
黑剪嘴鸥 46厘米
黑脸鞘嘴鸥 41厘米
黑尾塍鹬 42厘米
黑翅长脚鹬 40厘米
领燕鸻 25厘米
红脚鹬 28厘米
扇尾沙锥 27厘米
普通燕鸥 33厘米
凤头海雀 27厘米
弯嘴滨鹬 22厘米
白腰杓鹬 60厘米
眼斑燕鸥 27厘米
大黑背鸥 76厘米
银鸥 66厘米
鹦嘴鹬 41厘米
白额燕鸥 28厘米
长尾贼鸥 53厘米
反嘴鹬 43厘米
红颈瓣蹼鹬 20厘米
流苏鹬 32厘米
凤头距翅麦鸡 38厘米
鹤鹬 32厘米
簇羽海鹦 38厘米

鸠鸽和沙鸡

黑斑果鸠 34厘米
栗腹沙鸡 33厘米
绿翅金鸠 27厘米
毛腿沙鸡 40厘米
斑皇鸠 41厘米
岩鸽 33厘米
红冠蓝鸠 24厘米
维多利亚凤冠鸠 76厘米
斑姬地鸠 21厘米

杜鹃和蕉鹃

大杜鹃 33厘米
白眉金鹃 18厘米
蓝蕉鹃 75厘米
褐翅鸦鹃 52厘米
走鹃 56厘米
蓝冠焦鹃 43厘米
斑翅凤头鹃 34厘米
棕腹鸡鹃 45厘米
滑嘴犀鹃 37厘米
紫蕉鹃 50厘米

鹦鹉

蓝顶亚马孙鹦鹉 37厘米
棕脸侏鹦鹉 10厘米
穴鹦哥 46厘米
红胁绿鹦鹉 36厘米
费氏牡丹鹦鹉 16厘米
粉红凤头鹦鹉 35厘米
地鹦鹉 30厘米
紫蓝金刚鹦鹉 1米
鸮鹦鹉 64厘米
啄羊鹦鹉 48厘米
白耳鹦哥 23厘米
军金刚鹦鹉 70厘米
紫头鹦鹉 33厘米
彩虹鹦鹉 26厘米
金刚鹦鹉 89厘米
塞内加尔鹦鹉 25厘米
红尾绿鹦鹉 25厘米
白冠鹦哥 24厘米
黄领牡丹鹦鹉 14.5厘米

夜鹰和鸮

仓鸮 44厘米
横斑林鸮 53厘米
黑斑林鸮 45厘米
鬼鸮 25厘米
穴小鸮 24厘米
帕拉夜鹰 28厘米
北美小夜鹰 20厘米
林鸱 38厘米
娇鸺鹠 15厘米
花头鸺鹠 17厘米
欧夜鹰 28厘米
美洲雕鸮 55厘米
长耳鸮 38厘米
棕榈鬼鸮 20厘米
油鸱 50厘米
雪鸮 59厘米
眼镜鸮 46厘米
斑毛腿夜鹰 30厘米
茶色蟆口鸱 53厘米
热带角鸮 24厘米
长尾林鸮 62厘米
黄雕鸮 65厘米

蜂鸟和雨燕

高山雨燕 22厘米
棕雨燕 13厘米
领星额蜂鸟 14.5厘米
极乐冠蜂鸟 8.5厘米
翘嘴蜂鸟 10厘米

巨蜂鸟 23厘米
灰腰雨燕 23厘米
紫喉蜂鸟 12厘米
金喉红顶蜂鸟 5厘米
剑嘴蜂鸟 23厘米

翠鸟

粉颊小翠鸟 12厘米
横斑翠鸟 20厘米
白腹鱼狗 33厘米
红蜂虎 27厘米
戴胜 32厘米
普通翠鸟 16厘米
杂色短尾鴗 11厘米
鹃三宝鸟 50厘米
三宝鸟 32厘米
蓝胸佛法僧 30厘米
双角犀鸟 1.1米
绿鱼狗 22厘米
钩嘴翠鸟 27厘米
笑翠鸟 43厘米
苏拉蓝耳翠鸟 28厘米
绿颊咬鹃 32厘米
斑鱼狗 28厘米
红头咬鹃 35厘米
凤尾绿咬鹃 40厘米
斑鼠鸟 40厘米
白头鼠鸟 35厘米
白尾美洲咬鹃 28厘米

啄木鸟

橡树啄木鸟 23厘米
小金背啄木鸟 29厘米
蓝喉拟啄木鸟 23厘米
凹嘴巨嘴鸟 56厘米
曲冠簇舌巨嘴鸟 46厘米
绿巨嘴鸟 37厘米
金尾啄木鸟 23厘米
灰啄木鸟 20厘米
灰胸山巨嘴鸟 48厘米
黑喉响蜜䴕 20厘米
欧洲绿啄木鸟 33厘米
地啄木鸟 30厘米
蚁䴕 16厘米
黑腹鹟䴕 34厘米
北美黑啄木鸟 46厘米
红黄拟䴕 23厘米
栗啄木鸟 25厘米
斑蓬头䴕 18厘米
黄腹吸汁啄木鸟 21厘米

鸣禽

美洲金翅雀 13厘米
旅鸫 25厘米
寿带 50厘米
澳洲喜鹊 40厘米
蕉森莺 10厘米
斑腹鹃鵙 32厘米
横斑蚁鵙 16厘米
黑菲比霸鹟 19厘米
黑腹食蚊鸟 16厘米
黑顶莺雀 11厘米
黑顶雀百灵 11厘米
黑腿白斑翅雀 20厘米
黑喉岩鹨 15厘米
黑喉隐窜鸟 23厘米
黑颈鸫 27厘米
蓝冠娇鹟 9厘米
蓝脸鹦雀 13厘米
蓝喉歌鸲（蓝点颏） 14厘米
太平鸟 20厘米
褐喉食蜜鸟 14厘米
南非食蜜鸟 46厘米
栗冠弯嘴鹛 22厘米
黑领鸲莺 12.5厘米
凤头山雀 11.5厘米
绯红澳䳭 12厘米
红胸锯齿啄花鸟 9厘米
长尾维达雀 33厘米
绿啸冠鸫 26.5厘米
金黄鹂 22厘米
黑头噪刺莺 11厘米
绒背纹胸鹛 16厘米
戴菊 9厘米
金亭鸟 25厘米
金头娇鹟 9厘米
七彩文鸟 14厘米
大短趾百灵 15厘米
绿阔嘴鸟 19厘米
绿篱莺 13.5厘米
马岛鹊鸲 19厘米
长嘴沼泽鹪鹩 13厘米
纹眉薮鸲 22厘米
橙腹叶鹎 19厘米
灰腹绣眼鸟 11厘米
欧亚攀雀 11厘米
红背伯劳 18厘米
红胸八色鸫 16厘米
红嘴蓝鹊 70厘米
红嘴牛文鸟 23厘米
红嘴镰嘴䴕雀 27厘米
红眉短嘴旋木雀 16厘米
红头摄蜜鸟 12厘米
红喉鹨 16厘米
红耳鹎 20厘米
红翅黑鹂 22厘米
棕爬树雀 16厘米
缎蓝园丁鸟 30厘米
赤红山椒鸟 23厘米
猩红丽唐纳雀 17厘米
群辉椋鸟 22厘米
雪鹀 17厘米
红巧织雀 12厘米
斑翅食蜜鸟 9厘米
幡羽极乐鸟 27厘米
纹胸蚁鸫 14厘米
华丽琴鸟 90厘米
肉垂钟伞鸟 30厘米
热带蚋莺 9厘米
橄榄色霸鹟 13.5厘米
绿伞鸟 18.5厘米
杂色细尾鹩莺 15厘米
红翅旋壁雀 17厘米
阿法六线风鸟 33厘米
白斑燕 15厘米
蓝短翅鸫 13厘米
白眉燕鵙 20厘米
白顶河乌 16.5厘米
白颈岩鹛 40厘米
白颈渡鸦 55厘米
白翅树燕 14厘米
黄腹扇尾鹟 12厘米

爬行动物

喙头蜥

班头楔齿蜥 60厘米

龟和鳖

帐篷沙龟 16厘米
大鳄龟 80厘米
猪鼻鳖 76厘米
钟纹折背龟 22厘米
大头平胸龟 18厘米
地龟 11.5厘米
泥龟 66厘米
拟鳄龟 48厘米
钻纹龟 24厘米
欧洲泽龟 20厘米
白眼溪龟 26厘米
平背海龟 96厘米
佛罗里达穴龟 27厘米
绿海龟 1.5米
玳瑁 91厘米
希氏蟾头龟 40厘米
恒河古鳖 70厘米
棱皮龟 2.1米
蠵龟 1.2米
马来食蜗龟 20厘米
非洲鳖 95厘米
咸水拟龟 60厘米
锦龟 25厘米
眼斑地图龟 21厘米
印度潮龟 60厘米
滑鳖 35厘米
红腿象龟 50厘米
黄头侧颈龟 17厘米
红面澳龟 26厘米

鳄鱼

西非侏儒鳄 1.9米
美国短吻鳄 4.5米
美洲鳄 5米
黑凯门鳄 4米
扬子鳄 2米
钝吻侏儒凯门鳄 1.5米
马来切缘鳄 5米
恒河长吻鳄 7米
沼泽鳄 4米
尼罗鳄 6米
奥利诺科鳄 5米
湾鳄 7米
暹罗鳄 4米
眼镜凯门鳄 2.6米

蜥蜴

横纹肢蛇蜥 20厘米
条带安乐蜥 9厘米
黑刺尾鬣蜥 1米
拟毒蜥 46厘米
澳蛇蜥 61厘米
纵纹避役 25厘米
鳄蜥 46厘米
长鬣蜥 76厘米
胖身叩壁蜥 42厘米
环颈蜥 36厘米
彩虹飞蜥 25厘米
斑睑虎 25厘米
普通避役 40厘米
守宫 15厘米
黄点巨蜥 2.8米
沙漠彩虹石龙子 23厘米
沙漠强棱蜥 30厘米
东部鬣狮蜥 50厘米
翠丛林蜥 25厘米
五线飞蜥 27厘米
斗篷蜥 75厘米
西加那利蜥蜴 32厘米
沃斯特里蒂避役 60厘米
双嵴冠蜥 75厘米
绿鬣蜥 2米
点尾蜥 18厘米
睫变色龙 9厘米
白唇树蜥 40厘米
尖嘴避役 30厘米
卡鲁环尾蜥 18厘米
克尼斯纳侏儒避役 15厘米
科莫多巨蜥 3米
褶虎 15厘米
钝鼻豹鬣蜥 30厘米
小避役 30厘米
马达加斯加残趾虎 30厘米
枕盾避役 31厘米
梅卡诺壁蜥 18厘米
马达加斯加锯尾鬣蜥 20厘米
墨西哥毒蜥 1米
米洛斯壁蜥 18厘米
角叶尾虎 35厘米
睫澳虎 20厘米
西北沙漠线蜥 10厘米
眼斑梭蜥 65厘米
奥塔哥石龙子 30厘米
海岛避役 60厘米
猫眼虎 18厘米
条纹鞭尾蜥 24厘米
犀蜥 1.2米
盾甲蜥 48厘米
缨尾蜥 12.5厘米
睑窗蜥 20厘米
刺尾巨蜥 66厘米
苏门答腊鼻角蜥 22厘米
纹斑平蜥 25厘米
大壁虎 36厘米
小安德烈斯岛鬣蜥 1.05米

蛇

极北蝰 70厘米
欧洲锦蛇 2.2米
南美异齿蛇 1.2米
森蚺 6.6米
阿拉伯拉瘰鳞蛇 1.8米
拟珊瑚蛇 53厘米
黑曼巴蛇 2.8米
盾蟒 2.8米
黑尾响尾蛇 1.3米
血蟒 3米
扁尾海蛇 1米
非洲树蛇 1.6米
南美巨蝮 4.3米
墨西哥蝮 1米
灰鼠蛇 2.6米

红尾蚺	3米
过树蛇	1米
南棘蛇	76厘米
铜头蝮	1.2米
筒蛇	92厘米
德氏锉尾蛇	33厘米
金黄珊瑚蛇	76厘米
翡翠树蚺	1.5米
水游蛇	2米
南美水蛇	2.8米
白头蝰	76厘米
斑纹丛林蛇	1米
加蓬咝蝰	1.4米
黄绿游蛇	2米
雨林猪鼻蝮	50厘米
中美蚺	1米
巴西矛头蝮	2.2米
眼镜王蛇	5米
李氏夜蝰	1米
红口蝮	1米
黄环林蛇	2.5米
宽吻水蛇	1.2米
北美侏响尾蛇	76厘米
美洲闪鳞蛇	1.4米
牛奶蛇	90厘米
小盾响尾蛇	1.2米
孟加拉眼镜蛇	1.8米
棕伊澳蛇	2.8米
纳塔尔蛇	1米
北美游蛇	1.05米
拟角蝰	90厘米
红尾筒蛇	1米
犀咝蝰	1.2米
菱形食卵蛇	31厘米
环纹南美猪鼻蛇	60厘米
环箍蛇	66厘米
锯鳞蝰	70厘米
鲁瓦花条蛇	1.6米
网纹矛头蝮	1.3米
八线小头蛇	66厘米
闪鳞蛇	1.5米
海岸太攀蛇	2.8米
东方沙蟒	1.2米
虎蛇	2.4米
响尾蛇	1.5米
龟头海蛇	1.2米
韦氏铠甲蝮	1米
西部拟眼镜蛇	1.8米
西部菱斑响尾	1.8米
古巴森蚺	1米
黄斑棕榈蝮	25厘米

两栖动物

蚓螈

扁尾盲游蚓螈	60厘米
版纳鱼螈	42厘米
圣美多蚓螈	32厘米

蝾螈

橡栖攀螈	10厘米
条纹欧螈	16厘米
蓝点钝口螈	13厘米
剑陆巨螈	36厘米
大鲵	1.4米
中国小鲵	10厘米
普通欧螈	11.5厘米
火蝾螈	25厘米
爪鲵	13厘米
东部半趾蝾螈	10厘米
隐鳃鲵	53厘米
杰氏游舌螈	7.5厘米
红腹蝾螈	13厘米
小鳗螈	50厘米
斑泥螈	35厘米
比利牛斯蝾螈	16厘米
红背无肺螈	13厘米
新疆北鲵	25厘米
黏滑无肺螈	16厘米
虎纹钝口螈	25厘米
二趾两栖鲵	76厘米
德氏瘰螈	20厘米

蛙和蟾蜍

非洲箱头牛蛙	23厘米
吠蛙	9.5厘米
犬吠树蛙	7厘米
钴蓝箭毒蛙	5厘米
谷耳泛树蛙	9.5厘米
哈氏滑跖蟾	5厘米
牛蛙	20厘米
睫眉蟾蜍	8厘米
甘蔗蟾蜍	24厘米
卡拉瓦亚强盗蛙	23厘米
黑眶蟾蜍	15厘米
合附蟾	5厘米
多明尼加树蛙	5.5厘米
贝氏架纹蟾	5.5厘米
绿点湍蛙	10厘米
纤细绿树蛙	4.5厘米
艾氏亚洲树蟾	30厘米
大班卓琴蛙	9厘米
壮发蛙	11厘米
斑足蟾	5厘米
小丑箭毒蛙	4厘米
角蟾	8厘米
黑蹼树蛙	9厘米
马达加斯加异跳蛙	4厘米
三角枯叶蛙	12.5厘米
囊蛙	7厘米
异舌穴蟾	9厘米
南美食白蚁姬蛙	7.5厘米
尼加拉瓜翡翠树蛙	2.5厘米
东方铃蟾	6厘米
钟角蛙	20厘米
秀锦盘舌蟾	8厘米
蜡白猴树蛙	8.5厘米
奇异多趾节蛙	7.5厘米
美洲狗鱼蛙	7.5厘米
红犁足蛙	4厘米
非洲红蟾	13厘米
红眼树蛙	7.5厘米
施密特森林蛙	10厘米
鸭嘴三腭齿蛙	7.5厘米
马来西亚大头蛙	10厘米
南部钟蛙	10厘米
黄点铲鼻蛙	6厘米
草莓箭毒蛙	2.5厘米
负子蟾	20厘米
叙利亚锄足蟾	8厘米
尾蟾	5厘米
马达加斯加番茄蛙	10厘米
蓝腿曼蛙	3.2厘米
海龟蛙	6厘米
白吻长趾蛙	10厘米
储水蛙	8.5厘米
魏氏奔蛙	4.5厘米

鱼类

无颌鱼

盲鳗	61厘米
淡水七鳃鳗	49厘米
太平洋七鳃鳗	76厘米
澳洲七鳃鳗	62厘米
海七鳃鳗	90厘米

软骨鱼

扁鲨	2.4米
大西洋犁头鳐	76厘米
姥鲨	9.8米
黑口锯尾鲨	90厘米
大青鲨	4米
蓝斑条尾魟	70厘米
棘鲨	3.1米
牛鲨	3.5米
蓝纹魟	1.4米
牛鼻鲼	2.1米
蝠鲼（魔鬼鱼）	4米
大白鲨	7.2米
日本燕魟	1米
真锯鳐	5米
长吻锯鲨	1.4米
双吻前口蝠鲼	6.7米
石纹电鳐	1米
铰口鲨	4.3米
南美江魟	1米
杰克逊港虎鲨	1.65米
沙锥齿鲨	3.2米
尖吻七鳃鲨	1.4米
灰鲭鲨	4米
灰六鳃鲨	4.8米
锤头双髻鲨	5米
星鲨	2米
长吻翅鲨	1.95米
白斑角鲨	1.6米
鸭嘴鹞鲼	2.8米
科氏兔银鲛	95厘米
背棘鳐	1.2米
鼬鲨（虎鲨）	7.4米
鲸鲨	18米

硬骨鱼

裸臀鱼	1.7米
阿拉斯加黑鱼	33厘米
美洲鮟鱇	1.2米
美洲西鲱	76厘米
花鳍歧须鮠	55厘米
巨骨舌鱼	4.5米
大西洋鳕鱼	1.5米
大西洋鲱鱼	43厘米
大西洋鲑	1.5米
尖吻鲟	4.3米
澳洲肺鱼	1.7米
香鱼	70厘米
欧洲鳇	4米
斯氏鳑鲏	11厘米
宝刀鱼	1米
大弯颌象鼻鱼	40厘米
北梭鱼	1米
弓鳍鱼	1.1米
江鳕	1.5米
加利福尼亚平头鱼	61厘米
毛鳞鱼	20厘米
暗色狗鱼	99厘米
马苏大马哈鱼	71厘米
胭脂鱼	60厘米
白鲟	3米
湖白鲑	57厘米
铠甲弓背鱼	1.2米
拉蒂迈鱼	2米
鲤鱼	1.2米
康吉鳗	2.7米
克拉克大马哈鱼	99厘米
电鲶	1.2米
电鳗	2.4米
巴氏丝尾脂鲤	5.5厘米
欧洲鳗鲡	1米
欧洲无须鳕	1.4米
欧洲沙丁鱼	25厘米
胡瓜鱼	30厘米
黍鲱	16厘米
欧洲鲟	3.5米
齿蝶鱼	12厘米
双犁裸胸鳝	65厘米
美洲真鲦	57厘米
双须缺鳍鲶	15厘米
金鳟	71厘米
茴鱼	60厘米
黑线鳕	90厘米
三角灯鱼	4.5厘米
银斧鱼	9厘米
欧洲哲罗鲑	1.5米
豆点裸胸鳝	3米
湖红点鲑	1.2米
长吻雀鳝	1.8米
阴阳燕子飞脂鲤	3.5厘米
石花肺鱼	2米
金光灯笼鱼	8厘米
虱目鱼	1.8米
魏氏多鳍鱼	54厘米
荫鱼	13厘米
后鳍深海珠目鱼	24厘米
白斑狗鱼	1.4米
皇带鱼	8米
喜荫鼠尾鳕	1米
大眼海鲢	1.5米
马康氏蝰鱼	25厘米
秘鲁鳀鱼	20厘米
细鳞大马哈鱼	76厘米
虹鳟	1.15米
菱锯脂鲤	42厘米
脂眼鲱	25厘米
褐鳟	1.4米
红大马哈鱼	84厘米
美洲肺鱼	1.3米
金色小沙丁鱼	31厘米
侧条无须魮	18厘米

斑点花园鳗	36厘米
棘茄鱼	30厘米
北方须鳅	21厘米
长须须鳂	48厘米
线纹鳗鲶	33厘米
囊咽鱼	1.6米
大西洋大海鲢	2.4米
鲑鲈	20厘米
欧洲鲶鱼	3米
非洲肺鱼	1米

棘鳍鱼	●
多棘单须叶鲈	7.5厘米
射水鱼	30厘米
大西洋大比目鱼	2.5米
银线弹涂鱼	25厘米
六斑刺鲀	50厘米
尖吻鲈	1.8米
蓝枪鱼	4.6米
菱鲆	75厘米
溪银汉鱼	13厘米
眼斑双锯鱼	10厘米
花斑拟鳞鲀	50厘米
红喉盔鱼	1.2米
尾斑金鳞鱼	17厘米
红体绿鳍鱼	50厘米
主刺盖鱼	40厘米
川纹笛鲷	1米
河鲈	51厘米
三带盾齿鳚	11.5厘米
横带扁颚针鱼	1.4米
叉尾鲻银汉鱼	5厘米
摩门斯卡神仙鱼	7.5厘米
姆布鲀	67厘米
金雉鲔	7.5厘米
紫鲈	40厘米
大丝足鲈	70厘米
白点叉鼻鲀	50厘米
孔雀鱼	5厘米
平鳍旗鱼	3.5米
矛高鳍鰔	25厘米
海鲂	66厘米
接吻鱼	30厘米
大口黑鲈	97厘米
叶形海龙	40厘米
镰鱼	23厘米
翻车鲀	3.3米
眼斑丽鱼	74厘米
珍珠毛足鲈	12厘米
日本松球鱼	17厘米
棘皮单棘鲀	31厘米
辐纹蓑鲉	24厘米
眼斑拟石首鱼	1.5米
纵带羊鱼	40厘米
心斑刺尾鱼	24厘米
斑节海龙	19厘米
丝帆鱼	1.2米
皇家丝鲈	8厘米
燕子鲔	4厘米
裸盖鱼	1米
印尼蓝眼海金鱼	15厘米
尖颏飞鱼	24厘米
短角床杜父鱼	60厘米
条纹虾鱼	15厘米
泰国斗鱼	6.5厘米
鲣鱼	1.1米
灯颊鲷	35厘米
毒鲉（石头鱼）	36厘米
细刺鱼	16厘米
夏鲆	94厘米
鳝鱼	46厘米
剑鱼	4.9米
福氏角箱鲀	23厘米
伊岛银汉鱼	3.5厘米
三刺鱼	7厘米
项带重牙鲷	45厘米
红刺鲸口鱼	36厘米
绵鳚	52厘米
黄背梅鲷	40厘米

无脊椎动物

海绵和海鞘	● ✋ ★
柱头虫	● 30厘米
头翼锄虫	● 4毫米
集群海鞘	★ 10厘米
文昌鱼	● 5厘米
沐浴角骨海绵	✋ 60厘米
海绵	✋ 6厘米
太平洋海鞘	● 15厘米
灯泡海鞘	● 2厘米
瓜水母	● 15厘米
杯形海绵	✋ 75厘米
毛壶	✋ 5厘米
红海鞘	● 10厘米
阿氏偕老同穴	● 30厘米

蠕虫	●
秀丽隐杆线虫	1毫米
腹毛动物	3毫米
内肛动物	5毫米
人鞭虫	5厘米
人蛔虫	40厘米
欧洲医蛭	10厘米
正蚓	25厘米
矶沙蚕	60厘米
多盘吸虫	1毫米
沙蚕	20厘米
玫瑰旋轮虫	0.4毫米
笄蛭	30厘米
动吻虫	1毫米
栉蚕	7厘米
水熊虫	1毫米

珊瑚和水母	● ✋ ★
等指海葵	★ 8厘米
腕足动物	● 3.5厘米
花梗仙影海葵	★ 15厘米
两叉千孔珊瑚	✋ 70厘米
海洋软珊瑚	★ 1米
淡水苔藓虫	● 20厘米
绿水螅	● 1毫米
北极霞水母	★ 2米
笙珊瑚	★ 1米
僧帽水母	
（伞状体）	● 12厘米
（触手）	● 10米
脑珊瑚	★ 40厘米
柳珊瑚	✋ 92厘米
黄羽毛珊瑚	✋ 15厘米

软体动物	● ★
美国海菊蛤	● 14厘米
大西洋海神海蛞蝓	● 4厘米
蓝环章鱼	● 20厘米
巨型红蛞蝓	● 15厘米
普通乌贼	● 60厘米
海兔	● 13厘米
欧洲帽贝	★ 6厘米
珍珠鹦鹉螺	● 20厘米
普通章鱼	● 1米
吸血鬼乌贼	● 28厘米
绿象牙贝	● 15厘米
法国大蜗牛	★ 5厘米
欧洲鲍	● 9厘米
欧洲平牡蛎（食用牡蛎）	● 8厘米
赤�	● 1米
珍珠蚌	★ 10厘米
巨型鱿鱼	● 18.3米
非洲大蜗牛（褐云玛瑙螺）	● 31厘米
毛皮贝	● 1.2厘米
网纹野蛞蝓	● 5厘米
矮短耳乌贼	● 6厘米
欧洲枪乌贼	● 50厘米
麝香章鱼	● 55厘米
昆氏多彩海蛞蝓	● 5厘米
胡桃蛤	● 1厘米
船蛸	● 30厘米
江瑶	● 1米
皇后海螺	● 30厘米
多刺乌蛤	● 11.5厘米
法螺	● 45厘米
西印度石鳖	● 8厘米

蛛形动物	●
黑寡妇	1厘米
蟹形拟蝎	4毫米
刺毛千足虫	3毫米
十字园蛛	2厘米
黄肥尾蝎	12厘米
北美巨人蜈蚣	8厘米
络新妇	5厘米
秋麒麟蟹蛛	1厘米
海蜘蛛	1厘米
红绒螨	5毫米
节腹蛛	1厘米
美洲鲎	60厘米
家隅蛛	1厘米
黑隆头蛛	5毫米
马来西亚节板蛛	10厘米
非洲橙巴布蜘蛛	5厘米
三角皿蛛	5毫米
八痣蛛	6毫米
梨锈壁虱	0.2毫米
人疥螨	0.4毫米
边缘革蜱	1.5厘米
短尾鞭蝎	3毫米
棘腹蛛	1.5厘米
橙云斑蛛	2.5厘米
大蜂螨	1毫米
横纹金蛛	1.7厘米
鞭蝎	30厘米
鞭蛛	2厘米
斑马跳蛛	7毫米

蟹和虾	● ★
刺藤壶	★ 3厘米
麦杆虫	● 7毫米
钩虾	● 1.8厘米
美国螯龙虾	● 30厘米
斑节对虾	● 33厘米
马蹄虾	● 3.5厘米
中华绒螯蟹	★ 8厘米
清洁虾	● 5厘米
普通卷甲虫（西瓜虫）	● 1.7厘米
英勇剑水蚤	● 0.5毫米
普通滨蟹	★ 8厘米
鱼虱	● 7毫米
巨型水蚤	● 1.8厘米
角眼沙蟹	★ 8厘米
螳螂虾	● 10厘米
勒氏长唇虾	● 0.4毫米
玻璃介	● 0.6毫米
棘刺龙虾	● 60厘米
刺颊螯虾	● 16厘米
蟹形鲎虫	● 10厘米
塔斯马尼亚山虾	● 5厘米

蜻蜓、螳螂、蟑螂、白蚁和蟋蟀	●
丽色蟌	5厘米
蓝额疏脉蜻	4.5厘米
蓝斑翅蝗	10厘米
合掌螳螂	6.5厘米
晓褐蜻	4厘米
双尾虫	5毫米
德国小蠊	1.6厘米
南美巨蟑螂	8厘米
古巴蟑螂	2厘米
撒哈拉大白蚁	1.8厘米
东亚飞蝗	6.5厘米
兰花螳螂	5厘米
古蚖	2毫米
澳大利亚罗盘白蚁	6毫米
跳虫	2.5毫米
新几内亚大背叶螽	30厘米

蝉和蝽	●
苹木虱	3毫米
猎蝽	2厘米
叉带棉红蝽	1.1厘米
红尾碧蝽	1.4厘米
欧梨网蝽	2.5毫米
突角长蝽	1.5厘米
缘蝽	2.5厘米
殃叶蝉	1.5厘米
长尾粉蚧	3毫米
牧草盲蝽	8毫米
菊旌蚧	4毫米
磷蜡蝉	9厘米
红黑沫蝉	1厘米
红蝉	5厘米
双刺益蝽	1.4厘米
刻背卡圆角蝉	2厘米
角蝉	1.2厘米
味潜蝽	2.5厘米
尺蝽	1厘米
苹果绵蚜	2毫米

甲虫	
蚁巢甲虫	1.5厘米
黑蜣	6.5厘米
放屁虫	3厘米
烟草甲虫	4毫米
马铃薯甲虫	1厘米
埋葬虫	2厘米
欧洲巨型甲虫	8毫米
光叩甲	4.5厘米
发光虫	2厘米
金隐翅虫	2厘米
巨大花潜金龟	12厘米
丑角甲虫	8厘米
长戟大兜虫	18厘米
爪哇提琴甲虫	10厘米
国王象鼻虫	2.5厘米
七星瓢虫	8毫米
西班牙芫菁	2厘米
锹甲	8厘米
班蝥	2厘米

蚊和蝇	
羽摇蚊	1厘米
家蝇	6毫米
大蜂虻	1.2厘米
马蝇	2.5厘米
家蚊	5毫米
食蚜蝇	1.2厘米
蝗水蝇	5毫米
食虫虻	2.5厘米
沙蝇	3毫米
羊丽蝇	1厘米
羊鼻蝇	1.4厘米
突眼蝇	6毫米

蝴蝶和蛾子	
非洲长翅凤蝶	25厘米
桦斑蝶	6厘米
红裙蝙蝠蛾	25厘米
稠李巢蛾	2.5厘米
布冈夜蛾	5厘米
毛毡衣蛾	2.5厘米
枯叶蛱蝶	7厘米
埃氏弄蝶	3.5厘米
欧洲松梢小卷蛾	2.5厘米
柳天蛾	8厘米
乌桕大蚕蛾	30厘米
尖翅蓝闪蝶	15厘米
虎蛾	4厘米
黑星琉璃小灰蝶	4厘米
雌红紫蛱蝶	6厘米
暗点赭尺蠖	4.5厘米
青箭环蝶	13厘米
南美大黄蝶	7厘米
红带袖蝶	8厘米
绿豹蛱蝶	7厘米

蜜蜂、黄蜂和蚂蚁	
公牛蚁	2厘米
普通黄胡蜂	4.5厘米
茶藨黄叶峰	7.5毫米
旗腹姬蜂	1.5厘米
巨型猛蚁	3厘米
蜜蚁	9毫米
无柄花栎瘿蜂	2.5毫米
柞蚕胡蜂	1.6厘米
蜾蠃	1.9厘米
红尾熊蜂	3厘米
玫瑰叶蜂	1厘米
红尾蜂	1.2厘米
掘土蜂	2.5厘米
黑色皱背姬蜂	4厘米
红牧蚁	7毫米
玫瑰瘿长尾小蜂	4毫米
丝绒蜂	5厘米
织叶蚁	7毫米

海星	
刺蛇尾	★ 25厘米
红海盘车	★ 50厘米
海羊齿	★ 25厘米
筐蛇尾	★ 40厘米
漂浮海参	● 8厘米
红色铅笔海胆	★ 28厘米
刺冠海胆	★ 70厘米
楯海胆（沙钱）	★ 6.5厘米
海苹果	● 18厘米
锚参	● 3米

说明

下面的图标展示了每种动物是如何被测量的。如果某个类群中的所有动物都被以相同的方式测量，那么表示测量方法的图标就会被标记在测量数据栏的上方。大部分平胸鸟被测量了身高而不是体长，因此它们的每个测量数据左边都有一个图标，用来表示被测量的是身高还是体长。无脊椎动物的多样性实在太复杂，甚至一个类群中的动物都会有不同的测量方式，它们的每个测量数据左边也都有一个图标。

哺乳动物

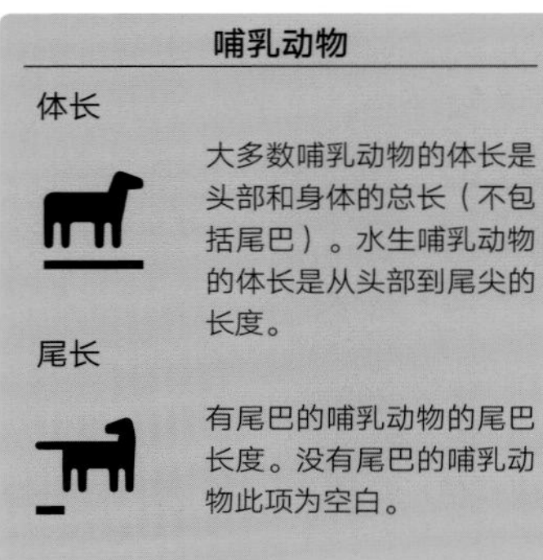

体长

大多数哺乳动物的体长是头部和身体的总长（不包括尾巴）。水生哺乳动物的体长是从头部到尾尖的长度。

尾长

有尾巴的哺乳动物的尾巴长度。没有尾巴的哺乳动物此项为空白。

鸟类

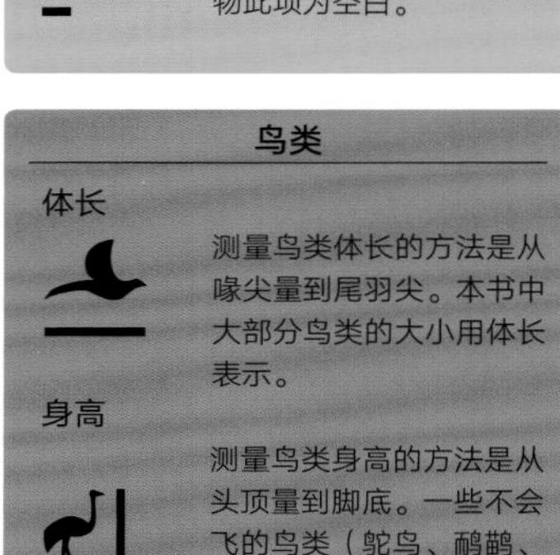

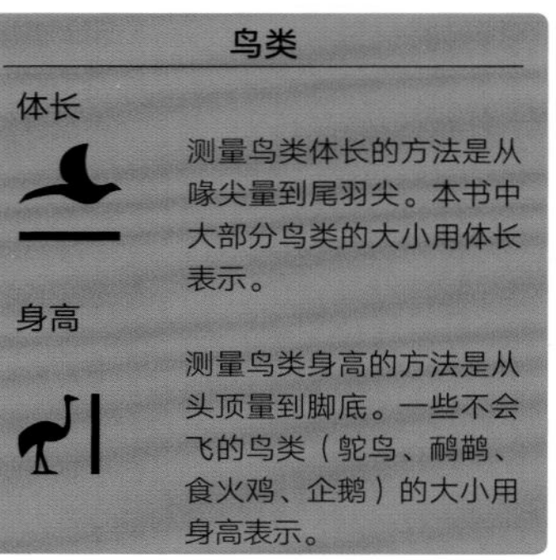

体长

测量鸟类体长的方法是从喙尖量到尾羽尖。本书中大部分鸟类的大小用体长表示。

身高

测量鸟类身高的方法是从头顶量到脚底。一些不会飞的鸟类（鸵鸟、鸸鹋、食火鸡、企鹅）的大小用身高表示。

爬行动物

壳长

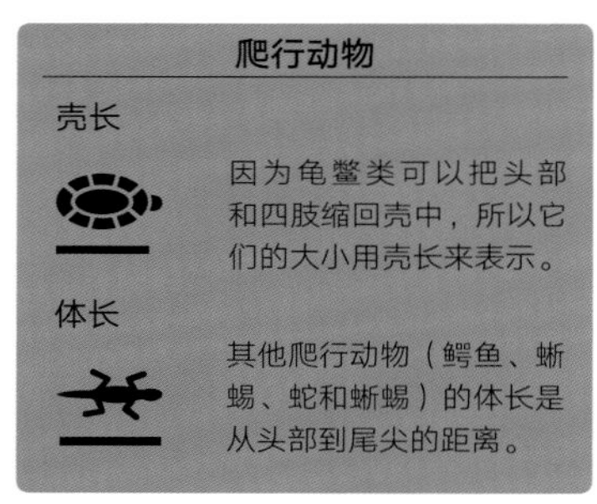

因为龟鳖类可以把头部和四肢缩回壳中，所以它们的大小用壳长来表示。

体长

其他爬行动物（鳄鱼、蜥蜴、蛇和蚓蜥）的体长是从头部到尾尖的距离。

两栖动物

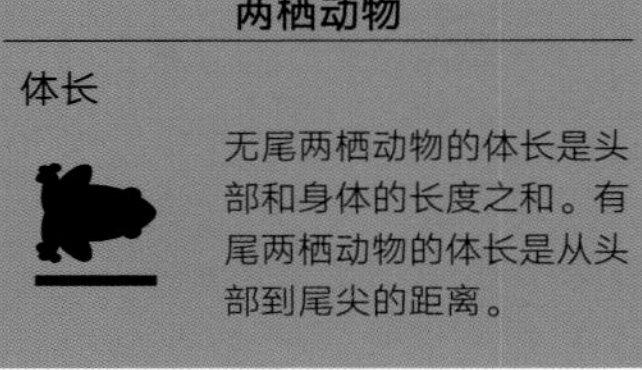

体长

无尾两栖动物的体长是头部和身体的长度之和。有尾两栖动物的体长是从头部到尾尖的距离。

鱼类

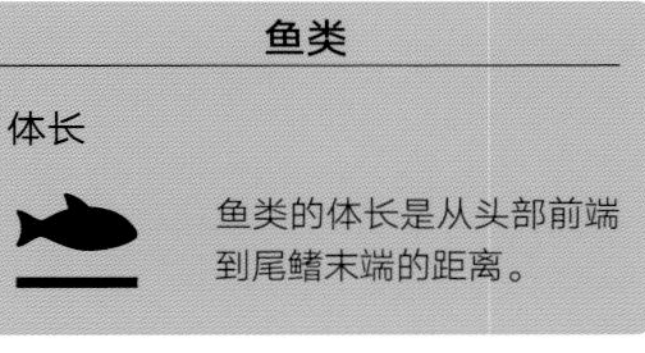

体长

鱼类的体长是从头部前端到尾鳍末端的距离。

无脊椎动物

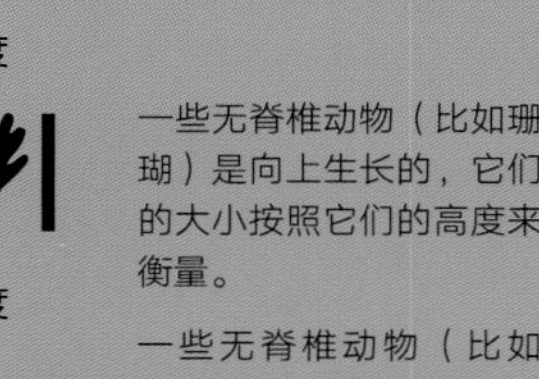

体长

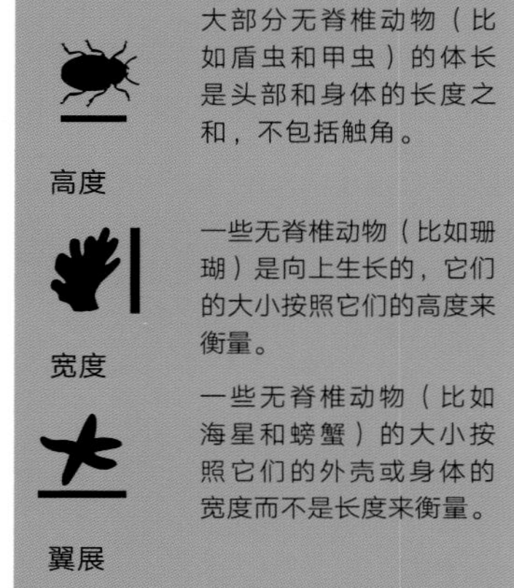

大部分无脊椎动物（比如盾虫和甲虫）的体长是头部和身体的长度之和，不包括触角。

高度

一些无脊椎动物（比如珊瑚）是向上生长的，它们的大小按照它们的高度来衡量。

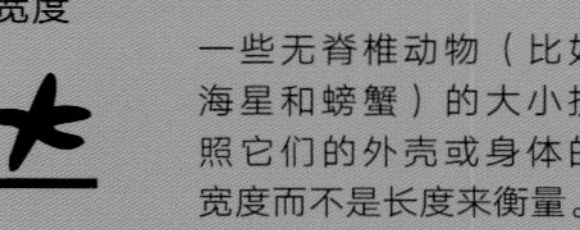

宽度

一些无脊椎动物（比如海星和螃蟹）的大小按照它们的外壳或身体的宽度而不是长度来衡量。

翼展

蝴蝶和蛾子的大小按照它们两个翼尖之间最宽处的宽度来衡量。

索引

E

F

G

H

J

K

L

M

N

图表来源

缩写说明 t=正上；l=左侧；r=右侧；tl=左上；tcl=正上偏左；tc=正上；tcr=正上偏右；tr=右上；cl=左中；c=正中；cr=右中；b=正下；bl=左下；bcl=正下偏左；bc=正下；bcr=正下偏右；br=右下

AAP = Australian Associated Press; APL = Australian Picture Library; APL/CBT = Australian Picture Library/Corbis; APL/MP = Australian Picture Library/ Minden Pictures; AUS = Auscape International; COR = Corel Corp.; DV = Digital Vision; GI = Getty Images; IQ3D = imagequestmarine.com; NHPA = Natural History Photographic Agency; NPL=Nature Picture Library; PD = Photodisc; PL = photolibrary.com; WA = Wildlife Art Ltd

Front cover iS **Spine** Trevor Ruth **Back cover** MagicGroup s.r.o. **Endpapers** Stuart Armstrong

Photographs 1 bc bl c GI, br DV, cl APL, cr APL/MP **12** c GI **13** bcl GI **14** t GI **15** bc NHPA, bl GI, br PL **16** bc PL, bl APL/CBT, br APL/CBT, tl COR **17** bc bl GI, br APL/CBT, c PL, tl COR, tr Doug Perrine/Seapics.com **18** t PL **19** b br APL/CBT **20** bl APL/CBT, cr tl APL/CBT, tr GI **21** bc br PD, tl GI, tr APL/CBT **22** t APL/CBT **23** bc APL/CBT, bl APL/MP, br IQ3D/Chris Parks **26** t APL/CBT **27** bl APL/MP, br GI **28** tc GI, tl APL/CBT, tr APL **29** bl tl GI, br cr tr APL/CBT **42** t AAP **52** t APL **67** t APL/CBT **70** t GI **80** tl GI **89** bl PL, t AUS **93** tl PL, tr Bruce Coleman **100** t GI **101** bc bl COR **103** bl br tl tr GI **109** tl tr COR **117** bl cl PL **129** br cl APL/MP **134** t APL/CBT **139** tl tr APL/MP **144** t APL/MP **145** tc tr APL/CBT **152** t APL/MP **160** t APL/MP **164** c cr AUS **170** t GI **171** cl tr GI, tc PL **175** tl APL/CBT **179** cl GI **182** t GI **183** tc tr APL/MP **185** t GI **187** t PL **192** t AUS **197** bl NPL, cl PL **203** cl PL, tl AUS **204** t PL **207** cl APL/MP, tl GI **214** t APL/MP **215** bc GI, bl br COR **219** tr APL/MP **223** bl cl NPL **224** t APL/CBT **230** t DV **242** tl APL/CBT

Illustrations All illustrations © MagicGroup s.r.o. (Czech Republic)—www.magicgroup.cz—except for the following:
Susanna Addario 16cl, 242bl; **Alistair Barnard** 201br, 175b; **Sally Beech** 215tl, 230br, 232bl, 233br, 237b bc cr; **Bernard Thornton Artists UK/John Francis** 147br, 154bl, 166bl; **Bernard Thornton Artists UK/Tim Hayward** 79br; **Andre Boos** 61br, 65cr; **Martin Camm** 69bcr br, 187bc bcr cr, 191b; **Creative Communications** 13br; **Simone End** 61br, 75br, 146bl cl, 157br, 215c, 218tr, 235bc bl br; **Christer Eriksson** 5c, 28b, 32bl, 66bl, 67c, 76bl, 155t, 224bl, 226bl; **Folio/John Mac** 39c cl cr, 82cl bcl bl tl, 83br; **Folio/Martin Macrae** 20c; **Lloyd Foye** 129c, 215cl; **Jon Gittoes** 35cr, 47tl, 74bl; **Ray Grinaway** 73cl, 195bl, 215c cl tr, 224cr, 225bc bcl, 230bcr; **Gino Hasler** 15cl, 101tr; **Robert Hynes** 156bl, 240bl; **Illustration Ltd/Mike Atkinson** 104bl; **David Kirshner** 15tr, 19bl, 33br, 41br, 42br, 44tr, 53bl, 57r bl, 69tc, 70bc bcr br, 79cl, 86tr, 91br, 102t tcr, 108cr, 120tr, 122bl, 127bc, 145c cl cr tl, 146bl, 151br, 164l, 171cr, 179r, 183b c cl cr tcl tl, 196tr, 204cr, 205br, 211br, 223r, 224r; **Frank Knight** 39t, 52br, 54bcl bcr bl br c, 55b, 56bcl bl, 57br, 58tr, 66br cl cr r t tl, 68br c cl cr tc tcr tl, 69bc bl c cl l r tcl tcr tl tr, 71b, 161br, 175b, 206bl; **Rob Mancini** 3c, 16r, 89c, 102tcl, 127br, 133tr, 179bc bl, 215tcl, 224bc, 227br, 239bc bcr; **James McKinnon** 93b, 145bcr bl; **Matthew Ottley** 73b; **Peter Bull Art Studio** 216bl; **Tony Pyrzakowski** 88bl, 116b, 150bl; **John Richards** 121b; **Barbara Rodanska** 59br, 215tcr; **Trevor Ruth** 2l, 65br, 80b, 163br, 167br, 203b, 229br; **Claudia Saraceni** 73c cr; **Peter Schouten** 45tr, 50bl, 158bl; **Rod Scott** 80tr; **Marco Sparaciari** 222bl; **Kevin Stead** 30cl, 102br, 215r, 224br, 230bcl, 236b tr, 239bl, 241br; **Roger Swainston** 188bl, 215cr; **Bernard Tate** 207r; **Thomas Trojer** 195bc; **Guy Troughton** 13tl, 30br cl cr tr, 31br, 32bc c cl, 34cl, 37bl c cl cr tl tr, 39b tl, 40bl br, 43br, 47bc br, 49br, 50c cl cr tr, 51bc bl br tr, 53br, 55tcl tcr tl tr, 58b, 64bc bl cl cr, 65bl, 66tr, 71tr, 73t, 78br, 84bl, 85bcl bcr bl br c cl tr, 87br, 97br, 137br, 139b, 141br; **WA/Priscilla Barret** 116bc bl c cl; **WA/Dan Cole** 107b, 111br; **WA/Tom Connell** 101c; **WA/Marc Dando** 186b, 189br; **WA/Sandra Doyle** 15tc, 125br; **WA/Ian Jackson** 15cr, 187bcl bl br cr r tr, 215cl, 230bl, 239br; **WA/Ken Oliver** 165br, 167tr, 173tl; **WA/Steve Roberts** 15tl, 234bl, 238bl; **WA/Peter Scott** 102bc bl c cl, 109c; **WA/Chris Shields** 215cr, 225bl, 232tr; **WA/Mark Stewart** 218br; **WA/Chris Turnbull** 190bl; **Trevor Weekes** 126bl, 131r; **Ann Winterbotham** 195br

Montages Created by Domenika Markovtzev and John Bull. All images by artists listed above.

Maps/Graphics All pie charts by Domenika Markovtzev. All maps by Domenika Markovtzev and Map Illustrations except for the maps appearing on p.19 and p.23 by Andrew Davies and Map Illustrations

The publishers wish to thank Helen Flint, Jennifer Losco, and Dr. Richard Schodde for their assistance in the preparation of this volume.